普通高等工科院校创新型应用人才培养系列教材

金属切削加工与刀具

第2版

主　编　武友德（学校）
　　　　甯福贵（企业）
副主编　孙　涛　莫秉华　伍晓亮
参　编　（学校）陈远新　武明洲　邓　涌　谢小利
　　　　　　　　苟建峰
　　　　（企业）何　虎　郑成旭　罗　兵
主　审　冷真龙（学校）
　　　　吴　伟（企业）

机械工业出版社

本书紧紧围绕高素质技术技能应用型人才培养目标，结合生产实际中需要解决的一些刀具技术应用与创新的基础性问题，科学组织教学内容，注重课程之间的相互融通及理论与实践的有机衔接，是基于互联网，融合现代信息技术编写出版的“互联网+新形态教材”。

本书共分九章，内容包括课程认识、刀具基本定义、金属切削的基本理论、金属切削基本理论的应用、车刀及其选用、孔加工刀具及其选用、铣刀及其选用、磨削与砂轮、其他刀具简介。

除了第一章和第九章，其他各章的内容均按照“机械制造类专业高素质技术技能应用型人才的岗位能力、知识、技能和素质要求”，分析本章承担的任务，选择合适的载体，深化产教融合，将企业新知识、新技能、新材料、新方法、新工艺、新规范等有机地融入到书中，做到课堂教学与生产实际的有机结合，注重知识传授与价值引领并重。

本书基于互联网，融合现代信息技术，将微课、动画、视频等资源以二维码的形式有机地融入书中，开发了大量的自主设计作业（成果）、课堂教学效果收集等环节，通过“互联网+”等信息化手段，强化学生自主学习能力、创新能力培养，并且第一时间让老师了解学生的知识掌握情况。

本书可以作为高职高专院校、技术应用型本科院校机械制造类专业学生用书，也可作为企业技术人员的参考资料。

本书配有电子课件，凡使用本书作教材的教师均可登录机械工业出版社教育服务网（http://www.cmpedu.com），注册后免费下载。咨询电话：010-88379375。

图书在版编目（CIP）数据

金属切削加工与刀具/武友德，甯福贵主编. —2版. —北京：机械工业出版社，2019.9（2024.8重印）

普通高等工科院校创新型应用人才培养系列教材

ISBN 978-7-111-63879-7

Ⅰ.①金…　Ⅱ.①武…　②甯…　Ⅲ.①金属切削-加工工艺-高等学校-教材②刀具（金属切削）-高等学校-教材　Ⅳ.①TG

中国版本图书馆CIP数据核字（2019）第214528号

机械工业出版社（北京市百万庄大街22号　邮政编码100037）
策划编辑：王英杰　责任编辑：王英杰
责任校对：陈　越　封面设计：鞠　杨
责任印制：单爱军
北京虎彩文化传播有限公司印刷
2024年8月第2版第7次印刷
184mm×260mm · 14.5印张 · 359千字
标准书号：ISBN 978-7-111-63879-7
定价：49.00元

电话服务
客服电话：010-88361066
　　　　　010-88379833
　　　　　010-68326294

网络服务
机　工　官　网：www.cmpbook.com
机　工　官　博：weibo.com/cmp1952
金　书　网：www.golden-book.com
机工教育服务网：www.cmpedu.com

前　言

“金属切削加工与刀具”课程是高职高专机械制造类专业的一门主干平台课程。为建设好该课程，我们组建了校企合作的教材编写团队。团队人员紧紧围绕机械制造类专业高素质技术技能应用型人才培养目标，按照教育部颁布的专业教学标准，对接行业培训评价组织制定的职业能力评价标准，适应“1+X”证书制度试点要求，紧跟产业发展，共同研制了专业人才培养方案。在此基础上，将新技术、新工艺、新规范等产业先进元素纳入了教学标准和教学内容，明确课程知识目标、能力目标、思政目标，全面落实课程思政，制订了《金属切削加工与刀具课程标准》。

按照《金属切削加工与刀具课程标准》，面向服务国家发展战略和新兴产业发展，编者经过大量走访企业，了解对该类人才的素质、知识和能力方面的综合要求，联合企业制订了毕业生所从事的岗位（群）的《岗位职业标准》，依据《岗位职业标准》，开发了《人才培养质量要求》，按照《人才培养质量要求》中的素质、知识和能力要求要点，注重“以学生为中心，以立德树人为根本，强调知识、能力、思政目标并重”，全面提升学生的政治思想素质和职业素养；注重将新知识、新技能、新材料、新方法和标准化工艺流程、环保、6S管理等技术、规范和理念引入教材，做到产教深度融合；以数字化平台为支撑，引入“互联网”技术，构建该课程内容和学习资源；结合理实一体化、项目式教学等，深化教材改革。按照上述思路和总体要求编写了该“互联网+”新形态教材。

本书的编写实行校企“双主编”与“双主审”制，由四川工程职业技术学院武友德教授和四川绵竹鑫坤机械制造有限责任公司甯福贵高级工程师联合担任主编，由四川工程职业技术学院冷真龙教授和中国东方电气集团东方电机股份有限公司吴伟教授级高级工程师联合担任主审。

四川工程职业技术学院武友德博士、教授编写第一章；四川工程职业技术学院苟建峰博士、副教授与四川绵竹鑫坤机械制造有限责任公司甯福贵高级工程师联合编写第二章；广东机电职业技术学院莫秉华博士、副教授与四川绵竹鑫坤机械制造有限责任公司罗兵高级工程师联合编写第三章；四川工程职业技术学院伍晓亮博士、讲师与四川绵竹鑫坤机械制造有限责任公司郑成旭高级工程师联合编写第四章；包头职业技术学院邓涌老师与四川绵竹鑫坤机械制造有限责任公司甯福贵高级工程师联合编写第五章；四川工程职业技术学院陈远新硕士、讲师与四川绵竹鑫坤机械制造有限责任公司罗兵高级工程师联合编写第六章；四川工程职业技术学院武明洲博士、讲师与四川德阳东方数控科技有限公司何虎高级工程师联合编写第七章；四川工程职业技术学院孙涛博士、副教授与四川德阳东方数控科技有限公司何虎高级工程师联合编写第八章。四川工程职业技术学院谢小利讲师与四川绵竹鑫坤机械制造有限责任公司罗兵高级工程师联合编写第九章。

因该书涉及内容广泛，编者水平有限，书中难免出现错误和处理不妥之处，请读者批评指正。

编　者

二维码索引

（续）

页码	名称	图形	页码	名称	图形
89	5-3. 端面槽车削		109	6-1. 图 6-3 扁钻	
89	5-4. 内孔车削		110	6-2. 图 6-4	
89	5-5. 切槽刀		111	6-3. 图 6-5 扩孔钻(套式)	
89	5-6. 圆弧槽车削		111	6-4. 图 6-5 扩孔钻(整体式)	
103	5-7 切刀刀片安装		111	6-5. 图 6-6 锪钻 1	
103	5-8 上压式外圆可转位车刀刀片安装		111	6-6. 图 6-6 锪钻 2	
103	5-9 螺钉式螺纹车刀刀片安装		119	6-7. 图 6-17 硬质合金可转位钻头	
104	5-10. 车刀安装(二)参考顶尖高度安装		124	6-8. 图 6-25 枪钻	
104	5-11. 车刀安装(一)利用钢直尺测量中心高度		125	6-9. 图 6-28 套料钻	
107	5-12. 学生调查反馈表		126	6-10. 图 6-30 铰刀结构	

（续）

（续）

页码	名称	图形	页码	名称	图形
208	9-8. 螺纹梳刀		210	9-13. 板牙	
209	9-9. 盘形螺纹铣刀		211	9-14. 滚丝轮	
209	9-10. 梳形螺纹铣刀		211	9-15. 搓丝板	
210	9-11. 丝锥		220	9-16. 学生调查反馈表	
210	9-12. 攻螺纹				

目录

1

第一章

课程认识

第一节 课程的性质和定位

机械制造类技术应用型本科教育对满足中国经济社会发展、满足社会高端技术技能应用型人才需要以及推进中国高等教育大众化进程起到了积极的促进作用。应用型本科重在“应用”二字，本课程从满足和适应经济与社会发展需要出发组织教学内容，更新教学方法和教学手段。本课程的核心是：一方面强调知识体系的完整性，同时兼顾与其他课程的有机联系和融通，使学生学完本课程后具备解决和分析生产实际问题的能力；另一方面强调理论与实践的相互联系和融通，做到理论知识能有效地指导实践，突出“应用”。

机械产品的生产和制造离不开机床、刀具、检测量具或量仪等工艺装备，而金属切削加工理论是解决金属切削过程中一般问题的理论基础，工艺文件是指导生产不可缺少的技术文件。工艺文件所反映的主要内容包含零件生产加工过程中所使用的刀具及参数、量具、机床设备、切削用量等。

从上面分析可知，“金属切削加工与刀具”课程所包含的金属切削加工原理和各类刀具的结构特点、设计和应用等方面的知识是机械制产品制造过程中的重要内容，所以该课程是机械制造类技术应用型本科专业的一门主干专业课程。本课程主要讲授刀具角度及切削要素，刀具材料，金属切削加工过程中的切削变形、切削力、切削热与切削温度，刀具磨损与刀具寿命，切削基本理论的应用，常用刀具选用及正确使用，切削用量及其选用，切削液及其选用等基本理论，为分析和解决加工过程中的一般问题提供基础理论保障；使学生掌握常用刀具及其在生产中的应用知识，具备金属切削加工中切削用量的正确选择能力。本课程的培养目标就是围绕生产岗位对员工的素质、知识和能力要求，强化金属切削加工理论的学习，同时掌握各类刀具的结构及其正确使用要求，并能把切削加工理论运用到生产实践中。学生学完本课程后，能了解工件材料的切削加工性，能根据实际加工条件合理选择切削液、刀具结构及刀具几何参数，能正确使用刀具，能合理确定切削用量，会设计特殊用途的非标刀具等，并能运用所学知识从金属切削加工理论和刀具正确选用及使用方面入手，控制和提高已加工表面质量，并且还应具备分析和解决生产过程中一般问题的能力。

第二节 本课程内容与其他课程内容的衔接

“金属切削加工与刀具”课程是机械制造类技术应用型本科专业的一门主干专业课程，是学习机床夹具、金属切削机床、机械加工工艺等其他主干专业课程的基础支撑，同时学习该课程时又要以前面所学“机械制图”“金属材料与热加工基础”“公差配合与技术测量”等课程为基础，所以该课程在专业人才培养课程体系中起到了各专业技术基础课程和专业课程之间有机衔接的桥梁作用。

本课程主要内容之一是讲述刀具切削部分的几何参数及其图示，因此为学好该门课程，必须要以前面所学的立体几何和制图知识作为基础，明确投影关系；刀具材料和金属切削加工理论的学习要以金属材料的性能作为基础，因此与前面所学的金属材料知识密切相关；学习“机械加工工艺”课程时，按照实际零件工程图样编写工艺文件时，需要掌握本课程的刀具及其切削用量的选择；按照零件工程图样确定刀具结构、刀具几何参数和选择刀具材料时，必须看懂零件工程图样上的尺寸精度、表面粗糙度等技术要求及其含义，所以该门课程又与“公差配合与技术测量”课程紧密联系；在学习机床夹具及其应用课程时，涉及工件夹紧力的方向、大小和作用点的确定等方面的知识，而这些知识又与本课程的金属切削加工中所产生的切削力大小、方向内容有密切的关系；在学习本课程中刀具的正确安装使用知识时，必须以“金属切削机床”课程中所讲到的机床结构及其运动方面的知识作为基础。因此，本课程是机械制造类技术应用型本科专业重要的专业主干课程，只有学好该门课程才能保障该专业培养目标的实现。

第三节　教学与学习方法

技术应用型本科教材应重点突出“应用”二字，教师在授课过程中应充分认识到强化理论教学与实践教学并重的重要性和紧迫性，形成一致的思想、理念、行动；要着力推进手段和方法的改革，这要求教师应具备丰富的实践经验。

由于“金属切削加工与刀具”这门课程理论与实践要求都很高，所以必须强化理论与实践的有机结合，要充分利用行业、企业优势，大力推行“校企合作、产学研结合”的教学模式，做到理论与实践并重，强化应用能力的培养。

教师教学方法：

1）每章要以典型的生产实际案例为任务载体，系统地讲清楚相关的理论知识，然后运用所学知识分析解决问题。

2）按照课程质量标准，完善实践教学资源，开发多种教学手段。

3）力求做到所传授的知识成系统、实践应用能力训练成系统，并做到理论与实践的相互融通。

4）教师应坚持长期学习和进行金属切削加工与刀具新技术应用研究，并把金属切削加工与刀具方面的新技术引入课堂，理论联系实际开展教学。

5）强化校企合作，加强调研，实时地把企业先进技术引入课堂。

学生学习方法：

1）了解该门课程的重要性。

2）重视该门课程，端正学习态度。

3）强化理论钻研，拓展相关知识面。

4）深入实验室认真做好实验。

5）深入校内生产实训基地、校外企业，全面了解企业生产过程，切实了解各类常用刀具及其在生产中的正确应用。

2

第二章

刀具基本定义

金属切削加工过程是工件和刀具相互作用的过程。刀具从工件上切除一部分金属，并在保证高生产率和低生产成本的前提下，得到符合零件工程图样技术要求的形状精度、位置精度、尺寸精度和表面质量的工件。实现这一切削过程必须具备以下三个条件：

1）工件与刀具之间要有相对运动，即切削运动。

2）刀具材料必须具有一定的切削加工性能。

3）刀具必须具有适当的几何参数，即切削角度等。

本章内容主要是阐明与切削运动及刀具几何角度有关的基本概念和定义，为后续的学习和研究金属切削过程基本理论及其应用奠定基础。

第一节　知识引入

车削图2-1所示的短轴，试分析车削 $\phi63_{-0.05}^{\ 0}$ mm 的外圆、螺纹退刀槽、M48 ×1.5-6g

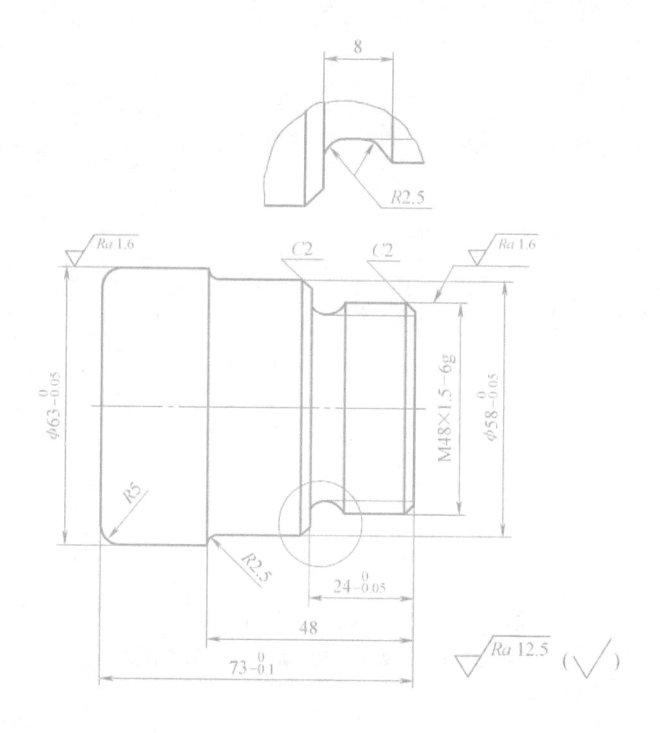

图2-1　短轴

螺纹时切削运动的组成。如果以切削速度 189m/min 精车 $\phi63_{-0.05}^{0}$ mm 外圆，车床主轴的转速应该是多少？如果进给量为 0.1mm/r，则刀架移动速度是多少？

要完成上述工作，所采用的刀具是如何具备切削能力的？刀具的基本组成有哪些要素？如何描述刀具切削部分的几何形状？在什么样的假设条件下研究刀具切削部分的几何参数？如果刀具以 0.2mm/r 的进给量车削外圆，试问刀具几何角度将发生怎样的变化？如果在实际加工之前由于刀具的安装误差，使刀尖低于工件中心线 1.5mm，试问该刀具的几何角度又将会发生怎样的变化？

第二节　切削运动、切削用量与切削层参数

一、切削运动

用车刀车削外圆是金属切削加工中常见的加工方法，现以它为例来分析工件与刀具之间的切削运动。如图 2-2 所示车削外圆时，工件旋转、车刀连续纵向直线进给，于是形成工件的外圆柱表面。

在其他各种切削加工方法中，刀具或工件同样必须完成一定的切削运动。通常切削运动按其所起作用可分为主运动和进给运动。

1. 主运动

主运动是切削时最主要、消耗功率最多的运动，它是工件与刀具之间产生的相对运动，车削外圆时的工件旋转运动是主运动。其他切削加工方法中的主运动也同样是由工件或由刀具来完成的，其形式可以是旋转运动或直线运动，但各种切削加工方法中的主运动通常只有一个。

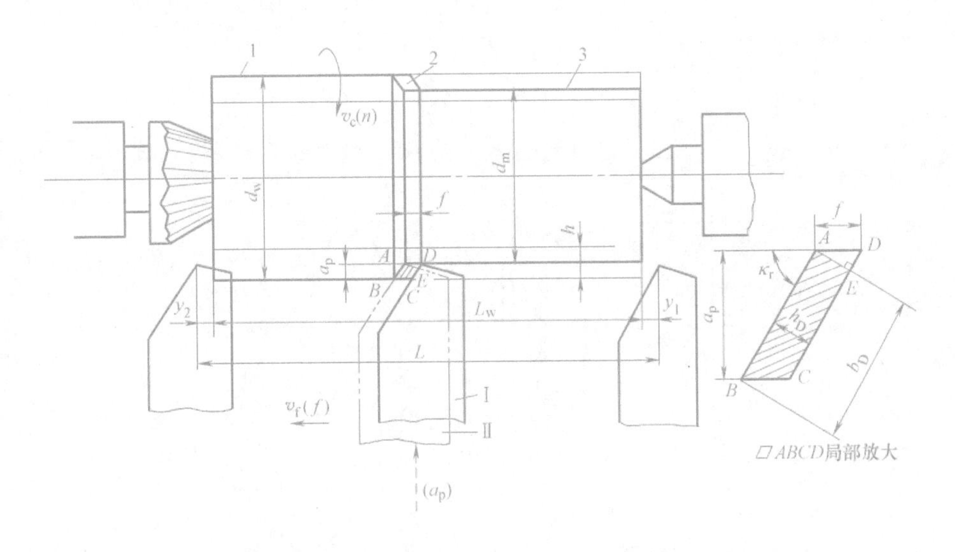

图 2-2　车削运动形成的表面和切削层参数

1—待加工表面　2—过渡表面　3—已加工表面

2. 进给运动

进给运动是刀具与工件之间产生的附加运动，以保证切削连续地进行，如车削外圆时车

刀的纵向连续直线进给运动。其他切削加工方法中也是由工件或刀具来完成进给运动的，但进给运动可能不止一个，其形式可以是直线运动、旋转运动或两者的组合。无论哪种形式的进给运动，其消耗的功率都比主运动要小。

总之，任何切削加工方法都必须有一个主运动，可以有一个或几个进给运动。主运动和进给运动可以由工件或刀具分别完成，也可以由刀具单独完成（例如在钻床上钻孔或铰孔）。

在切削运动作用下，工件上的切削层不断地被刀具切下并转变为切屑，从而加工出所需要的工件新表面。在这一表面形成的过程中，工件上有三个不断变化着的表面，如图 2-2 所示。

待加工表面：即将被切去金属层的表面。

过渡表面（加工表面）：切削刃正在切削的表面。

已加工表面：已经切去多余金属而形成的新表面。

这些定义也适用于其他切削加工方法。不同形状的切削刃与不同的切削运动组合，即可形成各种加工表面，如图 2-3 所示。

二、切削用量

切削用量是切削速度、进给量和背吃刀量（切削深度）的总称，也称为切削用量三要素，如图 2-4 所示。切削用量是表示主运动及进给运动大小的参数，主要用于调整机床、编制工艺路线等。切削用量直接影响零件的加工精度与表面质量、刀具寿命、机床功率损耗及生产率等，所以切削用量是重要的基本概念，必须学习理解透彻。

1. 切削速度

切削速度是主运动的线速度 v_c，是指切削刃选定点相对工件主运动的瞬时速度，单位为 m/min。

当主运动为旋转运动时，切削速度的计算公式为

$$v_c = \frac{\pi dn}{1000} \tag{2-1}$$

式中　d——工件直径或刀具（砂轮）直径（mm）；

　　n——工件或刀具（砂轮）的转速（r/min）。

对于旋转体类工件或旋转类刀具，在转速一定时，由于切削刃上各点的回转半径不同，因而切削速度不同。在计算时，应以最大的切削速度为准，如车削外圆时应计算切削刃上所对应的最大速度（即将最大速度处对应的点作为切削刃选定点），钻削时计算钻头外径处的速度。这是因为从刀具方面考虑，速度大的地方，发热多，磨损快，应当予以注意。

2. 进给速度 v_f、进给量 f、每齿进给量 f_z

进给速度 v_f 是切削刃上选定点相对于工件的进给运动的瞬时速度，其单位为 mm/min。

进给量 f 是工件或刀具的主运动每一转或每一行程时，刀具在进给运动方向上相对工件的位移量，其单位是 mm/r。

每齿进给量 f_z 是多刃切削刀具（如铣、铰、拉）在切削工件时，有 z 个齿同时进行切削，多刃切削刀具在每转过一齿角时，工件和刀具的相对位移量，单位是 mm/z。

进给速度 v_f 与进给量 f 的关系有

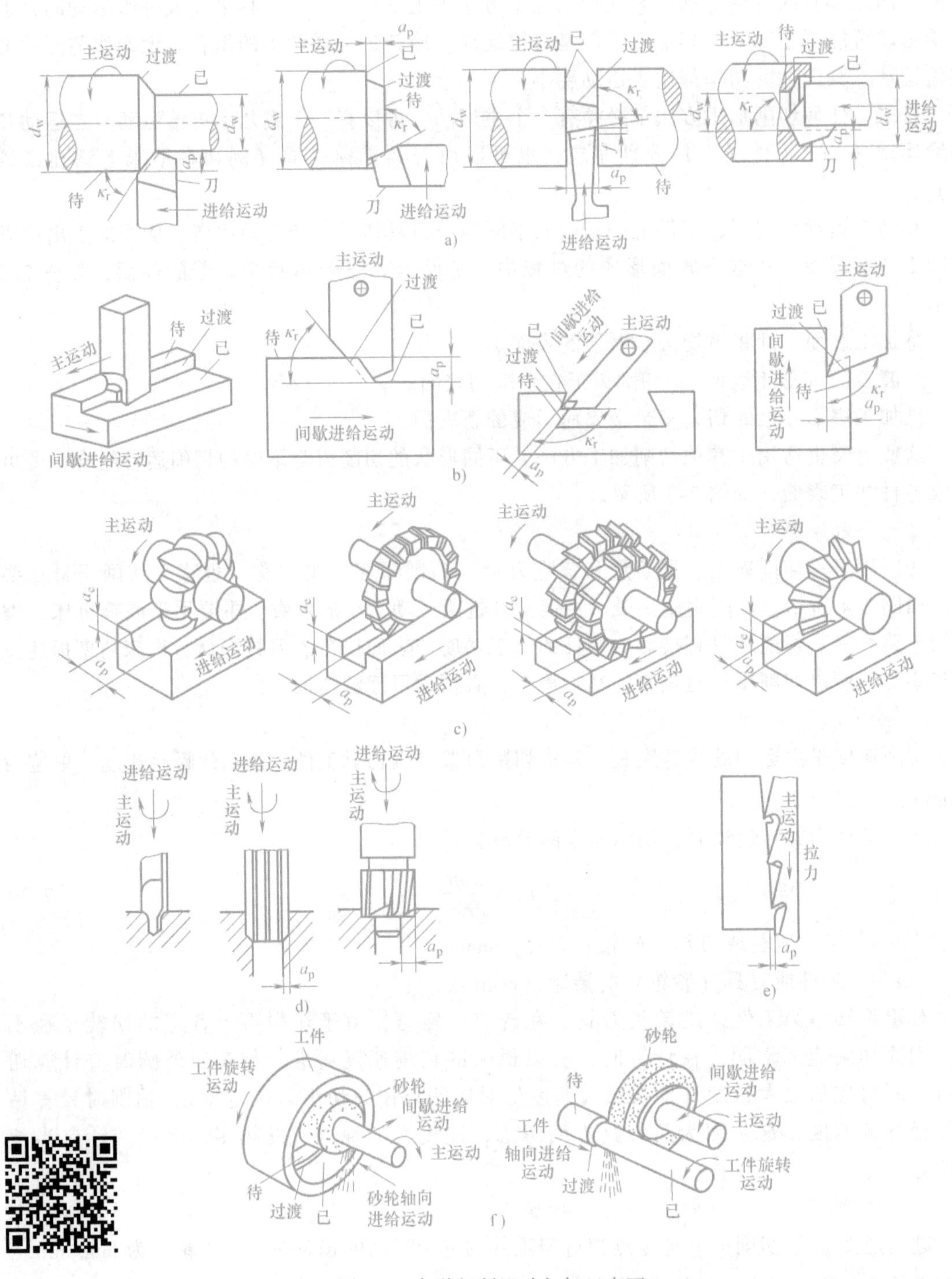

图 2-3　各种切削运动与加工表面

a）车削　b）刨削　c）铣削　d）钻削　e）拉削　f）磨削

$$v_f = fn \tag{2-2}$$

进给速度 v_f 与每齿进给量 f_z 的关系有

$$v_f = f_z nz \tag{2-3}$$

3. 背吃刀量 a_p（又称切削深度）

背吃刀量是一个与主切削刃和工件切削表面接触长度有关的量，在包含主运动 v_c 和进给运动 v_f 方向的平面的垂直方向上测量所得。对车削外圆而言，包含主运动方向和进给运动方向的平面，是与工件主运动旋转轴线平行的平面，过切削刃上任意点的该平面的垂直方向距离也就是与工件轴线垂直相交的一段距离，因而车削外圆的切削深度等于工件上已加工表面与待加工表面的垂直距离，即

$$a_p = \frac{d_w - d_m}{2} \tag{2-4}$$

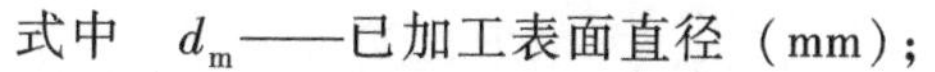

式中　d_m——已加工表面直径（mm）；

d_w——工件待加工表面直径（mm）。

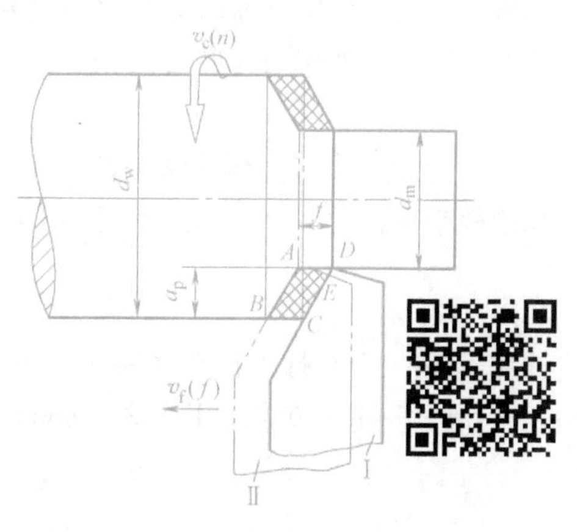

图 2-4　车外圆时的切削用量

三、切削层参数、切削时间与材料切除率

切削加工时刀具切过工件的一个单程所切除的工件材料层。图 2-2 中工件旋转一周的时间内，刀具正好从位置Ⅰ移到位置Ⅱ，切下Ⅰ与Ⅱ之间的工件材料层。理论上，四边形 ABCD 称为切削层。切削层实际横截面积是四边形 ABCE 的面积，称为切削层公称横截面积，AED 为残留在已加工表面上的横截面积，它直接影响已加工表面粗糙度。

切削层形状、尺寸直接影响着工件切削过程的变形、刀具承受的负荷以及刀具的磨损。为简化计算，切削层形状、尺寸规定在刀具基面（即水平面）中度量，即在切削层公称横截面中度量。

切削层尺寸是指在刀具基面中度量的切削层厚度与宽度，它与切削用量 a_p、f 大小有关。切削层横截面及其厚度、宽度的定义与符号如下。

1. 切削层公称厚度 h_D

切削层公称厚度简称切削厚度，是指切削层两相邻过渡表面之间的垂直距离，如图 2-2 中 AB 与 CD 间的垂直线，单位为 mm，计算公式为

$$h_D = f\sin\kappa_r \tag{2-5}$$

式中　κ_r——车刀主偏角（°）；

2. 切削层公称宽度 b_D

切削层公称宽度简称切削宽度，是指在平行于过渡表面度量的切削层尺寸，如图 2-2 中 AB 或 CD 的长，单位为 mm，计算公式为

$$b_D = \frac{a_p}{\sin\kappa_r} \tag{2-6}$$

3. 切削层公称横截面积 A_D

切削层公称横截面积简称切削面积，它是指在切削层尺寸平面里度量的横截面积，计算公式为

$$A_D = h_D b_D = a_p f \tag{2-7}$$

分析以式（2-5）~式（2-7）可知：切削厚度与切削宽度随主偏角大小变化。当 κ_r = 90°时，$h_D = f$，$b_D = a_p$，切削厚度和切削宽度分别只与切削用量 a_p、f 有关，不受主偏角的

影响。但切削层横截面的形状则与主偏角、刀尖圆弧半径大小有关。随着主偏角的减小，切削厚度减小，而切削宽度增大。

4. 切削时间 t_m（机动时间）

t_m 是指切削时直接改变工件尺寸、形状等工艺过程所需的时间，单位为 min。它是反映切削效率高低的一个指标。由图 2-5 可知，车外圆时 t_m 的计算公式为

$$t_m = \frac{lA}{v_f a_p} \tag{2-8}$$

式中　l——刀具行程长度（mm）；

A——半径方向加工余量（mm）；

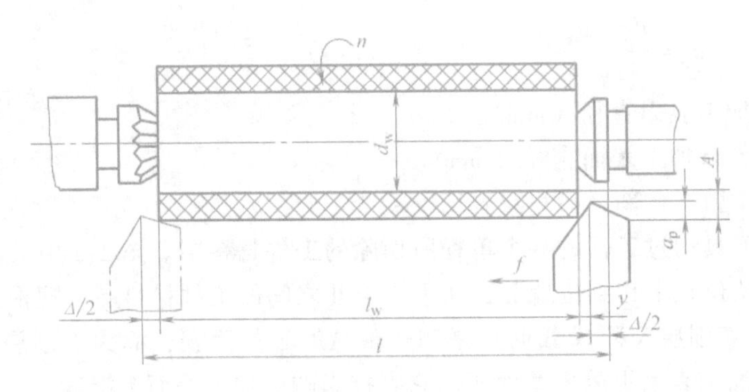

图 2-5　车外圆时切削时间计算

由式（2-1）可以求出转速 n 为

$$n = \frac{1000v_c}{\pi d} \tag{2-9}$$

将式（2-9）代入式（2-2）中，可得

$$v_f = \frac{1000v_c f}{\pi d} \tag{2-10}$$

再将式（2-10）代入式（2-8）中，可得

$$t_m = \frac{lA\pi d}{1000v_c a_p f} \tag{2-11}$$

由式（2-11）可知，提高切削用量中任何一个要素均可降低切削时间。

5. 材料切除率 Q

材料切除率是单位时间内所切除材料的体积，是衡量切削效率高低的另一个指标，单位为 mm^3/min。

$$Q = 1000a_p f v_c \tag{2-12}$$

四、切削方式

1. 自由切削与非自由切削

只有一个主切削刃参加切削称为自由切削，主、副切削刃同时参加切削称为非自由切削。自由切削时切削变形过程比较简单，它是进行切削试验研究常用的方法。实际切削通常都是非自由切削。

2. 正交切削（直角切削）与非正交切削（斜角切削）

切削刃与切削速度方向垂直的切削称为直角切削；切削刃不垂直于切削速度方向的切削称为斜角切削。因此，刀具刃倾角不等于零的切削均属于斜角切削方式。斜角切削具有刃口锋利、排屑轻快等特点。

五、合成切削运动与合成速度

在前面已经讲述，切削加工中必然有主运动和进给运动，所谓的合成切削运动是指主运动和进给运动合成的运动。切削刃选定点相对工件合成切削运动的瞬时速度称为合成切削速度 $\boldsymbol{v}_e$，它等于主运动切削速度 $\boldsymbol{v}_c$ 与进给运动速度 $\boldsymbol{v}_f$ 的矢量和，如图2-6所示。

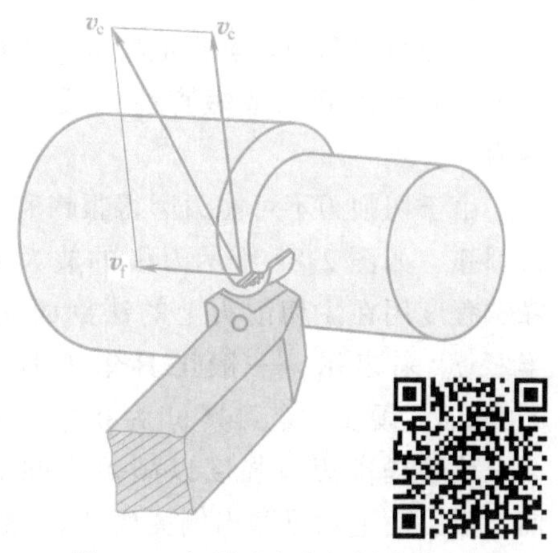

图 2-6　车削时合成切削速度

第三节　刀具切削部分的基本定义

各种刀具形状不同，使用场合也不一样，但都能用来切除毛坯上多余的材料，完成工件的切削加工，这显然与它们的结构组成有关。另外，为了满足不同的切削要求，如车削外圆、切断和车削螺纹等，刀具的切削部分往往做成不同的几何形状；即使是同种类型的刀具(如外圆车刀)，在不同的加工条件下，如车削细长轴和车削粗短轴等，也要做成不同的几何形状。不同几何形状的刀具有着不同的切削性能，要描述刀具的几何形状和切削性能，就离不开刀具的几何参数。所以，有必要掌握刀具的结构、组成和几何角度。

普通外圆车刀是最典型的简单刀具，其他种类的刀具都可以看作是它的变形或组合。下面以车刀为例来介绍刀具切削部分的基本定义及常用刀具图的绘制。

一、刀具切削部分的组成

如图 2-7 所示，车刀由切削部分（刀头）和夹持部分（刀柄）两大部分组成。刀头用于切削，刀柄用于装夹。刀具切削部分由刀面、切削刃、刀尖构成。刀面用字母 A 与下角标组成的符号来标记，切削刃用字母 S 标记。副切削刃及其相关的刀面在标记时用右上角加一撇以示区别。

1. 刀面

一般车刀的切削部分由三刀面组成。

（1）前刀面　刀具上切屑流过的表面，用 A_γ 表示。

（2）主后刀面　与工件上过渡表面相对的表面，简称后刀面，用 A_α 表示。

（3）副后刀面　与工件上已加工表面相对的表面，简称副后面，用 A'_α 表示。

2. 切削刃

（1）主切削刃　前刀面与后刀面的汇交边缘线，承担主要切削工作，用 S 表示。

（2）副切削刃　前刀面与副后刀面的汇交边缘线，其靠近刀尖处起微量切削作用，具有修光性质，用 S'表示。

3. 刀尖

主切削刃和副切削刃汇交的一小段切削刃称为刀尖，通常以圆弧或短直线出现，以提高刀具的寿命。

由于切削刃不可能刃磨得很锋利，总有一些刃口圆弧，如图2-8a所示刀楔的放大部分。刃口的锋利程度用在主切削刃上的法剖面 p_n-p_n 中钝圆半径 r_n 来表示，一般工具钢刀具 r_n 为0.01～0.02mm，硬质合金刀具 r_n 为0.02～0.04mm。

为了提高刃口强度以满足不同加工要求，在前、后刀面上均可磨出倒棱面 $A_{\gamma1}$、$A_{\alpha1}$，如图2-8a所示。$b_{\gamma1}$ 是第一前刀面 $A_{\gamma1}$ 的宽度，简称倒棱宽；$b_{\alpha1}$ 是第一后刀面 $A_{\alpha1}$ 的宽度，简称刃带宽。

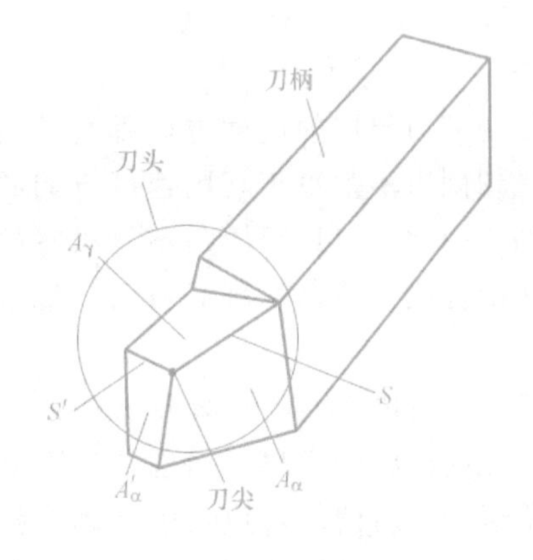

图2-7　车刀的构成

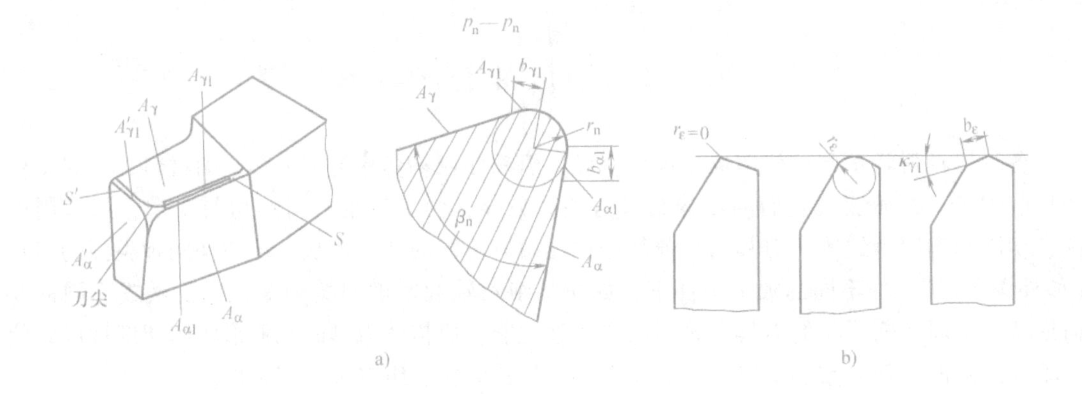

图2-8　刀楔、刀尖形状参数

为了改善刀尖的切削性能，常将刀尖做成修圆刀尖或倒角刀尖，如图2-8b所示。其参数有：刀尖圆弧半径 r_ε（它是在基面上测量的刀尖倒圆的公称半径）、倒角刀尖长度 b_ε、倒角刀尖偏角 κ_{r1}。

不同类型的刀具，其刀面、切削刃数量不同，但组成刀具的最基本单元是两个刀面汇交形成的一个切削刃，简称两面一刃。对于任何复杂的刀具，都可将其分为一个基本单元进行分析。

二、刀具角度的参考系

刀具几何角度是确定刀具切削部分几何形状和切削性能的重要参数，它是由刀面、切削刃及假定参考坐标平面间的夹角所构成的。

用来确定刀具几何角度的参考系有两类：一类称为刀具静止参考系，是刀具在设计时标注、刃磨和测量时的基准，据此基准定义的刀具角度称为刀具标注角度（也称为静止角度）；另一类称为刀具工作参考系，是确定刀具切削工作时角度的基准，据此基准定义的刀具角度称为刀具工作角度。

建立刀具标注角度参考系时不考虑进给运动的影响，且假定车刀刀尖与工件中心等高，

车刀刀杆中心线垂直于工件轴线安装。

确定刀具标注角度的参考系有正交平面参考系、法平面参考系、假定工作平面与背平面参考系等，如图 2-9 所示。其中最常用的是用正交平面参考系表示刀具标注角度。下面以普通外圆车刀为例说明刀具标注角度参考系及刀具标注角度的定义。

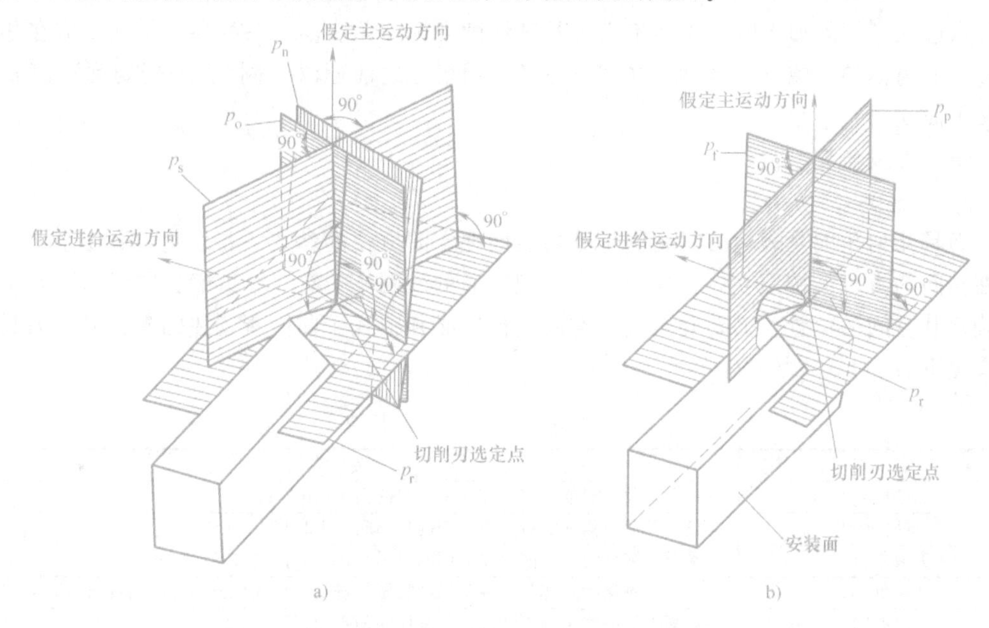

图 2-9　刀具标注角度参考系

a）正交平面参考系与法平面参考系　b）假定工作平面与背平面参考系

1. 正交平面参考系（图 2-9a）

（1）基面（p_r）　过切削刃选定点的平面，它平行或垂直于刀具在制造、刃磨及测量时适合于安装或定位的一个平面或轴线，一般说来基面垂直于假定的主运动方向，用 p_r 表示。车刀的基面可理解为平行于刀具底面的平面，如图 2-10 所示。

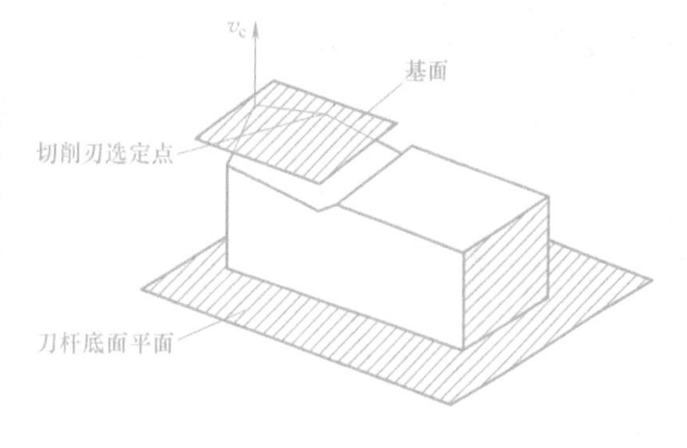

图 2-10　基面

（2）切削平面（p_s）　过切削刃选定点与切削刃相切并垂直于基面的平面，用 p_s 表示。

（3）正交平面（p_o）　过切削刃选定点同时垂直于切削平面与基面的平面，又称主剖面，用 p_o 表示。

2. 法平面参考系（图 2-9a）

法平面参考系由基面 p_r、切削平面 p_s 和法平面 p_n 组成（非正交参考系）。法平面 p_n 是指过切削刃选定点并与切削刃垂直的平面。

3. 假定工作平面与背平面参考系（图 2-9b）

假定工作平面与背平面参考系由基面 p_r、假定进给平面 p_f、假定背平面 p_p 三个平面组成。其中，假定进给平面（假定工作平面）p_f 是指过切削刃上选定点，平行于假定进给运动方向并垂直于基面 p_r 的平面。背平面（切深平面）p_p 是指过切削刃上某选定点，垂直于假定工作平面 p_f 和基面 p_r 的平面。

需要指出的是，以上刀具各标注角度参考系均适用于选定点在主切削刃上，如果切削刃选定点选在副切削刃上时，则所定义的是副切削刃标注角度参考系的参考平面，应在相应的符号右上角标加一撇以示区别，并在各参考平面名称之前冠以“副”，如副切削平面 p_s'，副正交平面 p_o'等。

三、刀具角度

1. 角度定义

刀具几何角度是表达刀具切削部分各表面在空间方位的参数。要表达刀具切削部分各表面在空间的方位，按照立体几何知识，一把普通的外圆车刀有三个刀面，它就需要六个角度来确定其空间的位置，而要确定其在空间的位置必须依托于前面所阐述的坐标系。刀具角度定义见下表2-1。

表2-1　刀具角度定义

名　称	定　义
前角(γ_o)	在正交平面内测量的前刀面与基面间的夹角(图2-11)
后角(α_o)	在正交平面内测量的后刀面与切削平面间的夹角(图2-12)
主偏角(κ_r)	在基面中测量的主切削刃在基面的投影与进给方向的夹角(图2-13)
副偏角(κ_r')	在基面中测量的副切削刃在基面的投影与进给运动的反方向之间的夹角(图2-14)
刃倾角(λ_s)	在切削平面中测量的主切削刃与基面间的夹角(图2-15)
副后角(α_o')	在副正交平面中测量的副后刀面与副切削平面之间的夹角(图2-16)

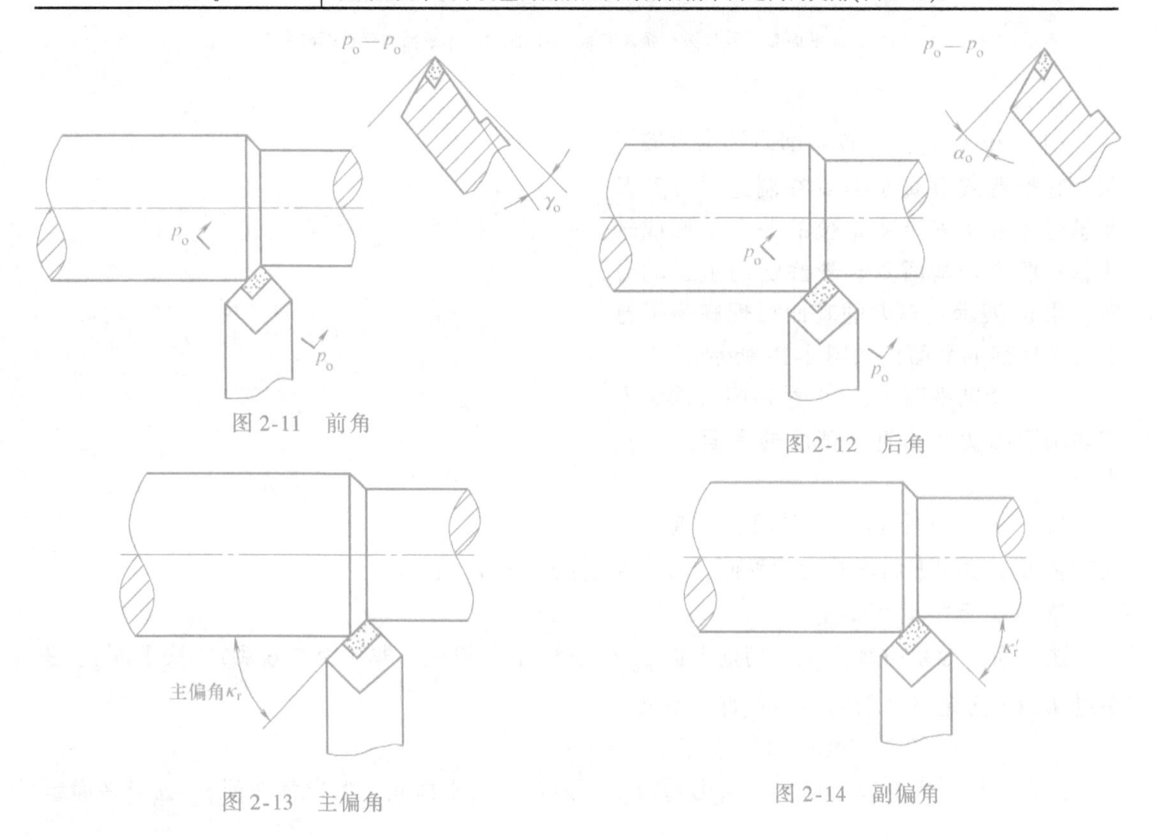

图2-11　前角

图2-12　后角

图2-13　主偏角

图2-14　副偏角

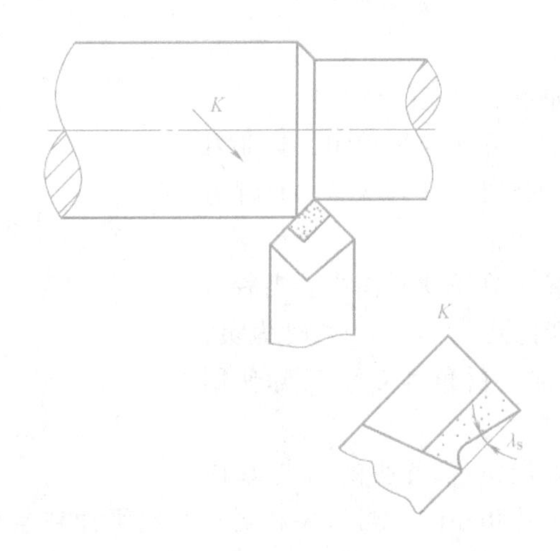

图 2-15　刃倾角

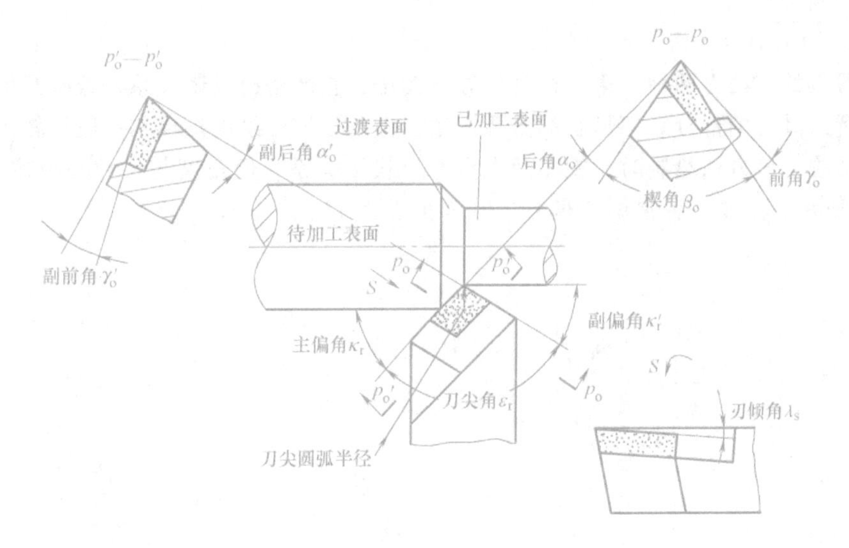

图 2-16　车刀角度

对于一般车刀而言，根据上述的刀具角度即可确定其三个刀面在空间的位置，其中前角和刃倾角确定了前刀面的方位，主偏角和后角确定了后刀面的方位，副偏角和副后角确定了副后刀面的方位，而主偏角和刃倾角确定了主切削刃的方位。以上这些角度称为刀具的基本角度，也称为静止角度、设计角度、标准角度。

此外，为了比较切削刃、刀尖的强度，在刀具上还定义了其他角度，它们属于派生角度。

（1）楔角 β_o（图 2-16）　在正交平面内测量的前刀面和后刀面间之间的夹角，其计算公式为

$$\beta_o = 90° - (\gamma_o + \alpha_o) \tag{2-13}$$

（2）刀尖角 ε_r（图 2-17）　在基面投影中，主切削刃和副切削刃之间的夹角，其计算公式为

$$\varepsilon_r = 180° - (\kappa_r + \kappa'_r) \tag{2-14}$$

2. 刀具角度正负的规定

刀具角度正负的规定如图 2-18 所示。

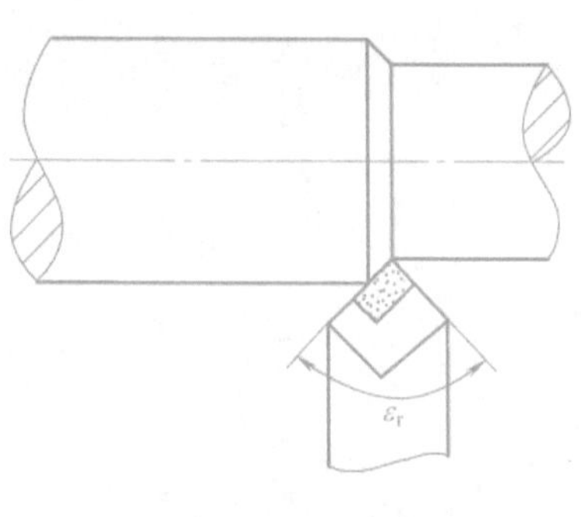

图 2-17　刀尖角

（1）前角正、负值规定　在正交平面中，当前刀面与切削平面的夹角小于 90°时为正；大于 90°时为负；前刀面与基面平行时为 0°。

（2）后角正、负值规定　在正交平面中，当后刀面与基面的夹角小于 90°时为正；大于 90°时为负；当后刀面与切削平面平行时，后角为 0°。实际使用中，后角不能小于 0°。

（3）刃倾角正、负值规定　当切削刃与基面（车刀底平面）平行时，刃倾角为 0°；当刀尖相对车刀底平面在整个切削刃上处于最高点时，刃倾角为正（前角为正）；当刀尖相对车刀底平面在整个切削刃上处于最低点时，刃倾角为负（前角为负）。

3. 车刀切削部分几何形状的图示方法

绘制刀具的方法有两种。第一种是投影作图法，它严格按投影关系来绘制几何形状，是认识和分析刀具切削部分几何形状的重要方法，但是该方法绘制烦琐，一般比较少用；第二种是简单画法，该方法绘制时，视图间大致符合投影关系，但角度与尺寸必须按比例绘制，如图 2-19 所示，这是一种常用的车刀几何角度图示方法。

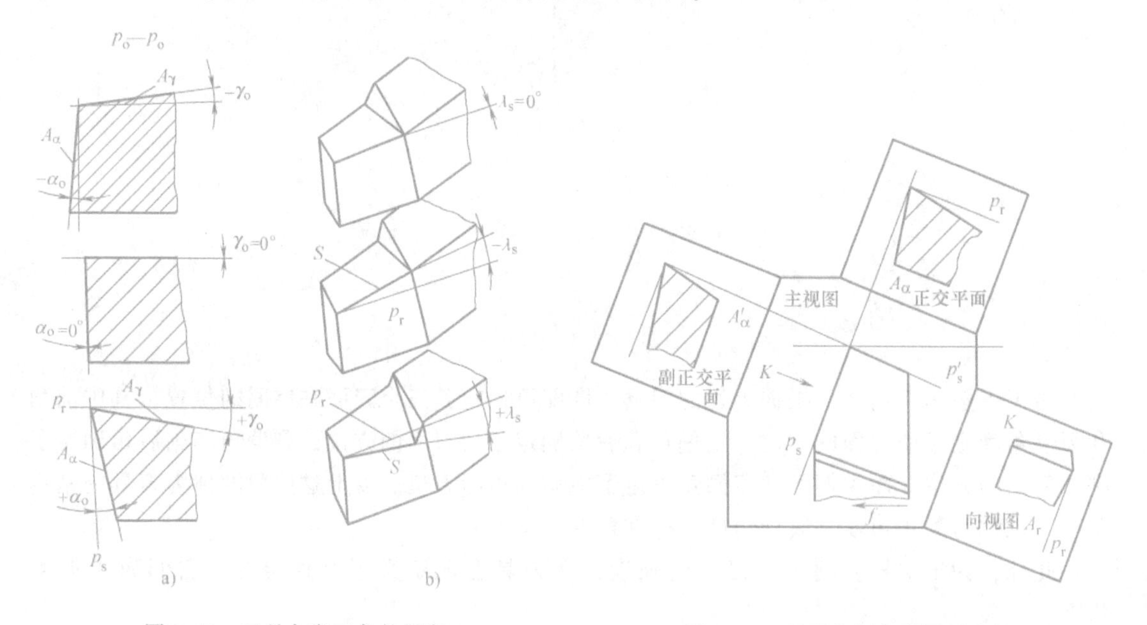

图 2-18　刀具角度正负的规定　　图 2-19　车刀几何角度图示方法

（1）主视图　通常采用刀具在基面（p_r）中的投影作为主视图，同时必须标注进给运动方向，以确定或判断主切削刃和副切削刃（图 2-19）。

（2）向视图　通常取刀具在切削平面（p_s）中的投影作为向视图，此处要注意放置位置。

(3) 剖视图　包括在正交平面 (p_o) 和副正交平面 (p'_o) 的两个剖视图。

4. 常见车刀几何角度的绘制

(1) 90°外圆车刀的绘制

1) 结构分析。所谓90°外圆车刀是指该车刀主偏角为90°，主要用于纵向进给车削外圆，尤其适用于刚性较差的细长轴类零件的车削加工。该车刀共有3个刀面，即前刀面、后刀面、副后刀面；所需标注独立角度为6个，即前刀面控制角为前角、刃倾角，后刀面控制角为后角、主偏角，副后刀面控制角为副后角、副偏角。

2) 绘制方法。绘制方法与步骤如下：

① 先画出刀具在基面中的投影，取主偏角为90°，并标注进给运动方向，以明确表明后刀面与副后刀面、主切削刃与副切削刃的位置。

② 再画出切削平面（向视图）中主切削刃的投影，注意放置位置。

③ 最后画出正交平面内的前角、后角，副正交平面内的副后角。

④ 标注相应角度数值或符号，如图2-20所示。

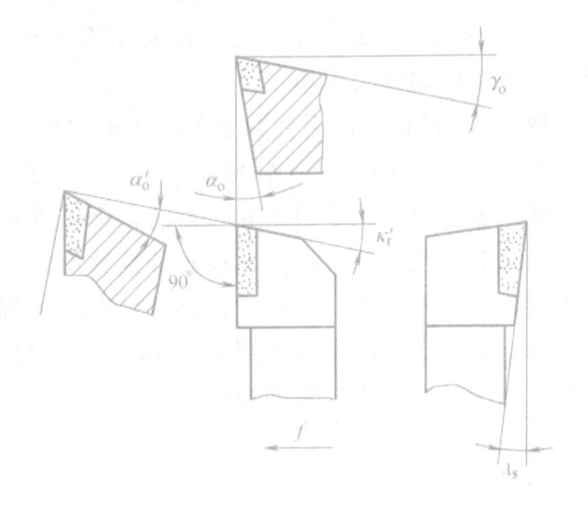

图2-20　90°外圆车刀的绘制

(2) 切断车刀的绘制

1) 结构分析。切断车刀采用横向进给方式对工件进行切削加工，主要用于工件的切槽或切断。切断车刀共有4个刀面：一个前刀面、一个主后刀面、两个副后刀面。切断车刀有左右两个刀尖，一条主切削刃，两条副切削刃。切断车刀可以看作是两把端面车刀的组合，进刀时同时切削左右两个端面。由于它有4个刀面，故所需标注的独立角度有8个：控制前刀面的前角、刃倾角，控制主后刀面的主偏角、后角，控制左、右副后刀面的2个副偏角和2个副后角。

2) 绘制方法。绘制方法和步骤与一般外圆车刀相同，如图2-21所示。需要指出的是，切断车刀有两个副后刀面，需要画出两个副正交平面。

一般切断车刀的主切削刃较窄，刀头较长，所以强度较差。生产中普遍使用的是高速钢切断车刀，其主要参数选择如下：

① 前角。切断中碳钢时，取20°~30°；切断铸铁时，取0°~10°。

② 后角。切断塑性材料时，取大些；切断脆性材料时，取小些。一般取4°~8°。

③ 副后角。切断车刀有两个对称的起减少摩擦作用的副后角，一般取1°~2°。

④ 主偏角。由于切断车刀采用横向进给，因此一般采用90°的主偏角。

⑤ 副偏角。为了不过多削弱刀头强度，一般取1°~1.5°。

主切削刃宽度和刀头长度的计算公式为

$$
\begin{aligned}
a &= (0.5 \sim 0.6)\sqrt{D} \\
L &= h + (2 \sim 3)\text{mm}
\end{aligned}
\tag{2-15}
$$

式中　a——主切削刃宽度 (mm)；

D——工件待加工表面直径（mm）；

L——刀头长度（mm）；

h——工件被切入的深度（mm）。切实心件时，h 为工件半径；切空心件时，h 为壁厚。

高速切削时则采用硬质合金切断车刀，其要求与高速钢切断车刀相同。为了增强切断车刀的强度，可在主切削刃两侧磨出过渡刃，并在主切削刃上磨出负倒棱，还可把刀头下部做成凸肚形。

切断大直径工件时，为减少振动，可采用反切刀进行切削，使工件反转。

（3）内孔车刀的绘制　由于内孔车刀的结构类似于外圆车刀，所以不再赘述，下面将通过一个实例加以说明。

例 2-1　试根据以下参数绘制内孔车刀的切削部分。参数如下：前角 15°、后角 8°、主偏角 75°、副偏角 10°、副后角 8°、刃倾角 -5°。

解：根据要求，绘制内孔车刀的六个基本角度，如图 2-22 所示。

内孔有通孔、台阶孔、不通孔等几种形式。车削通孔可用通孔车刀，车削台阶孔或不通孔则需用不通孔车刀，它们的主要区别在于主偏角的大小。通孔车刀的主偏角小于 90°；台阶孔或不通孔车刀的主偏角则大于 90°，且刃倾角应为负值，以确保加工时切屑向刀柄方向排出，保证切削加工的顺利进行。

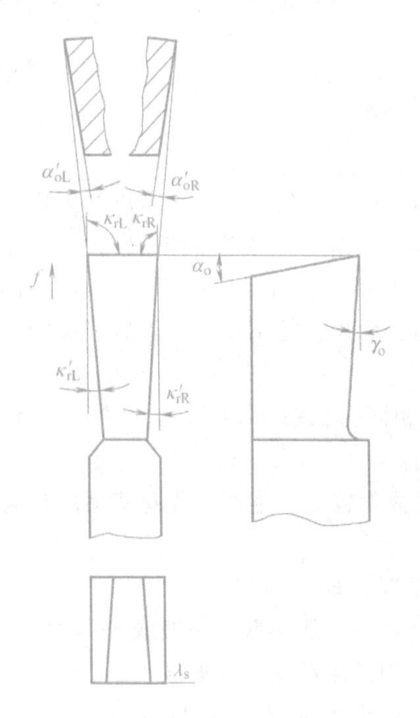

图 2-21　切断车刀的绘制

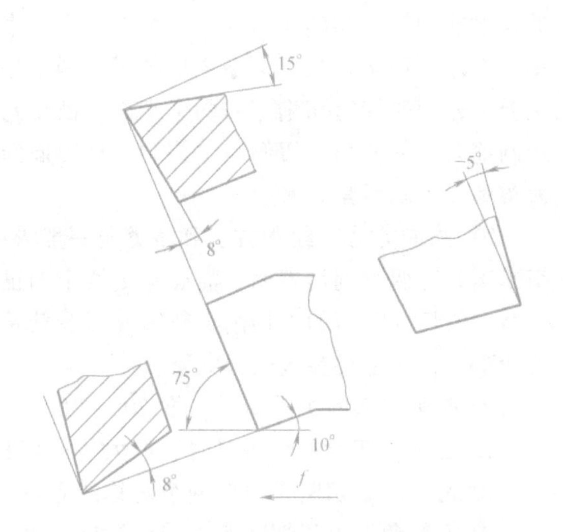

图 2-22　内孔车刀的绘制

5. 车刀角度的换算

车刀的标注角度通常是指在正交平面参考系中表示的角度，但是在实际生产中也会使用到法平面参考系中和假定工作平面参考系中的角度，因此，常需进行各参考系之间角度的相互换算，现简要说明如下：

(1) 前角 γ_o、后角 α_o 与法前角 γ_n、法后角 α_n 的换算　如图 2-23a 所示，车刀的刃倾角为 λ_s、前角为 γ_o，通过切削刃 S 上选定点 O 的四个坐标平面 p_o、p_n、p_r 和 p_s 中，正交平面 p_o 与基面 p_r 交线 $\overline{Oa}$，与前刀面交线 Ob 形成直角三角形△Oab；此外通过 O 点作法平面 p_n 与前刀面的交线为 Oc 和 Oa，形成直角三角形△Oac，法平面 p_n 与正交平面 p_o 各在前刀面上的交点、c、b 组成直角三角形△abc，因而由上述各直角三角形之间推导得 γ_o 与 γ_n 换算公式为

$$\tan\gamma_n = \tan\gamma_o \cos\lambda_s \tag{2-16}$$

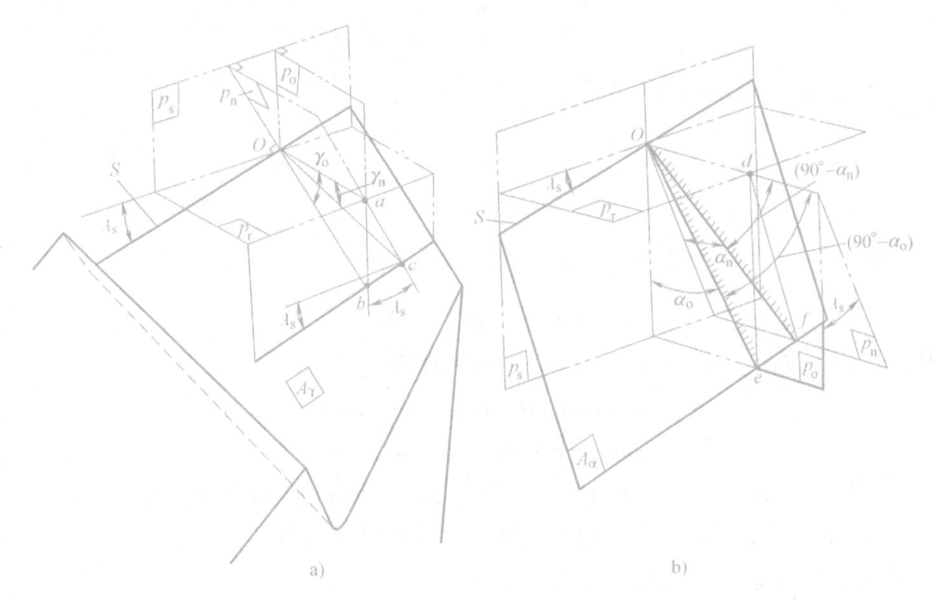

图 2-23　正交平面参考系前角 γ_o、后角 α_o 与法平面参考系前角 γ_n、后角 α_n 的换算

a) γ_o 与 γ_n 的换算　b) α_o 与 α_n 的换算

如图 2-23b 所示，车刀的刃倾角为 λ_s、后角 α_o。通过切削刃 S 上选定点 O 的坐标平面 p_o、p_n 分别与后刀面交线为 Oe 和 Of，并形成了后角 α_o 和法后角 α_n。正交平面 p_o 与法平面 p_n 在基面上交线 Od，作后刀面上 ef 平行于主切削刃 S，故经直角三角形△Ode、△Odf 和△def 之间换算得

$$\cot\alpha_n = \cot\alpha_o \cos\lambda_s$$

变换得

$$\tan\alpha_n = \frac{\tan\alpha_o}{\cos\lambda_s} \tag{2-17}$$

(2) 前角 γ_o、后角 α_o、主偏角 κ_r、刃倾角 λ_s 与假定工作平面参考系中前角 γ_f、γ_p 和后角 α_f、α_p 的换算　假定工作平面与背平面参考系中假定工作平面 p_f 中的前角为 γ_f，后角为 α_f；假定背平面 p_p 中的前角为 γ_p，后角为 α_p，如图 2-24 所示。

γ_f、γ_p 与正交平面参考系中 γ_o、κ_r 和 λ_s 的换算为（本书不加证明）

$$\tan\gamma_f = \tan\gamma_o \sin\kappa_r - \tan\lambda_s \cos\kappa_r \tag{2-18}$$

$$\tan\gamma_p = \tan\gamma_o \cos\kappa_r + \tan\lambda_s \sin\kappa_r \tag{2-19}$$

经过变换得

$$\tan\gamma_o = \tan\gamma_p \cos\kappa_r + \tan\gamma_f \sin\kappa_r \tag{2-20}$$

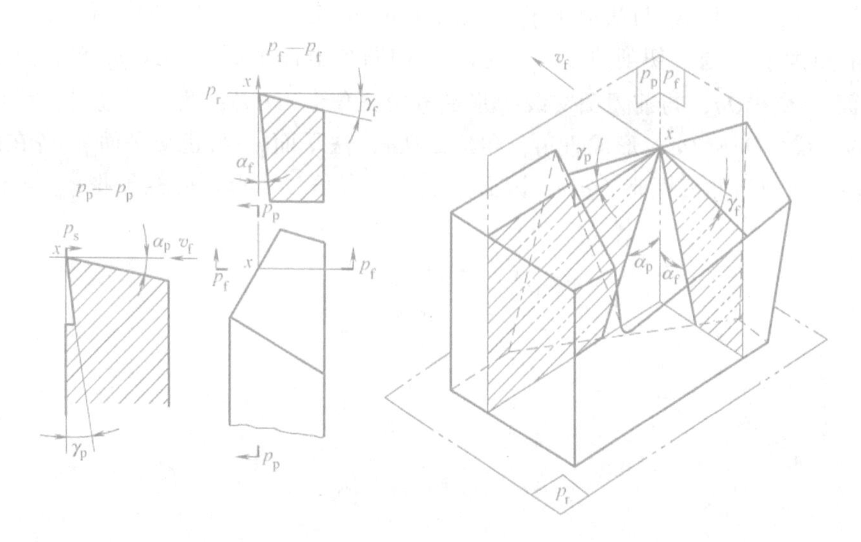

图 2-24 假定工作平面参考系 p_f 中的 γ_f、α_f 与假定背平面参考系 p_p 中的 γ_p、α_p

$$\tan\lambda_s = \tan\gamma_p \sin\kappa_r - \tan\gamma_f \cos\kappa_r \tag{2-21}$$

同样，可以证明 α_f、α_p 与 α_o、κ_r 和 λ_s 的换算为

$$\cot\alpha_f = \cot\alpha_o \sin\kappa_r - \tan\lambda_s \cos\kappa_r \tag{2-22}$$

$$\cot\alpha_p = \cot\alpha_o \cos\kappa_r + \tan\lambda_s \sin\kappa_r \tag{2-23}$$

在工具磨床上刃磨车刀时，常需计算其假定工作平面和背平面中的前角 γ_f 和 γ_p 与后角 α_f 和 α_p。在铣床上加工可转位车刀的刀槽时，也需要用到假定工作平面中的前角 γ_f 与背平面中的前角 γ_p，因为它们都使用三向工作转台。

第四节 刀具的工作角度

一、刀具工作参考系和工作角度

刀具在工作时的实际角度称为刀具的工作角度。刀具工作时可能会打破建立静止坐标系时的三个假定条件，就会导致刀具工作角度的变化。所以研究切削过程中的刀具角度，必须以刀具与工件之间的相对位置、相对运动为基础建立参考系，这种参考系称为工作参考系。刀具工作角度是用工作参考系定义的刀具角度。

在工作参考系中，假定参考平面的定义类似于静止参考系，只不过工作基面、工作切削平面等的方位发生了变化，进而造成工作角度与标注角度的不同。刀具工作角度的定义与标注角度类似，它也是刀面、切削刃与工作参考系平面之间的夹角。刀具工作角度的符号是在标注角度的基础上再加一个下角标字母 e。

（1）工作基面（p_{re}） 通过切削刃上的选定点垂直于合成切削速度方向的平面。

（2）工作切削平面（p_{se}） 通过切削刃上的选定点与切削刃相切，且垂直于工作基面的平面。

（3）工作正交平面（p_{oe}） 通过切削刃上的选定点，同时垂直于工作基面和工作切削平面的平面。

刀具的工作角度的代号分别是 γ_{oe}、α_{oe}、κ_{re}、λ_{se}、κ'_{re}、α'_{oe}、γ_{fe}、γ_{pe}、α_{fe}、α_{pe}等。

二、刀具工作角度的影响因素

1. 刀具安装误差对工作角度的影响及计算

在实际加工中，由于刀具安装误差的存在，即假定安装条件不满足，必将引起刀具角度的变化。其中，刀尖在高度方向的安装误差将主要引起前角、后角的变化；刀杆中心在水平面内的偏斜将主要引起主偏角、副偏角的变化。

(1) 刀尖与工件中心线不等高时　车削外圆表面，当刀尖与工件中心线等高时，切削平面与车刀底面垂直，基面与车刀底面平行。否则，将引起基面方位的变化，即工作基面(p_{re})不平行于车刀底面。以主编角为90°的切断刀为例，当刀尖高于工件中心时，工作前角增大，工作后角减小；当刀尖低于工件中心时，工作前角减小，工作后角增大，如图2-25所示。车削内孔表面时，其车削情况与车削外圆表面时相反。

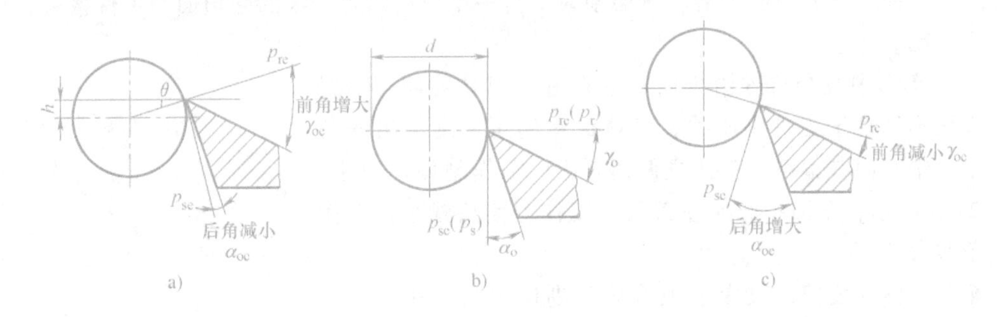

图2-25　刀尖与工件中心不等高时的前、后角
a) 装高　b) 正确　c) 装低

假设工件直径为 d，安装时高度误差为 h，安装误差引起的前、后角变化值为 θ，则在直角三角形中利用正弦定理可得

$$\sin\theta = \frac{2h}{d} \tag{2-24}$$

$$\gamma_{oe} = \gamma_o \pm \theta \tag{2-25}$$

$$\alpha_{oe} = \alpha_o \mp \theta \tag{2-26}$$

式(2-25)和式(2-26)分别是切断车刀装高或装低时，切断车刀工作前角和工作后角的计算公式。

思考问题：如果采用一般外圆车刀切削外圆时，在刀尖装高或装低的影响下，其工作角度应该在哪个参考平面内度量？

例2-2　采用主偏角为90°的切断刀切断工件时，其前角为10°，后角为6°，工件直径为 ϕ30mm，安装时出现了误差，刀尖装低了1.5mm时，试计算工作前角和工作后角分别是多少。

解：将已知条件带入式(2-24)，因为 $\sin\theta = \frac{2\times1.5}{30} = 0.1$

所以 $\theta = 5°44'$

即车刀刀尖装低1.5mm时，会导致前角减小5°44′，后角增大5°44′，工作前角和工作后角分别为

$$\gamma_{oe}=10°-5°44'=4°16'$$
$$\alpha_{oe}=6°+5°44'=11°44'$$

不难看出，工件直径越小，高度安装误差对工作角度的影响越明显，由 $\sin\theta=\dfrac{2h}{d}$可以看出，当刀尖高于工件中心的距离（h）较大或者工件直径（d）较小时（如切断工件时，切断车刀接近中心时的直径），角度变化值 θ 较大，甚至趋于 90°。而车刀的后角一般磨成 6°~12°，在刀尖安装高于工件中心并出现上述情况时，实际工作后角可能会变成负值。负后角车刀是不能切削的，这也是切断工件时切断车刀装高而崩刃的主要原因。当然，如果刀尖低于工件中心，则会产生振动，或者产生“扎刀”现象。

在实际生产中，也有应用这一影响（车刀装高或装低）来改变车刀实际角度的情况。例如车削细长轴类工件时，车刀刀尖应略高于工件中心 0.1~0.3mm，这时刀具的工作后角稍有减小，并且当后刀面上有轻微磨损时，有一小段后角等于零的磨损面与工件接触，这样能防止振动。

（2）车刀中心线与进给方向不垂直时　刀具装偏，即刀具中心线不垂直于工件中心线，将造成主偏角和副偏角的变化。车刀中心向右偏斜，工作主偏角增大，工作副偏角减小，如图 2-26 所示；车刀中心向左偏斜，工作主偏角减小，工作副偏角增大。

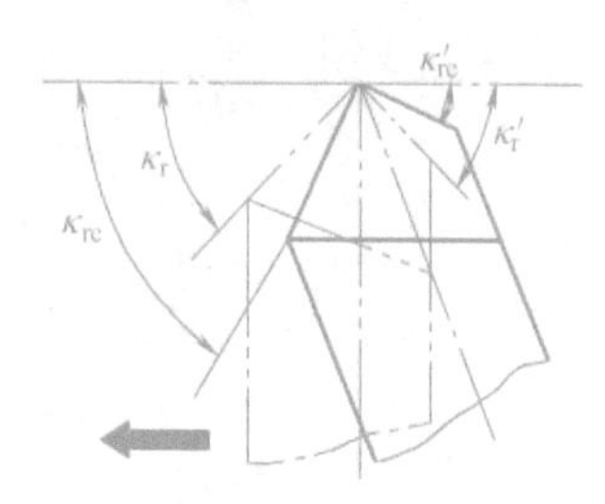

图 2-26　刀具装偏对主、副偏角的影响

车刀刀柄的装偏，改变了主偏角和副偏角的大小。对一般车削来说，少许装偏影响不是很大。但对切断加工来说，因切断车刀安装不正，切断过程中就会产生轴向分力，使刀头偏向一侧，轻者会使切断面出现凹形或凸形，重者会使切断车刀折断，因此必须引起充分的重视。

2. 进给运动对工作角度的影响及计算

（1）一般车削进给　由于进给运动时车刀切削刃所形成的加工表面为阿基米德螺旋面，而切削刃上的选定点相对于工件的运动轨迹为阿基米德螺旋线，使切削平面和基面发生了倾斜，造成工作前角增大、工作后角减小，如图 2-27 所示，其角度变化值称为合成切削速度角，用符号 η 表示。

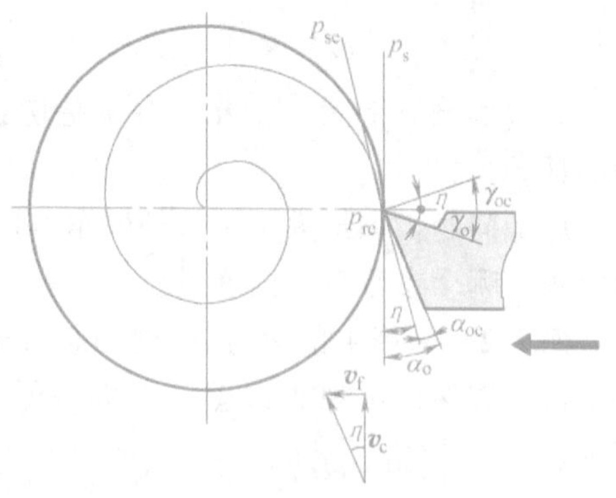

图 2-27　进给运动对工作角度的影响

若采用 $\kappa_r=90°$ 切断刀切断直径为 d 的工件，进给量为 f，则

$$\tan\eta=\frac{f}{\pi d}\tag{2-27}$$

$$\gamma_{oe}=\gamma_o+\eta\tag{2-28}$$

$$\alpha_{oe}=\alpha_o-\eta\tag{2-29}$$

由于进给时 d 不断变小（η 为一变量），所以工作后角急剧下降，在未到工件中心处时，工作后角已变为负值，此时刀具不是在切削工件，而是在推挤工件。如果采用外圆车刀切削外圆表面时，在进给运动的影响下，其工作角

度应该在哪个参考平面内度量？

例 2-3　已知一 $\kappa_r=90°$ 的切断车刀的前角为 10°，后角为 6°，工件直径为 $\phi63$mm，切断时进给量为 $f=0.02$mm/r，试计算合成切削速度角是多少，工作前角和工作后角分别是多少。

解：将已知条件带入式（2-27）得

$$\tan\eta=\frac{f}{\pi d}=\frac{0.02}{\pi\times63}\Rightarrow\eta=0.00579°$$

将 η、前角、后角分别代入式（2-28）和式（2-29）得

$$\gamma_{oe}=10°+0.00579°=10.00579°$$

$$\alpha_{oe}=6°-0.00579°=5.99421°$$

（2）车削方牙螺纹进给　图 2-28 所示为车削方牙螺纹时螺纹车刀左、右切削刃工作角度的变化。设方牙螺纹的导程为 P（若方牙螺纹为单线，则其导程即为螺距，单位为 mm），若方牙螺纹两侧面均为螺纹升角为 ϕ 的阿基米德螺旋面，则有

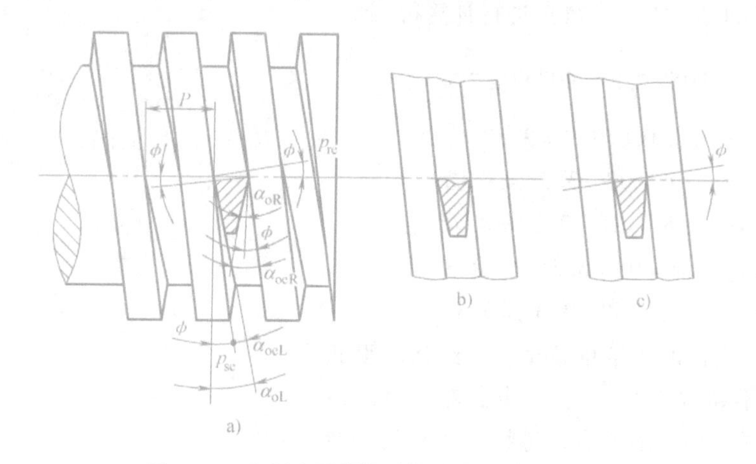

图 2-28　车削方牙螺纹时螺纹车刀的工作角度

$$\phi=\arctan\frac{P}{\pi d_2} \tag{2-30}$$

式中　d_2——方牙螺纹的中径（mm）。

车削方牙螺纹时，包含在左、右两侧工作切削平面 p_{se} 中的合成速度 v_e 切于阿基米德螺旋面，即 p_{se} 面倾斜了 ϕ 角。左、右切削刃的工作基面 p_{re} 也倾斜了 ϕ 角。于是，左切削刃的工作前角 γ_{o_eL} 和工作后角 α_{o_eL} 分别为

$$\gamma_{o_eL}=\gamma_{oL}+\phi \tag{2-31}$$

$$\alpha_{o_eL}=\alpha_{oL}-\phi \tag{2-32}$$

右切削刃的工作前角 γ_{o_eR} 和工作后角 α_{o_eR} 分别为

$$\gamma_{o_eR}=\gamma_{oR}-\phi \tag{2-33}$$

$$\alpha_{o_eR}=\alpha_{oR}+\phi \tag{2-34}$$

因为方牙螺纹的 ϕ 较大（几度到十几度），为抵消工作时刀具角度的变化，螺纹车刀两侧切削刃的标注后角应事先刃磨得不一样大小，但其右切削刃的工作前角仍负得相当多。总

之，对螺纹车刀而言，进给运动对左右切削刃的工作前角、工作后角的影响是不同的。对左切削刃，工作前角增大，工作后角减小；对右切削刃，工作前角减小，工作后角增大。

为改善其切削条件，可在螺纹车刀右切削刃上加磨前角，如图2-28b中的凹面；或将螺纹车刀倾斜ϕ角安装，如图2-28c所示。在后一种情况下，两侧切削刃上的工作前角、工作后角就等于其刃磨前角和刃磨后角（静态角度，即标注角度）了。

思考问题：如果车削普通螺纹或梯形螺纹时，请问由于进给运动的影响，其工作角度应该在哪个参考平面内度量？

例2-4　车削方牙螺纹，大径$d=36$mm，中径$d_2=33$mm，小径$d_1=29$mm，螺距$P=6$mm，若使用刀具的前角为0°，左切削刃后角$\alpha_{oL}=12°$，右切削刃后角$\alpha_{oR}=6°$。试问螺纹刀具的左切削刃、右切削刃的工作前角、工作后角分别是多少？

解：车削方牙螺纹时，左切削刃、右切削刃的工作前角分别是增大和减小，左切削刃、右切削刃的工作后角分别是减小和增大，如图2-29所示。

利用式（2-30）~式（2-34）进行计算得

$$\phi=\arctan\frac{P}{\pi d_2}=\arctan\frac{6}{\pi\times33}$$

$$=\arctan0.05787=3.3°$$

$$\gamma_{o_eL}=\gamma_{oL}+\phi=0°+3.3°=3.3°$$

$$\alpha_{o_eL}=\alpha_{oL}-\phi=12°-3.3°=8.7°$$

$$\gamma_{o_eR}=\gamma_{oR}-\phi=0°-3.3°=-3.3°$$

$$\alpha_{o_eR}=\alpha_{oR}+\phi=6°+3.3°=9.3°$$

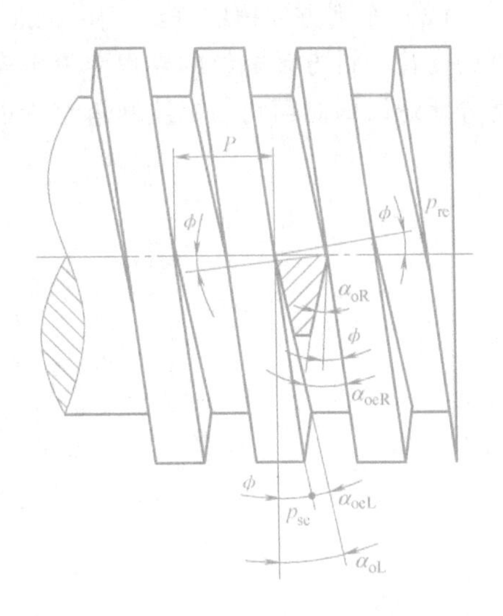

图2-29　车削方牙螺纹时螺纹车刀两侧切削刃的工作后角变化情况

总之，一般车削时进给量较小，进给运动引起的η值很小，不超过30′~1°，故可忽略不计。但在进给量较大时，如车削大螺距螺纹，尤其是多线螺纹时，η值很大，可大到15°左右，故在设计刀具时，必须考虑η对工作角度的影响。

第五节　知识应用

在前几节中讲述了一些基本定义，特别讲述了刀具的静止角度，以及刀具实际工作时的工作角度，下面主要讲述前面所学知识在生产中的实际应用。

案例1　如图2-1所示的零件，夹持右端粗车$\phi63_{-0.05}^{\ 0}$mm外圆，若$a_p=2.5$mm，$f=0.5$mm/r，机床转速为$n=630$r/min，车削长度为48mm。在后续“机械加工工艺”课程中，要求学生编写工艺文件，计算出切削时间，从而确定工时定额，试问车削外圆表面的切削时间（机动时间）为多少？

解：根据式（2-8），车削外圆表面时的机动时间为

$$t_m=\frac{lA\pi d}{1000v_c a_p f}$$

又$l=48+\Delta$，且Δ一般取3~5mm，

则如果一次走刀，机动时间应为

$$t_m = \frac{L_{a_p}}{v_f \cdot a_p} = \frac{l}{nf} = \frac{48\text{mm} + 3\text{mm}}{630\text{r/min} \times 0.5\text{mm/r}} = 0.162\text{min} = 9.7\text{s}$$

工时定额是工厂用于生产调度管理、核算工人收入的一个重要依据，计算切削时间是确定工时定额的主要内容之一。

案例2 车削图2-28所示方牙螺纹，螺纹升角 $\phi = 3.3°$，刀具左、右后刀面的标注后角都为6°，由于进给运动的影响，其工作角度 $\gamma_{o_eL} = 3.3°$，$\alpha_{o_eL} = 2.7°$，$\gamma_{o_eR} = -3.3°$，$\alpha_{o_eR} = 9.3°$，在实际生产中显然会造成左、右切削刃的工作性能不一样，那么在实际生产中如何解决这个问题？

解：在螺纹车削中，由于进给运动的影响，必然会造成其左、右后刀面工作后角的不同，在生产实际中为解决这个问题，一般情况下在设计螺纹刀具时，根据其加工左、右旋螺纹的不同，如设计车削右旋螺纹的车刀时，一般把左侧后刀面的后角设计得大一些。例如加工图2-28中的方牙螺纹时，其左侧后刀面的后角为12°，而右侧后刀面的后角为6°，车削左旋螺纹时则相反，其目的就是保证车刀在车削螺纹时，左右切削刃的工作性能一致。

同时加工螺纹时，除了考虑进给运动对工作角度影响较大外，还要保证刀具的对中性，否则会引起螺纹牙型角的改变。在工厂中一般采用螺纹对刀样块进行对中。

案例3 在工厂中，若采用切断车刀切断工件或切槽时，由于进给运动的影响或刀具安装时不等高，也会造成工作角度的变化。有这样一个案例，采用90°切断车刀切断工件，当刀具进给到靠近工件中心时，刀具突然崩刃或切完后会在端面上留下一定直径的凸台，这是为什么呢？如何解决？

解：根据前面所学知识，可知当采用切断车刀切削端面或切断工件时，若刀具安装时刀尖与工件中心等高，受到进给运动的影响后，其工作角度的变化规律是工作后角减小、工作前角增大。工作后角 $\alpha_{oe} = \alpha_o - \eta$，由 $\tan\eta = \dfrac{f}{\pi d}$可知，随着切削加工的进行，工件直径 d 会越来越小，η 会越来越大，当 $\alpha_o = \eta$ 时，直接会导致其工作后角为零，使切削刃失去切削性能，造成后刀面直接推挤工件切削表面，就会使刀具突然崩刃。在生产实际中可以随着切削运动的进行改变切削进给量 f，越靠近中心进给量越小。

若在切断工件或切端面时，刀具安装时刀尖与工件中心不等高，根据前面所学知识，除了进给运动的影响外，还存在着因为工件的安装而引起工作角度的变化问题。当刀尖不与工件中心等高时，若装高则 $\alpha_{oe} = \alpha_o - \theta$，若装低则 $\alpha_{oe} = \alpha_o + \theta$，由 $\sin\theta = \dfrac{2h}{d}$可知，若装高 h，随着切削过程的进行 d 会越来越小，θ 会越来越大，在靠近工件中心时，其工作后角会等于零，如果再考虑到进给运动的影响，其工作角度变化会更加快，使切削刃失去切削性能，造成后刀面直接推挤工件切削表面，就会使刀具突然崩刃。当刀尖装低 h，随着切削过程的进行工作后角有增大的趋势，结合到进给运动的影响因素，可以适当地缓解工作后角的变化趋势，但是由于刀尖低于工件中心，很显然在切断工件时会在工件端面留下一定直径的凸台。此外，由于机床的回转误差的影响，也会使刀具崩刃。

当然，在实际生产中也可以利用刀具安装时，刀尖不与工件中心等高会引起刀具工作角度变化的这一现象来解决生产实际中的问题。例如在车削内孔时，为了避免刀具后刀面与工件孔壁的摩擦和碰撞，在安装刀具时可以适当地使刀尖高于工件中心，以增大实际工作后角。

【思政目标】通过分析金属切削加工必须具备的三个条件，结合实际案例，初探金属切削的加工过程，综合培养学生的空间思维能力、学习能力以及解决工程问题的能力；培养学生掌握正确的思维方法，养成科学的思维习惯；结合中国制造的发展及成就，教育学生坚持“四个自信”、牢固树立“四个意识”、做到“两个维护”，弘扬社会主义核心价值观，培养爱国主义精神。

复习思考题

1. 切削加工由哪些运动组成？它们是如何定义的？各自的特点如何？

2. 车削外圆时，工件上有哪些表面？如何定义这些表面？

3. 切削用量三要素是指什么？它们是如何定义及计算的？

4. 切削层参数是指什么？它们是如何定义的？

5. 车刀切削部分是由哪些部分组成的？各部分是如何定义的？

6. 刀具标注角度与工作角度有何区别？

7. 如何判定车刀前角和刃倾角的正负？

8. 如图2-30所示，用弯头车刀车端面时，试标注出待加工表面、已加工表面、过渡表面及车刀的主切削刃、副切削刃和刀尖。

9. 如图2-30所示的车端面情况，试标注出背吃刀量 a_p、进给量 f、切削层公称厚度 h_D、切削层公称宽度 b_D。若 $a_p = 5mm$，$f = 0.3mm/r$，$\kappa_r = 45°$，试求 h_D、b_D 和切削层公称横截面积 A_D 的大小。

10. 车外圆的45°直头车刀标注角度如下：$\kappa_r = 45°$，$\kappa'_r = 45°$，$\gamma_o = 15°$，$\alpha_o = \alpha'_o = 6°$，$\lambda_s = 3°$，试画出上述车刀几何角度图。

11. 刀具安装高低和偏斜时，如何影响工作角度？

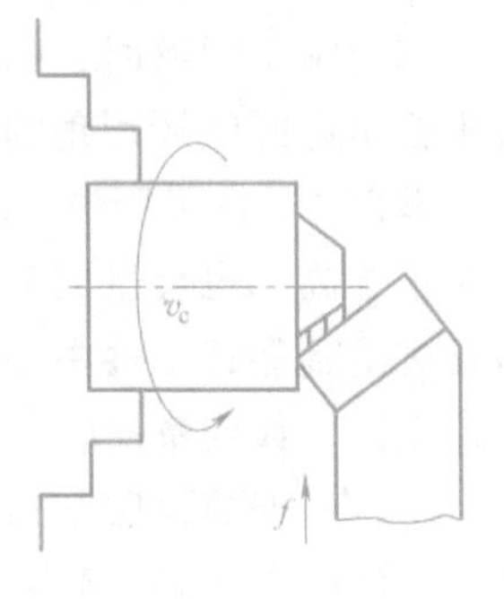

图2-30　弯头车刀车端面

3

第三章

金属切削的基本理论

金属切削的基本理论是关于金属切削过程中基本物理现象变化规律的理论。金属切削过程就是刀具从工件表面上切除多余的金属，形成切屑和已加工表面的过程。伴随这一过程将产生一系列物理现象，包括切削变形、切削力、切削温度和刀具磨损等，而这些现象均以切削过程中金属的弹性、塑性变形为基础，将直接或间接地影响工件的加工质量和生产率等。生产实践中出现的积屑瘤、鳞刺、振动等问题，又都同切削过程中的变形规律有关。因此，了解并掌握这些变形规律，对分析和解决切削加工中出现的问题有着十分重要的意义。

第一节 知识引入

金属切削过程中到底会发生什么样的变形？变形的规律是什么？在数控机床上加工中碳钢零件时，出现了不易折断的带状切屑，严重影响了加工的进行，如何解决该问题？

在切削加工塑性金属材料工件时，有时会出现以下现象：工人在切削速度为15m/min、进给量为0.2mm/r的情况下加工直径为ϕ60mm的某中碳钢工件后，发现在刀具前刀面上主切削刃附近“长出”了一个硬度很高的楔块，如图3-1所示，并且工件已加工表面也变得比较粗糙。这是什么原因？

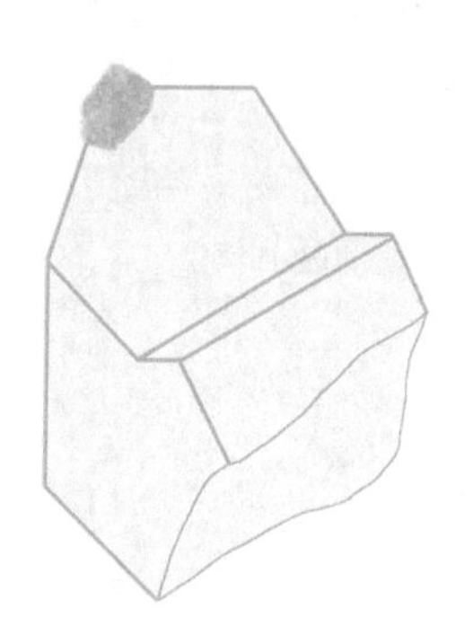

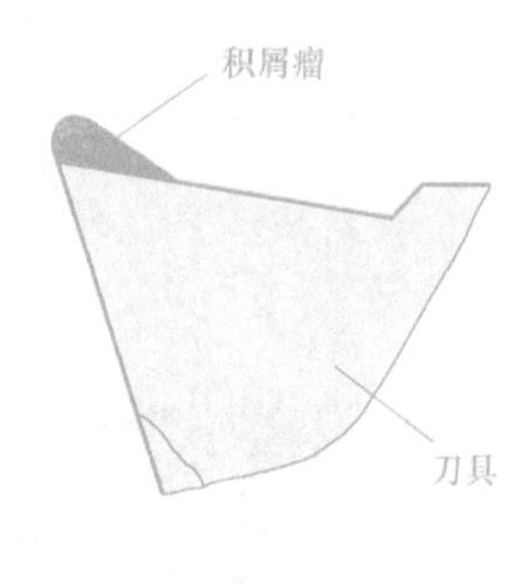

图3-1 积屑瘤

在CKS6116型车床（功率为7.5kW）上车削图2-1所示$\phi 63_{-0.05}^{\ 0}$mm短轴外圆时，进给量为0.3mm/r，背吃刀量为1.5mm，转速为800r/min，设机床的传动效率为80%，要求计算主切削力并验算电动机功率是否足够？另在车削该外圆时，如果切屑颜色变为深蓝色，则车刀刀尖部位的温度大约是多少？

在切削工件时，新刀具用起来比较轻快，但用了一段时间后，加工表面出现亮点，表面粗糙度明显恶化，那么是何原因造成的呢？生产中又应该如何防止这种现象的产生呢？

第二节　切削变形

切削实质上是工件切削层金属在刀具的作用下产生弹性变形和塑性变形，切削层金属与工件本体分离变为切屑的过程。

一、切屑的形成与变形原理

有人认为金属的切削过程就像斧子劈木头一样，由于切削刃楔入的作用使切屑离开工件，这种看法是不对的。如果我们仔细观察一下，就会发现两者的过程及结果截然不同。在用斧子劈木头时，通常木头总是按照劈的方向顺着纹理裂成两半，在长度与厚度方向上基本不产生变形，劈开的两片木头仍能合成一块。而金属材料的切削过程却不一样，如在刨床上切削钢类工件，只要将刨下来的切屑量一量，就会发现它的长度减短，厚度增加，同时切屑呈卷曲状，一面光滑，另一面则毛松松地裂开，这说明金属在切削过程中实际上并不是真正被简单地切下来的，而是在切削刃的切割和前刀面的推挤作用下，经过一系列复杂的变形过程，使被切削层金属成为切屑而离开工件的过程。

实际上金属在加工过程中会发生剪切和滑移，图 3-2 表示了金属的滑移线和流动轨迹线，其中横向线是金属流动轨迹线，纵向线是金属的剪切滑移线。金属切削过程中根据切屑变形机理的不同可以划分为三个变形区。图 3-3 所示为切屑根部金相照片，图 3-4 所示为滑移与晶粒拉长示意图。

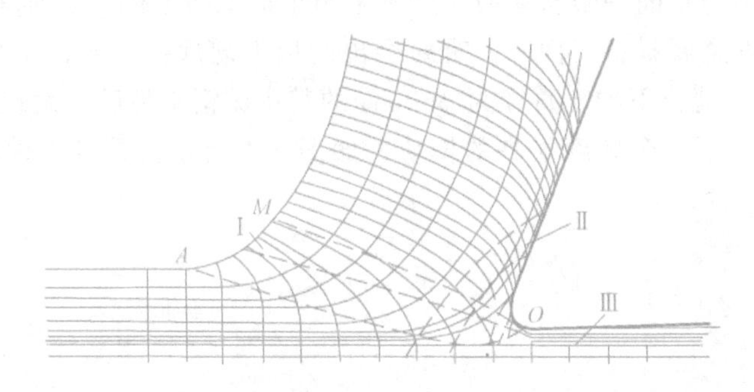

图 3-2　金属切削过程中滑移线和流动轨迹线

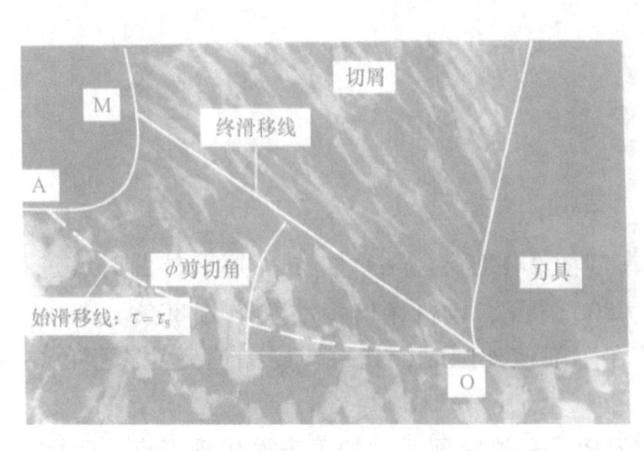

图 3-3　切屑根部金相照片

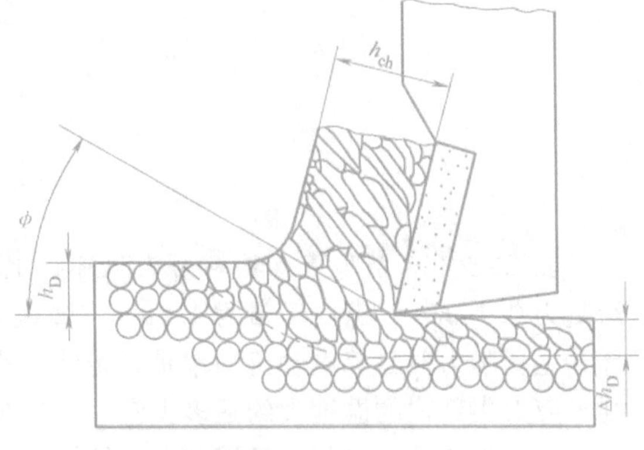

图 3-4　滑移与晶粒拉长

1. 切削时的三个变形区

切削过程中，金属的变形大致发生在三个区域内，如图 3-5 所示。

（1）第Ⅰ变形区　靠近切削刃处，被切削金属层在刀具的作用下首先产生弹性变形，进而产生塑性变形的区域，称为第Ⅰ变形区，如图 3-5 所示。在该区域内，塑性材料在刀具作用下产生剪切滑移变形（塑性变形），使切削层金属转变为切屑。由于加工材料性质和加工条件的不同，滑移变形程度有很大的差异，这将产生不同种类的切屑。在第Ⅰ变形区，切削层的变形最大，它对切削力和切削热的影响也最大。

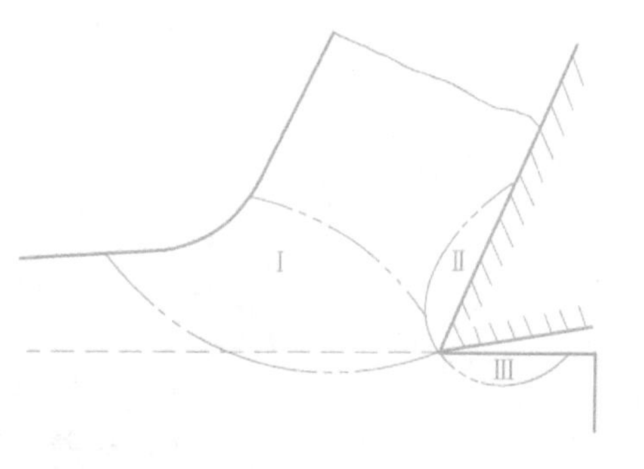

图 3-5　切削时的三个变形区

（2）第Ⅱ变形区　与前刀面接触的切屑底层内产生变形的一薄层金属区域，称为第Ⅱ变形区，如图 3-5 所示。切屑形成后，在前刀面的推挤和摩擦力作用下，必将发生进一步的变形，这就是第Ⅱ变形区的变形。这种变形主要集中在和前刀面摩擦的切屑底层，它是切屑与前刀面的摩擦区。它对切削力、切削热和积屑瘤的形成与消失及刀具的磨损有着直接的影响。

（3）第Ⅲ变形区　靠近切削刃处，已加工面表层内产生变形的一薄层金属区域，称为第Ⅲ变形区，如图 3-5 所示。在第Ⅲ变形区内，由于受到切削刃钝圆半径、刀具后刀面对过渡表面以及副后刀面对已加工表面的推挤和摩擦作用，这两个表面均产生了变形。第Ⅲ变形区主要影响刀具后刀面和副后刀面的磨损，造成已加工表面的纤维化、加工硬化和残余应力，从而影响工件已加工表面的质量。

2. 切屑的形成和种类

切削塑性金属材料（如钢等）时，被切削金属层一般经过弹性变形、塑性变形（滑移）、挤裂和切离四个阶段后形成切屑。切削脆性材料（如铸铁等）时，被切削金属层一般经过弹性变形、挤裂和切离三个阶段后形成切屑。图 3-6、图 3-7 分别表示在刨床上加工这两种不同材料时的切削过程。

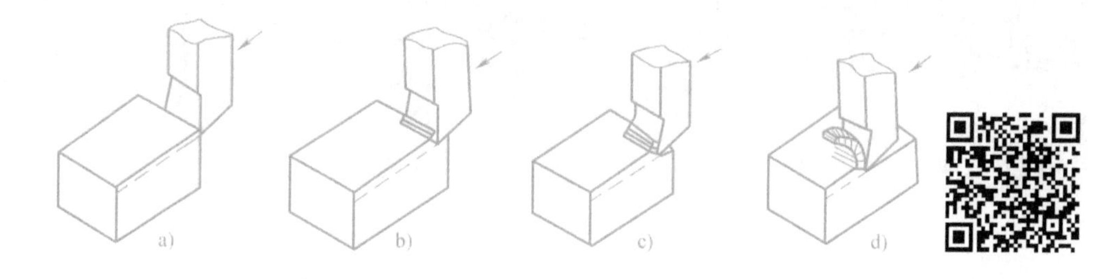

图 3-6　切削塑性材料的四个阶段

a）弹性变形　b）塑性变形（滑移）　c）挤裂　d）切离

在切削过程中，由于工件材料的塑性不同和塑性变形（滑移）的程度不同，将会产生不同形状的切屑。图 3-8 所示为切屑的类型。

在加工脆性材料时，会产生崩碎切屑。图 3-9 所示为不同形状切屑的照片。表 3-1 说明了不同切屑类型及形成条件。

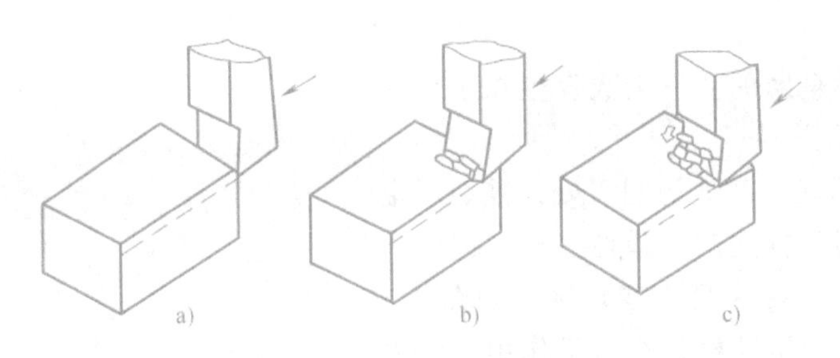

图 3-7　切削脆性材料的三个阶段

a）弹性变形　b）挤裂　c）切离

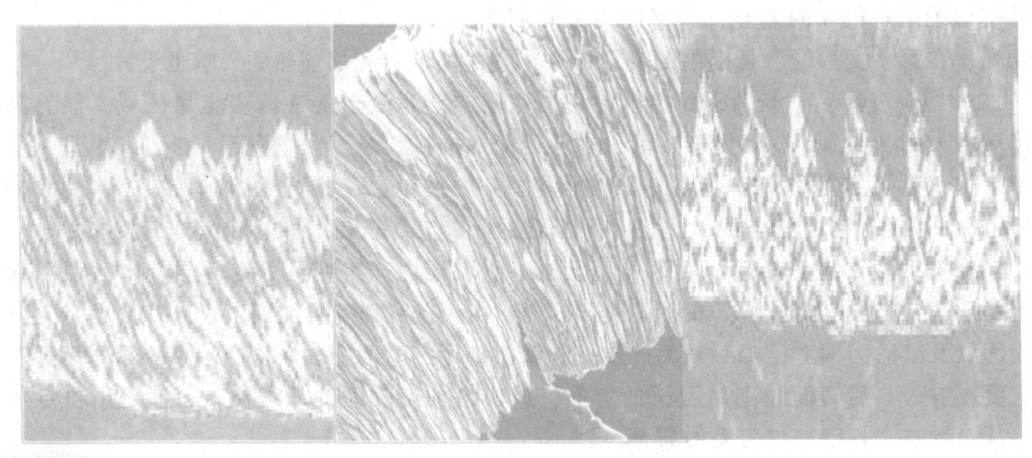

图 3-8　切屑的类型

a）带状切屑　b）挤裂（节状）切屑　c）粒状（单元）切屑

图 3-9　不同形状切屑的照片

此外，切屑的形状还与刀具切削角度及切削用量有关，当切削条件改变时，切屑形状会随之相应地改变。例如在车削钢类工件时，如果逐渐增加车刀的锋利程度（如加大前角等措施），提高切削速度，减小进给量，切屑将会由粒状逐渐变为节状，甚至变为带状。同样，采用大前角车刀车削铸铁工件时，如果切削深度增加，切削速度提高，也可以使切屑由通常的崩碎状转化为节状，但这种切屑用手一捏即碎。在上述几种切屑中，带状切屑的变形程度较小，而且切削时的振动较小，有利于保证加工精度与表面粗糙度要求，所以这种切屑是我们在加工时所希望得到的，但应着重注意它的断屑问题。

表 3-1　不同切屑类型及其特点

切屑类型	特　点
带状切屑	这种切屑连绵不断，底面光滑，另一面呈毛茸状，无明显裂纹。一般加工塑性材料（如软钢、铜、铝等），在切削厚度较小、切削速度较高、刀具前角较大时，往往形成这种切屑
节状切屑	挤裂切屑又称节状切屑。这种切屑的底面光滑，有时出现裂纹，而外表面呈明显的锯齿状。节状切屑大多在加工塑性较低的金属材料（如黄铜）、切削速度较低、切削厚度较大、刀具前角较小时产生；特别当工艺系统刚性不足、加工碳素钢材料时，也容易产生这种切屑。产生节状切屑时，切削过程不太稳定，切削力波动较大，已加工表面质量较差
单元切屑	粒状切屑又称单元切屑。当采用小前角或负前角、以较低的切削速度和大的切削厚度切削塑性金属时，会产生这种切屑。产生单元切屑时，切削过程不平稳，切削力波动较大，已加工表面质量较差
崩碎切屑	当切削脆性金属（铸铁、铸造黄铜等）时，由于材料的塑性很小，抗拉强度很低，在切削时切削层内靠近切削刃和前刀面的局部金属未经明显的塑性变形就被挤裂，形成不规则形状的碎粒或碎片切屑。工件材料越脆硬、刀具前角越小、切削厚度越大时，越容易产生崩碎切屑。产生崩碎切屑时，切削力波动大，加工质量较差，表面凸凹不平，刀具容易损坏

3. 变形程度的表示方法

切削变形是材料微观组织的动态变化过程，因此变形量的计算很复杂。为研究切削变形的规律，通常用相对滑移 ε、切屑厚度压缩比 Λ_h（或变形系数 ξ）和剪切角 ϕ 的大小来衡量切削变形程度。

相对滑移 ε 是指切削层在剪切面上的相对滑移量；切屑厚度压缩比 Λ_h 是表示切屑外形尺寸的相对变化量；剪切角 ϕ 是从切屑根部金相组织中测定的晶格滑移方向与切削速度方向之间的夹角。ε、Λ_h（ξ）和 ϕ 均可以用来定量研究切削变形规律。

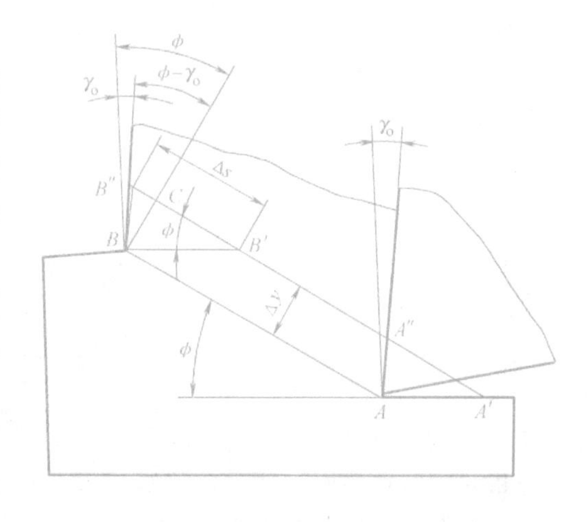

图 3-10　切削层相对滑移示意图

相对滑移 ε 与切削变形的关系为：如图 3-10 所示，切削层产生了滑移，在相邻距离为 Δy 的切削层上，沿切削层产生的相对滑移为 Δs，所以相对滑移 ε 的计算公式为

$$\varepsilon=\frac{\Delta s}{\Delta y}=\frac{B'C+CB''}{\Delta y}=\cot\phi+\tan(\phi-\gamma_o) \tag{3-1}$$

切屑厚度压缩比 Λ_h 与切削变形的关系为：如图 3-11 所示，切削层金属经过剪切滑移后形成的切屑，在它流出时又受到前刀面摩擦作用，外形尺寸相对于切削层的尺寸产生了变化，即切屑厚度增加（$h_{ch}>h_D$）、切屑长度缩短（$l_{ch}<l_D$）、切屑宽度接近不变。切屑尺寸的相对变化量可以用切屑厚度压缩比 Λ_h 来表示，即

$$\Lambda_h=\frac{l_D}{l_{ch}}=\frac{h_{ch}}{h_D}>1 \tag{3-2}$$

$$\Lambda_h=\frac{h_{ch}}{h_D}=\frac{AB\cos(\phi-\gamma_o)}{A\,B\sin\phi}=\frac{\cos(\phi-\gamma_o)}{\sin\phi} \tag{3-3}$$

式（3-3）表明，影响切削变形主要是前角 γ_o 和剪切角 ϕ 两个因素，其中剪切角随着切削条件不同而变化。如图3-12所示，刀具前刀面受法向力 $\boldsymbol{F}_n$ 和摩擦力 $\boldsymbol{F}_f$ 作用，其合力为 $\boldsymbol{F}_r$；切屑剪切变形区正压力 $\boldsymbol{F}_{ns}$ 与剪切力 $\boldsymbol{F}_s$ 的合力为 $\boldsymbol{F}'_r$，$F_r=F'_r$。根据“切应力与主应力方向成45°”的剪切理论，在切削过程中主应力 F_a 与作用力的合力 $\boldsymbol{F}'_r$ 的方向一致，则确定剪切角 ϕ 为

$$\phi=45°-(\beta-\gamma_o) \tag{3-4}$$

式中　β——由刀具前刀面上摩擦因数 μ 而定的摩擦角，亦即 $\tan\beta=\mu$。

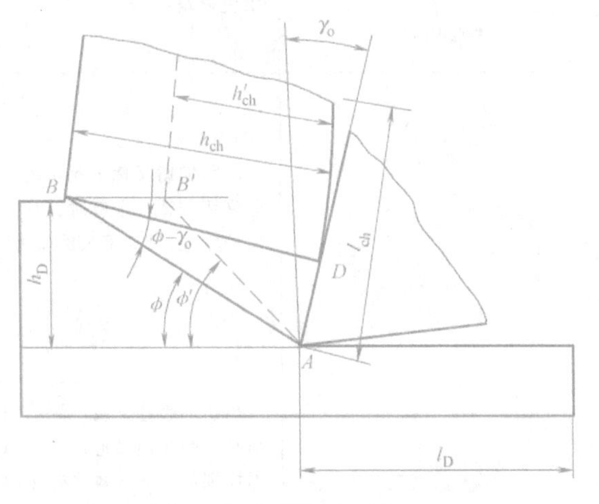

图 3-11　切屑厚度压缩比

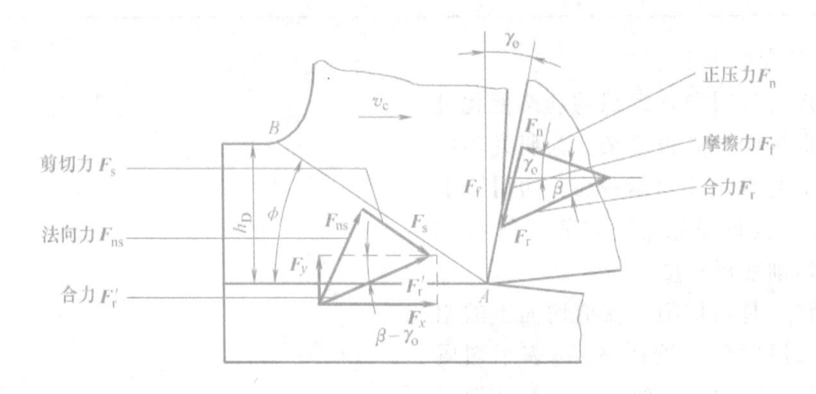

图 3-12　剪切角 ϕ 的确定

分析式（3-3）和式（3-4）可知，增大刀具的前角 γ_o，减小刀-屑面间摩擦，剪切角 ϕ 增大，这是减小切削变形的重要途径。

利用 Λ_h 值来表示切削变形有一定的局限性，因为这是根据剪切理论提出的，忽略了摩擦、挤压和温度的作用。此外，对有些材料，虽然 Λ_h 不能表示其切削变形的实际情况，但用 Λ_h 值表示切屑和切削层尺寸的变化及相互关系规律较为直观，并易测定和计算。

利用相对滑移 ε 值来表示变形，不便于测定和计算。

二、积屑瘤

一般情况下，在用中等切削速度切削一般钢料或其他塑性金属材料时，常在前刀面接近切削刃处黏结一块硬度很高（约为工件材料硬度的 2～3.5 倍）的楔形金属块，这种楔形金属块称为积屑瘤，如图 3-1 所示。

1. 积屑瘤的成因

积屑瘤是主要发生在第Ⅱ变形区的物理现象。积屑瘤的成因一般认为是切屑在前刀面上黏结（冷焊）造成的。切削过程中，由于切屑底面与前刀面间产生挤压和剧烈摩擦，切屑底层的金属流动速度低于上层流动速度，形成“滞流层”。在“滞流层”内近切削刃处的温度和压力很低时，切屑底层塑性变形小，摩擦因数小，黏结不容易产生，不容易形成积屑瘤；在高温时，切屑底层材料被软化，剪切屈服强度 $\sigma_{0.2}$㊀下降，摩擦因数减小，积屑瘤也不容易产生；只有当压力和温度达到一定值的时候，切屑底层材料中切应力超过材料的剪切屈服强度，使“滞流层”中的流速为零的切屑层被剪切断裂并黏结在前刀面上。黏结金属层经剧烈塑性变形后硬度提高，它可替代切削刃继续剪切较软的金属层，依次层层堆积，高度逐渐增大而形成积屑瘤。积屑瘤形成后不断增大，达到一定高度后受外力或振动作用而局部破裂脱落，被切屑或已加工表面带走，故极不稳定。积屑瘤的形成、增大、脱落的过程在切削过程中周期性地不断出现。

2. 积屑瘤对切削加工的影响

如图 3-13 所示，当刀具前刀面上出现了积屑瘤后，会使实际工作前角增大、切削厚度增大。

（1）增大前角　积屑瘤黏附在前刀面上，增大了刀具的实际前角。当积屑瘤最高时，刀具有 30°左右的前角，因而可减少切削变形，降低切削力。

（2）增大切削厚度　积屑瘤前端伸出于切削刃外，伸出量为 Δ，使切削厚度增大了 Δh_D，因而影响了加工精度。

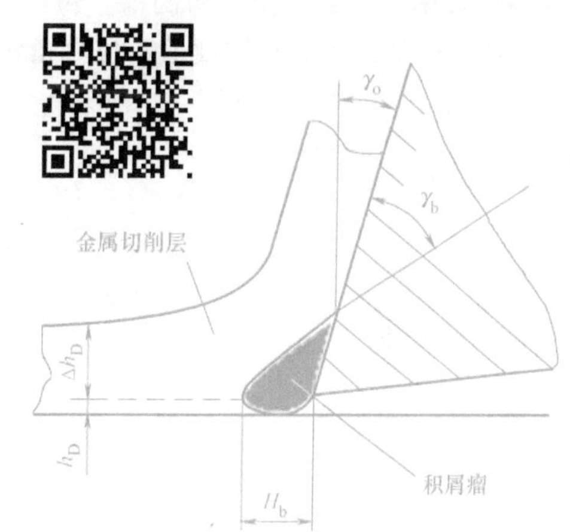

图 3-13　刀具前刀面上的积屑瘤

（3）增大已加工表面粗糙度　积屑瘤黏附在切削刃上，使实际切削刃呈一不规则的曲线，导致在已加工表面上沿着主运动方向刻划出一些深浅和宽窄不同的纵向沟纹；积屑瘤的形成、增大和脱落是一个具有一定周期的动态过程（每秒钟几十至几百次），使切削厚度不断变化，由此可能引起振动；积屑瘤脱落后，一部分黏附于切屑底部而排出，一部分留在已加工表面上形成鳞片状毛刺。

㊀ 鉴于目前实际应用仍很广泛，本书中保留该符号。

（4）影响刀具寿命 积屑瘤包围着切削刃，同时覆盖着一部分前刀面，代替切削刃切削，起着保护切削刃、减小前刀面磨损，从而减少刀具磨损的作用。但在积屑瘤不稳定的情况下使用硬质合金刀具时，积屑瘤的破裂可能使硬质合金刀具颗粒剥落，加剧刀具磨损。

3. 影响积屑瘤的主要因素及控制措施

（1）工件材料的塑性 影响积屑瘤形成的主要因素是工件材料的塑性。工件材料的塑性大，很容易生成积屑瘤，所以对于塑性好的碳素钢工件，应先进行正火或调质处理，以提高硬度、降低塑性、改善切削加工性能。

（2）切削速度 切削速度是通过切削温度影响积屑瘤的，是切削条件中对积屑瘤影响最大的因素。如图3-14所示，以切削45钢为例，在低速 $v_c<3\text{m/min}$ 和较高速度 $v_c\geqslant 60\text{m/min}$ 范围内，摩擦因数都较小，故不易形成积屑瘤。在切削速度为20m/min左右、切削温度约为300℃时，积屑瘤的高度可达到最大值。

（3）进给量 进给量增大，则切削厚度增大。切削厚度越大，刀与切屑的接触长度越长，就越容易形成积屑瘤。若适当降低进给量，使切削厚度 h_D 变薄，以减小切屑与前刀面的接触与摩擦，则可抑制积屑瘤的形成。

（4）刀具前角 若增大前角，切削变形减小，不仅使前刀面的摩擦减小，同时减少正压力，这就减小了积屑瘤的生成基础。实践证明，前角为35°时，一般不易产生积屑瘤。图3-15所示为切削合金钢中积屑瘤消失时的切削速度、进给量和前角之间关系。

（5）前刀面的表面粗糙度 前刀面越粗糙，摩擦越大，积屑瘤的形成条件就越有利。若前刀面光滑，积屑瘤也就不易形成。

（6）切削液 合理使用切削液，可减少摩擦，也能避免或减少积屑瘤的产生。精加工中，为降低已加工表面粗糙度值，应尽量避免积屑瘤的产生。

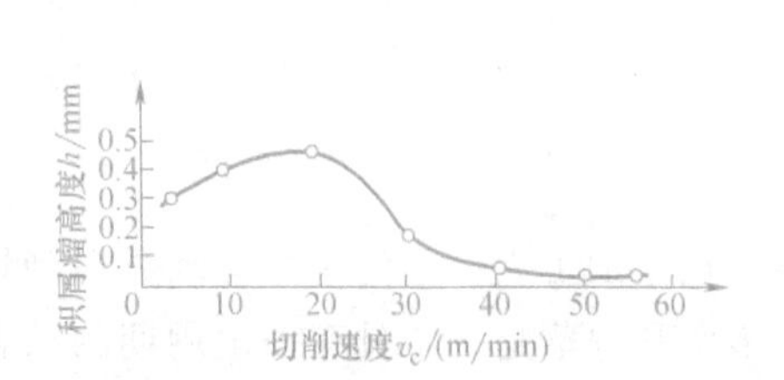

图3-14 切削速度对积屑瘤的影响

加工条件：材料45钢

$a_p=4.5\text{mm}$、$f=0.67\text{mm/r}$

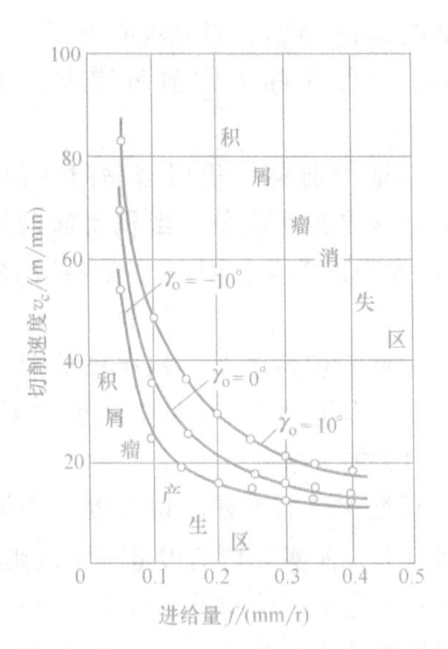

图3-15 切削速度、进给量和前角之间关系

加工条件：材料合金钢、P10（YT15）

$r_\varepsilon=0.5\text{mm}$、$a_p=2\text{mm}$

三、已加工表面变形和加工硬化

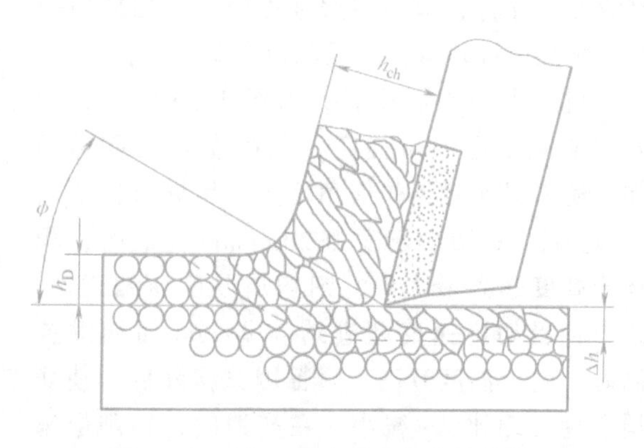

图 3-16　已加工表面层内晶粒的变化

加工硬化是发生在第Ⅲ变形区内的物理现象。由于刀具的切削刃都很难磨得绝对锋利，当用钝圆弧切削刃或很小后角的刀具切削时，在挤压和摩擦作用下，已加工表面层内的金属晶粒产生扭曲、错位和破碎，如图 3-16 所示。经过严重塑性变形而使表面层硬度增高的现象称为加工硬化，亦称冷硬。金属材料硬化后屈服强度提高，并在已加工表面上出现了显微裂纹和残余应力，材料疲劳强度降低。许多金属材料，如不锈钢、高锰钢以及钛合金等由于切削后硬化严重，故影响刀具寿命和已加工表面质量。

衡量金属材料加工后硬化程度的指标有加工硬化程度 N 和硬化层深度 Δh。加工硬化程度 N 是表示已加工表面显微硬度 H_1 与金属材料基体显微硬度 H 之间的相对变化量，可表示为

$$N = \frac{H_1 - H}{H} \times 100\% \tag{3-5}$$

材料的塑性越大，金属晶格滑移越容易，且滑移越多，硬化越严重。生产中常采取以下措施来减轻硬化程度：

1）磨出锋利的切削刃，减小刃口圆弧半径。

2）增大前角或后角。

3）减小背吃刀量。

4）合理选择切削液。

四、影响切削变形的主要因素

1. 加工材料

材料的强度、硬度越高，刀-屑面间正压力越大，平均正应力 σ_{av} 也越大，则由式（3-4）可知，摩擦因数减小，摩擦角 β 减小，可使剪切角 ϕ 增大，因此切削变形减小。图 3-17 所示为工件材料对切削变形（用变形系数表示）的影响。

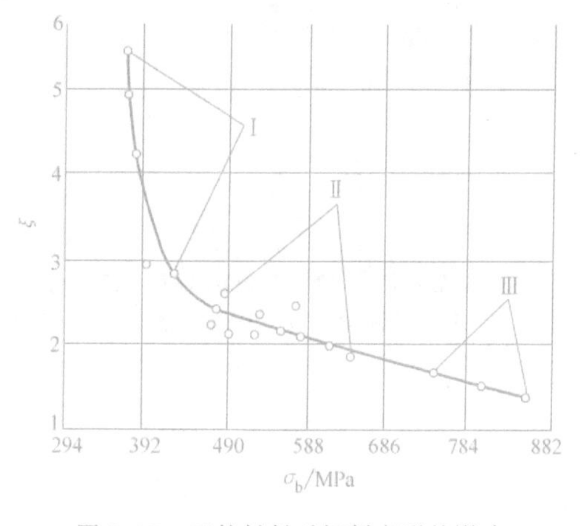

图 3-17　工件材料对切削变形的影响

2. 刀具前角 γ_o

从剪切角的表达式（3-4）可知，当前角 γ_o 增大时，剪切角 ϕ 增大。前角对变形系数的影响如图 3-18 所示。

3. 切削速度 v_c

切削速度是通过积屑瘤和切削温度影响切削变形的。如图 3-19 所示，由于低速切削时切削温度低，刀-屑面间不易黏结，摩擦因数 μ 小，切削变形小；随着切削速度提高，温度增高，黏结逐渐严重，摩擦因数 μ 增加，切削变形增大；随着切削速度进一步提高，产生的

高温使工件材料剪切屈服强度降低，切应力减小，摩擦因数 μ 减小，因此切削变形小。

当产生了积屑瘤时，如图 3-19 所示，随着切削速度进一步提高，积屑瘤高度逐渐增加，使刀具实际工作前角增大，切屑厚度压缩比 Λ_h 减小；切削速度为 20m/min 左右时，积屑瘤高度达到最大值，则切屑厚度压缩比 Λ_h 最小；当切削速度超过约 40m/min 而继续提高时，由于温度升高，摩擦因数 μ 降低，使切屑厚度压缩比 Λ_h 减小；在高速时，切削层来不及充分变形已被切离，所以切屑厚度压缩比 Λ_h 很小。

4. 进给量 f

图 3-20 所示为进给量对切削变形 ξ 的影响。当进给量增大时，切削厚度 h_D 与切屑厚度 h_{ch} 增加，使刀具前刀面上的正压力 F_n 增大，使平均正应力 σ_{av} 增大，因此切削变形系数 ξ 减小。

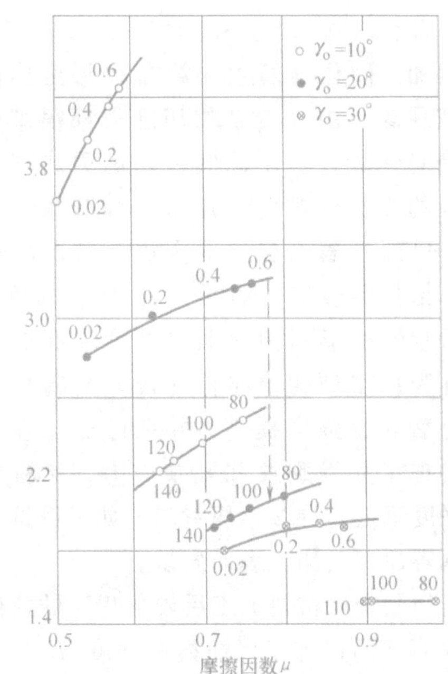

图 3-18　刀具前角对变形系数的影响

工件材料：30Cr；切削用量：$b_D=5$mm；$f=0.149$mm/r；$v_c=0.02\sim140$m/min

（图中试验点附近标注的数字是切削速度）

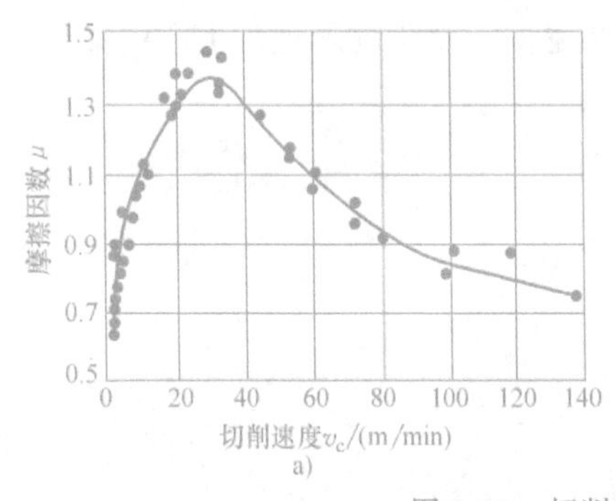

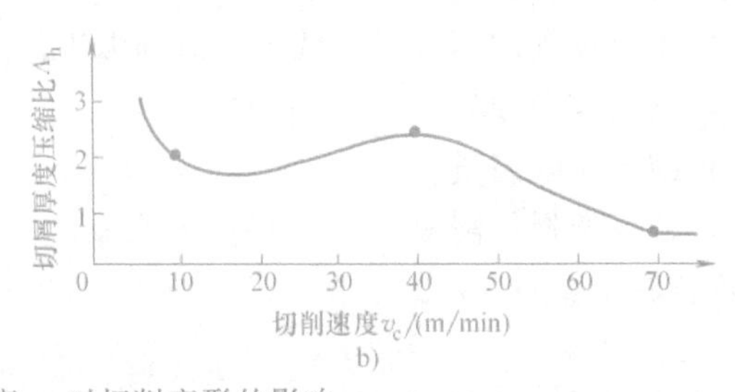

图 3-19　切削速度 v_c 对切削变形的影响

a）切削速度 v_c 对摩擦因数 μ 影响　加工条件：工件 30Cr、刀具 W18Cr4V、$\gamma_o=30°$、$h_D=0.149$mm

b）切削速度对 Λ_h 的影响　加工条件：工件 45 钢、刀具 W18Cr4V、$\gamma_o=5°$、$f=0.23$mm/r

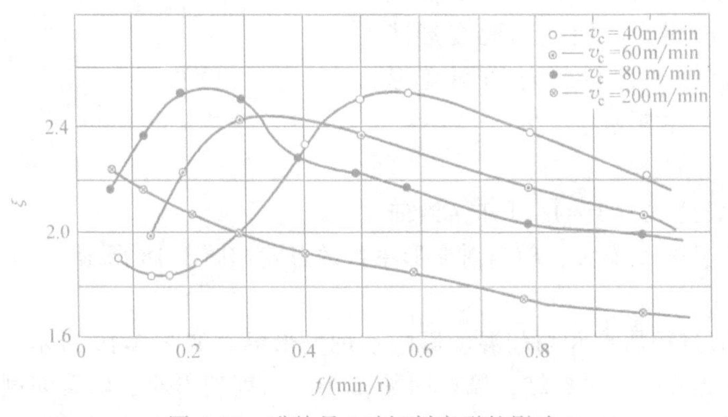

图 3-20　进给量 f 对切削变形的影响

第三节　切　削　力

金属切削加工的目的在于通过刀具的作用从毛坯上切下多余的金属材料，得到满足加工要求的工件。在切削加工过程中，刀具必须克服被加工材料的切削变形阻力，这个阻力的反作用力就是切削力。切削力是设计机床、夹具和刀具的重要数据，也是分析切削过程工艺质量问题的重要参考数据。减小切削力，不仅可以降低功率消耗、降低切削温度，而且可以减小加工中的振动和零件的变形，还可以延长刀具的寿命。所以，必须掌握切削力和切削功率的计算方法，熟悉切削力的影响因素及变化规律，并能采取措施减小切削力。

一、切削力的来源

在切削过程中，由于刀具切削工件而产生的工件和刀具之间的相互作用力称为切削力。

切削力产生的直接原因是切削过程中的变形和摩擦。前刀面的弹性、塑性变形抗力和摩擦力，后刀面的弹性、塑性变形抗力、摩擦力，它们的总合力 $\boldsymbol{F}$ 即为总切削力，如图 3-21 所示。

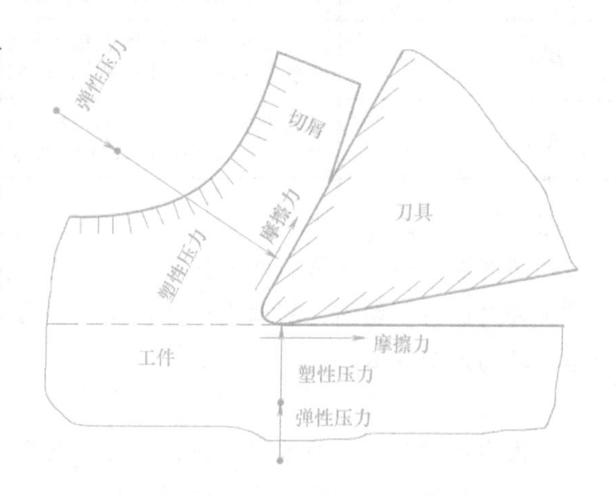

图 3-21　切削力的来源

二、切削合力及其分解

为了便于分析切削力的作用和测量、计算切削力的大小，通常将切削合力 $\boldsymbol{F}$ 按主运动速度方向、切深方向、进给方向在空间直角坐标轴 z、y、x 上分解成三个分力，如图 3-22 所示。

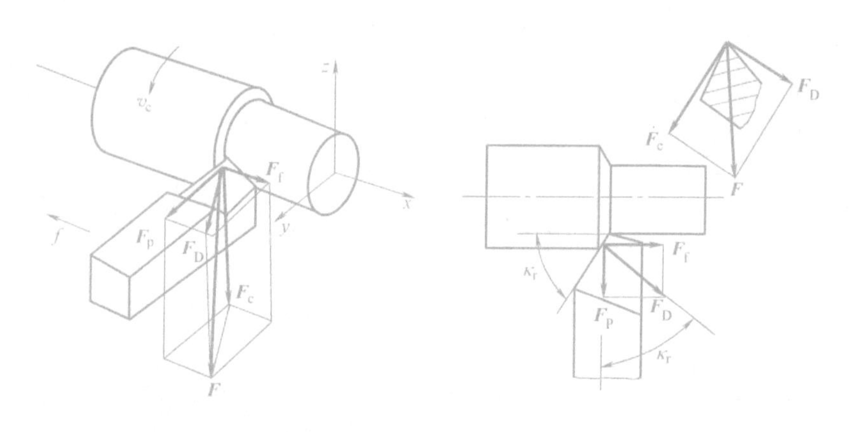

图 3-22　切削力的合力及其分解

主切削力 $\boldsymbol{F}_c$（旧称主切削力 $\boldsymbol{F}_z$）——切削合力在主运动方向上的分力；

背向力 $\boldsymbol{F}_p$（旧称切深抗力 $\boldsymbol{F}_y$）——切削合力在垂直于工作平面上的分力；

进给力 $\boldsymbol{F}_f$（旧称进给抗力 $\boldsymbol{F}_x$）——切削合力在进给运动方向上的分力。

三个分力与合力的关系如下：

$$\left.\begin{aligned} F &= \sqrt{F_c^2 + F_p^2 + F_f^2} \\ F_p &= F_D \cos\kappa_r \\ F_f &= F_D \sin\kappa_r \end{aligned}\right\} \tag{3-6}$$

式（3-6）中，F_D 为切削力在垂直于主运动方向的平面上的分力，属于中间分力。一般情况下，就车削加工而言，F_c 最大，F_p 次之，F_f 最小。各切削分力的作用见表 3-2。

表 3-2　切削分力的作用

切削分力	符号	各分力的作用
主切削力	F_c	主运动方向上的切削分力，也称切向力。它是最大的分力，消耗功率最多（占机床功率的 90%），是计算机床动力、机床和刀具的强度和刚度、夹具夹紧力的主要依据
背向力	F_p	吃刀方向上的分力，又称径向力。它使工件弯曲变形和引起振动，对加工精度和表面粗糙度影响较大。因切削时沿工件直径方向的运动速度为零，所以径向力不做功
进给力	F_f	在进给方向上的分力，又称轴向力。它与进给方向相反。其只消耗机床很少的功率（约 1% ~3%），是计算（或验算）机床进给机构强度的依据

三、切削力试验公式

在切削加工中，计算切削力具有很实用的意义。切削力的计算利用理论公式和试验得到的试验公式进行。切削力的理论计算较复杂，而用试验公式或试验图表求比较容易，但其结果是个较为近似的值。

1. 切削力的测定

切削力试验公式是通过整理测力仪测得的切削力数据而建立的。测力仪的主要元件是测力传感器。目前常用的测力仪是电阻应变片式和压电石英晶体式两类。图 3-23 所示为电阻应变片式测力仪测量原理图。

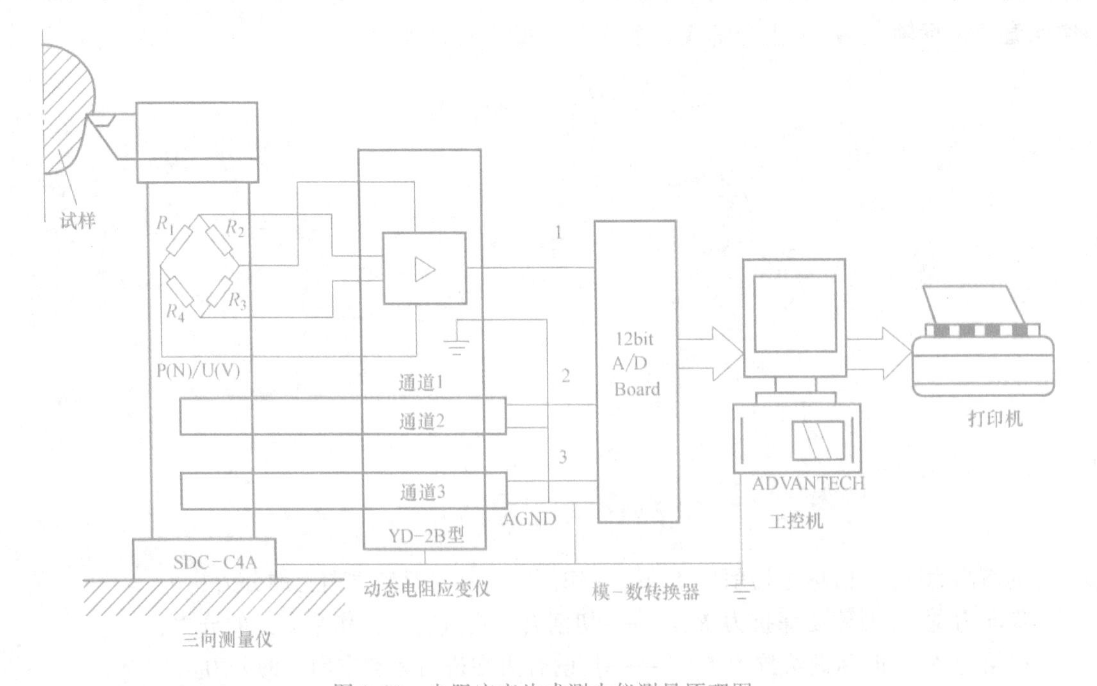

图 3-23　电阻应变片式测力仪测量原理图

电阻应变片式测力仪是在测力传感器上粘贴电阻应变片。以测量单向力 $\boldsymbol{F}_c$ 为例，在该力的作用下，会使粘贴在弹性刀架上的电阻值相同的应变片产生变形，从而使电桥电路输出电信号，再经过测力系统的仪表将信号放大、记录，最后在已标定的力-电关系图中求得切削力 $\boldsymbol{F}_c$ 值。同理，可以求得其他分力的大小。

图 3-24 所示为三向压电石英晶体测力仪原理图。它由 3 组石英晶体组成，各石英晶体组分别受到 $\boldsymbol{F}_c$、$\boldsymbol{F}_p$、$\boldsymbol{F}_f$ 的作用而产生压电效应，从而产生电荷，电荷量多少与受力大小成正比。电荷由电极经导线输入电荷放大仪再经数据采集器，然后输入计算机及显示系统，经计算机数据处理可简便地得到切削力数值。

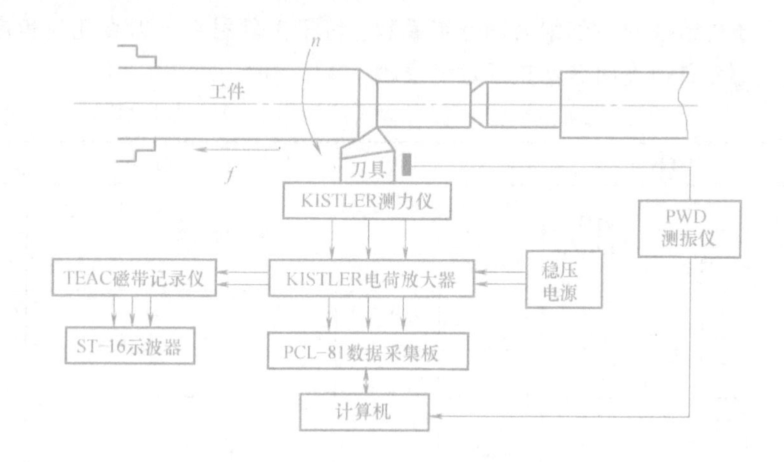

图 3-24　三向压电石英晶体测力仪原理图

2. 切削力试验指数公式

切削力试验指数公式是将测量后得到的各切削力试验数据通过数学整理或计算机处理后建立的。切削力试验后整理的指数公式为

$$\left.\begin{aligned}F_c&=C_{F_c}a_p{}^{x_{F_c}}f^{y_{F_c}}v_c{}^{n_{F_c}}K_{F_c}\\F_p&=C_{F_p}a_p{}^{x_{F_p}}f^{y_{F_p}}v_c{}^{n_{F_p}}K_{F_p}\\F_f&=C_{F_f}a_p{}^{x_{F_f}}f^{y_{F_f}}v_c{}^{n_{F_f}}K_{F_f}\end{aligned}\right\}\tag{3-7}$$

式中　F_c、F_p、F_f——各切削分力（N）；

C_{F_c}、C_{F_p}、C_{F_f}——公式中系数，根据加工条件由试验确定；

x_F、y_F、n_F——各因素对切削力的影响程度指数；

K_{F_c}、K_{F_p}、K_{F_f}——不同加工条件对各切削分力的影响修正系数。

以上公式中的相关系数，可以查阅相关手册选取确定。

四、切削力及功率的计算

切削力的计算可由经验公式（3-7）计算得到，但是比较麻烦，在实际生产中可查有关工艺手册。目前国内外许多资料中都利用单位切削力 k_c 来计算切削力 F_c 和切削功率 P_c，这是较为实用和简便的方法。

单位切削力 k_c 是切削单位切削层面积所产生的作用力，单位为 N/mm²，其计算公式为

$$k_c=\frac{F_c}{A_D}=\frac{C_{F_c}a_p{}^{x_{F_c}}f^{y_{F_c}}}{a_pf}=\frac{C_{F_c}}{f^{1-y_{F_c}}}\tag{3-8}$$

式（3-8）中，试验得到 $x_{F_c}\approx 1$，在试验条件不变的情况下，$K_{F_c}=1$，因此在不同切削条件下影响单位切削力的因素是进给量 f。增大进给量，由于切削变形减小，因此单位切削力减小。

表 3-3 为硬质合金外圆车刀切削几种常用材料的单位切削力。

1. 主切削力 F_c

因生产条件与试验条件有差异，若在已知单位切削力 k_c、背吃刀量 a_p、进给量 f 时，用式（3-8）计算主切削力 F_c（单位为 N）时需要进行修正，即

$$F_c = F_z = k_c a_p f v_c^{n_{F_z}} K_{F_c} \tag{3-9}$$

式中　K_{F_c}——条件改变时主切削力的修正系数，等于工件材料、刀具几何角度、切削用量等条件改变时各修正系数的乘积。

表 3-3　硬质合金外圆车刀切削几种常用材料的单位切削力

工件材料					试验条件			
名称	牌号	制造、热处理状态	硬度（HBW）	单位切削力/（N/mm²）	刀具几何参数			切削用量范围
钢	45	热轧或正火	187	1962	$\gamma_o=15°$ $\kappa_r=15°$	前刀面带卷屑槽	$b_{r1}=0$	$v_c=1.5\sim1.75$m/s （90～105m/min） $a_p=1\sim5$mm $f=0.1\sim0.5$mm/r
		调质（淬火及高温回火）	229	2305			$b_{r1}=0.1\sim0.15$mm $\gamma_{o1}=-20°$	
		淬硬（淬火及低温回火）	44HRC	2649				
	40Cr	热轧或正火	212	1962			$b_{r1}=0$	
		调质（淬火及高温回火）	285	2305			$b_{r1}=0.1\sim0.15$mm $\gamma_{o1}=-20°$	
灰铸铁	HT200	退火	170	1118		$b_{r1}=0$ 平前刀面，无卷屑槽		$v_c=1.17\sim1.42$m/s （70～85m/min） $a_p=2\sim10$mm $f=0.1\sim0.5$mm/r

2. 切削功率 P_c

切削功率 P_c 是指主运动消耗的功率（单位为 kW），计算公式为

$$P_c = F_c v_c \times 10^{-3} \tag{3-10}$$

式中　F_c——主切削力（N）；

　　　v_c——切削速度（m/s）。

按式（3-10）可确定机床主电动机功率 P_E 为

$$P_E = P_c/\eta \tag{3-11}$$

式中　η——机床传动效率，一般为0.75～0.9。

五、影响切削力的主要因素

1. 工件材料

工件材料的成分、组织、性能是影响切削力的主要因素。材料的硬度、强度越高，变形抗力越大，则切削力越大。在材料硬度、强度相近的情况下，材料的塑性、韧性越大，则切削力越大。如切削脆性材料时，切屑呈崩碎状态，塑性变形与摩擦都很小，故切削力一般低于切削塑性材料的切削力。不锈钢1Cr18Ni9Ti的硬度与正火45钢大致相等，但由于其塑性、韧性大，所以其单位切削力比45钢的单位切削力大25%。

2. 刀具角度

（1）前角 γ_o　γ_o 越大，切削变形就越小，切削力减小。切削塑性大的材料，加大前角可使塑性变形显著减小，故切削力减小。

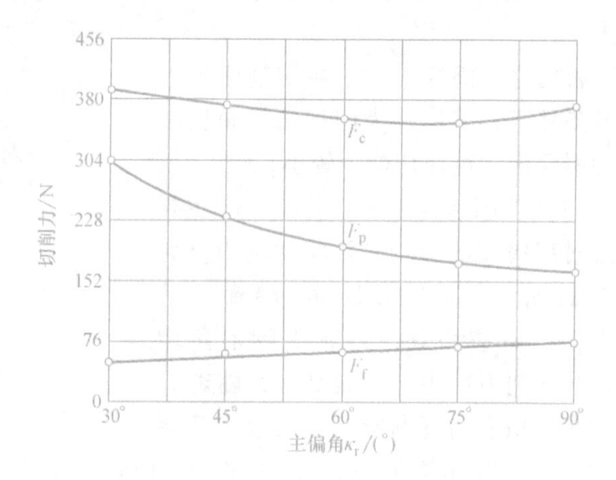

图3-25　κ_r 对 F_c、F_p、F_f 的影响

（2）主偏角 κ_r　如图3-25所示，主偏角 κ_r 对主切削力 F_c 的影响不大。$\kappa_r<60°$时，F_c 随 κ_r 的增大而减小；κ_r 在60°～75°之间时，F_c 减到最小；$\kappa_r>75°$时，F_c 随 κ_r 的增大而增大，不过 F_c 增大或减小的幅度均在10%以内。主偏角 κ_r 主要影响 F_p 和 F_f 的比值，κ_r 增大时，背向力 F_p 减小，进给力 F_f 增大。所以在切削细长轴时，采用大的主偏角，如 $\kappa_r=90°$。

（3）刃倾角 λ_s　如图3-26所示，刃倾角 λ_s 对主切削力 F_c 的影响很小。但对背向力 F_p、进给力 F_f 影响显著。λ_s 减小时，F_p 增大，F_f 减小。

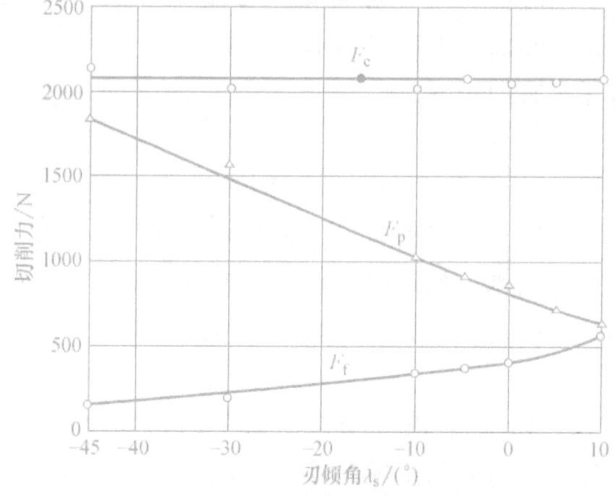

图3-26　λ_s 对 F_c、F_p、F_f 的影响

（4）刀尖圆弧半径 r_ε　刀尖圆弧半径 r_ε 对背向力 F_p 的影响最大，随着 r_ε 的增大，切削变形增大，切削力增大。试验表明，当 r_ε 由0.25mm增大到1mm时，F_p 可增大20%左右，易引起振动。所以，从减小切削力的角度看，应该选用较小的刀尖圆弧半径 r_ε。

3. 切削用量

（1）进给量 f 和背吃刀量 a_p　a_p 和 f 增大时，切削面积 A_D 成比例地增大，故切削力增大。但二者对切削力的影响程度不同，a_p 增大时，主切削力 F_c 成比例地增大；而 f 增大时，F_c 的增大却不成比例，其影响程度比 a_p 小。这是由于刀具切削刃钝圆半径的影响，在切屑底层靠近切削刃处

的金属受到严重的挤压变形，称之为“严重变形层”。如图 3-27b 所示，当切削厚度较小时，严重变形层所占比例较大，切削层的变形也较大，单位切削力也较大；当切削厚度增大时，严重变形层所占比例较小，因此单位切削力也减小，使切削力大小不与切削厚度成比例增大。如图 3-27a 所示，而切削宽度增大时，切屑与切削刃的接触长度同比例增大，严重变形层在切削层面积中的比例不变，单位切削力也不变，使切削力大小与切削宽度成比例增大。

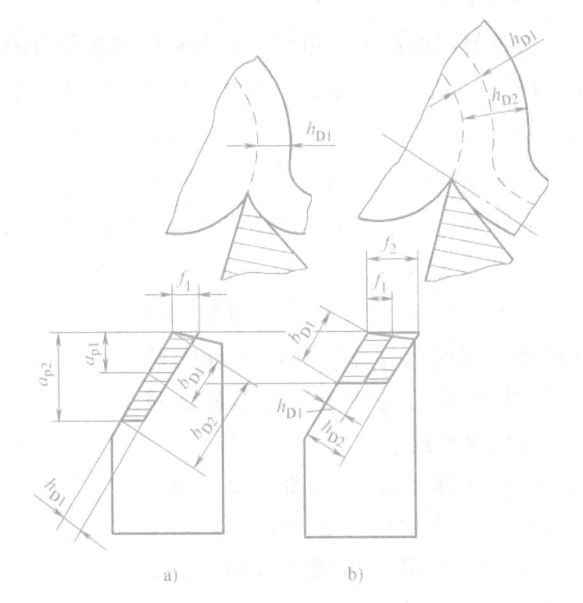

图 3-27　进给量和背吃刀量对切削力的影响

a) a_p　b) f

根据这一规律可知，在切削面积不变的条件下，采用较大的进给量和较小的切削深度，可使切削力较小。

（2）切削速度 v_c　切削速度 v_c 主要通过对积屑瘤的影响来影响切削力。如图 3-28 所示，在 v_c 较低时，随着 v_c 的增大，积屑瘤增高，刀具实际前角增大，故切削力减小。v_c 较高时，随着 v_c 的增大，积屑瘤逐渐减小，切削力又逐渐增大。在积屑瘤消失后，v_c 再增大，使切削温度升高，切削层金属的强度和硬度降低，切削变形减小，摩擦力减小，因此切削力减小。v_c 达到一定值后再增大时，切削力变化减缓，渐趋稳定。可见在不影响切削效率的前提下，为降低切削力，应增大切削速度而减小切削深度。

切削脆性金属（如铸铁、黄铜）时，切屑和前刀面的摩擦小，v_c 对切削力无显著的影响。

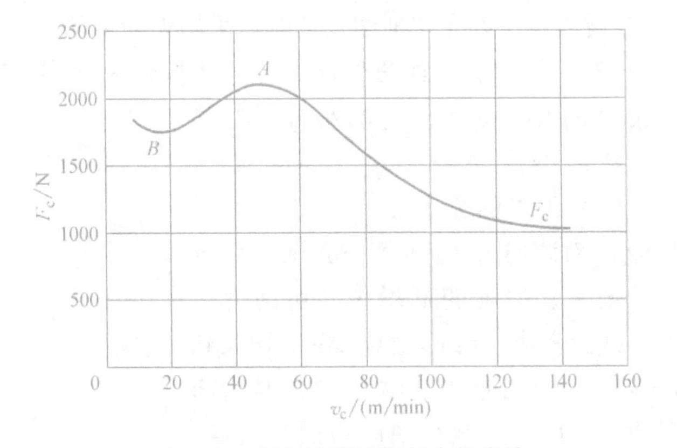

图 3-28　切削速度对切削力的影响

工件材料：45 钢　　刀具材料：YT15

$\gamma_o=15°$，$\lambda_s=0°$，$\kappa_r=45°$，$a_p=2$mm，$f=0.2$mm/r

4. 其他因素

（1）刀具磨损　刀具磨损后，切削刃变钝，后刀面与加工表面间挤压和摩擦加剧，使切削力增大。刀具磨损达到一定程度后，切削力会急剧增加。

（2）切削液 以冷却作用为主的水溶液对切削力的影响很小。以润滑作用为主的切削液能显著地降低切削力。由于润滑作用，减少了刀具前刀面与切屑、后刀面与工件表面的摩擦。

（3）刀具材料　刀具材料对切削力也有一定的影响，选择摩擦因数小的刀具材料，切削力会不同程度地减小。试验结果表明，用 P 类（即旧标准中的 YT 类）硬质合金刀具比用

高速钢刀具的切削力降低5% ~10%。

六、切削力计算举例

用硬质合金车刀车削热轧45钢（$\sigma_b=0.650\text{GPa}$），车刀主要几何角度为$\gamma_o=15°$、$\kappa_r=75°$、$\lambda_s=0°$，选择进给量为0.15mm/r，背吃刀量为2mm，机床转速为1200r/min，工件直径为ϕ60mm，机床的传动效率为0.8。试估算机床主电动机的供给功率。

解：查阅有关手册可知其单位切削力为$k_c=4508\text{N/mm}^2$，修正系数$n_{F_c}=-0.15$、$K_{\gamma_oF_c}=0.95$（前角改变的修正系数）、$K_{\kappa_rF_c}=0.92$（主偏角改变的修正系数）、$K_{\lambda_sF_c}=1.0$（刃倾角改变的修正系数）。

求得 $v_c=\dfrac{\pi dn}{1000}=\dfrac{3.14\times60\text{mm}\times1200\text{r/min}}{1000}=226.08\text{m/min}$

根据式（3-9）可知

$$\begin{aligned}F_c&=k_ca_pfv_c^{\ n_{F_c}}K_{\gamma_oF_c}K_{\kappa_rF_c}K_{\lambda_sF_c}\\&=4508\text{N/mm}^2\times2\text{mm}\times0.15\text{mm/r}\times226.08^{-0.15}\times0.95\times0.92\times1\\&=524.09\text{N}\end{aligned}$$

根据式（3-10）得　$P_c=F_cv_c\times10^{-3}=524.09\times(226.08/60)\times10^{-3}=1.97\text{kW}$

那么机床主电动机的供给功率为

$$p_E=\frac{P_c}{\eta}=\frac{1.97}{0.8}=2.47\text{kW}$$

第四节　切削热与切削温度

切削热与切削温度是切削过程中另一个重要物理现象，它们对刀具磨损、刀具寿命及工艺系统热变形均产生重要的影响。切削过程中所有消耗的功几乎全部转化成热量，这就是切削热。切削热会引起工艺系统（机床、刀具、工件和夹具）的热变形，从而影响加工精度和刀具寿命。

一、切削热的产生和传散

1. 切削热的产生

如图3-29所示，切削热主要来自工件材料在切削过程中的变形（弹性变形、塑性变形）和摩擦（前刀面与切屑、后刀面与工件），即三个变形区是切削热的热源。

在第Ⅰ变形区，主要是切削层的变形热；在第Ⅱ变形区，主要是切屑与前刀面的摩擦热；在第Ⅲ变形区，主要是后刀面与工件的摩擦热。

切削塑性材料时，v_c不高时，主要是弹、塑性变形热，v_c较高时，主要是摩擦热；切削脆性材料时，因无塑性变形，故主要是弹性变形热和后刀面与工件的摩擦热。

2. 切削热的传散

切削热由切屑、工件、刀具及周围介质传导出去，如图3-29所示。切削热产生与传散的关系为

$$Q=Q_{变}+Q_{摩}=Q_{屑}+Q_{工}+Q_{刀}+Q_{介}\tag{3-12}$$

表3-4列出了车削和钻削时切削热由各部分传出的比例。

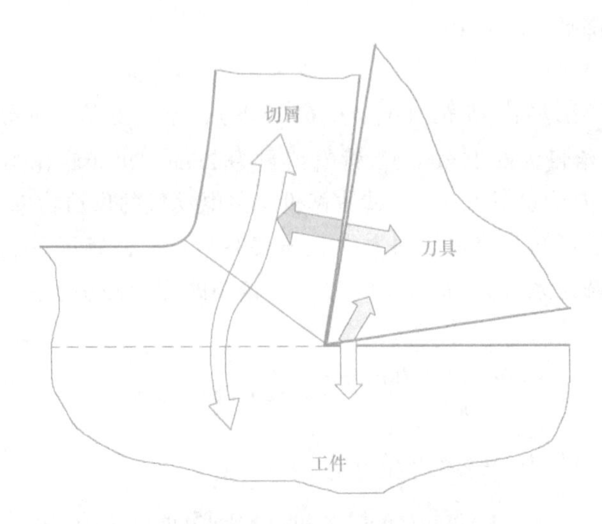

图 3-29　切削热源与切削热的传散

表 3-4　车削和钻削时切削热由各部分传出的比例

类型	$Q_{屑}$	$Q_{工}$	$Q_{刀}$	$Q_{介}$
车削	50% ~86%	10% ~40%	9% ~30%	1%
钻削	28%	14.5%	52.5%	5%

二、切削温度的分布和切削温度的测定

通常所说的切削温度，如无特别说明，均指切削区域（即切屑、工件、刀具接触处）的平均温度。切削温度的高低取决于切削热产生的多少和切削热传散的情况。

生产中常以切屑的颜色判断切削温度的高低。例如切削碳素结构钢，切屑呈银白色时，切削温度约为 200℃以下；呈淡黄色，切削温度约为 220℃；呈深蓝色，切削温度约为 300℃；呈淡灰色，切削温度约为 400℃；呈紫黑色，切削温度大于 500℃。

对于每种刀具和工件材料的组合，理论上都有一个最佳切削温度，在这一温度范围内，工件材料的硬度和强度相对于刀具下降较多，使刀具相对切削能力提高、磨损相对减缓。例如，用高速钢刀具切削高强度钢时，其最佳切削温度为 480 ~ 650℃；用硬质合金刀具时，其最佳切削温度为 750 ~ 1000℃。又如用高速钢刀具切削不锈钢时，其最佳切削温度为 280 ~480℃；用硬质合金刀具时，其最佳切削温度小于 650℃。

1. 切削温度的分布

虽然在切削过程中切屑、工件、刀具三者的切削温度都会升高，但由于工件和刀具材料的导热系数不同，传导到切屑、工件和刀具上的热量百分比不同以及它们的散热条件也不同，使得切削区域内各点的温度均不相同。图 3-30 所示为切屑、工件和刀具在主剖面内的切削温度的分布情况。

由图 3-30 可知，切削塑性材料时，刀具上的温度最高的地方并不是切削刃，而是在前刀面上离切削刃一定距离的地方。这是因为切屑沿前刀面卷曲排出时，在前刀面上靠近切削刃处有一个压力和摩擦力最大的“压力中心”，此处摩擦力最大，产生的热量最多而又不易传导出去，所以温度最高。

而切削脆性材料时，情况又有所不同。由于切削层的塑性变形小，切屑与前刀面的摩擦

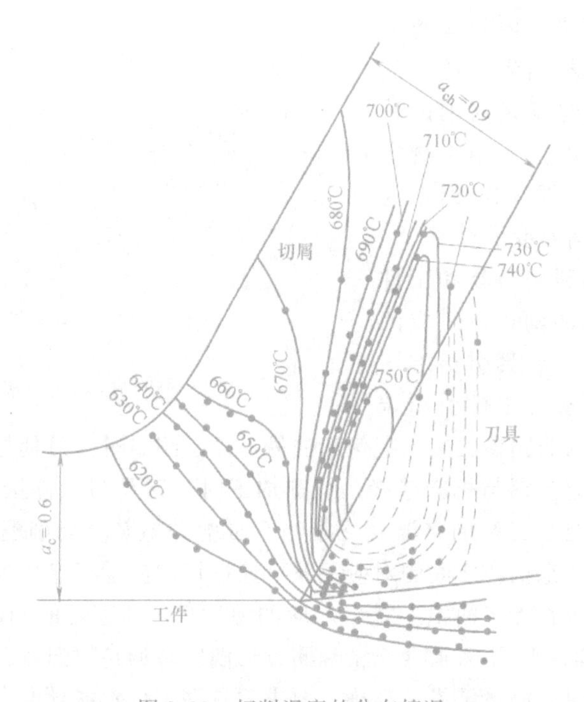

图 3-30　切削温度的分布情况

工件材料：低碳易切钢；刀具：$\gamma_o=30°$，$\alpha_o=7°$；切削用量：$a_p=0.6\text{mm}$，

$v_c=0.38\text{m/s}$；切削条件：干切削，预热 611℃

也小，所以最高温度出现在刃口附近的后刀面上。

2. 切削温度的测定

切削温度是指切削区域的平均温度。切削热主要是通过切削温度影响切削加工的。测定切削温度的方法如图 3-31 所示。

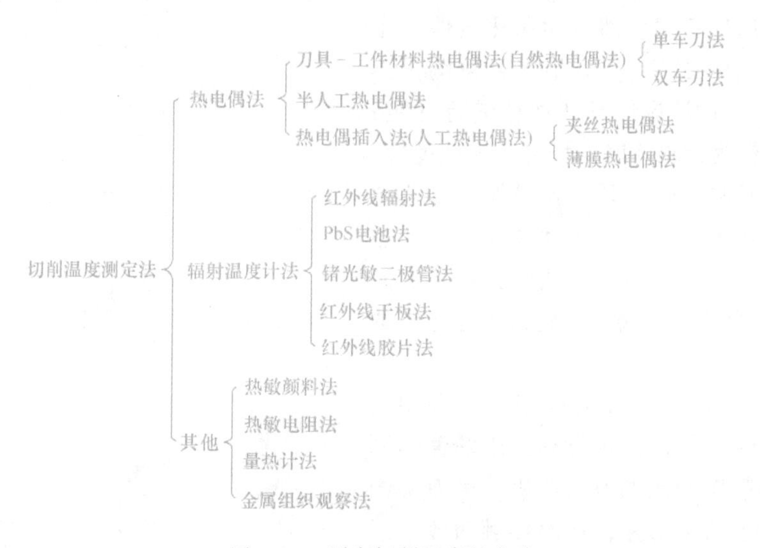

图 3-31　测定切削温度的方法

其中，常用的方法有自然热电偶法、人工热电偶法和红外线辐射法。

（1）自然热电偶法　由刀具和工件组成自然热电偶的材料副，通过测量热电偶两端的热电势确定切削区域的温度。自然热电偶法主要用于测定切削区域的平均温度。图3-32所示为自然热电偶法测量切削温度示意图。

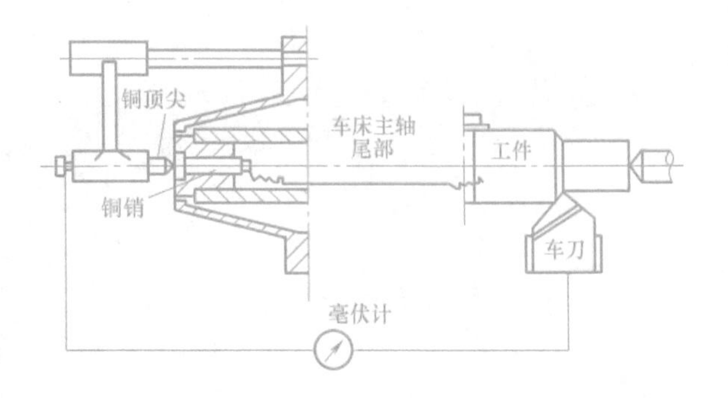

图3-32　自然热电偶法测量切削温度示意图

自然热电偶法是利用刀具和工件分别作为自然热电偶的两极，组成闭合电路测量切削温度。刀具引出端用导线接入毫伏计的一极，工件引出端的导线通过起电刷作用的铜顶尖接入毫伏计的另一极。测温时，刀具与工件引出端应处于室温下，且刀具和工件应分别与机床绝缘。切削加工时，刀具与工件接触区产生的高温（热端）与刀具、工件各自引出端的室温（冷端）形成温差电势，切削温度越高，该电势值越大。切削温度与热电势毫伏值之间的对应关系可通过切削温度标定得到。根据切削试验中测出的热电势毫伏值，可在标定曲线上查出对应的温度值。其存在的问题是：测得的是刀具-工件接触面的平均热电势，不太适合于精确测量切削区域的绝对温度，也不能捕捉瞬态的温度分布；在有积屑瘤时，测量结果不准确；要求刀具和工件都能导电，且受刀具和工件材料脆性和电阻率的限制；不适用于工件微融状态时的温度测量；需要对刀具和工件精确标定，并会产生较大的噪声信号；当材料变换后，必须重新标定。

（2）人工热电偶法　人工热电偶法又分为夹丝热电偶法、薄膜热电偶法。

1）夹丝热电偶法。图3-33所示为采用夹丝热电偶法测量切削温度示意图，在刀具（或工件）被测点处钻一个小孔（孔径越小越好，通常<0.5mm），孔中插入一对标准热电偶并使其与孔壁之间保持绝缘。切削时，热电偶接点感受出被测点温度，并通过串接在回路中的毫伏计测出电势值，然后参照热电偶标定曲线得出被测点的温度。其优点是：可测量单点或多点温度，不需要对刀具材料进行标定；可用于刀具材料为绝缘体时的场合，线性度好，热电势较大。其缺点是：开小孔增加了工艺难度，不易获得切削刃位置的温度梯度；小孔会影响刀具热流分布，减弱刀具强度；热接点湿热时电势响应会滞后，难于测量变化过快的温度。

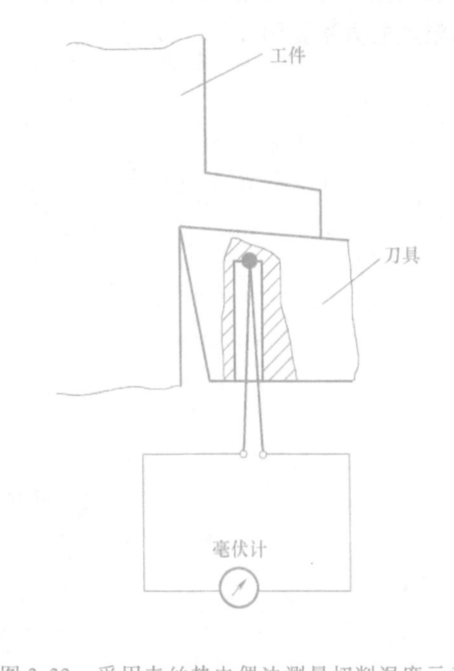

图3-33　采用夹丝热电偶法测量切削温度示意图

2）薄膜热电偶法。图3-34所示为采用薄膜热电偶法测量切削温度示意图，用两种不同材料的金属薄膜作为热电偶的两极。将刀头的整体切割成上下两个刀片，在两接触面镀一层SiO_2绝缘膜后，再镀合金膜NiCr膜、NiSi膜。两合金膜即热电偶的两极，在刀尖处形成热接

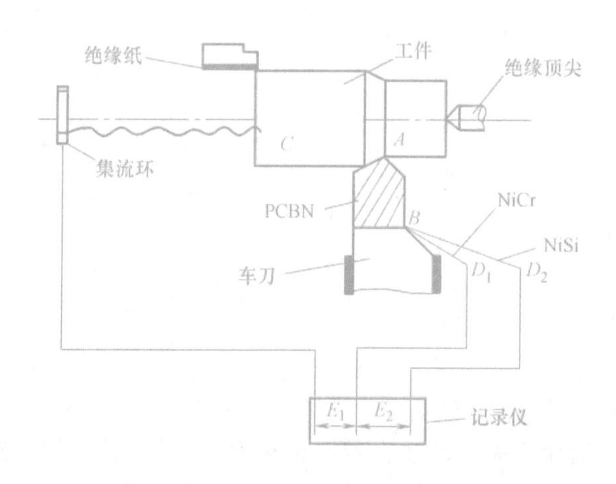

图 3-34 薄膜热电偶法测量切削温度示意图

点，另一端通过镍铬、镍硅丝引出与信号放大器相接。其优点是：测温传感器集成在刀头内，保证了刀片切削刃的强度和寿命；测温接点位于刀尖，能快速响应瞬态切削温度，时间常数约为0.8ms；在0～600℃范围内有良好的线性度和热稳定性。其缺点是：镀膜及刀头制作工艺复杂；热电势只有毫伏级，易受干扰；高温时薄膜与石英结合强度不够，有脱落现象，线性度较差。

（3）半人工热电偶法 图3-35所示为半人工热电偶法测量切削温度示意图。将自然热电偶法和人工热电偶法结合起来，即组成了半人工热电偶法。半人工热电偶是将一根热电敏感材料金属丝（如康铜丝）焊接在待测温点上作为一极，以工件材料或刀具材料作为另一极而构成的热电偶。采用半人工热电偶法测量切削温度的工作原理与自然热电偶法和人工热电偶法相同。其优点是：由于测温时采用单根导线连接，不必考虑绝缘问题；用半人工热电偶法测量铣削温度，采用与工件绝缘的细康铜丝，在康铜丝被切断时，可形成较小的热接点，提高测温的响应速度，直接获得已加工表面的温度和切削刃口的温度。其缺点是：切削刃与热电偶接触的时间短，测量误差大。

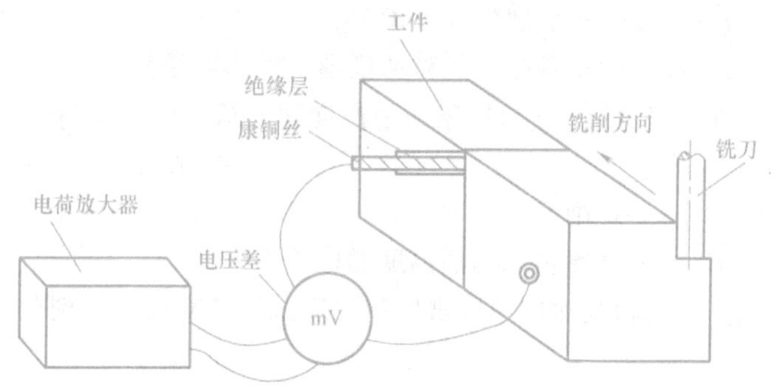

图 3-35 半人工热电偶法测量切削温度示意图

（4）非接触式测温 在非接触式温度测量中，测量元器件与热源不接触，避免了接触测量中安装热电偶会改变热流分布情况。采用光、热辐射法测量切削温度的原理是：刀具、切屑和工件材料受热时都会产生一定强度的光、热辐射，且辐射强度随温度升高而加大，因此可通过测量光、热辐射的能量间接测定切削温度。红外线辐射法是非接触式测温的主要方法之一。

红外线辐射法是根据物体表面辐射出的热能，测量物体表面的温度，既可测量温度场，也可测量单点温度。但由于切屑的干扰，测量位置必须谨慎选择。大多数金属在高温氧化后的表面辐射率都有很大变化，也会影响到测量结果。使用红外辐射高温计可测定刀具或工件表面的温度分布，红外探测器将接收到的红外线转换为电信号，经线性化处理后即可获得相应的温度值。红外辐射高温计的测温方法如图 3-36 所示。其优点是：红外线辐射法直观简便、测温范围宽（-50 ~ 2000 ℃）、准确快速、适用于恶劣环境；基于传热学反求算法，可以根据其测量结果求得铣削过程中的切削区温度场。其缺点是时间分辨率不高。

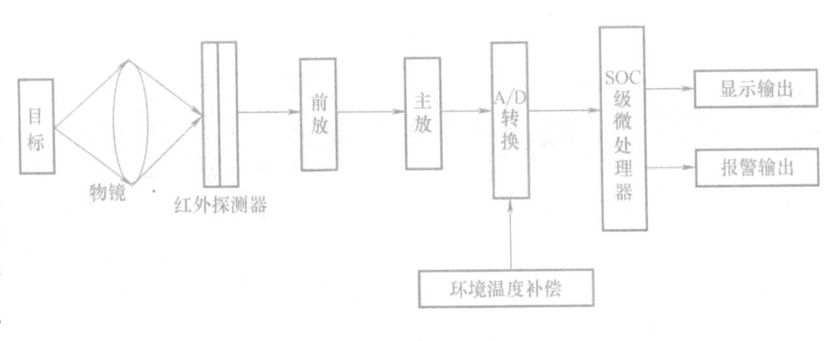

图 3-36 红外辐射高温计的测温方法

三、切削温度的试验指数公式

和建立切削力试验指数公式一样，通过试验可以建立切削温度的试验指数公式。仍然可以采用单因素分析法进行试验。

在只改变背吃刀量单因素切削温度试验结束后，得到公式

$$T = C_{Ta_p} a_p^{x_T}$$

式中 T——切削温度（℃）；

C_{Ta_p}——背吃刀量对切削温度的影响系数。

在改变进给量 f 单因素切削温度试验结束后，得到公式

$$T = C_{Tf} f^{y_T}$$

式中 T——切削温度（℃）；

C_{Tf}——进给量对切削温度的影响系数。

在改变切削速度单因素切削温度试验结束后，得到公式。

$$T = C_{Tv_c} v_c^{z_T}$$

式中 T——切削温度（℃）；

C_{Tv_c}——切削速度对切削温度的影响系数。

在进行完成单因素切削温度试验后，通过求取单因素试验综合公式，得到公式

$$T = C_T a_p^{x_T} f^{y_T} v_c^{z_T} \tag{3-13}$$

式中 T——切削温度（℃）；

C_T——各个因素对切削温度的综合影响系数，可查表；

x_T——背吃刀量对切削温度的影响程度指数，可查表；

y_T——进给量对切削温度的影响程度指数，可查表；

z_T——切削速度对切削温度的影响程度指数，可查表。

四、切削温度对切削过程的影响

（1）不利的方面　加剧刀具磨损，降低刀具寿命；使工件、刀具变形，影响加工精度。例如车长轴的外圆时，工件的热伸长使加工出的工件呈鼓形；车中等长轴时，由于车刀可伸长 0.03 ~ 0.04mm（刀具热伸长始终大于刀具的磨损），所以工件会产生锥度。此外，切削温度太高时，工件表面产生残余应力或金相组织发生变化，产生烧伤退火。

（2）有利的方面　使工件材料软化，变得容易切削；改善刀具材料脆性和韧性，减少崩刃；较高的切削温度还不利于积屑瘤的生成。

五、影响切削温度的主要因素

1. 切削用量

（1）切削速度　切削用量中对切削温度影响最大的是切削速度 v_c。随着 v_c 的提高，切削温度显著提高。因为当切屑沿前刀面流出时，切屑底层与前刀面发生强烈摩擦，因而产生大量的热量。但由于切屑带走热量的比例也增大，故切削温度并不随 v_c 的增大成比例地提高，如图 3-37a 所示。

（2）进给量　进给量 f 增大时，切削温度随之升高，但其影响程度不如 v_c 大，如图 3-37b所示。这是因为 f 增大时，切削厚度增加，切屑的平均变形减小；加之进给量增加会使切屑与前刀面的接触区域增加，即散热面积 A_D 略有增大。

（3）背吃刀量　背吃刀量 a_p 对切削温度的影响最小，如图 3-37c 所示。这是因为 a_p 增加时，切削刃工作长度成比例增加，即散热面积 A_D 也成正比增加，但切屑中部的热量传散不出去，所以切削温度略有上升。

试验得出，v_c 增加一倍，切削温度增加 20% ~33%；f 增加一倍，切削温度大约增加 10%；a_p 增加一倍，切削温度大约只增加 3%。

通过上述分析可见，随着切削用量 v_c、f、a_p 的增大，切削温度也会提高。其中 v_c 的影响最大、f 影响次之，a_p 影响最小。因此，在切削效率不变的条件下，通过减小切削速度来降低切削温度，比减小 f 或 a_p 更为有效。

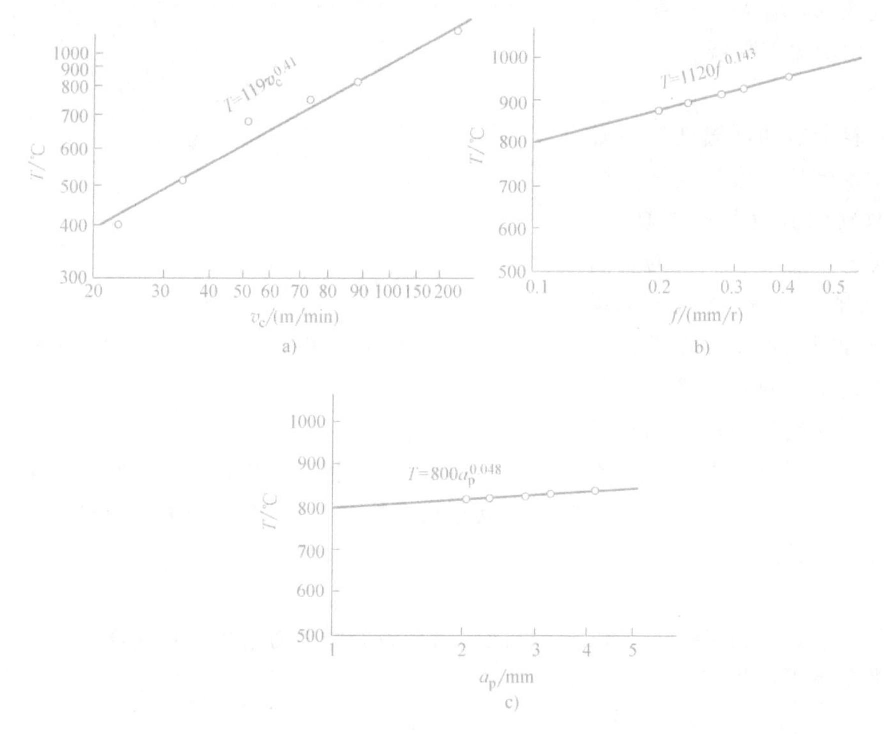

图 3-37 切削用量对切削温度的影响

a）切削速度与切削温度的关系（a_p =3mm，f=0.1mm/r）　b）进给量与切削温度的关系（a_p =3mm，v_c =94m/min）　c）背吃刀量与切削温度的关系（f=0.1mm/r，v_c =107m/min）

2. 刀具几何角度

前角 γ_o 与主偏角 κ_r 对切削温度的影响最明显，如图 3-38 所示。试验证明，γ_o 从 10°增加到 18°，切削温度下降 15%，这是因为切削层金属在基本变形区和前刀面摩擦变形区变形程度随前角增大而减小。但是前角过分增大会影响刀头的散热能力，切削热因散热体积减小不能很快传散出去。因此在一定条件下，均有一个产生最低温度的最佳前角 γ_o 值，图 3-38 中加工条件下最佳前角约为 15°。

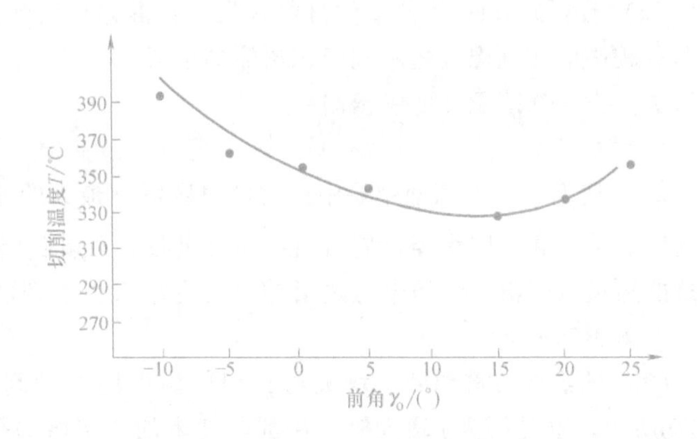

图 3-38　前角 γ_o 对切削温度的影响

工件材料：45 钢；刀具材料：W18Cr4V；刀具参数：$\kappa_r=75°$，$\alpha_o=6°$；

切削用量：$a_p=1.5mm$，$f=0.2mm/r$，$v_c=20m/min$

主偏角 κ_r 减小会使主切削刃工作长度增加，散热条件相应改善。另外，κ_r 减小，使刀头的散热体积增大，也有利于散热。因此，可采用较小的主偏角来降低切削温度，如图3-39所示。

此外，刀尖圆弧半径 r_ε 增大，使刀具切削刃的平均主偏角 κ_{rav} 减小，切削宽度 b_D 增大，刀具传热能力增大，切削温度降低。

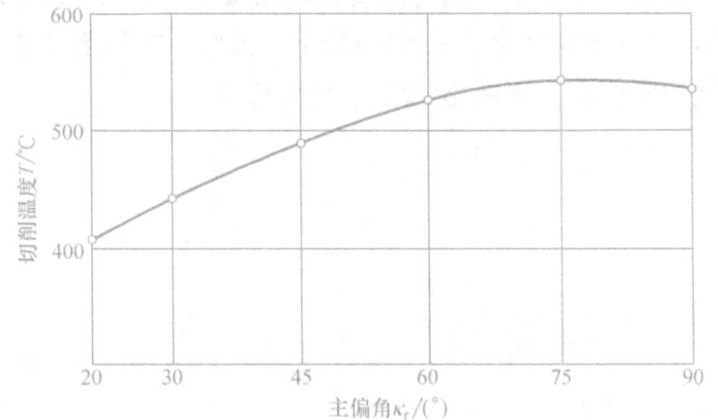

图 3-39　主偏角 κ_r 与切削温度的关系

工件材料：45 钢；刀具材料：YT15；刀具参数：$\gamma_o=15°$；

切削用量：$a_p=2mm$，$f=0.2mm/r$

3. 工件材料

工件材料影响切削温度的因素主要有强度、硬度、塑性及导热性能。工件材料的强度与硬度越高，切削时消耗的功越多，产生的切削热越多，切削温度就越高；在强度、硬度大致相同的条件下，塑性、韧性好的金属材料塑性变形较严重，因变形而转变成的切削热较多，所以切削温度也较高；工件材料的导热性能好，有利于切削温度的降低。例如，不锈钢 1Cr18Ni9Ti 的强度、硬度虽低于 45 钢，但其导热系数小于 45 钢（约为 45 钢的 1/4），切削温度却比 45 钢高 40%。

4. 刀具磨损

刀具磨损后切削刃变钝，刀具与工件间的挤压力和摩擦力增大，功耗增加，产生的切削热多，切削温度因而提高。

5. 切削液

切削液可减小切屑、刀和工件之间的摩擦并带走大量切削热，因此，可有效地能降低切削温度。

综上所述，为减小切削力，增大 f 比增大 a_p 有利。但从降低切削温度来考虑，增大 a_p 又比增大 f 有利。由于 f 的增大使切削力和切削温度的增加都较小，但却使材料切除率成正比例提高，所以采用大进给量切削具有较好的综合效果，特别是在粗、半精加工中得到广泛应用。

第五节　刀具磨损与刀具寿命

在切削加工中，刀具有一个逐渐变钝而失去加工能力的过程，这就是磨损。刀具因磨损、崩刃、卷刃而失去加工能力的现象称为刀具的失效（钝化）。刀具的磨损对加工质量、效率影响很大，必须引起足够的重视。

一、刀具磨损形式

刀具磨损可分为正常磨损和非正常磨损两类。

1. 正常磨损

正常磨损是指随着切削时间增加磨损逐渐扩大的磨损形式，图 3-40 所示为正常磨损形式。

（1）前刀面磨损　如图 3-40 所示，前刀面上出现月牙洼磨损，其深度为 KT，这是由切屑流出时产生摩擦和高温高压作用形成的。

（2）主后刀面磨损　如图 3-40 所示，主后刀面磨损分为三个区域：刀尖磨损，磨损量大是因近刀尖处强度低、温度集中造成的；中间磨损区，后刀面磨损宽度为 VB，这是因为摩擦和散热差所致；边界磨损区，切削刃与待加工表面交界处磨损，这是由于高温氧化和表面硬化层作用引起的。

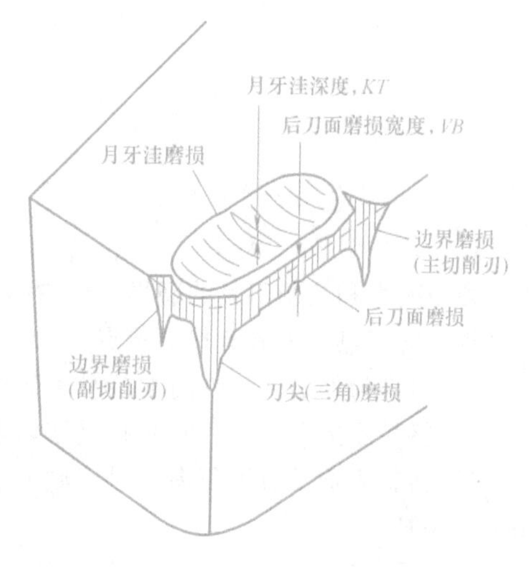

图 3-40　刀具的磨损形式

（3）副后刀面磨损　如图 3-40 所示副切削刃边界磨损，是在切削过程中因副后角及副偏角过小，致使副后刀面受到严重摩擦而产生的。

2. 非正常磨损

非正常磨损亦称破损。图 3-41 所示为刀具的塑性变形，图 3-42 所示为较常见的几种脆性破损形式。

发生脆性破损的原因是作用于刀具的拉应力和切应力以及交变应力，具体地说有下述各种原因：

1）因不合理的切削条件等使刀尖受到较大的力。

2）因发生颤振和不连续切削等原因而引起瞬时较大的力。

3）当积屑瘤等黏结物脱落。

4）切削热和冷却条件的变化。

塑性变形是刀具切削区域因严重塑性变形使刀面和切削刃周围产生塌陷，造成的原因主要是，切削温度过高和切削压力过大，刀头强度和硬度降低。尤其在高速钢刀具上较易出现。

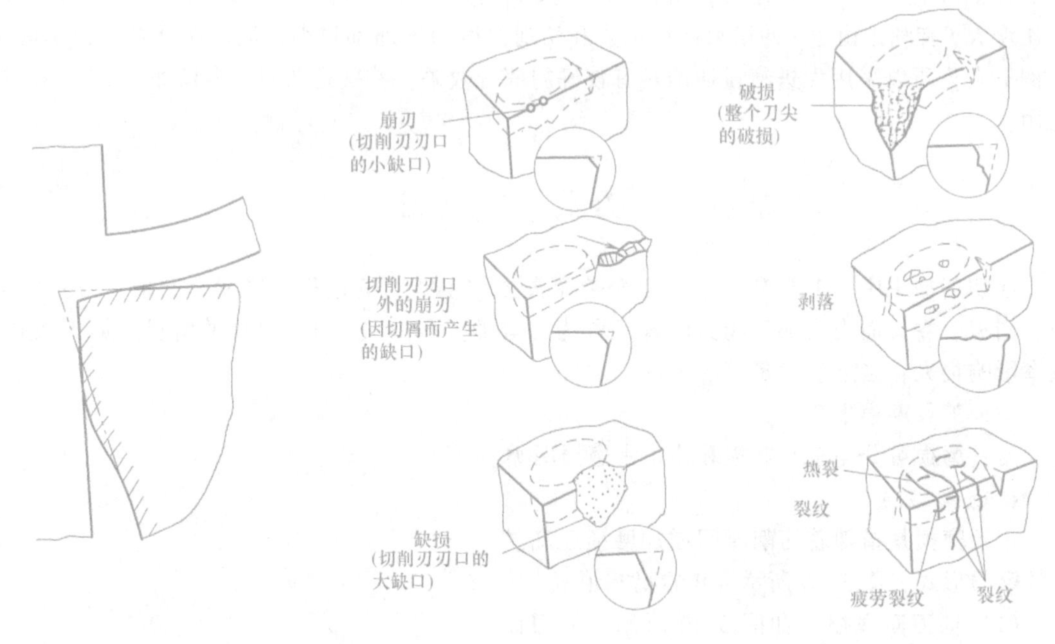

图 3-41　刀具塑性变形

图 3-42　刀具脆性破损形式

二、刀具磨损原因

为了减小和控制刀具的磨损，研制新的刀具材料，必须研究刀具磨损的原因和本质。切削过程中的刀具磨损具有如下特点：

1）刀具与切屑、工件间的接触表面经常是新鲜表面。

2）接触压力非常大，有时超过被切削材料的屈服强度。

3）接触表面的温度很高，对于硬质合金刀具可达 800～1000℃，对于高速钢刀具可达 300～600℃。

在上述条件下工作，刀具磨损经常是机械的、热的、化学的三种作用的综合结果，可以产生磨料磨损、冷焊磨损（有的文献称为黏结磨损）、扩散磨损、相变磨损、氧化磨损和热电磨损等。

1. 磨料磨损

切屑、工件的硬度虽然低于刀具的硬度，但其结构中经常含有一些硬度极高的微小的硬质点，能在刀具表面刻划出沟纹，这就是磨料磨损。硬质点有碳化物（如 Fe_3C、TiC、VC 等）、氮化物（如 TiN、Si_3N_4等）、氧化物（如 SiO_2、Al_2O_3等）和金属间化合物。

磨料磨损在各种切削速度下都存在，但对低速切削的刀具（如拉刀、板牙等），磨料磨损是磨损的主要原因。这是因为低速切削时，切削温度比较低，由于其他原因产生的磨损尚不显著，因而不是主要的。高速钢刀具的硬度和耐磨性低于硬质合金、陶瓷等，故其磨料磨损所占的比重较大。

2. 冷焊磨损（黏接磨损）

切削时，切屑、工件与前、后刀面之间，存在很大的压力和强烈的摩擦，因而它们之间会发生冷焊。由于摩擦面之间有相对运动，冷焊结点产生破裂，被一方带走，从而造成冷焊磨损。

一般说来，工件材料或切屑的硬度较刀具材料的硬度低，冷焊结点的破裂往往发生在工件或切屑这一方。但由于交变应力、接触疲劳、热应力以及刀具表层结构缺陷等原因，冷焊结点的破裂也可能发生在刀具这一方，这时，刀具材料的颗粒被切屑或工件带走，从而造成刀具磨损。

冷焊磨损一般在中等偏低的切削速度下比较严重。在高速钢刀具正常工作的切削速度和硬质合金刀具偏低的切削速度下，都能满足产生冷焊的条件，故此时冷焊磨损所占的比重较大。提高切削速度后，硬质合金刀具冷焊磨损减轻。

3. 扩散磨损

扩散磨损在高温下产生。切削金属时，切屑、工件与刀具接触过程中，双方的化学元素在固态下相互扩散，改变了材料原来的成分与结构，使刀具表层变得脆弱，从而加剧了刀具的磨损。例如用硬质合金刀具切削钢材时，从800℃开始，硬质合金中的钴便迅速地扩散到切屑、工件中去，WC分解为钨和碳后扩散到钢中，因切屑、工件都在高速运动，它们和刀具的表面在接触区保持着扩散元素的浓度梯度，从而使扩散现象持续进行。于是，硬质合金刀具表面发生贫碳、贫钨现象。黏结相钴的减少，又使硬质合金中硬质相（WC、TiC）的黏结强度降低。切屑、工件中的铁和碳则向硬质合金中扩散，形成新的低硬度、高脆性的复合碳化物。所有这些，都使刀具磨损加剧。

硬质合金中，钛元素的扩散率远低于钴、钨，TiC又不易分解，故在切削钢材时P类（YT类）硬质合金的抗扩散磨损能力优于K类（YG类）硬质合金。TiC、TiN、TiCN基合金和涂层合金（涂覆TiC或TiN）则更佳；硬质合金中添加钽、铌后形成固溶体（W、Ti、Ta、Nb）C，也不易扩散，从而提高了刀具的耐磨性。

扩散磨损往往与冷焊磨损、磨料磨损同时产生，此时磨损率很高。前刀面上离切削刃有一定距离处的温度最高，该处的扩散作用最强烈，于是在该处形成月牙洼。高速钢刀具的工作温度较低，与切屑、工件之间的扩散作用进行得比较缓慢，故其扩散磨损所占的比重远小于硬质合金刀具。

用金刚石刀具切削钢铁材料，当切削温度高于700℃时，金刚石中的碳原子将以很大的扩散强度转移到工件表面层，形成新的铁碳合金，而刀具表面石墨化，从而形成严重的扩散磨损。但金刚石刀具与钛合金之间的扩散作用较小。

用氧化铝陶瓷和立方氮化硼刀具切削钢材，当切削温度高达1000～1300℃时，扩散磨损尚不显著。

4. 相变磨损

相变磨损是一种塑性变形磨损或破损。用高速钢刀具切削时，当切削温度超过其相变温度时，刀具材料的金相组织就会发生变化，使刀具硬度降低，产生急剧磨损。相变磨损是高速钢刀具磨损的主要原因之一。

5. 氧化磨损

当切削温度达到700～800℃时，空气中的氧与硬质合金中的钴及碳化钨、碳化钛等发生氧化作用，产生的较软氧化物（如 Co_3O_4、CoO、WO_3、TiO_2 等）被切屑或工件擦掉而形成磨损，这称为氧化磨损。氧化磨损与氧化膜的黏附强度有关，黏附强度越低，则磨损越快；反之这种磨损则可减轻。一般空气不易进入刀与切屑的接触区，因此氧化磨损最容易在主、副切削刃的工作边界处形成，在这里的后刀面（有时在前刀面）上划出较深的沟槽，这是造成“边界磨损”的原因之一。

6. 热电磨损

工件、切屑与刀具由于材料不同，切削时在接触区形成热电势，这种热电势有促进扩散的作用从而加速刀具磨损。这种热电势的作用下产生的扩散磨损，称为“热电磨损”。试验证明，若在刀具和工件接触处通以与热电势相反的电动势，可减少热电磨损。

总之，在不同的工件材料、刀具材料和切削条件下，磨损原因和磨损强度是不同的。对于一定的刀具和工件材料，切削温度对刀具磨损具有决定性的影响。高温时，扩散和氧化磨损强度高；在中低温时，冷焊磨损占主导地位；磨料磨损则在不同的切削温度下都存在。

三、磨损过程及磨钝标准

1. 刀具磨损过程

无论何种磨损形式，刀具的磨损过程和一般机器零件的磨损规律相同，如图 3-43 所示，可分为三个阶段。

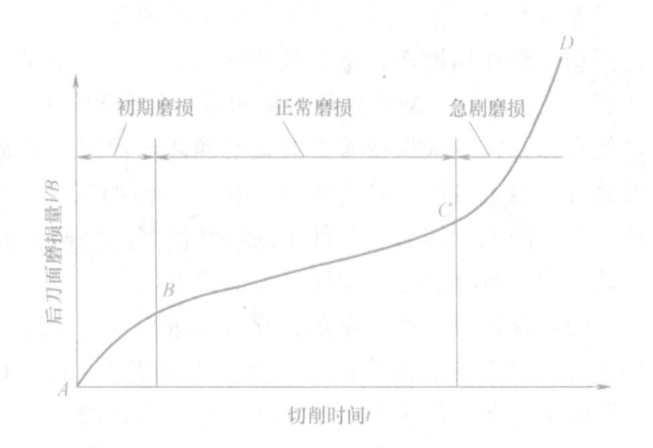

图 3-43　刀具的磨损过程

（1）初期磨损阶段（*AB* 段）　这一阶段磨损速率大，这是因为新刃磨的刀具后刀面存在凹凸不平、氧化或脱碳层等缺陷，使刀面表层上的材料耐磨性较差。

（2）正常磨损阶段（*BC* 段）　经过初期磨损后，刀具后刀面的粗糙表面已经磨平，承压面积增大，压应力减小，从而使磨损速率明显减小，且比较稳定，即刀具进入正常磨损阶段。

（3）急剧磨损阶段（*CD* 段）　当磨损量达到 *VB* 程度后，摩擦力增大，切削力和切削温度急剧上升，刀具磨损速率增大，以致刀具迅速损坏而失去切削能力。

实际生产中，在正常磨损后期、急剧磨损前刃磨和换刀。

2. 刀具的磨钝标准

从刀具磨损过程可见，刀具不可能无休止地使用，磨损量达到一定程度就要重磨或换刀，这个允许的限度称为磨钝标准。由于后刀面磨损最常见，且易于控制和测量，通常以后刀面中间部分的平均磨损量 *VB* 作为磨钝标准。当刀具以月牙洼磨损为主要形式时，可用月牙洼深度 *KT* 规定磨钝标准。对于一次性对刀的自动化精加工刀具，则用 *VB* 作为指标。根据生产实践的调查资料，硬质合金车刀磨钝标准推荐值见表 3-5。

表 3-5　硬质合金车刀磨钝标准

加工条件	碳钢及合金钢		铸铁	
	粗车	精车	粗车	精车
VB/mm	1.0～1.4	0.4～0.6	0.8～1.0	0.6～0.8

实际生产中，有经验的操作人员往往凭直观感觉来判断刀具是否已经磨钝。当工件加工表面粗糙度的 *Ra* 值开始增大，切屑的形状和颜色发生变化，工件表面出现挤亮的带，切削过程产生振动或刺耳噪声等，都标志着刀具已经磨钝。

四、刀具寿命

生产中不可能经常测量 VB 高度来掌握磨损程度，而是用规定的刀具使用时间作为限定刀具磨损量的标准。

1. 刀具寿命的概念

刀具刃磨后，从开始切削到磨损量达到磨钝标准 VB 所经过的切削时间，即两次刃磨之间的总切削时间，称为刀具寿命，用 T 表示，单位为 min。它不包括对刀、夹紧、测量、快进、回程等辅助时间。

刀具寿命是确定换刀时间的重要依据，同时也是衡量工件材料切削加工性和刀具材料切削性能的优劣，以及刀具几何参数和切削用量的选择是否合理的重要依据。总之，刀具寿命是一个具有多种用途的重要参数。

刀具寿命与刀具总寿命的概念不同。所谓刀具总寿命是指一把新刀从投入使用到报废为止的总切削时间，其中包含该刀具的多次重磨，因此刀具总寿命等于这把刀具寿命乘以刃磨次数。

2. 影响刀具寿命的因素

（1）切削速度 v_c　提高切削速度 v_c，使切削温度增高、磨损加剧，从而使刀具寿命降低。若规定达到 $VB=0.3\text{mm}$ 时重磨，通过切削试验，找出 v_c-T 的函数关系式（又称泰勒公式）为

$$v_c=\frac{C}{T^m}\text{或 } T^m=\frac{C}{v_c} \tag{3-14}$$

式中　m——v_c 对 T 的影响程度指数；

C——与工件材料及切削系数有关的系数。

m 由切削试验求出。例如在使用硬质合金焊接车刀车削碳素钢和灰铸铁时，$m=0.2$，使用硬质合金可转位车刀时，$m=0.25\sim0.3$，使用陶瓷车刀时，$m=0.4$。

由式（3-14）可知，若使用硬质合金可转位车刀加工 45 钢，当 $v_c=100\text{m/min}$ 时，$T=60\text{min}$；若 $v_c=150\text{m/min}$，则 $T=12\text{min}$，切削速度增加了 0.5 倍，而刀具寿命缩短到原来的 1/5。由此可知，切削速度对刀具寿命的影响是非常显著的。

（2）进给量 f 和背吃刀量 a_p　f 和 a_p 增大，均使刀具寿命降低。其中，f 增大后，切削温度升高较多，故对 T 的影响较大；a_p 增大，改善了散热条件，故使切削温度上升少，因此对 T 的影响较小。

（3）刀具几何参数　在刀具几何参数中，影响刀具寿命的因素主要有前角 γ_o、主偏角 κ_r、副偏角 κ_r' 和刀尖圆弧半径 r_ε。增大 γ_o，切削温度降低，刀具寿命提高；但前角太大，刀具强度低，散热差，刀具寿命反而会缩短。因此，在一定的加工条件下均有一个最佳前角值，该值可由生产实践和切削试验求得。

减小主偏角 κ_r、副偏角 κ_r' 和刀尖圆弧半径 r_ε，都能起到提高刀具强度和降低切削温度的作用，因此，均有利于提高刀具寿命。

3. 刀具寿命方程式

综合切削用量 v_c、f、a_p 和其他因素对刀具寿命的影响规律，并经切削试验整理后，得到计算刀具寿命的指数方程式为

$$T^m = \frac{C_T}{v_c a_p^{x_T} f^{y_T}} K_T \tag{3-15}$$

式中　x_T——背吃刀量对刀具寿命的影响规律指数；

y_T——进给量对刀具寿命的影响规律指数；

K_T——其他因素对刀具寿命的修正系数。

实际生产中，刀具寿命对切削加工的生产率和成本都有直接的影响，不能规定得太高或太低。如果定得太高，切削时势必选用较小的切削用量，这就降低了生产率，增加了成本；如果定得太低，虽然允许采用较高的切削速度，使机动时间减少，但会增加换刀、磨刀或调整机床所用的辅助时间，生产率也会降低，同样会增大成本。所以，刀具寿命应规定得合理。目前生产中常用的刀具寿命参考值见表3-6。

确定刀具寿命还应考虑以下几点：

1）复杂的、高精度的、多刃的刀具寿命应比简单的、低精度的、单刃刀具高。

2）可转位刀具因换刃、换刀片快捷，为使切削刃始终处于锋利状态，刀具寿命可规定得低一些。

3）精加工刀具切削负荷小，其刀具寿命应比粗加工刀具选得长一些。

4）精加工大件时，为避免中途换刀，刀具寿命应选得高一些。

5）数控加工中，刀具寿命应大于一个工作班，至少应大于一个零件的切削时间。

目前，数控机床和加工中心所使用的数控刀具，由于使用高性能刀具材料和具有良好的刀具结构，能极高地提高切削速度和缩短辅助时间，对于提高生产率和生产效益起着重要作用。此外，在刀具上消耗的成本也很低，仅占生产成本的3%～4%。为此，目前数控刀具的寿命均低于其他刀具，如数控车刀寿命定为$T=15\text{min}$。

表3-6　刀具寿命参考值

刀具类型	刀具寿命/min	刀具类型	刀具寿命/min
高速钢车刀、刨刀、镗刀	60	高速钢钻头	80～120
硬质合金焊接车刀	30～60	硬质合金面铣刀	90～180
可转位车刀、陶瓷车刀	15～45	齿轮刀具	200～300
立方氮化硼车刀	120～150	组合机床、自动机床、自动线刀具	240～480
金刚石车刀	600～1200		

第六节　已加工表面质量

一、已加工表面质量的表征指标

1. 表层残余应力

由于切削层塑性变形的影响会改变表面层残余应力的分布，如切削后切削温度降低，使已加工表面层由膨胀到收缩，在收缩时受到底层材料阻碍，使表面层中产生了拉应力。残余拉应力受冲击载荷作用，会降低材料疲劳强度，出现微观裂纹，降低材料的耐蚀性。

2. 表层微裂纹

切削过程中切削表面在外界摩擦、积屑瘤和鳞刺等因素作用以及在表面层内应力集中或

拉应力等影响下，造成已加工表面层产生微裂纹，微裂纹不仅降低材料的疲劳强度和耐蚀性，而且微裂纹的不断扩展情况会造成零件的破坏。

3. 表层金相组织

切削时由于切削参数选用不当或切削液浇注不充分，会造成加工表面层的金相组织变化，影响工件材料原有性能。例如工件在淬火后又经回火呈均匀的马氏体组织，内应力得以消除，但在磨削时，由于磨削温度过高，冷却不均匀，出现二次回火而呈屈氏体组织，造成了组织不均匀，产生内应力，工件材料韧性降低而变脆。

4. 表面粗糙度

表面粗糙度是指已加工表面微观不平程度的平均值，是一种微观几何形状误差。经切削加工形成的已加工表面粗糙度，一般可看成由理论表面粗糙度和实际表面粗糙度叠加而成。

二、表面粗糙度的形成

1. 理论表面粗糙度

理论表面粗糙度是刀具几何形状和切削运动引起的表面不平度。生产中，如果条件比较理想，加工后表面实际粗糙度接近于理论表面粗糙度。

刀具几何形状和切削运动对表面粗糙度的影响主要是通过刀具的主偏角、副偏角、刀尖圆弧半径 r_ε 以及进给量对切削后工件上的残留层高度的影响来体现的。主偏角、副偏角、进给量越小，表面粗糙度值越小；刀尖圆弧半径 r_ε 越大，表面粗糙度值越小。

如图 3-44a 所示，用尖头刀加工时，残留层的最大高度 Rz（单位为 mm）为

$$Rz = \frac{f}{\cot\kappa_r + \cot\kappa_r'} \tag{3-16}$$

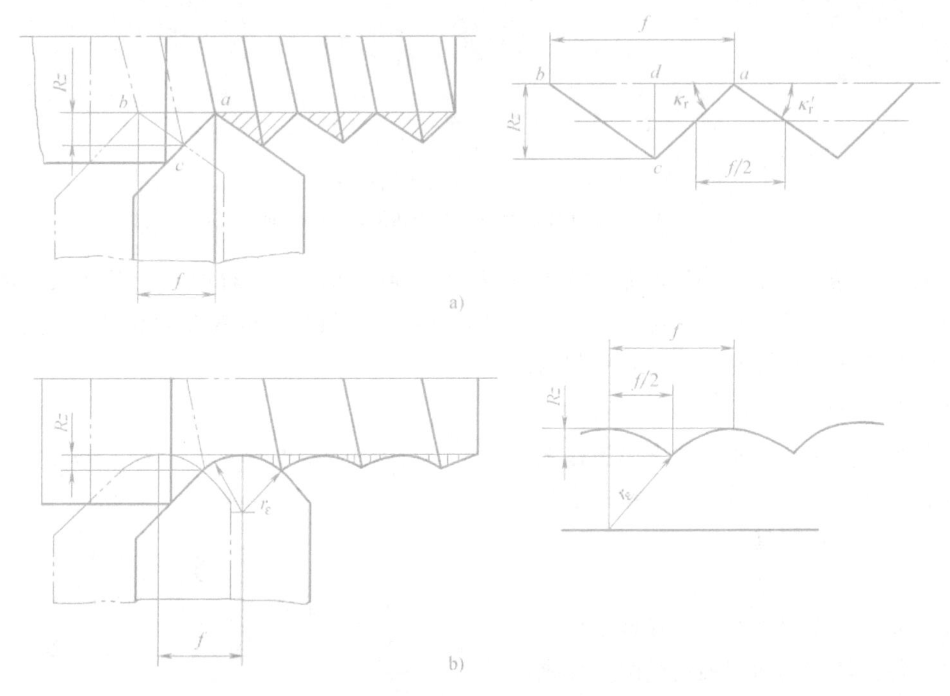

图 3-44　残留层高度

a）$r_\varepsilon=0$　b）$r_\varepsilon>0$

相应的轮廓算术平均偏差 Ra（单位为 mm）为

$$Ra=\frac{1}{4}Rz \tag{3-17}$$

如图 3-44b 所示，用圆头刀加工时，残留层的最大高度 Rz（单位为 mm）为

$$Rz\approx\frac{f^2}{8r_\varepsilon} \tag{3-18}$$

2. 实际表面粗糙度

实际表面粗糙度是在理论表面粗糙度上叠加着非正常因素，如积屑瘤、鳞刺、刀具磨痕和切削振纹等附着物和痕迹，因此，增大了残留层的高度值。

（1）积屑瘤和鳞刺影响　黏附在切削刃上的积屑瘤顶端切入加工表面后使已加工表面粗糙不平。在已加工表面上垂直于切削速度方向会产生突出的鳞片状毛刺，通常称作鳞刺（如图 3-45 所示）。一般在对塑性材料的车、刨、拉、攻螺纹、插齿和滚齿加工中，并选用较低速度、较大进给量时，在产生严重摩擦和挤压情况下易生成鳞刺。鳞刺使已加工表面粗糙度严重恶化。

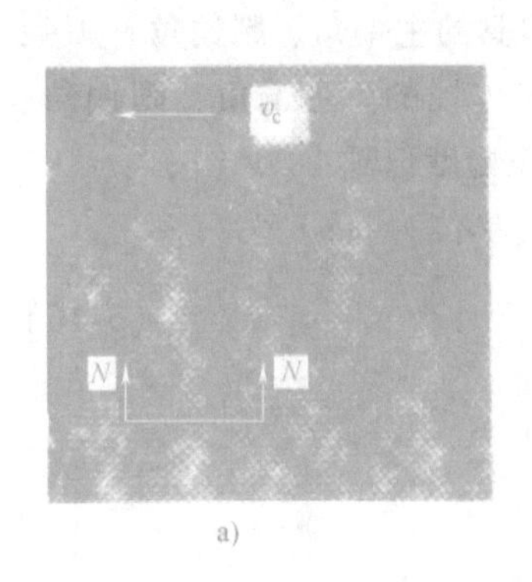

a)

b)

图 3-45　鳞刺现象

a）鳞刺分布　b）鳞刺突出的形态

加工条件：工件材料 45 钢、切削速度 $v_c=32$m/min

（2）刀具磨损影响　当刀具后刀面或刀尖处产生微崩时，它对加工表面摩擦，使已加工表面上形成不均匀的划痕；当刃磨切削刃口留下毛刺、微小裂口或细微崩刃时，这些缺陷均会反映在已加工表面上而形成较均匀沟痕。

（3）振动影响　如图 3-46 所示，切削时工艺系统的振动，使工件表面粗糙度值增大、降低加工表面质量，严重时会影响机床精度和损坏刀具。

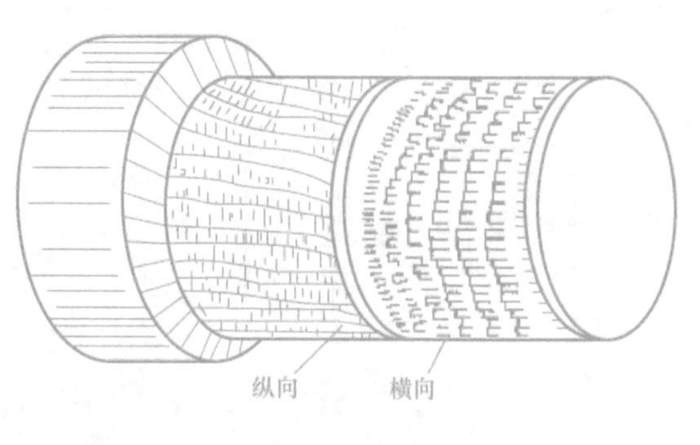

图 3-46　振纹

3. 减小表面粗糙度值的途径

要提高已加工表面质量，降低表面粗糙度值，往往从刀具和切削用量两方面来采取措施。

在实际切削过程中，有很多因素影响

到工件表面粗糙度，如机床精度的高低、工件材料的切削加工性好坏、刀具几何形状的合理与否、切削用量的选择合理与否，甚至包括刀具的刃磨质量、切削液的正确选用等。

（1）刀具几何形状方面　从以上分析不难看出，要减小表面粗糙度值，可采用较大的刀尖圆弧半径（圆头刀）、较小的主偏角或副偏角，甚至磨出修光刃。需要注意的是，主偏角的减小，会引起背向力的增大，甚至会引起加工中的振动。刀尖圆弧半径的增大或过长的修光刃同样也有这个问题。

（2）切削用量方面　在同样加工条件下，采用不同的切削用量所获得的工件表面粗糙度有很大的不同。切削用量三要素中，进给量对表面粗糙度影响最大，进给量越小，残留层高度越低，表面粗糙度值越小。

但应注意进给量不能过小，否则由于切削厚度过小，切削刃无法切入工件，造成刀具与工件的强烈挤压与摩擦。

若要求加大进给量，同时又要求获得较小的表面粗糙度值，刀具必须磨有修光刃，副偏角为0°，但应注意此时的进给量不能过大。否则，太宽的修光刃会引起振动，反而会使表面粗糙度值增大。

【思政目标】通过深入分析金属切削的基本理论，抽丝剥茧般地透过现象研究切削过程的变形规律及机理，培养学生学会透过现象看本质，运用辩证唯物主义发展的观点分析问题，从而更有效地构建以工作过程为基础的职业学习系统，实现教学过程与生产过程的有效对接。

复习思考题

1. 试述三个切削变形区的变形特点及各变形区里主要讨论的问题。
2. 切屑有哪些类型？各种切屑有什么特征？在什么条件下形成？
3. 什么是积屑瘤？有何特点？积屑瘤对切削加工有什么影响？如何控制积屑瘤？
4. 什么是加工硬化？如何表示？实际加工中通常采用哪些措施来减少加工硬化？
5. 已加工表面质量用什么衡量？已加工表面粗糙度产生的原因是什么？采用哪些方法可以降低已加工表面粗糙度值？
6. 试述背吃刀量、进给量和主偏角对各切削分力的影响规律。
7. 试述切削用量三要素和主偏角对切削温度的影响规律。
8. 试述刀具正常磨损的形式和原因。
9. 刀具磨损过程分为几个阶段？各阶段有什么特点？
10. 切削温度是影响刀具磨损的主要原因，这种说法是否正确？为什么？
11. 什么是刀具磨损标准？切削加工中如何判断刀具是否已经磨损？
12. 什么是刀具寿命？刀具寿命与刀具磨损有何关系？影响刀具寿命的主要因素是什么？生产中确定合理的刀具寿命有哪些办法？

4

第四章

金属切削基本理论的应用

第一节　任务引入

图4-1所示为工件图样，工件材料为45钢热轧棒料，$\sigma_b = 0.650\text{GPa}$。工件毛坯直径为$\phi$60mm，粗车外圆至$\phi$54mm，$Ra$12.5μm；半精车外圆至$\phi$53mm，$Ra$3.2μm，尺寸公差等级为IT8，所选机床为CA6140型卧式车床。粗车和半精车时的刀具材料、刀具几何参数和切削用量该如何选择呢？

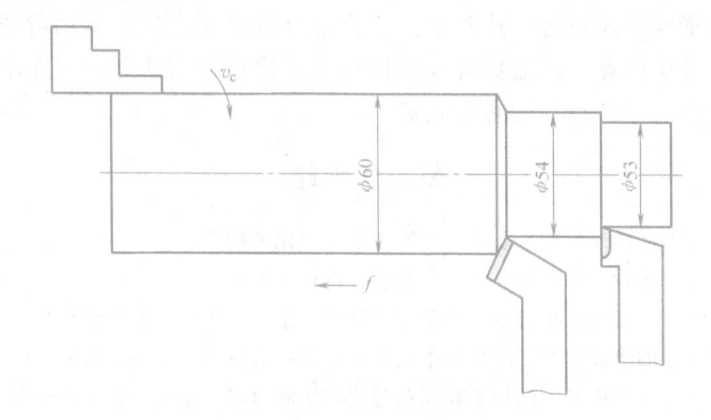

图4-1　工件图样

第二节　刀具材料及其选用

一、概述

1. 刀具材料应具备的性能

在切削过程中，刀具切削部分不仅要承受很大的切削力，而且要承受切削变形和摩擦产生的高温，要保持刀具的切削能力，刀具应具备如下切削性能：

（1）高的硬度和耐磨性　刀具材料的硬度必须高于工件材料的硬度，常温下一般应在60HRC以上。一般说来，刀具材料的硬度越高，耐磨性也越好。耐磨性除与硬度有关外，还与刀具金相组织中碳化物的种类、数量、大小及分布情况有关。

（2）足够的强度和韧性　刀具切削部分要承受很大的切削力和冲击力，因此刀具材料必须要有足够的强度和韧性。一般用刀具材料的抗弯强度和冲击韧度来反映材料强度和韧性高低。

（3）良好的耐热性和导热性　刀具材料的耐热性是指在高温下仍能保持其硬度和强度，这是刀具材料必备的关键性能。耐热性越好，刀具材料在高温时抗塑性变形的能力、抗磨损的能力也越强。高温硬度是其重要指标，常用耐热温度表示，如高速钢的耐热温度约为600℃，硬质合金的耐热温度可达800～1000℃。

刀具材料的导热性越好，切削时产生的热量越容易传导出去，从而降低切削部分的温度，减轻刀具磨损。

（4）良好的工艺性　为便于制造，要求刀具材料具有良好的可加工性，包括热加工性能（热塑性、焊接性、淬透性）和机械加工性能。

（5）稳定的化学性能　这是提高刀具抗化学磨损的需要。刀具材料的化学性能稳定，在高温、高压下才能保持良好的抗扩散、抗氧化能力。刀具材料与工件材料的亲和力小，则刀具材料的抗黏结性能好，黏结磨损小。

选择刀具材料时，很难找到各方面性能都是最佳的材料，因为材料硬度与韧性之间、综合性能与价格之间都是相互制约的。只能根据工艺需要，以保证主要需求性能为前提，尽可能选用价格低的材料。例如粗加工锻件毛坯时，刀具材料应保证有较高强度与韧性，而加工高硬度材料时，刀具材料需有较高的硬度与耐磨性，对高生产率的自动线用刀具，则需保证其有较高的刀具寿命等。

2. 刀具材料类型

当前使用的刀具材料分三大类：工具钢（包括碳素工具钢、合金工具钢、高速钢）、硬质合金、超硬刀具材料。一般机加工使用最多的是高速钢与硬质合金。各类刀具材料硬度与韧性如图4-2所示。一般硬度越高者可允许的切削速度越高，而韧性越高者抗冲击能力越强。

工具钢耐热性差，但抗弯强度高，价格便宜，焊接性与刃磨工艺性好，故广泛用于中、低速切削的复杂刀具或成形刀具，不宜高速切削。硬质合金耐热性好，切削效率高，但刀片强度、韧性不及工具钢，焊接性和刃磨工艺性也比工具钢差，多用于制作车刀、铣刀及各种高效切削刀具。

2004年国际标准化组织在国际标准ISO513—2012（对应我国的国家标准为GB/T 2075—2007）中对切削加工用硬质合金及一些新型刀具材料采用颜色管理法进行标识，见表4-1。

表4-1　标准牌号

代号	色标	加工工件材料组
P	蓝色	钢：除不锈钢外所有带奥氏体结构的钢和铸钢
K	红色	铸铁：灰铸铁、球状石墨铸铁、可锻铸铁
M	黄色	不锈钢：不锈奥氏体钢或铁素体钢、铸钢
N	绿色	非铁金属：铝、其他有色金属、非金属材料
S	褐色	超级合金和钛：基本铁的耐热特种合金、镍、钴、钛、钛合金
H	灰色	硬材料：硬化钢、硬化铸铁材料、冷硬铸铁

3. 刀体材料

刀体材料一般均用普通碳钢或合金钢制作，如焊接车刀、镗刀、钻头、铰刀的刀柄。尺

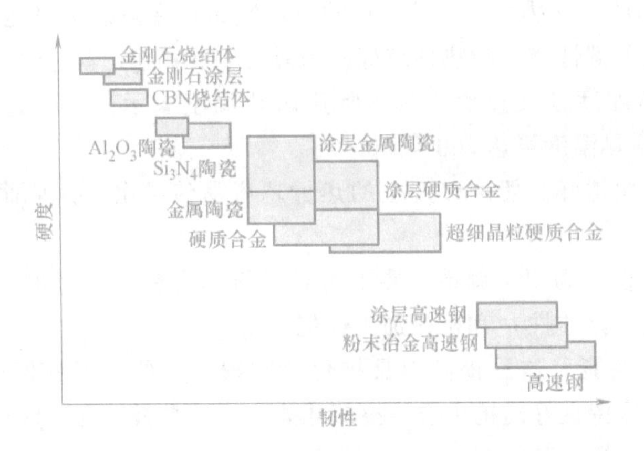

图 4-2　各类刀具材料硬度与韧性

寸较小的刀具或切削负荷较大的刀具宜选用合金工具钢或整体高速钢制作，如螺纹刀具、成形铣刀、拉刀等。

机夹式可转位硬质合金刀具、镶硬质合金钻头、可转位铣刀等的刀体可用合金工具钢制作，如 9CrSi 或 GCr15 等。

对于一些尺寸较小、刚度较差的精密孔加工刀具，如小直径镗刀、铰刀，为保证刀体有足够的刚度，宜选用整体硬质合金制作，以提高刀具寿命和加工精度。

二、工具钢刀具材料及其选用

1. 碳素工具钢和合金工具钢

碳素工具钢是含碳量较高的碳钢，碳质量分数为 0.70% ~1.35%。含碳量越高，硬度与耐磨性越好，但韧性越低。

碳素工具钢淬火后硬度为 60 ~64HRC，与一般高速钢相近。但是，它的耐热性很差，当切削刃工作温度超过 200 ~250℃时，硬度急剧下降，失去切削能力。因此，碳素工具钢只能在 8 ~10m/min 的切削速度下工作。碳素工具钢的淬透性差，淬硬层薄（一般为 3mm），且淬火时须在水中急速冷却，容易产生淬火变形和开裂。

在碳素工具钢中加入一定量的合金元素，如钨、铬、钼、钒、锰、硅等，即成为合金工具钢。这些钢淬火后的硬度达 60 ~65HRC，与碳素工具钢差别不大，但耐热性稍高，约 300 ~400℃，因此其切削速度可比碳素工具钢高 20% 左右。与碳素工具钢相比，合金工具钢的主要优点是淬火变形小，淬透性好，适于制造要求热处理变形小的低速刀具。

2. 高速钢

高速钢是在合金工具钢中加入较多的钨、钼、铬、钒等合金元素的高合金工具钢。它具有较高的强度、韧性和耐热性，是目前应用最广泛的刀具材料，因刃磨时易获得锋利的刃口，又称“锋钢”。

高速钢有很高的强度，抗弯强度为一般硬质合金的 2 ~3 倍，韧性也高，比硬质合金高几十倍。高速钢的硬度为 63 ~69HRC。热处理变形较小。更主要的优点是它有较高的耐热性，在切削温度达 500 ~650℃时，尚能进行切削。与碳素工具钢和普通合金工具钢相比，高速钢的切削速度提高 1 ~3 倍，刀具寿命提高 10 ~40 倍。用高速钢刀具切削中碳钢时，切削速度一般不大于 30m/min，加工材料的硬度一般不大于 30HRC。高速钢可加工性也很好，

目前是制造各种复杂刀具（如钻头、拉刀、成形刀具、丝锥、齿轮刀具等）的主要材料，可以加工从有色金属合金到高温合金的各种材料。

高速钢按用途不同，可分为通用型高速钢和高性能高速钢。

常用高速钢的牌号及性能见表4-2。

表4-2　常用高速钢的牌号与性能

类别		牌号	洛氏硬度(HRC)	抗弯强度/GPa	冲击韧度/(kJ/m²)	高温(600℃)硬度(HRC)
通用型高速钢		W18Cr4V	62～66	3.34	0.294	48.5
		W6Mo5Cr4V2	62～66	4.6	0.5	47～48
高性能高速钢	钴高速钢	W2Mo9Cr4VCo8	66～70	2.75	0.25	55
	铝高速钢	W6Mo5Cr4V2Al	68～69	3.43	0.3	55

（1）通用型高速钢　通用型高速钢应用最广，约占高速钢总量的75%，碳质量分数为0.7%～0.9%，按含钨、钼量的不同分为钨系、钨钼系，主要牌号有以下三种。

1）W18Cr4V（18-4-1）钨系高速钢。18-4-1高速钢具有较好的综合性能。因其含钒量少，刃磨工艺性好；淬火时过热倾向小，热处理控制较容易。缺点是碳化物分布不均匀，不宜做大截面的刀具；热塑性较差；又因钨价高，国内使用逐渐减少，国外已很少采用。

2）W6Mo5Cr4V2（6-5-4-2）钨钼系高速钢。6-5-4-2高速钢是国内外普遍应用的牌号。因一份Mo可代替两份W，这就能减少钢中的合金元素，降低钢中碳化物的数量及分布的不均匀性，有利提高热塑性、抗弯强度与韧性。加入质量分数为3%～5%的钼，可改善刃磨工艺性。因此6-5-4-2高速钢的高温塑性及韧性胜过18-4-1高速钢的，可用于制造热轧刀具，如扭制麻花钻等。其主要缺点是淬火温度范围窄，脱碳过热敏感性大。

3）W9Mo3Cr4V（9-3-4-1）钨钼系高速钢。9-3-4-1高速钢是根据我国资源研制的牌号。其抗弯强度与韧性均比6-5-4-2高速钢的好。高温热塑性好，而且淬火过热、脱碳敏感性小，有良好的切削性能。

（2）高性能高速钢　高性能高速钢是指在通用型高速钢中增加碳、钒，添加钴或铝等合金元素的新钢种。其常温硬度可达67～70HRC，耐磨性与耐热性有显著的提高，能用于不锈钢、耐热钢和高强度钢的加工。

高碳高速钢的含碳量提高，使钢中的合金元素全部形成碳化物，钢的硬度与耐磨性提高，但其强度与韧性略有下降，目前已很少使用。

高钒高速钢是将钢中的钒的质量分数增加到3%～5%。由于碳化钒的硬度较高，可达到2800HV，比普通钢硬度高，所以一方面增加了钢的耐磨性，同时也增加了此钢种的刃磨难度。

钴高速钢的典型牌号是W2Mo9Cr4VCo8（M42）。在钢中加入钴，可提高高速钢的高温硬度和抗氧化能力，因此其能适用于较高的切削速度。钴在钢中能促进钢在回火时从马氏体中析出钨、钼的碳化物，提高回火硬度。钴的导热系数较高，对提高刀具的切削性能是有利的。钢中加入钴还可降低摩擦因数，改善其磨削加工性。

铝高速钢是我国独创的高生产率高速钢，典型的牌号是W6Mo5Cr4V2Al（501）。铝不是碳化物的形成元素，但它能提高W、Mo等元素在钢中的溶解度，并可阻止晶粒长大。因此，铝高速钢的高温硬度、热塑性与韧性高。铝高速钢在切削温度的作用下，刀具表面可形成氧化铝薄膜，减少与切屑的摩擦和黏结。501 高速钢的力学性能与切削性能与 M42 高性能高速钢相当，且价格较低廉，但其热处理工艺要求较严。

（3）粉末冶金高速钢　普通高速钢都是用熔炼的方法制成的，而粉末冶金高速钢是用高压氩气或纯氮气，使熔化的高速钢钢液雾化，直接得到细小的高速钢粉末，在高温下压制成细密的钢坯，然后锻轧成钢材或刀具形状的。这种高速钢具有细小均匀的结晶组织，具有良好的力学性能，其抗弯强度、冲击韧度分别是熔炼高速钢的 2 倍和 2.5 ~ 3 倍，并具有良好的磨削性能和热处理工艺性。粉末冶金高速钢刀具可用于加工普通钢，也可用于加工不锈钢、耐热钢和其他特殊钢，刀具寿命可提高 1 ~ 1.5 倍，但造价昂贵。粉末冶金高速钢一般用来制作形状复杂的大尺寸刀具（如滚刀、插齿刀等）及截面尺寸小、切削刃薄的成形刀具。

（4）涂层高速钢　高速钢刀具的表面涂层是采用物理气相沉积法（PVD）在高速钢刀具基体上涂覆一薄层 TiN 而成的刀具材料，厚度为 2 ~ 8μm，呈金黄色。由于基体是强度、韧性较好的高速钢，表层是硬度和耐磨性很高的 TiN 涂层，同时 TiN 涂层有较高的热稳定性，与钢的摩擦因数低，且与高速钢结合牢固，所以涂层高速钢刀具寿命比不涂层高速钢的刀具寿命提高 2 ~ 10 倍。目前涂层高速钢已在钻头、齿轮刀具、拉刀、丝锥等结构复杂的刀具上广泛应用。

除 TiN 涂层外，新的涂层工艺镀膜功能较多，典型的有 TiC、TiCN、AlTiN、TiAlCN、DLC（Diamond-Like Coating，类金刚石涂层）、CBC（Carbon-Based Coating，硬质合金基类涂层）。

三、硬质合金刀具材料及其选用

硬质合金是由硬度和熔点很高的碳化物（称硬质相）和金属（称黏结相）通过粉末冶金工艺制成的。硬质合金刀具中常用的碳化物有 WC、TiC、TaC、NbC 等，常用的黏结剂是 Co，碳化钛基的黏结剂是 Mo、Ni。

硬质合金的物理力学性能取决于合金的成分、粉末颗粒的粗细以及合金的烧结工艺。含高硬度、高熔点的硬质相越多，合金的硬度与高温硬度越高。含黏结剂越多，强度越高。合金中加入 TaC、NbC 有利于细化晶粒，提高合金的耐热性。常用的硬质合金牌号中含有大量的 WC、TiC，因此硬度、耐磨性、耐热性均高于工具钢。硬质合金常温硬度达到 89 ~ 94HRA，耐热性达到 800 ~ 1000℃。切削钢时，切削速度可达到 220m/min 左右。在合金中加入熔点更高的 TaC、NbC，可使其耐热性提高到 1000 ~ 1100℃，切削钢时的切削速度可进一步提高到 200 ~ 300m/min。常用硬质合金牌号及用途见表 4-3。

1. 普通硬质合金刀具材料分类

普通硬质合金按其化学成分与使用性能分为三类（GB/T 2075—2007）：K 类，钨钴类（WC + Co）；P 类，钨钴钛类（WC + TiC + Co）；M 类，添加稀有金属碳化物类（WC + TiC + TaC 或 NbC + Co）。

（1）K 类合金（原冶金部标准 YG 类）　K 类合金抗弯强度与韧性比 P 类合金高，能承受对刀具的冲击，可减少切削时的崩刃，但耐热性比 P 类合金差，因此主要用于加工铸铁、有色金属与非金属材料。在加工脆性材料时切屑呈崩碎状。K 类合金导热性较好，有利于降低切削温度。此外，K 类合金磨削加工性好，可以刃磨出较锋利的刃口，故也适合加工有色

金属及纤维压层材料。

常用的牌号有 K30（原 YG8）、K20（原 YG6）、K01（原 YG3），它们制造的刀具依次适用于粗加工、半精加工和精加工。原牌号中的数字表示 Co 的质量分数，合金中含钴量越高，韧性越好，适于粗加工；钴含量少的适用于精加工。

（2）P 类合金（原冶金部标准 YT 类）　。P 类合金有较高的硬度，特别是有较高的耐热性，较好的抗黏结、抗氧化能力。它主要用于加工以钢为代表的塑性材料。加工钢时塑性变形大、摩擦剧烈、切削温度较高。P 类合金磨损慢，刀具寿命高。合金中含 TiC 量较多者，含 Co 量就少，耐磨性、耐热性就更好，适合精加工。但 TiC 量增多时，合金导热性变差，焊接与刃磨时容易产生裂纹。含 TiC 量较少者，则适合粗加工。

常用的牌号有 P30（原 YT5）、P10（原 YT15）、P01（原 YT30）等。原牌号中的数字表示碳化钛的质量分数，碳化钛的含量越高，则耐磨性较好、韧性越低。用这三种牌号的硬质合金制造的刀具分别适用于粗加工、半精加工和精加工。

P 类合金中的碳化钛基类（TiC + WC + Ni + Mo）（冶金部标准 YN 类），是以 TiC 为主要成分，Ni、Mo 做黏结金属，适合高速精加工合金钢、淬硬钢等。

TiC 基合金的主要特点是硬度非常高，可达到 90 ~ 93HRA，有较好的耐磨性。特别是 TiC 与钢的黏结温度高，抗月牙洼磨损能力强，有较好的耐热性与抗氧化能力，在 1000 ~ 1300℃高温下仍能进行切削，切削速度可达 300 ~ 400m/min。此外，该合金的化学稳定性好，与工件材料亲和力小，能减少与工件的摩擦，不易产生积屑瘤。

（3）M 类合金（原冶金部标准 YW 类）　硬质合金中添加 TaC、NbC 后，能够有效提高常温硬度、高温强度和高温硬度，细化晶粒，提高抗扩散和抗氧化磨损的能力，从而提高耐磨性，增强抗塑性变形的能力，因此切削性能得以改善。

添加钽、铌的硬质合金分为两大类。

① WC + TaC（NbC）+ Co 类。即在原冶金部标准 YG 类合金的基础上又加入了 TaC、NbC，如株洲硬质合金厂研制的 K10（原 YG6A）和 K30（原 YG8N）就属于这类合金。

② WC + TiC + TaC（NbC）+ Co 类。即在原冶金部标准 YT 类合金的基础上又加入了 TaC、NbC，用以加工钢料，个别牌号也能加工铸铁。这类合金品种繁多，常见的通用合金牌号有 M10（原 YW1）、M20（原 YW2）等，其用途见表 4-3。

表 4-3　常用硬质合金牌号及用途

牌号		用　途
YS/T 400—1994（作废标准）	GB/T 2075—2007（现行标准）	
YG3	K01	铸铁、非铁金属及其合金的精加工、半精加工。要求切削时不承受冲击载荷
YG6X	K10	铸铁、冷硬铸铁、高温合金的精加工、半精加工
YG6	K20	铸铁、非铁金属及其合金的半精加工与粗加工
YG8	K30	铸铁、非铁金属及其合金、非金属材料的粗加工，也可用于断续切削
YT30	P01	碳素钢、合金钢的精加工
YT15 YT14	P10 P20	碳素钢、合金钢连续切削时的粗加工、半精加工，也可用于断续切削时的精加工

（续）

牌号		用途
YS/T 400—1994（作废标准）	GB/T 2075—2007（现行标准）	
YT5	P30	碳素钢、合金钢的粗加工，可用于断续切削
YG6A	K10	长、短切屑的黑色金属切削，能适应断续切削
YG8N	K30	
YW1	M10	高温合金、高锰钢、不锈钢等难加工材料及普通钢料、铸铁、非铁金属及其合金的半精加工与精加工
YW2	M20	高温合金、高锰钢、不锈钢等难加工材料及普通钢料、铸铁、非铁金属及其合金的粗加工与半精加工
YN05	P01	低碳钢、中碳钢、合金钢的高速精车、工艺系统刚性较好的细长轴精加工
YN10	P01	碳钢、合金钢、工具钢、淬硬钢连续表面的精加工

2. 细晶粒、超细晶粒硬质合金

普通硬质合金中 WC 粒度为几个微米，细晶粒合金平均粒度在 1.5μm 左右。超细晶粒合金粒度在 0.2 ~1μm 之间，其中绝大多数在 0.5μm 以下。

细晶粒、超细晶粒硬质合金由于硬质相和黏结相高度弥散，增加了黏结面积，提高了黏结强度。因此，其硬度与强度都比同样成分的合金高，硬度约提高 1.5 ~2HRA，抗弯强度约提高 0.6 ~0.8GPa，而且高温硬度也能提高一些，可减少中低速切削时产生的崩刃现象。

细晶粒、超细晶粒硬质合金的主要使用场合是：高硬度、高强度的难加工材料；难加工材料的断续切削；低速切削的刀具，如切断车刀、小钻头、成形刀等；要求有较大前角、后角，较小刀尖圆弧半径的能进行薄层切削的精密刀具，如铰刀、拉刀等刀具。

3. 涂层硬质合金

通过化学气相沉积（CVD）等方法，在硬质合金刀片的表面上涂覆耐磨的 TiC 或 TiN、Al_2O_3等薄层，形成表面涂层硬质合金，这是现代硬质合金研制技术的重要进展。1969 年，德意志联邦共和国克虏伯公司和瑞典山特维克公司研制的 TiC 涂层硬质合金刀片初次投入市场。1970 年后，美国、日本和其他国家也都开始生产这种刀片。四十余年来，涂层技术有了很大的进展。涂层硬质合金刀片由第一代、第二代产品已发展到第三代、第四代产品。

涂层硬质合金刀片一般均制成可转位式，用机夹方法装夹在刀杆或刀体上使用。它具有以下优点：

1）由于表层的涂层材料具有极高的硬度和耐磨性，故与未涂层硬质合金刀片相比，涂层硬质合金刀片允许采用较高的切削速度，从而提高了加工效率；或能在同样的切削速度下大幅度地提高刀具寿命。

2）由于涂层材料与被加工材料之间的摩擦因数较小，故与未涂层刀片相比，涂层刀片的切削力有一定降低。

3）涂层刀片加工时，已加工表面质量较好。

4）由于综合性能好，涂层刀片有较好的通用性。一种牌号的涂层刀片有较宽的适用范围。

4. 钢结硬质合金

钢结硬质合金是由 WC、TiC 做硬质相，高速钢做黏结相，通过粉末冶金工艺制成的。它可以锻造、切削加工、热处理与焊接，淬火后硬度高于高性能高速钢，强度、韧性高于硬质合金。钢结硬质合金可用于制造模具、拉刀、铣刀等形状复杂的工具或刀具。

四、超硬刀具材料及其应用

超硬刀具材料一般指陶瓷、金刚石与立方氮化硼（CBN）。

1. 陶瓷

在 20 世纪中期，出现了以氧化铝（Al_2O_3）、氮化硅（Si_3N_4）为主要成分的刀具材料——陶瓷。陶瓷刀片的制造主要用热压法，即将粉末状陶瓷材料在高温高压下压制成饼状，然后切割成刀片。另一种方法是冷压法，即将原材料粉末在常温下压制成坯，黏结成为刀片。热压法制品质量好，是目前陶瓷刀片的主要制造方法。

陶瓷材料有以下主要特点：

1）有高硬度与高耐磨性，常温硬度达 91～95HRA，超过硬质合金，因此可用于切削 60HRC 以上的硬材料。

2）有高的耐热性，1200℃下硬度为 80HRA，强度、韧性降低较少。

3）有高的化学稳定性。高温下仍有较好的抗氧化、抗黏结性能，因此刀具的热磨损较少。

4）有较低的摩擦因数，切屑不易黏刀，不易产生积屑瘤。

5）强度与韧性低。强度只有硬质合金的一半。因此陶瓷刀具切削时需要选择合适的几何参数与切削用量，避免承受冲击载荷，以防崩刃与破损。

6）导热系数小，仅为硬质合金的 1/2～1/5，热膨胀系数比硬质合金高 10%～30%，这就使陶瓷刀具抗热冲击性能较差。陶瓷刀具切削时不宜有较大的温度波动，一般不加切削液。

不同种类的陶瓷刀具材料有着不同的应用范围。氧化铝系的陶瓷主要用于加工各种铸铁（灰铸铁、球墨铸铁、可锻铸铁、冷硬铸铁、高合金耐磨铸铁等）和各种钢料（碳素结构钢、合金结构钢、高强度钢、高锰钢、淬硬钢等），也可用于加工铜合金、石墨、工程塑料和复合材料，但不宜用于加工铝合金、钛合金，这是由于化学性质的原因。氮化硅系陶瓷不能用于加工出长屑的钢料（如正火、热轧状态），适宜于精车、半精车，精铣或半精铣，可用于精车铝合金，达到以车代磨，还可用于车削 51～54HRC 镍基合金、高锰钢等难加工材料。

2. 金刚石

金刚石是碳的同素异形体，是目前最硬的物质，显微硬度达 10000HV。金刚石刀具有以下三类：

（1）天然单晶金刚石刀具　主要用于非铁材料及非金属的精密加工。单晶金刚石结晶界面有一定的方向，不同的晶面上硬度与耐磨性有较大的差异，刃磨时需选定某一平面，否则影响刃磨与使用质量。

（2）人造聚晶金刚石（PCD）　人造金刚石是通过合金触媒的作用，在高温高压下由石墨转化而成的。我国 20 世纪 60 年代就成功地获得第一颗人造金刚石。人造聚晶金刚石是将人造金刚石微晶在高温高压下再烧结而成的，可制成所需形状尺寸，镶嵌在刀杆上使用。由于其抗冲击强度提高，可选用较大切削用量。人造聚晶金刚石结晶界面无固定方向，可自由刃磨。

（3）金刚石烧结体　它是在硬质合金基体上烧结一层约0.5μm厚的聚晶金刚石。金刚石烧结体强度较好，允许切削断面较大，也能间断切削，可多次重磨使用。

金刚石刀具的主要优点是：①有极高的硬度与耐磨性；②有很好的导热性，较低的热膨胀系数，因此切削加工时不会产生很大的热变形，有利于精密加工；③刃面的表面粗糙度值较小，刃口非常锋利，因此能胜任薄层切削，用于超精密加工。

人造聚晶金刚石主要用于制造刃磨硬质合金刀具的磨轮、切割大理石等石材制品用的锯片与磨轮。

金刚石刀具主要用于非铁材料，如硅铝合金的精加工、超精加工；高硬度的非金属材料，如压缩木材、陶瓷、刚玉、玻璃等的精加工；难加工的复合材料的加工。金刚石耐热温度只有700～800℃，其工作温度不能过高，又易与碳亲和，故不易加工含碳的钢铁材料。

3. 立方氮化硼（CBN）

立方氮化硼是由六方氮化硼（白石墨）在高温高压下转化而成的，是20世纪70年代发展起来的新型刀具材料。立方氮化硼刀具的主要优点是：

1）有很高的硬度与耐磨性，硬度可达3500～4500HV，仅次于金刚石。

2）有很高的热稳定性，1300℃时不发生氧化，与大多数金属、铁系材料都不起化学作用，因此能用于高速切削高硬度的钢铁材料及耐热合金，刀具的黏结与扩散磨损较小。

3）有较好的导热性，与钢铁的摩擦因数较小。

立方氮化硼（CBN）的应用范围：切削各种淬硬钢，包括碳素工具钢、合金工具钢、高速钢、轴承钢、模具钢等；切削各种铁基、镍基、钴基和其他热喷涂（焊）零件。

第三节　工件材料的切削加工性

一定的加工条件下材料被切削的难易程度称为材料的切削加工性。良好的切削加工性一般包括：在相同切削条件下刀具具有较高的寿命；在相同切削条件下，切削力、切削功率较小，切削温度较低；加工时，容易获得良好的表面质量；容易控制切屑的形状，容易断屑。材料切削加工性的好坏，对于顺利完成切削加工任务，保证工件的加工质量意义重大。

材料的切削加工性不仅是一项重要的工艺性能指标，而且是材料多种性能的综合评价指标。材料的切削加工性不仅可以根据不同情况从不同方面进行评定，而且也是可以改变的。

一、工件材料切削加工性评定的主要指标

1. 加工材料的性能指标

材料加工性能难易程度主要取决于材料结构和金相组织，以及其所具有的物理和力学性能，其中包括材料硬度、抗拉强度σ_b、伸长率δ、冲击韧度a_K和导热系数κ。通常按它们数值的大小来划分切削加工性等级，见表4-4。

从切削加工性分级表中查出材料性能的切削加工性等级，可全面地了解材料切削加工难易程度的特点。以正火45钢为例，它的性能为229HBW，$\sigma_b=0.598\text{GPa}$，$\delta=16\%$，$a_K=588\text{kJ/m}^2$，$\kappa=50.24\text{W/(m·K)}$，从表4-4查出各项性能的切削加工性等级依次为：4，3，2，2，4，因而正火45钢是较易切削的金属材料。

表 4-4　工件材料切削加工性分级表

切削加工性	易切削			较易切削		较难切削			难切削			
等级代号	0	1	2	3	4	5	6	7	8	9	9a	9b
硬度 HBW	≤50	>50 ~100	>100 ~150	>150 ~200	>200 ~250	>250 ~300	>300 ~350	>350 ~400	>400 ~480	>480 ~635	>635	
硬度 HRC					>14 ~24.8	>24.8 ~32.3	>32.3 ~38.1	>38.1 ~43	>43 ~50	>50 ~60	>60	
抗拉强度 σ_b/GPa	≤0.196	>0.196 ~0.441	>0.441 ~0.588	>0.588 ~0.784	>0.784 ~0.98	>0.98 ~1.176	>1.176 ~1.372	>1.372 ~1.568	>1.568 ~1.764	>1.764 ~1.96	>1.96 ~2.45	>2.45
伸长率 δ ×100	≤10	>10 ~15	>15 ~20	>20 ~25	>25 ~30	>30 ~35	>35 ~40	>40 ~50	>50 ~60	>60 ~100	>100	
冲击韧度 a_K/(kJ/m²)	≤196	>196 ~392	>392 ~588	>588 ~784	>784 ~980	>980 ~1372	>1372 ~1764	>1764 ~1962	>1962 ~2450	>2450 ~2940	>2940 ~3920	
导热系数 κ/(W/m·K)	418.68 ~293.08	<293.08 ~167.47	<167.47 ~83.74	<83.74 ~62.80	<62.80 ~41.87	<41.87 ~33.5	<33.5 ~25.12	<25.12 ~16.75	<16.75 ~8.37	<8.37		

2. 相对切削加工性指标

在切削 45 钢（170～229HBW，$\sigma_b=0.637\text{GPa}$）时，刀具寿命 $T=60\text{min}$ 的切削速度 $(v_{60})_j$ 作为基准，在相同加工条件下，切削其他材料的 v_{60} 与 $(v_{60})_j$ 的比值 K_r 称为相对切削加工性指标，即

$$K_r=\frac{v_{60}}{(v_{60})_j} \tag{4-1}$$

常用工件材料的 K_r 见表 4-5。K_r 越大，材料切削加工性越好。从表 4-5 中可以看出，当 $K_r>1$ 时该材料比 45 钢易切削；反之，该材料比 45 钢难切削。例如，正火 30 钢就比 45 钢易切削。一般把 $K_r\leqslant 0.5$ 的材料称为难切削材料，如高锰钢、不锈钢等。

表 4-5　常用工件材料的相对切削加工性及其分级

切削加工性等级	工件材料分类		相对切削加工性指标	代表性材料
1	很容易切削的材料	一般非铁金属	>3.0	5-5-5 铜铅合金、铝镁合金、9-4 铝铜合金
2	容易切削的材料	易切钢	2.5～3.0	退火 15Cr
3		较易切钢	1.6～2.5	正火 30 钢
4	普通材料	一般钢、铸铁	1.0～1.6	45 钢、灰铸铁、结构钢
5		稍难切削的材料	0.65～1.0	调质 20Cr13、85 钢
6	较难切削的材料	较难切削的材料	0.5～0.65	调质 45Cr、调质 65Mn
7		难切削材料	0.15～0.5	1Cr18Ni9Ti、调质 50CrV、某些钛合金
8		很难切削材料	<0.15	铸造镍基高温合金、某些钛合金

其他指标有加工表面质量指标，切屑控制难易指标，切削温度、切削力、切削功率指标。加工表面质量指标是在相同加工条件下，比较加工后的表面质量（如表面粗糙度等）来判定切削加工性的好坏。加工表面质量越好，切削加工性越好。切屑控制难易指标是从切屑形状及断屑难易与否来判断材料切削加工性的好坏。切削温度、切削力、切削功率指标是根据切削切削加工时产生的切削温度的高低、切削力的大小、功率消耗的多少来评判材料切削加工性的，这些数值越大，说明材料切削加工性越差。

3. 刀具寿命指标

用刀具寿命长短也可用于衡量被加工材料切削的难易程度。例如，切削普通金属材料取刀具寿命为60min时的允许的切削速度 v_{60}，切削难加工材料用 v_{20}，来评定相应材料切削加工性的好坏。在相同条件下，v_{60} 与 v_{20} 值越高，材料的切削加工性越好；反之，切削加工性差。

此外，根据不同的加工条件与要求，也可按加工表面粗糙度、切削力和断屑等指标来衡量工件材料的切削加工性的好坏。

二、切削加工性的影响因素

材料的物理力学性能、化学成分、金相组织是影响材料切削加工性的主要因素。

1. 材料的物理力学性能

就材料物理力学性能而言，材料的强度、硬度越高，切削时抗力越大，切削温度越高，刀具磨损越快，切削加工性越差。强度相同，塑性、韧性越好的材料，切削变形越大，切削力越大，切削温度越高，并且不易断屑，故切削加工性越差。材料的线膨胀系数越大、导热系数越小，切削加工性也越差。

2. 化学成分

就材料化学成分而言，增加钢的含碳量，强度、硬度提高，塑性、韧性下降。显然，低碳钢切削时变形大，不易获得高质量的加工表面；高碳钢切削抗力太大，切削困难；中碳钢介于两者之间，有较好的切削加工性。增加合金元素会改变钢的切削加工性，如增加锰、硅、镍、铬等都能提高钢的强度和硬度。石墨的含量、形状、大小影响着灰铸铁的切削加工性，促进石墨化的元素能改善铸铁的切削加工性，如碳、硅、铝、铜、镍等；阻碍石墨化的元素能降低铸铁的切削加工性，如锰、磷、硫、铬、钒等。

3. 金相组织

就材料的金相组织而言，钢中的珠光体有较好的切削加工性，铁素体和渗碳体的切削加工性则较差；托氏体和索氏体组织在精加工时能获得质量较好的加工表面，但必须适当降低切削速度；奥氏体和马氏体切削加工性很差。

三、改善材料切削加工性的途径

1. 进行适当的热处理

一般说来，将工件材料进行适当的热处理是改善材料切削加工性的主要措施。

工件材料硬度越高且不均匀，组织偏析越严重，刀具磨损越严重。材料的伸长率越大，黏刀严重，表面粗糙度越差，也会使切削加工性变差。因此，通过热处理降低材料硬度，使组织均匀，提高切削脆性能有效地改善材料的切削加工性。铸铁的基体中分布着游离状态的石墨，提高了铸铁的易切削加工性，但基体为珠光体灰铸铁，硬度高，若经退火处理分解为铁素体和石墨，就会降低硬度，改善切削加工性。对低碳钢进行正火处理，细化晶粒，可提

高硬度，降低韧性，改善切削加工性。对高碳钢通过退火处理，使硬度降低，同样也可以改善切削加工性。对镍基高温合金进行淬火处理，使原来组织金属化合物转变为固溶体，由于化合物存在较少，因此易于切削。

2. 改变加工条件

合理选择刀具材料、刀具几何参数、切削用量也是改善材料切削加工性的有效措施。

对于铝及铝合金等易切削材料，为了减小积屑瘤和加工硬化等对已加工表面质量带来的不利影响，通常选用大前角刀具和高的切削速度，并尽量把刀磨得锋利、光整。对于不锈钢材料，为了克服其容易加工硬化、导热性差、切削温度高、不易断屑等突出问题，通常采用韧性好的 K 类硬质合金刀片、选用较大的前角和较小的主偏角、采用较大的进给量等。

3. 采用新技术

采用新的切削加工技术也是解决某些难加工材料切削问题的有效措施。

这些新加工技术是加热切削、低温切削、振动切削等。例如，对耐热合金、淬硬钢、不锈钢等难加工材料进行加热切削，通过切削区中材料温度的增高，降低材料的抗剪切强度，减小接触面间的摩擦因数，可减小切削力。另外，加热切削能减小冲击振动，使切削过程平稳，从而提高了刀具寿命。

总之，确定了材料的切削加工性能，对合理选择刀具材料、刀具几何参数、切削用量以及改善材料切削加工性提供了重要依据。

四、难加工材料的切削加工性简述

目前航空、航天、造船、电站、石油化工和国防工业对零件的性能有很高的要求，如耐磨、耐高温、耐腐蚀和耐冲击等，这些零件常用的材料有高强度合金钢、不锈钢、高锰钢、钛合金、高温合金、冷硬铸铁和高硅铝合金等。

1. 高强度合金钢

高强度合金钢经过热处理具有较好综合性能，但切削时变形阻力大，因此切削力大、切削温度高、导热系数小、断屑困难，故刀具后刀面磨损严重，前刀面上磨出月牙洼，刀尖区域温度集中，受切屑作用易破损。切削高强度钢应选用高的耐热性、耐磨性和耐冲击的刀具材料，如细晶粒、涂层硬质合金刀具，半精加工和精加工可选用氧化铝陶瓷或 CBN 刀具；选用较小或负值前角，磨出负倒棱和刀尖圆弧半径；切削速度可低于 45 钢 40% 左右，进给量适当加大。此外，加工工艺系统应具有足够的刚性。

2. 不锈钢

不锈钢的种类较多，使用广泛。不锈钢的常温硬度和强度与 45 钢接近，但切削时温度升高后，材料的硬度和强度随之提高，其伸长率高于 45 钢 3 倍，冲击韧度为 45 钢的 4 倍，导热系数为 45 钢的 1/3 ~ 1/4。不锈钢在切削时的塑性变形大，故切削力较 45 钢提高 25%，切削温度高，加工硬化程度高，易与刀具中合金元素亲和产生黏屑，并易形成积屑瘤，断屑困难。刀具上温度高、导热差，易使刀具产生黏结磨损和扩散磨损。因此，切削不锈钢时应选用高的耐热性、强度和耐磨性的刀具材料；刀具几何参数选取较大前角，负的刃倾角，带倒棱和刀尖圆弧半径；切削刃锋利。加工时切削速度较 45 钢低 40%，背吃刀量应较大。

3. 高锰钢

高锰钢的强度和硬度均较高，在切削时晶格滑移和晶粒扭曲及伸长变形严重，故加工硬化很严重，其深度可达 0.3mm 左右，硬度提高 3 倍。它的韧性和伸长率均很高，故切削力大，切屑不易折断。导热系数小，切削温度高，较45钢高200～250℃，热变形严重，刀具易产生黏结磨损和破损。因此，切削高锰钢可选用耐磨性和韧性较高的硬质合金刀具；为减小加工硬化和增加散热面积，应适当减小前角（$-3°\sim5°$），使切削刃锋利；为提高刀具强度，应减小主、副偏角，选取负刃倾角，磨负值大的倒棱并适当增大后角等；切削速度不应太高，硬质合金刀具取 $v_c \leqslant 40$m/min，背吃刀量和进给量应适当加大。

4. 钛合金

钛合金的加工性特点是具有高的硬度和强度，导热性差，导热系数是45钢的1/2左右。钛又是高度活泼的金属，容易与刀具中的钛亲和，并且在高温时易与空气中的氧和氮形成 TiO_2 与TiN硬化层，深度为0.1～0.15mm。此外，钛合金塑性变形小，测得切屑厚度压缩比非常小，因而切屑与刀面间接触长度小，刀尖处受力大、温度集中。钛合金的弹性复原大，后刀面上黏屑严重。切削钛合金刀具易产生黏结磨损和扩散磨损，刀尖又易破损。通常，切削钛合金刀具应选用亲和力小、导热性好、强度高、含钴量多、细晶粒和含稀有金属的硬质合金材料；选用前角小、后角大，有较大刀尖圆弧半径，且保持切削刃锋利的刀具；采用切削速度<100m/min和较大背吃刀量。

5. 其他难加工材料的切削加工性特点简介

高温合金中镍基高温合金较难切削，它的导热系数小，切削力大，较切削45钢大2～3倍；切削温度高，达750～1000℃；加工硬化严重，提高硬度200%～500%；切削时刀具上黏屑严重。

淬火钢硬度≥60HRC，硬质合金硬度>70HRC，它们都具有硬度高、塑性低、导热系数小的特点，因此切削时冲击力大，切削温度集中于刀尖区域，刀具磨损快，破损严重。

冷硬铸铁和高硅铝合金的硬度均很高，性脆，材料中分布着硬质点，耐磨性高，切屑呈崩碎状；切削时，刀尖处受冲击力大，刀具易产生磨粒磨损和破损。因此，可选有陶瓷刀具切削冷硬铸铁，选用金刚石刀具加工高硅铝合金。

工程陶瓷是机械工程中应用较多的陶瓷，它是由天然黏土等原料经精细粉碎再初烧结成形，然后经粗加工，最后由高温高压精烧结成为精加工坯料。工程陶瓷具有高硬度（2500～3000HV）、高耐磨性和耐热性，性脆，目前常用人造金刚石磨削加工。此外，也可选用CBN或PCD刀具进行切削加工。

第四节　切削液的选用

在切削加工中，合理地选用切削液，可以减少切削变形以及刀具与工件之间的摩擦，有效地减少切削力、降低切削温度，从而延长刀具寿命、减少工件热变形和改善已加工表面质量，保证加工精度。因此，了解切削液的功用，合理地选用切削液，对实际生产具有重要的意义。

一、切削液的作用

（1）冷却作用　切削液浇注在切削区域内，利用热传导、对流和汽化等方式，降低切削温度和减小加工系统热变形。

（2）润滑作用　切削液渗透到刀具、切屑与加工表面之间，减小了各接触面间摩擦，其中带油脂的极性分子吸附在刀具新鲜的前、后刀面上，形成了物理性吸附膜。若在切削液

中添加了化学物质产生了化学反应后，形成了化学性吸附膜，该化学膜可在高温时减小接触面间摩擦，并减少黏结。上述吸附膜起到了减小刀具磨损和提高加工表面质量的作用。

（3）排屑和洗涤作用　在磨削、钻削、深孔加工和自动化生产中，利用浇注或高压喷射切削液的方法排出切屑或引导切屑流向，并冲洗散落在机床及工具上的细屑与磨粒。

（4）防锈作用　切削液中加入防锈添加剂，其与金属表面起化学反应形成保护膜，起到防锈、防蚀作用。

此外，切削液应具有抗泡沫性、抗霉变质性、无变质臭味、排放时不污染环境、对人体无害和使用经济性等要求。

二、切削液种类及其应用

生产中常用的切削液有以冷却为主的水溶性切削液和以润滑为主的油溶性切削液。

1. 水溶性切削液

水溶性切削液主要分为水溶液、乳化液和合成切削液。

（1）水溶液　水溶液是以软水为主加入防锈剂、防霉剂，具有较好的冷却效果。有的水溶液加入油性添加剂、表面活性剂而呈透明性水溶液，可以增强润滑性和清洗性。此外，若添加极压抗磨剂，可达到在高温、高压下增加润滑膜强度的效果。水溶液常用于粗加工和普通磨削加工中。

（2）乳化液　乳化液是水和乳化油混合后再经搅拌而形成的乳白色液体。乳化油是一种油膏，它由矿物油、脂肪酸、皂和表面活性乳化剂（石油磺酸钠、磺化蓖麻油）配制而成。在表面活性剂的分子上，带极性的一头与水亲和，不带极性一头与油亲和，从而起到水油均匀混合作用，再添加乳化稳定剂（乙醇、乙二醇等），可防止乳化液中水、油分离。

乳化液的用途很广，能自行配制。含较少乳化油的乳化液称为低浓度乳化液，它主要起冷却作用，适用于粗加工和普通磨削；高浓度乳化液主要起润滑作用，适用于精加工和复杂刀具加工。

（3）合成切削液　合成切削液是国内外推广使用的高性能切削液，它是由水、各种表面活性剂和化学添加剂组成的，具有良好的冷却、润滑、清洗和防锈作用，热稳定性好，使用周期长等特点。合成切削液中不含油，可节省能源，有利于环保，在国内外使用率很高。例如，高速磨削合成切削液适用于磨削速度80m/s，用它能提高磨削用量和砂轮寿命；H_1L_2不锈钢合成切削液适用对不锈钢（1Cr18Ni9Ti）和钛合金等难加工材料的钻孔、铣削和攻螺纹，它能减小切削力和提高刀具寿命，并可获得较小的表面粗糙度值。

国产DX148多效合成切削液、SLQ水基透明切削液用于磨削、深孔加工时，均有良好效果。

2. 油溶性切削液

油溶性切削液主要有切削油和极压切削油。

（1）切削油　切削油中有矿物油、动植物油和复合油（矿物油和动植油的混合油），其中较普遍使用的是矿物油。

切削油的特点是热稳定性好，资源丰富，价格便宜，但润滑性较差，故主要用于切削速度较低的精加工、非铁材料加工和易切削钢加工。机械油的润滑作用好，故在普通精车、螺纹精加工中使用甚广。煤油的渗透作用和冲洗作用较突出，故在精加工铝合金、精刨铸铁平面和用高速钢铰刀铰孔中，能减小表面粗糙度值和提高刀具寿命。

（2）极压切削油　极压切削油是在矿物油中添加氯、硫、磷等极压添加剂配制而成的，它在高温高压下不会破坏润滑膜并具有良好的润滑效果，尤其在难加工材料的切削中广为应用。

氯化切削油主要含氯化石蜡、氯化脂肪酸等，由它们形成的化合物，其熔点为600℃，且摩擦因数小，润滑性能好，适用于合金钢、高锰钢、不锈钢和高温合金等难加工材料的车、铰、钻、拉、攻螺纹和齿轮加工。

硫化切削油是在矿物油中加入含硫添加剂（硫化鲸鱼油、硫化棉籽油等），硫的质量分数为10%～15%。在切削时高温作用下可形成硫化铁（FeS）化学膜，其熔点在1100℃以上，因此硫化切削油能耐高温。硫化切削油中的精密切削润滑剂用于对20钢、45钢、40Cr钢和20CrMnTi等材料的钻、铰、铣、攻螺纹、拉和齿轮加工中，均能获得较为显著的使用效果。

含磷极压添加剂中有硫代磷酸锌和有机磷酸酯等，含磷润滑膜的耐磨性较含硫、氯的高。若将各种极压添加剂复合使用，则能获得更好的使用效果。

（3）固体润滑剂　固体润滑剂中使用最多的是二硫化钼（MoS_2）。由MoS_2形成的润滑膜具有很小的摩擦因数（0.05～0.09）和高的熔点1185℃，因此即使在高温下它的润滑性能也不易改变，且具有很高的抗压性能（3.1GPa）和牢固的附着能力。使用时可将MoS_2涂刷在刀面上和工作表面上，也可添加在切削油中，能防止和抑制积屑瘤产生，减小切削力，显著延长刀具寿命，减小表面粗糙度值。已有使用结果表明，在挤压式液压缸内孔的压头和圆孔推刀的表面上涂覆二硫化钼，可消除加工表面波纹和压痕，并且刀具寿命能成倍提高。特别指出的是Mo类固体润滑剂是一种良好的环保型切削液。

为了有利于环保并节约切削加工费用，现代切削加工中越来越多地采用干切和半干切加工技术。

3. 切削液的加注方法

切削液的加注方法一般有三种：浇注法、高压法以及喷雾冷却。

（1）浇注法　将切削液以一定的流量直接浇注到切削区域，再依靠毛细管作用渗入接触界面。为了提高冷却润滑效果，切削液应有足够的流量。

在采用浇注法时，对单刃刀具只需一个切削液喷嘴，如图4-3所示；而对多刃刀具则最好布置几个喷嘴，并要注意使喷嘴的形状与刀具的形状相适应，如图4-4所示。

浇注法的优点是简便易行，一般机床上都带有这种冷却系统，但冷却润滑效果较差，并且切削液的消耗量也较大。

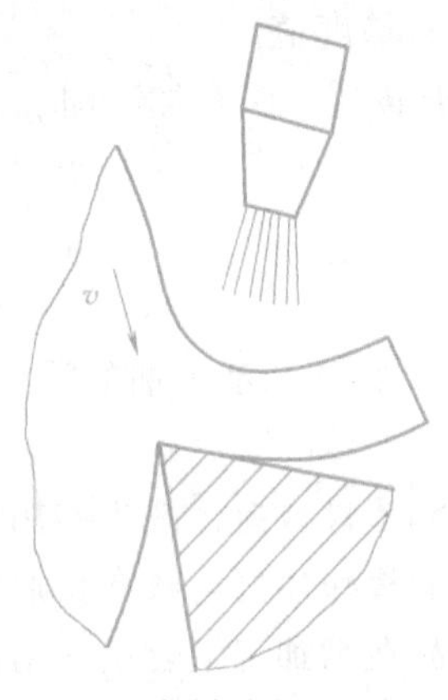

图4-3　车削时浇注切削液

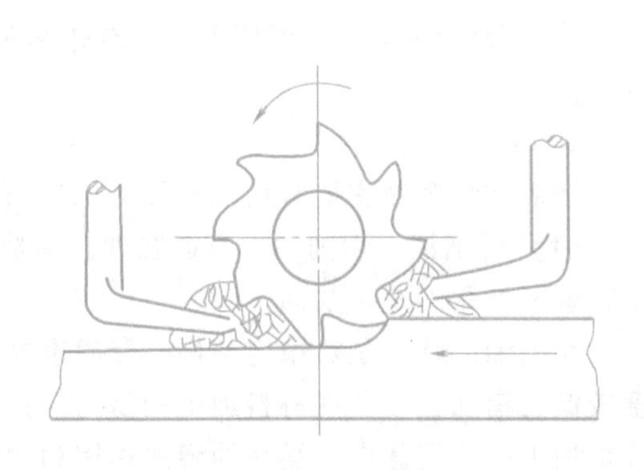

图4-4　铣削时浇注切削液

（2）高压法　是指采用喷射高压的切削液将碎断的切屑冲离切削区的方法。这种方法在深孔加工、车削难切削材料时经常使用。如图 4-5 所示，在车削中，高压切削液流经小孔喷嘴沿后刀面喷射到刀具与工件接触区。此法冷却效果好，但切削液飞溅严重，且喷嘴易堵塞。

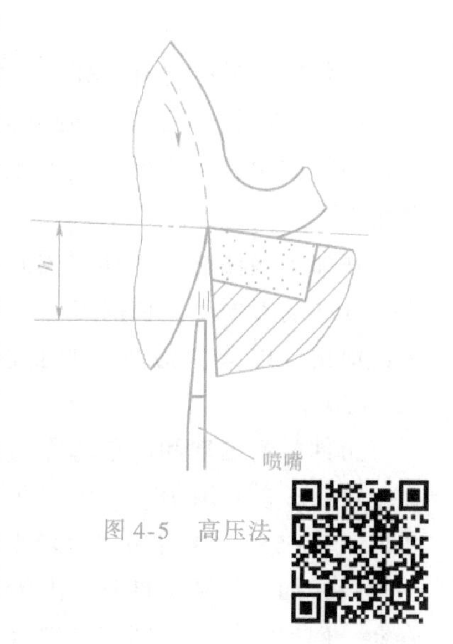

图 4-5　高压法

（3）喷雾冷却　喷雾冷却是根据喷雾原理，利用 3～6N/cm^{2}压力的压缩空气将切削液雾化后喷向切削区。喷雾冷却具有以下特点：切削液雾化后，微小的液滴在高温的切削区很快被汽化，冷却效果显著；微小液滴渗入刀具与工件或切屑的接触界面迅速，润滑效果好；没有液体飞溅，便于观察切削情况；切削液的消耗量极少。此法特别适用于加工难切削材料，也适用于不便用浇注法冷却的场合（如加工铸铁件、用硬质合金刀具高速铣削、刀具刃磨等），以及多刃刀具的切削加工。

第五节　刀具几何参数的合理选择

刀具几何参数的合理选择包括两方面的内容：一是合理选择刀具的几何角度，如前角、后角、副后角、主偏角、副偏角和刃倾角等；二是合理选择刀具切削部分的其他几何要素，如过渡刃、修光刃、负倒棱、前刀面形式及卷屑槽等。

合理选择刀具几何参数的目的是：在保证工件加工质量（如精度、表面粗糙度等）的前提下，提高切削用量，同时，减少刀具的磨损，提高刀具寿命，从而提高生产率，节省刀具材料，实现优质、高产、低消耗。因此，在选择刀具几何参数时，应根据工件材料、切削要求、刀具材料及加工条件等各方面因素，从刀具各个几何参数的内在联系中突出重点，进行综合考虑，采取多方面措施，力求使刀具既保持锋利，又不影响强固与耐磨性，亦即保证刀具在具有足够强度与耐磨性的基础上发挥锋利的最大优势。

一、前角的作用及选择

1. 前角的作用

（1）直接影响切削负荷和加工表面的质量　一般在加大前角时，可以减小切削中的变形，减少切屑和前刀面的摩擦，使切削力降低，切削起来很轻快，且易获得表面粗糙度值小的加工表面。

（2）影响刀具的强固和耐磨性　如果片面考虑刀具锋利，将前角取得过大，而刀具的其他角度又配合不当，就会使刀具切削刃处变得非常薄弱，严重影响刀具的强固。同时，切削温度会显著升高，使刀具的耐磨性降低。尤其在粗加工时，前角如选取得过大，刀具切削刃处的弯曲应力相应增加，切削刃极易被撞坏，甚至造成刀具扎入工件表面（即“扎刀”）的严重后果。

（3）影响断屑效果　前角大时，切削变形小，不利于断屑；前角小时，切削变形大，有利于断屑。

2. 前角的选择原则

主要根据工件材料，其次考虑刀具材料和加工条件来选择刀具前角。

1）工件材料的强度、硬度低，塑性好，应取较大的前角；加工脆性材料（如铸铁）应取较小的前角；加工特硬的材料（如淬硬钢，冷硬铸铁等），应取很小的前角，甚至是负前角。

在加工塑性材料（如钢类）时，由于这类材料的切屑呈带状，切削力集中在离主切削刃较远的前刀面上，切削刃不容易撞坏；同时，塑性材料切削中的变形大。因此，应选择较大的前角，以减少切削中的变形，改善切削情况。加工钢件的硬质合金刀具前角一般取12°~30°。

工件材料的软和硬是选择前角的一个重要因素。例如，使用硬质合金车刀加工一般碳钢类工件时，前角取10°~30°；加工铝类工件时，前角取25°~35°；加工橡胶类工件时，前角取40°~55°。这时切削力较小，车削起来较轻快，且能减小工件表面粗糙度值。

但在加工较硬工件时，因为切削阻力大，则应取较小前角，以保证刀具强固，增加刀具寿命。例如，加工铬锰钢工件时，通常将车刀的前角磨成-5°；车削淬硬钢件时，车刀的前角磨成负值。这样既能“切”入工件，又能保护切削刃，不致损坏车刀。

2）刀具材料的抗弯强度及韧性高，可取较大的前角。

3）断续切削或粗加工有硬皮的锻、铸件应取较小的前角。

4）工艺系统刚度差或机床功率不足时应取较大的前角。

5）粗加工时应取较小前角，精加工时一般应取较大前角。

总之，在保证刀具寿命和刀具强度的基本要求下，前角尽量取大值。硬质合金车刀合理前角的参考值见表4-6。

表4-6　硬质合金车刀合理前角的参考值

工件材料	合理前角	
	粗　车	精　车
低碳钢	20°~25°	25°~30°
中碳钢	10°~15°	15°~20°
合金钢	10°~15°	15°~20°
淬火钢	-15°~-5°	
不锈钢(奥氏体)	15°~20°	20°~25°
灰铸铁	5°~10°	10°~15°
铜及铜合金	5°~10°	10°~15°
铝及铝合金	30°~35°	35°~40°

3. 前刀面形式及其选择

（1）正前角平面型（图4-6a）　这是前刀面的基本形式。其特点是结构简单、切削刃锋利，但刃口强度低、传热能力差。适用于切削脆性材料刀具、精加工刀具、成形刀具或多刃刀具。

（2）正前角平面带倒棱型（图4-6b）　这种形式是沿主切削刃磨出很窄的棱边，称为负倒棱。负倒棱可提高刀具刃口强度，改善散热条件，增加刀具寿命。通常负倒棱很小，不

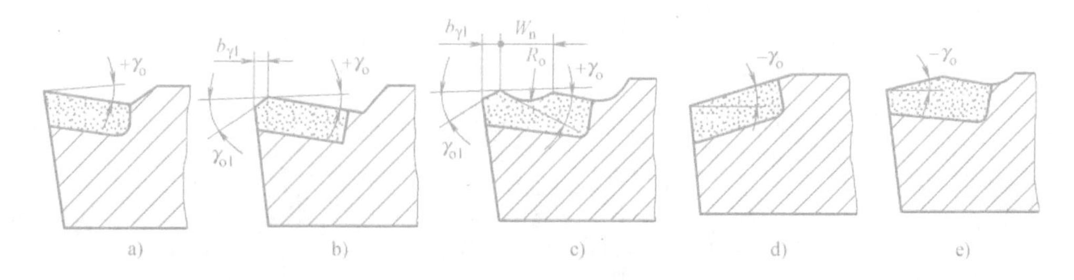

图 4-6　前刀面形式

会影响正前角的切削作用。这种形式的前刀面多用于粗加工铸锻件或断续切削。

（3）正前角曲面带倒棱型（图 4-6c）　这种形式是在正前角平面带倒棱型的基础上再磨制出断屑槽而形成的。它有利于切屑的卷曲和折断，多用于粗加工和半精加工。

（4）负前角单面型（图 4-6d）和负前角双面型（图 4-6e）　这种形式多用于硬质合金刀具切削高强度、高硬度材料。采用负前角是为使脆性较大的硬质合金刀片更好地承受压应力，因为硬质合金的抗压强度比抗弯强度高 3～4 倍，切削刃不易因受压而损坏。负前角单面型适用于刀具磨损主要发生在后刀面的刀具，负前角双面型适用于前、后刀面同时磨损的刀具。

4. 断屑槽

在刀具前刀面上磨出断屑槽是断屑的有效措施，因此使用较多。对于可转位刀片，刀片前刀面上有不同形状和尺寸的断屑槽，以满足不同切削条件的断屑需要。在焊接硬质合金刀片的车刀上，通常磨制了图 4-7 所示的三种形式的断屑槽：折线型、直线圆弧型和全圆弧型。折线型（图 4-7a）和直线圆弧型（图 4-7b）适合加工碳钢、合金钢、工具钢和不锈钢；全圆弧型（图 4-7c）适合加工塑性高的金属材料的重型刀具。断屑槽在前刀面上的位置有三种形式，如图 4-8 所示的外倾式（图 4-8a）、平行式（图 4-8b）和内斜式（图 4-8c）。外倾式做成 $-\lambda_s$，切屑易折成小段并流向加工表面，它的断屑范围广；平行式做成 $\lambda_s=0$，切屑呈较短盘螺旋状，并碰在切削表面上折断；内斜式是适用于背吃刀量 a_p 较小的半精加工和精加工，具有 $+\lambda_s$，使切屑流向刀具后刀面而折断。

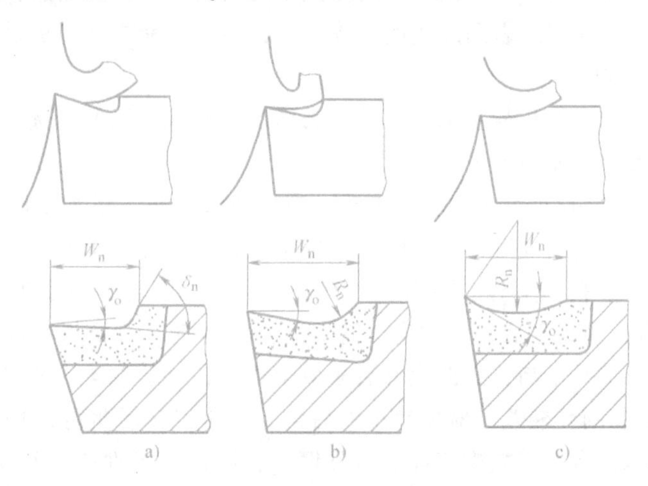

图 4-7　断屑槽形式

a）折线型　b）直线圆弧型　c）全圆弧型

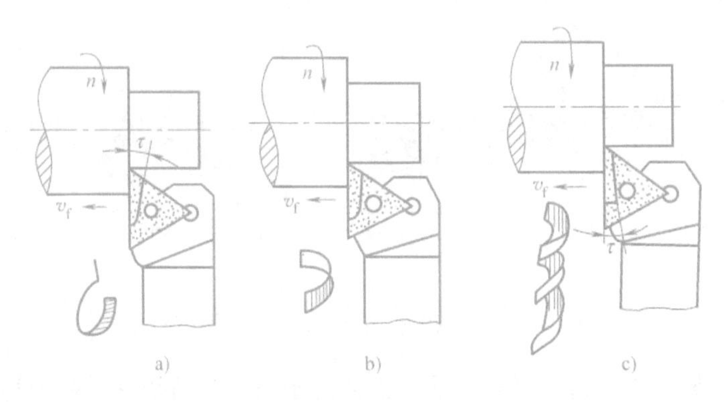

图 4-8　断屑槽位置
a）外倾式　b）平行式　c）内斜式

二、后角的作用及选择

1. 后角的作用

1）减少刀具后刀面与加工表面之间的摩擦，提高工件的表面加工质量。在切削过程中工件的加工表面形成一层弹性恢复层，如果后角选得大，就能减少刀具后刀面与工件弹性恢复层的接触，从而减小两者之间的摩擦与挤压作用，降低加工硬化程度，有利于提高表面加工质量。

2）后角可以配合前角调整刀具的锋利与强固程度。因考虑耐磨性而将刀具前角取小时，可采用增大后角的方法，使楔角相应减小，从而保证刃口圆弧半径尽可能小，即刃口比较“锋利”，则刀具仍可保持一定的锋利程度。例如，小前角精车刀后角取 8°～12°，淬硬钢车刀的后角取 10°～15°，都能达到比较锋利的切削要求。

因考虑锋利而将刀具前角取大时，可配之以比较小的后角，使楔角相应增大，则刀具仍可保持必要的强固。

3）后角大小会影响车刀寿命。当后角过分增大时，因楔角显著减小，使刀具强度大大削弱，容易敲坏切削刃；同时因切削刃处的散热情况变差，磨损反而加剧。反之，若后角选得过小，因刀具后刀面与加工表面之间的摩擦增加，刀具寿命亦会降低。

2. 后角的选择原则

选择后角时，应以工件材料、加工条件、表面质量要求，以及已选定的前角值等因素作为依据。通常选择后角的原则如下：

1）粗加工时，应取较小后角；精加工时，应取较大后角。粗加工时，切削刃承受的切削负荷较大，需要有较高的强度，且此时工件加工表面的精度要求不高，因此允许后角取得小些，一般取 3°～6°。精加工时，要求工件有一定的加工精度，被切削层又较薄（进给量较小），刀具磨损常在它的主后刀面发生，需要减少刀具主后刀面与工件之间的摩擦，而此时对切削刃的强度要求并不高，因此允许后角取得大些，一般取 4°～8°。

2）工件或刀具的刚性较差，应取较小的后角。减小刀具后角可以增大刀具主后刀面和工件之间的接触面积，有利于减少工件或刀具振动，所以在工件或刀具刚性较差的情况下，常用减小后角的方法来达到减少振动的目的。例如在车削细长轴及较长的梯形内螺纹时常会发生振动，采用减小后角的方法（车削梯形内螺纹时应考虑螺纹升角因素），能有效地减少

振动，提高产品质量。

3）工件材料较硬，后角取小值；工件材料较软，则后角取大值。工件材料的硬和软也是选择后角的重要依据。一般来说，工件材料较硬，应采用较小的后角，以增加车刀强度；工件材料较软，应采用较大的后角，以减少刀具主后刀面与工件之间的摩擦。但在加工高强度、高硬度的材料如淬硬钢类工件时，常采用负前角，这时刀具已有一定的强度基础，为了使它易于“切”入工件，减少主后刀面和工件的摩擦，提高刀具寿命，也需把后角取得大一些。

4）在强力车削时，应选较小的后角。强力车削是硬质合金车刀的特长，是提高生产率的有效措施，在强力车削时，为了增加车刀的强度，应选取较小后角。

总之，在不产生较大摩擦条件下，应尽量取较小后角。硬质合金车刀合理后角参考值见表 4-7。

表 4-7　硬质合金车刀合理后角参考值

工件材料	合理后角	
	粗车	精车
低碳钢	8°～10°	10°～12°
中碳钢	5°～7°	6°～8°
合金钢	5°～7°	6°～8°
淬火钢	8°～10°	
不锈钢(奥氏体)	6°～8°	8°～10°
灰铸铁	4°～6°	6°～8°
铜及铜合金(脆)	6°～8°	6°～8°
铝及铝合金	8°～10°	10°～12°

3. 副后角的选择

车刀副后角的选取数值一般与后角相同。当因刀头尺寸受限制而影响强度或为了减少切削振动时，副后角应取得比后角小，通常取 1°～2°。

三、主偏角的作用及选择

1. 主偏角的作用

1）影响刀具寿命和刀头强固。当刀具的进给量和背吃刀量相同时，减小主偏角可使主切削刃参加切削的长度增加，切屑变薄、变宽，主切削刃上单位长度的负荷减轻；而且因刀尖角增大，增加了刀具的强固，散热面积也加大，散热条件得到改善，有利于提高车刀寿命。

2）影响断屑效果。当增大主偏角时，切屑变得窄而厚，有利于获得良好的断屑效果；相反，当减小主偏角时，因切屑变得薄而宽和排屑方向改变，则切屑易卷而不易断。

3）主偏角的大小直接影响切削力的分配。当主偏角选取较小值时，将使车削时的径向力（即“顶工件的力”）显著增大，在一般车削中，工件容易产生振动，甚至会敲坏车刀。这是限制主偏角选较小值的一个重要原因。

2. 主偏角的选择原则

1）工件、刀具、夹具和机床的刚性较差时，主偏角选较大值；工件、刀具、夹具和机床的刚性较好时，主偏角选较小值。

2）工件材料硬，主偏角相应取得小一些。加工一般材料时，主偏角可在45°~90°之间选取。当加工高强度、高硬度的材料时，应选取较小主偏角，以加大刀尖角，增加车刀的强固和改善散热条件，并使单位切削刃上负荷减轻。以车削冷硬铸铁为例，在工件、车刀、夹具和机床等刚性允许的前提下，主偏角可选取15°左右。

3）在切削过程中，刀具需做中间切入时，应取较大的主偏角。

4）主偏角的大小还应与工件的形状相适应。例如车阶梯轴可取 $\kappa_r=90°$；车削细长轴时，为了减少背向力，可取 $\kappa_r=90°\sim93°$。

四、副偏角的作用及选择

1. 副偏角的作用

副偏角的作用主要是减少副切削刃同工件已加工表面之间的摩擦。副偏角取较小值，可以显著地减少车削后的残留面积（图4-9），降低工件的表面粗糙度值。但是减小副偏角会增加切削面积，容易引起振动，所以只有当工件、刀具、夹具和机床有足够的刚性时，才能取较小的副偏角。

2. 副偏角的选择原则

1）精加工刀具的副偏角应取偏小值，并可以磨出修光刃，以降低加工表面的表面粗糙度值；当加工高强度、高硬度材料及采用断续切削时，副偏角可选取中间值；对于切断车刀，为保证刀头强度，副偏角应取较小值；当工件、刀具、夹具和机床系统的刚性较差时，副偏角应选取较大值。

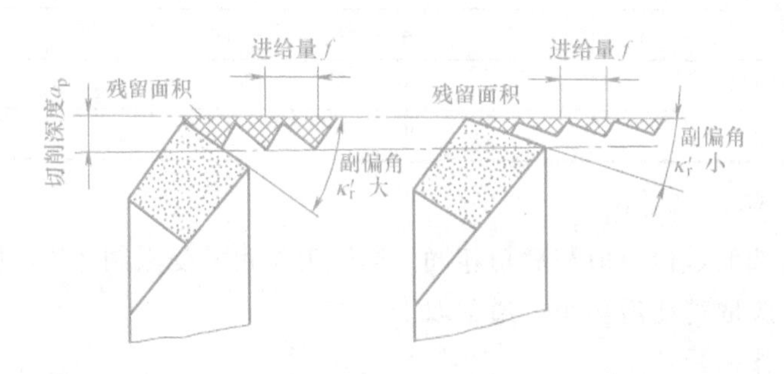

图4-9　副偏角对残留面积的影响

2）当加工中间切入的工件时，副偏角和主偏角一样。

主偏角和副偏角选用参考值见表4-8。

表4-8　主偏角和副偏角选用参考值

加工条件	工艺系统刚度足够	工艺系统刚度较好，可中间切入。加工外圆及端面	工艺系统刚度较差，粗加工、强力切削时	工艺系统刚度较差，车台阶轴、细长轴、薄壁件	切断或切槽
主偏角	10°~30°	45°	60°~75°	75°~93°	≥90°
副偏角	5°~10°	45°	10°~15°	5°~10°	1°~2°

五、刃倾角的作用及选择

1. 刃倾角的作用

1）控制切屑流向。刃倾角影响切屑流出方向，负的刃倾角使切屑偏向已加工表面，正

的刃倾角使切屑偏向待加工表面（图4-10）。

2）保护切削刃、刀尖（图4-11）。单刃刀具采用较大的负的刃倾角，可使远离刀尖的切削刃处先接触工件，使刀尖避免受冲击。对于回转的多刃刀具，如圆柱铣刀等，螺旋角就是刃倾角，此角可使切削刃逐渐切入和切出，使铣削过程平稳。

3）影响切削分力的大小。刃倾角取负值时，虽使刀头体积增大，散热条件改善，刀头强度提高，但使背向力增大，导致工件变形及引起切削过程中的振动。

4）影响切削刃锋利程度。当 λ_s 不为零进行切削时，由于切屑在前刀面上流向的改变，使实际工作前角增大，见表4-9。同时，使切削刃的实际刃口钝圆半径减小，如图4-12所示，切削刃锋利，如采用大刃倾角（$\lambda_s=45°\sim75°$）的精车刀、精刨刀可切下极薄的切屑实现微量切削。

2. 刃倾角的选择原则

1）加工硬材料或刀具承受冲击负荷时，应取较大的负刃倾角，以保护刀尖。

2）精加工宜取 λ_s 为正值，使切屑流向待加工表面，并可使刃口锋利。

3）内孔加工刀具（如铰刀、丝锥等）的刃倾角方向应根据孔的性质决定。左旋槽（$-\lambda_s$）可使切屑向前排出，适用于通孔；右旋槽适用于不通孔。

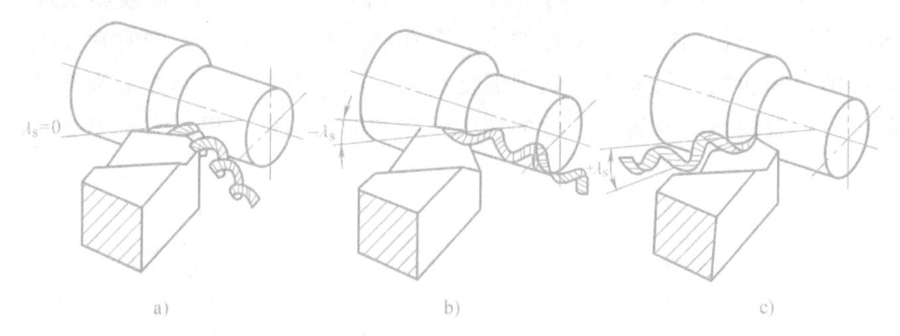

图4-10　刃倾角对切屑流出方向的影响

a）$\lambda_s=0°$　b）$\lambda_s<0$　c）$\lambda_s>0$

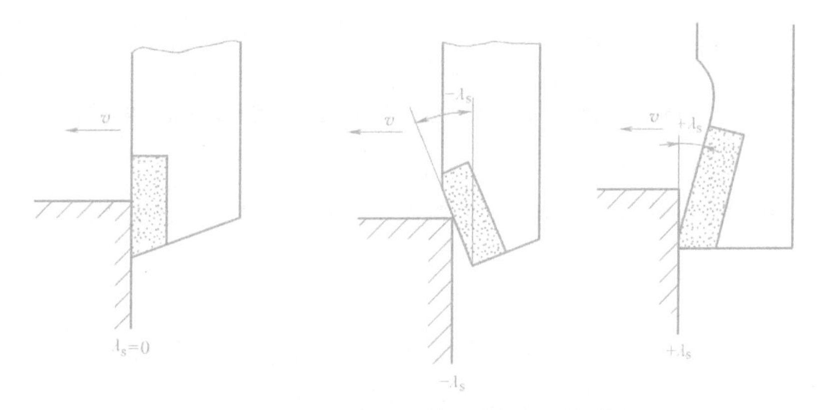

图4-11　刃倾角对切削刃受力情况的影响

表4-9　刃倾角对实际工作前角的影响（$\gamma_o=10°$）

刃倾角 λ_s	0°	15°	30°	45°	60°	75°
实际工作前角 γ_{oe}	10°	13°14′	22°21′	35°56′	52°30′	70°51′

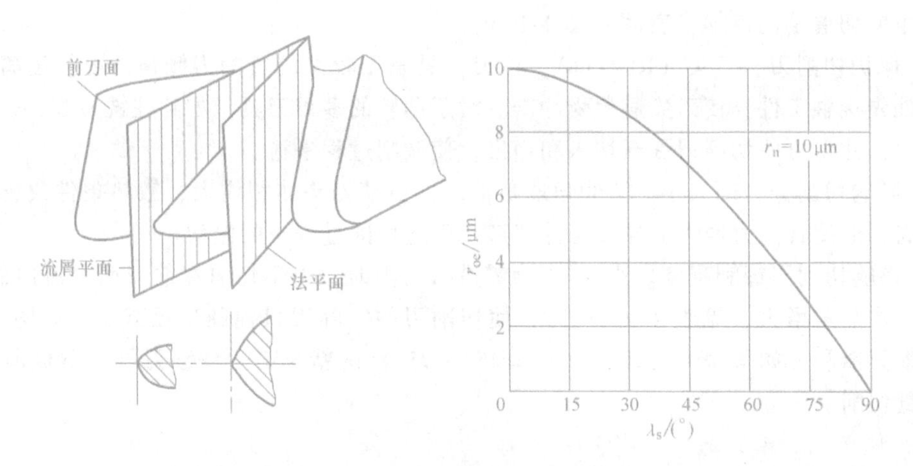

图 4-12 刃倾角与实际切削刃钝圆半径的关系

六、刀具其他几何参数的作用及其合理选择

1. 过渡刃的作用

过渡刃（图 4-13a 和图 4-13b）的作用主要是提高刀尖强度和改善散热条件。刀尖是刀具上的最薄弱部位，在切削时，刀尖处的主、副切削刃都参加切削，同时它又处在切削区域的最里面，切削力和切削热最集中，切削温度最高，因此刀尖处的磨损最为严重。而当刀尖处磨有过渡刃后，就能显著改善刀尖处的切削性能和散热条件，提高刀具寿命。

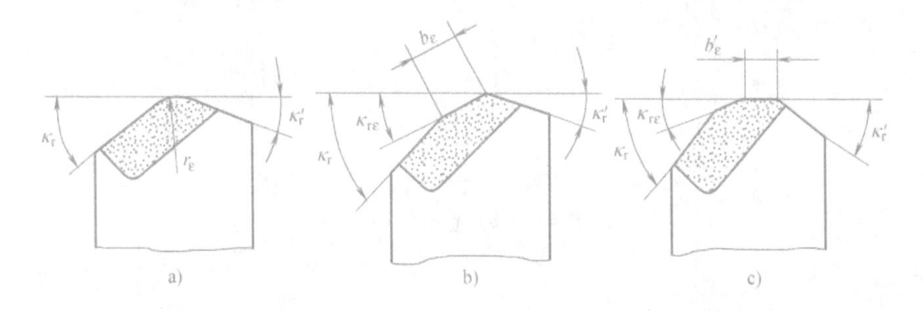

图 4-13 过渡刃（及修光刃）

a）圆弧形过渡刃 b）直线形过渡刃 c）直线形过渡刃带修光刃

2. 修光刃的作用

修光刃（图 4-13c）能减少车削后的残留面积，降低工件表面粗糙度值。

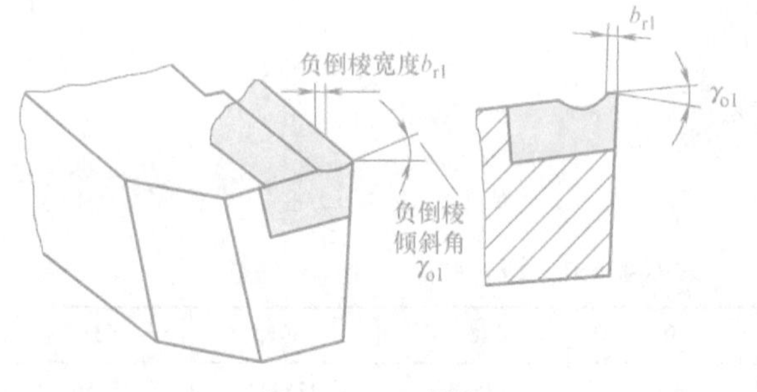

图 4-14 负倒棱

3. 负倒棱的作用

刀具的主切削刃担负着绝大部分的切削工作，为了提高主切削刃的强度，改善其受力和散热情况，常在主切削刃上磨出负倒棱，如图 4-14 所示。

第六节　切削用量的合理选择

切削用量的作用极为重要，它不仅和刀具几何参数一样，对切削力、切削热、积屑瘤、工件精度和表面粗糙度有很大影响，而且还直接关系到能否充分发挥刀具和机床的潜力及提高生产率。因此在加工前一定要合理选择切削用量。

切削用量的合理选择，就是要在已经选择好刀具的基础上，确定背吃刀量 a_p，进给量 f 和切削速度 v_c。

处理好效率与精度的关系是选择切削用量的关键所在。切削用量总的选择原则是：粗加工以效率为主，精加工以精度为主。根据切削用量与刀具寿命的关系，一般选择顺序为：先选择背吃刀量 a_p，再选择进给量 f，最后选择切削速度 v_c。必要时需校验机床功率是否允许。

一、背吃刀量的选择

背吃刀量应根据工件的加工余量及机床、工件和刀具的刚度来确定。

1）在刚度允许的条件下，除留给下道工序的余量外，其余的材料尽可能一刀切除，这样可以减少走刀次数，提高生产率。当余量太大或工艺系统刚性较差时，所有余量 A 分两次（或多次）切除。具体安排如下：

第一次进给的背吃刀量为

$$a_{p1} = \left(\frac{2}{3} \sim \frac{3}{4}\right)A$$

第二次进给的背吃刀量为

$$a_{p2} = \left(\frac{1}{3} \sim \frac{1}{4}\right)A$$

在中等功率的机床上，粗车时 a_p 可达 5 ~ 10mm；半精车时，a_p 可取为 1.5 ~ 5mm；精车时，a_p 可取 0.05 ~ 1mm。

2）背吃刀量 a_p 小或微切时，会造成刮擦、只切削到工件表面的硬化层、缩短刀具寿命。对于可转位刀片一般推荐 a_p 不小于 $r_\varepsilon/3$。

3）切削零件表层有硬皮的铸、锻件或不锈钢等冷硬较严重的材料时，应在机床功率允许范围内，使切削深度超过硬皮或冷硬层，以避免使切削刃在硬皮或冷硬层上切削。否则切削刃尖端只切削工件表皮硬质层及杂物，刀尖易损或容易产生异常磨损。

二、进给量的选择

粗加工进给量一般根据已知的工件材料、直径尺寸、刀具尺寸和背吃刀量查取。表 4-10 列出了根据粗加工刀具的刀尖圆弧半径 r_ε 而推荐的最大进给量 f 值。国内外许多粗加工用可转位刀片的刀尖圆弧半径 r_ε 做成 1.2 ~ 1.6mm，表中最大进给量 f 值约为刀尖圆弧半径的 2/3。根据可转位刀片的 r_ε 选取的粗加工最大进给量可适用于刀片强度高、材料切削加工性好和中低切削速度。

表 4-10　不同刀尖圆弧半径时的最大进给量

刀尖圆弧半径 r_ε /mm	0.4	0.8	1.2	1.6	2.4
最大推荐进给量 f/(mm/r)	0.25～0.35	0.4～0.7	0.5～1.0	0.7～1.3	1.0～1.8

精加工的进给量主要根据表面粗糙度要求选择。由表 4-14，根据表面粗糙度要求及刀具的刀尖圆弧半径 r_ε，就可查得对应的进给量参考值。

另外，在切断、加工深孔或用高速钢刀具加工时，宜选择较低的进给速度；当加工精度、表面粗糙度要求高时，进给速度应选小些。

硬质合金车刀粗车外圆时进给量的参考数值见表 4-11，高速车削时按表面粗糙度选择进给量的参考数值见表 4-12。

表 4-11　硬质合金车刀粗车外圆时进给量的参考数值

车刀刀杆尺寸 $\frac{B}{mm}\times\frac{H}{mm}$	工件直径 d/mm	背吃刀量 a_p/mm				
		3	5	8	12	12 以上
		进给量 f/(mm/r)				
16×25	20	0.3～0.4	—	—	—	—
	40	0.4～0.5	0.3～0.4	—	—	—
	60	0.5～0.7	0.4～0.6	0.3～0.5	—	—
	100	0.6～0.9	0.5～0.7	0.5～0.6	0.4～0.5	—
	400	0.8～1.2	0.7～1.0	0.6～0.8	0.5～0.6	—
20×30 25×25	20	0.3～0.4	—	—	—	—
	40	0.4～0.5	0.2～0.4	—	—	—
	60	0.6～0.7	0.5～0.7	0.4～0.6	—	—
	100	0.8～1.0	0.7～0.9	0.5～0.7	0.4～0.7	—
	600	1.2～1.4	1.0～1.2	0.8～1.0	0.6～0.9	0.4～0.6
52×50	60	0.6～0.9	0.5～0.8	0.4～0.7	—	—
	100	0.8～1.2	0.7～1.1	0.6～0.9	0.5～0.8	—
	1000	1.2～1.5	1.1～1.5	0.9～1.2	0.8～1.0	0.7～0.8
30×45	500	1.1～1.4	1.1～1.4	1.0～1.2	0.8～1.2	0.7～1.1

表 4-12　高速车削时按表面粗糙度选择进给量的参考数值

刀具	表面粗糙度值 Ra/μm	工件材料	κ_r'	切削速度范围 v_c/(m/min)	刀尖圆弧半径 r_ε /mm		
					0.5	1.0	2.0
					进给量 f/(mm/r)		
$\kappa_r'>0°$ 的车刀	12.5	中碳钢、灰铸铁	5°	不限制	—	1.00～1.10	1.30～1.50
			10°			0.80～0.90	1.00～1.10
			15°			0.70～0.80	0.90～1.00
	6.3	中碳钢、灰铸铁	5°	不限制	—	0.55～0.70	0.70～0.85
			10～15°			0.45～0.60	0.60～0.70

（续）

刀具	表面粗糙度值 Ra/μm	工件材料	κ_r'	切削速度范围 v_c/(m/min)	刀尖圆弧半径 r_ε/mm		
					0.5	1.0	2.0
					进给量 f/mm/r		
$\kappa_r'>0°$ 的车刀	3.2	中碳钢	5°	<50	0.22～0.30	0.25～0.35	0.30～0.45
				50～100	0.23～0.35	0.35～0.40	0.40～0.55
				>100	0.35～0.40	0.40～0.50	0.50～0.60
			10～15°	<50	0.18～0.25	0.25～0.30	0.30～0.45
				50～100	0.25～0.30	0.30～0.35	0.35～0.55
				>100	0.30～0.35	0.35～0.40	0.50～0.55
		灰铸铁	5°	限制	—	0.30～0.50	0.45～0.65
			10～15°			0.25～0.40	0.50～0.55
	1.6	中碳钢	≥5°	30～50	—	0.11～0.15	0.14～0.22
				50～80		0.14～0.20	0.17～0.25
				80～100		0.16～0.25	0.25～0.35
				100～130	—	0.20～0.30	0.25～0.39
				>130		0.25～0.30	0.25～0.39
		灰铸铁	≥5°	不限制	—	0.15～0.25	0.20～0.35
	0.8	中碳钢	≥5°	100～110	—	0.12～0.18	0.14～0.17
				110～130		0.13～0.18	0.17～0.23
				>130		0.17～0.20	0.21～0.27
$\kappa_r'=0°$ 的车刀	12.5、6.3	中碳钢、灰铸铁	0°	不限制	5.0以下		
	3.2	中碳钢	0°	≥50	5.0以下		
		灰铸铁		不限制			
	1.6、0.8	中碳钢	0°	≥100	4.0～5.0		
	1.6	灰铸铁	0°	不限制	5.0		

三、切削速度的选择

由于切削速度对刀具寿命的影响最大，其次是背吃刀量 a_p 和进给量 f，因此在上述已确定 a_p 和 f 后，即可根据要求达到的刀具寿命 T 来确定刀具寿命允许的切削速度 v_T。为此，可应用式（4-2）来计算切削速度 v_T（m/min），即

$$v_T=\frac{C_v}{T^m a_p^{x_v} f^{y_v}}K_v \tag{4-2}$$

并按下列步骤换算生产中所用的切削速度 v_c

$$v_T \rightarrow n\left(\frac{1000v_T}{\pi d}\right) \rightarrow n_{实}(\text{与 } n \text{ 接近的机床实有的转速 } n_{实}) \rightarrow v_c\left(\frac{\pi d n_{实}}{1000}\right)$$

表4-13列出了式（4-2）中的系数 C_v、指数 m、x_v、y_v 及部分加工条件的修正系数 K_v 值，供计算时选用。

表 4-13　硬质合金车刀纵车外圆 v_T 公式中的系数、指数、修正系数值

加工材料	刀具材料	进给量/(mm/min)	系数与指数			
			C_v	x_v	y_v	m
结构钢 $\sigma_b=650\text{MPa}$	P10(YT15)	$f \leq 0.3$	291	0.15	0.20	0.20
		$f \leq 0.7$	242		0.35	
灰铸铁 190HBW	K30(YG8)	$f \leq 0.4$	1898	0.15	0.20	0.20
		$f > 0.4$	158		0.40	
修正系数 $K_v = K_{M_v} K_{\kappa_{rv}} K_{S_v} K_{t_v}$						
工件材料 K_{M_v}	结构钢/MPa	>500～600	>600～700		>700～800	
	K_{M_v}	1.18	1.0		0.87	
	灰铁铸件(HBW)	>160～180	>180～200		>200～220	
	K_{M_v}	1.15	1.0		0.89	
主偏角 $K_{\kappa_{rv}}$	主偏角 κ_r/(°)	30	45	60	75	90
	结构钢	1.13	1	0.92	0.86	0.81
	灰铸铁	1.20	1	0.88	0.83	0.73
毛坯表面状态 K_{S_v}	无外皮	有外皮				
	1	棒料	锻件	一般铸件	铸件带砂	
		0.9	0.8	0.8～0.85	0.5～0.6	
刀具材料 K_{t_v}	结构钢	P30(YT5)	P20(YT14)	P10(YT15)	P01(YT30)	K30(YG8)
		0.65	0.8	1.0	1.4	0.4
	灰铸铁	K30(YG8)	K10(YG6)		K01(YG3)	
		0.83	1.0		1.15	

硬质合金外圆车刀切削速度的参考数值见表4-14。

表 4-14　硬质合金外圆车刀切削速度的参考数值

工件材料	热处理状态	$a_p=0.3\sim2\text{mm}$	$a_p=2\sim6\text{mm}$	$a_p=6\sim10\text{mm}$
		$f=0.08\sim0.3\text{mm/r}$	$f=0.3\sim0.6\text{mm/r}$	$f=0.6\sim1\text{mm/r}$
		v_c/(m/min)	v_c/(m/min)	v_c/(m/min)
低碳钢易切钢	热轧	140～180	100～120	70～90
中碳钢	热轧	130～160	90～110	60～80
	调质	100～130	70～90	50～70
合金结构钢	热轧	100～130	70～90	50～70
	调质	80～110	50～70	40～60
工具钢	退火	90～120	60～80	50～70
灰铸铁	<190HBW	90～120	60～80	50～70
	190～225HBW	80～110	50～70	40～60
高锰钢(13% Mn)	—	—	10～20	—
铜及铜合金	—	200～250	120～180	90～120
铝及铝合金	—	300～600	200～400	150～200
铸铝合金(13% Si)	—	100～180	80～150	60～100

注：切削钢及灰铸铁时刀具寿命约为60min。

切削速度应根据加工性质和刀具材料、刀具寿命进行选择，通常的原则如下：

1）刀具材料的耐热性好，切削速度可高些。

2）加工带外皮的工件时，应适当降低切削速度。

3）要求得到较低的表面粗糙度值时，切削速度应避开积屑瘤的生成速度范围。

4）对硬质合金刀具，可取较高的切削速度；对高速钢刀具，宜采用低速切削。

5）断续切削时，应取较低的切削速度。

6）工艺系统刚性较差时，切削速度应适当减小。

7）在易发生振动情况下，切削速度应避开自激振动的临界速度。

8）加工大型工件、细长件和薄壁件或带外皮的工件时，应适当降低切削速度。

关于切削速度有一个很好的规律值得牢记：通常在高速加工的条件下，高速钢切削刀具将会很快磨损；而硬质合金刀具在较低的切削速度下很快就会磨损和崩断。当钢铁切屑变为蓝色时，表明切削速度过高或者刀具太钝而导致被工件温度过高。虽然在使用硬质合金刀具进行机械加工时切屑变蓝可以接受，但在使用高速钢刀具进行加工时则绝对不允许出现这种现象。这是因为在使用高速钢刀具进行机械加工时，特别是在使用切削液的条件下，切屑是不应该变色的。

生产中随着数控机床和加工中心的使用，促进了高性能刀具材料和数控刀具的新发展，并为实现高速切削、大进给切削提供了有利条件，使生产率、加工质量和经济效益得到进一步提高。因此，刀具寿命规定也较低，切削用量的选择原则有了改变：由原来的先选背吃刀量、再选进给量，最后选择切削速度，改变为首选高的切削速度及进给量，然后选用较小背吃刀量。

总之，切削用量的具体数值应根据加工要求、机床性能，查阅相关的技术手册并结合实际经验用类比方法确定，同时使切削速度、背吃刀量及进给量三者相互配合，以形成最佳切削用量。

四、机床功率校验

若选用的切削用量值过高或机床动力较小，需检验机床功率是否允许，检验的公式为

$$P_c \leqslant P_E \eta \tag{4-3}$$

式中　P_c——切削功率（kW），按式（3-10）计算；

P_E——机床主电机额定功率（kW）；

η——机械效率，根据机床使用效率不同，η 在 0.75～0.9 间选取。

第七节　任务实施

经过前面各节内容的学习，现在可以完成任务引入的问题了。

一、刀具材料的选择

已知所要加工的材料为热轧 45 钢，刀具材料选用 P 类（原 YT 类）硬质合金，由于粗车或半精车时刀具所受的切削力比较大，要求刀具材料有比较高的强度和韧性，所以选用含钴量比较多的硬质合金 YT15。

二、刀具几何参数的选择

粗车时可以选择 75°外圆车刀（图 4-15），因为其可以用于强力切削，加工余量大的热轧

件和锻钢件。强力切削是一种通用于粗、半精加工的高效率切削方法，在中等以上刚性的机床上进行。强力切削时可选用较大的背吃刀量 a_p 和进给量 f，略低的 v_c（v_c < 100m/min），达到切除率高，刀具耐用的目的。强力切削时，由于 a_p、f 较大，所以切削力大，易产生振动，切屑不易断，且易引起表面粗糙。75°外圆车刀几何参数的选择，充分考虑了以上所列强力车削的特点，适应了机床、工件的要求，并满足加工需要，体现出一定的先进性。

（1）增加刃口锋利　选择较大的前角，使切削刃锋利，同时减小切削变形，使切削力减小，降低功率消耗。而较大的 κ_r 使径向力减小，避免引起振动，为使用大前角刀具提供了条件。

（2）提高刀具强度　在刃口磨出负倒棱以改善因前角增大而引起的刃口强度不足问题。同时取较小的后角、负刃倾角以增加刀头强度，改善散热条件，提高刀具寿命。

（3）提高表面质量　大的 κ_r 可避免振动，使切削过程稳定；外斜式断屑槽有良好的断屑效果，不憋屑，不缠绕工件；小的 κ_r' 及一定长度的修光刃在提高刀头强度的同时，还改善了由于大 f 而带来的表面粗糙，确保良好的表面质量。

合理选择75°外圆车刀几何参数，使刀具具有“锐字当先，锐中求固”之特点，很好地发挥出刀具的切削能力。

半精车时刀具几何参数的选择就不再赘述，表 4-15 为刀具几何角度。

表 4-15　粗车和半精车刀具几何角度

工序	前角 γ_o	后角 α_o	副后角 α_o'	主偏角 κ_r	副偏角 κ_r'	刃倾角 λ_s	刀尖圆弧半径 r_ε
粗车	15°	6°	6°	75°	15°	-6°	0.75mm
半精车	15°	8°	8°	90°	10°	4°	0.5mm

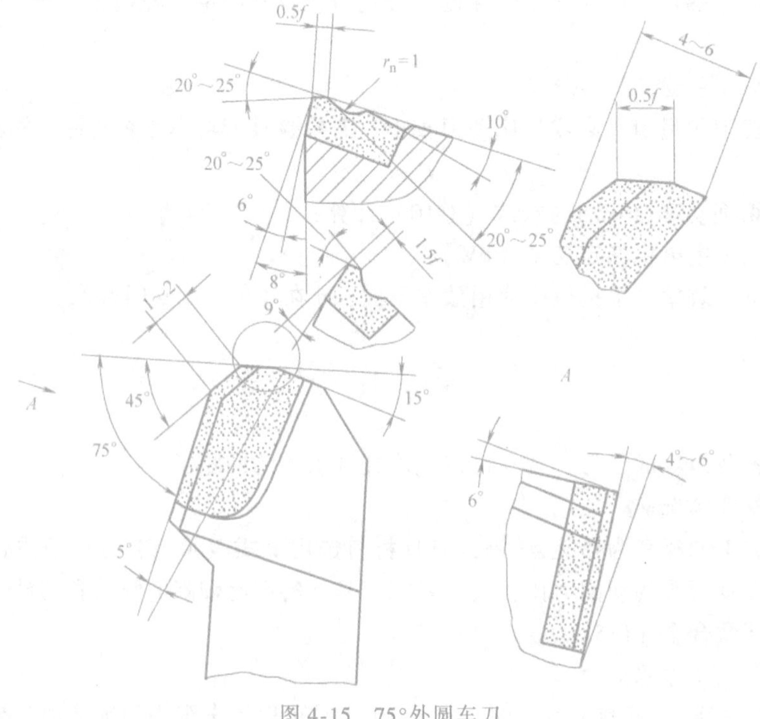

图 4-15　75°外圆车刀

三、切削用量的合理选择

由第一节可知，工件表面粗糙度及尺寸精度有一定要求，故分为粗车及半精车两道工序。

1. 粗车

(1) 选择背吃刀量 a_p　根据已知条件，单边余量 $A=3\text{mm}$，故取 $a_p=3\text{mm}$。

(2) 选择进给量 f　查表 4-13 知，$f=0.56\text{mm/r}$。

(3) 计算切削速度 v_T（v_{60}）

1) 计算刀具寿命 $T=60\text{min}$ 时允许的切削速度 v_{60}。从表 4-11 中查出 $C_v=242$，$m=0.2$，$x_v=0.15$，$y_v=0.35$，$K_{M_v}=1$，$K_{\kappa_{rv}}=0.86$，$K_{S_v}=0.9$，$K_{t_v}=1$，由式（4-2）得

$$v_{60}=\frac{C_v}{T^m a_p^{x_v} f^{y_v}}K_v=\frac{242}{60^{0.2}\times 3^{0.15}\times 0.56^{0.35}}\times 1\times 0.86\times 0.9\times 1\text{m/min}=85.8\text{m/min}$$

2) 选择切削速度。工件材料为热轧 45 钢，由表 4-15 知，当 $a_p=3\text{mm}$，$f=0.6\text{mm/r}$，$v_T=100\text{m/min}$，可保证 $T=60\text{min}$。

3) 确认机床主轴转速 n。将表 4-14 推荐的切削速度代入计算得

$$n=\frac{1000v_T}{\pi d}=\frac{1000\times 100\text{m/min}}{3.14\times 60\text{mm}}=530.8\text{r/min}$$

从机床主轴箱铭牌上查得，实际主轴转速 $n_{实}=450\text{r/min}$，故实际切削速度

$$v_c=\pi d n_{实}/1000=3.14\times 60\text{mm}\times 450\text{r/min}/1000=84.78\text{m/min}$$

分析可知，由式（4-2）计算的切削速度更接近机床实际转速，但用计算过程繁杂，不如直接由查表方法来选择切削速度效率更高。

4) 校验机床功率。由式（3-9）求解主切削力 F_c，近似校验机床功率。查相关表格得单位切削力 $k_c=3213\text{N/mm}^2$，$n_{F_c}=-0.15$，$K_{\gamma_o F_c}=0.95$，$K_{\kappa_r F_c}=0.92$，$K_{\lambda_s F_c}=1.0$，故

$$F_c=k_c a_p f v_c^{\,n_{F_c}} K_{r_o F_c} K_{\kappa_r F_c} K_{\lambda_s F_c}=3213\times 3\times 0.56\times 84.78^{-0.15}\times 0.95\times 0.92\times 1\text{N}=2423.75\text{N}$$

$$P_c=F_c v_c/1000=2423.75\text{N}\times 84.78\text{m/min}/60\times 1000=3.42/\text{kW}$$

由机床说明书知，CA6140 型机床主电动机功率 $P_E=7.5\text{kW}$，取机床效率 $\eta=0.8$，则由式（3-11）得 $P_c/\eta=3.42\text{kW}/0.8=4.28\text{kW}<P_E$，机床功率够用。

2. 半精车

(1) 选择背吃刀量　根据已知条件，单边余量 $A=0.5\text{mm}$，故取 $a_p=0.5\text{mm}$。

(2) 选择进给量　查表 4-12 知，当 $Ra3.2\mu\text{m}$；$\kappa_r'=10°$、$v_c=100\text{m/min}$，$r_\varepsilon=0.5\text{mm}$，$f=0.25\sim0.30\text{mm/r}$，取 $f=0.30\text{mm/r}$。

(3) 选择切削速度　由表 4-14 知，当 $a_p=0.5\text{mm}$，$f=0.30\text{mm/r}$ 时，$v_T=130\sim160\text{m/min}$，取 $v_T=150\text{m/min}$。

(4) 确认机床主轴转速 n

$$n=\frac{1000v_T}{\pi d}=\frac{1000\times 150\text{m/min}}{3.14\times 60\text{mm}}=796\text{r/min}$$

从机床主轴箱铭牌上查得，取实际主轴转速 $n_{实}=710\text{r/min}$，故实际切削速度为

$$v_c=\frac{\pi d n_{实}}{1000}=\frac{3.14\times 60\text{mm}\times 710\text{r/min}}{1000}=133.76\text{m/min}$$

至此，任务完成。

企业专家点评　中国第二重型机械集团工艺处杨松凡高级工程师：在生产中刀具材料、几何参数、切削用量、切削液的合理选择，对提高生产质量和效益直接相关。要根据实际加工的工况要求进行优化选择。可以总结和借鉴以往的经验，但在有些情况下，还要经过多次的实践，不断优化，找到最优参数。

【思政目标】在生产中刀具材料、几何参数、切削用量、切削液的合理选择，对提高生产质量和效益直接相关。要根据实际加工的工况要求进行优化选择，可总结和借鉴以往的经验，经过多次实践，不断优化，找到最优参数。应用唯物辩证法对立统一的规律和矛盾的观点分析问题和解决问题，使学生养成良好的思维习惯，培养学生逻辑思维与辩证思维能力。

复习思考题

1. 刀具材料应该具备哪些性能？
2. 常用的刀具材料有哪几种？
3. 试述高速钢的性能特点和使用范围。
4. 试述常用硬质合金的性能特点和使用范围。
5. 陶瓷刀具、金刚石刀具与立方氮化硼刀具各有何特点？常应用于哪些场合？
6. 粗车下列工件材料外圆时，可选择什么刀具材料？

（1）45钢；（2）灰铸铁；（3）黄铜；（4）铸铝；（5）不锈钢；（6）钛合金；（7）高锰钢；（8）高温合金。

7. 什么是工件材料的切削加工性？如何改善工件材料的切削加工性？
8. 工件材料的切削加工性为什么是相对的？生产中常用什么指标来衡量工件材料的切削加工性？
9. 切削液有哪些作用？分为哪几类？加工中如何选用？
10. 刀具几何参数包含哪些内容？
11. 试述刀具的前角、后角的功用和选择方法。
12. 试述刀具的主偏角、副偏角的功用和选择方法。
13. 试述刀具刃倾角的功用和选择方法。
14. 下列情况下刀具几何参数应具有的特点有哪些？

（1）锐中求固；（2）散热条件良好；（3）系统刚性不足；（4）抗冲击；（5）精加工；（6）加工高硬度、高强度材料。

15. 什么是合理的切削用量？生产中常用什么方法确定切削用量？
16. 试述粗加工时切削用量的选择顺序及方法。
17. 试述精加工时切削用量的选择方法。
18. 如果选定切削用量后，发现超过机床功率时，应如何解决？

第五章

车刀及其选用

第一节　任务引入

加工一批光轴，工件材料为40Cr，加工后表面粗糙度值要求达到 $Ra3.2\mu m$，需粗车、半精车两道工序完成其外圆车削，单边总余量4mm，使用机床为CA6140型卧式车床。要求选择一把满足要求的硬质合金可转位外圆车刀。

第二节　车刀的种类及应用

车刀是金属切削加工中应用最广的一种刀具，也是研究铣刀、钻头等其他切削刀具的基础。车刀结构简单，用于各种车床上，可加工外圆、内孔、端面、螺纹以及其他成形回转表面，也用于回转工件的切槽和切断。

车刀的种类很多，按用途可分为外圆车刀、端面车刀、切断车刀、螺纹车刀和内孔车刀等，如图5-1所示；按结构又分为整体式、焊接式、机夹式、可转位式和成形车刀等，如图5-2所示。各种结构的车刀类型、特点及用途见表5-1。

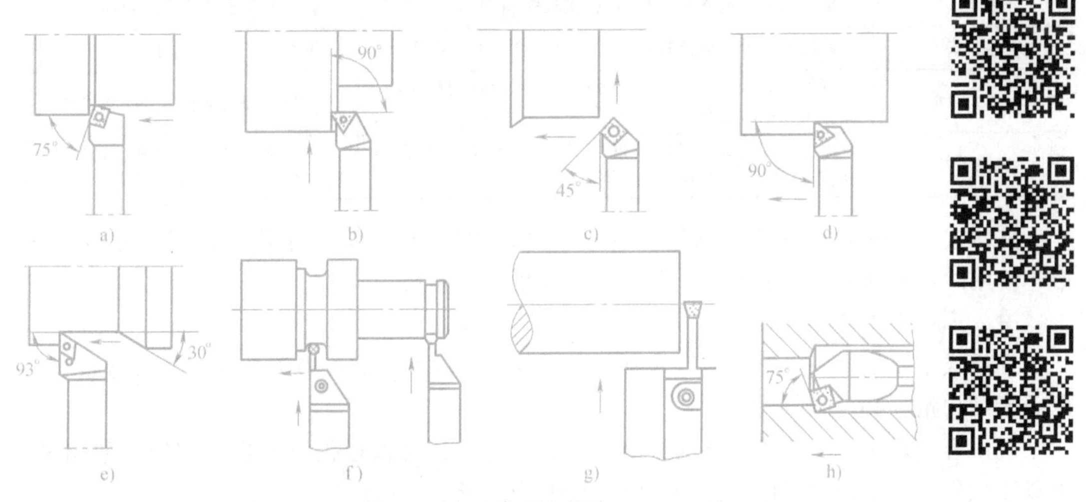

图5-1　车刀类型和用途

a）75°弯头外圆车刀　b）90°弯头端面车刀　c）45°弯头外圆车刀　d）90°弯头外圆车刀　e）93°弯头仿形车刀　f）QC系列切槽车刀、切断车刀　g）机夹式切断车刀　h）75°内孔车刀

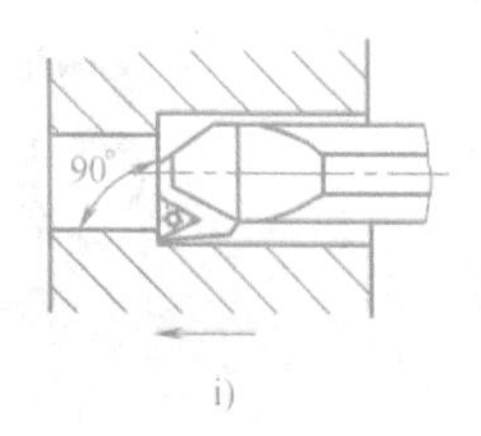

i)

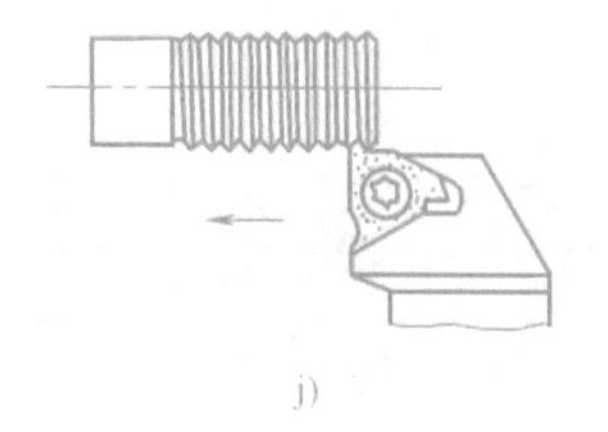
j)

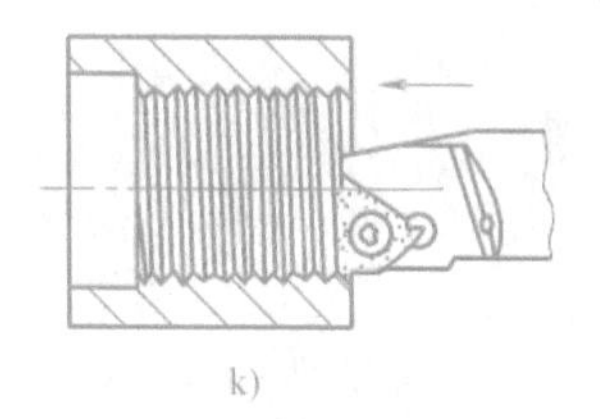
k)

图 5-1　车刀类型和用途（续）
i）90°内孔车刀　j）外螺纹车刀　k）内螺纹车刀

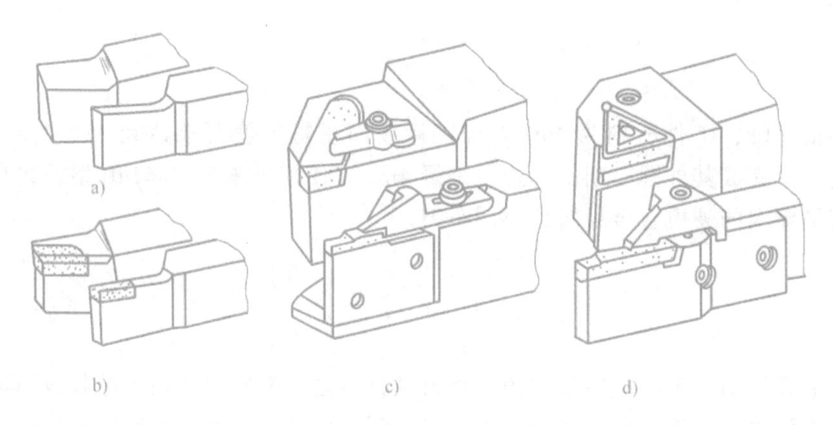

图 5-2　不同结构的车刀
a）整体式车刀　b）焊接式车刀　c）机夹式车刀　d）可转位式车刀

表 5-1　车刀结构类型、特点及用途

名称		特点	适用场合
整体式		整体用高速钢制造，刃口可磨得较锋利	小型车床或加工有色金属
焊接式		焊接硬质合金或高速钢刀片，结构紧凑，使用灵活	各类车刀，特别是小刀具
机夹式	机夹重磨式	避免了焊接产生的应力、裂纹等缺陷，刀杆利用率高，刀片可集中刃磨获得所需参数，使用灵活方便	外圆、端面、镗孔、切断、螺纹车削等
	机夹可转位式	避免了焊接式车刀的缺点，刀片可快换转位，生产率高，断屑稳定，可使用涂层刀片	大中型车床加工外圆、端面、镗孔，特别适于自动线、数控机床

整体式车刀一般用高速钢制造，俗称“白钢刀”，形状为长条形，截面为正方形或矩形，使用时可根据需要将切削部分刃磨成各种角度和形状。

一、焊接式车刀

焊接式车刀是将一定形状的刀片钎焊在刀杆槽内的车刀。一般刀片选用硬质合金，刀杆用碳素结构钢（45 钢）制造。

硬质合金焊接车刀的优点是结构简单，制造方便，可以根据需要进行刃磨，使用灵活，刀具刚性好，硬质合金利用较充分，故使用较为广泛。

硬质合金焊接车刀的主要缺点是切削性能主要取决于工人刃磨的技术水平，与现代化生产不相适应。刀杆不能重复使用，当刀片磨完或崩坏后，刀杆也随之报废，造成浪费。在制造工艺上，由于硬质合金刀片和刀杆材料的线膨胀系数不同，焊接时易产生热应力，当焊接工艺不合理时易导致硬质合金产生裂纹。另外，还可能出现刃磨热应力和裂纹等。

焊接车刀的质量取决于刀片的选择、刀杆和刀槽的形状和尺寸、焊接工艺和刃磨质量等。

1. 硬质合金焊接车刀刀片的选择

在选择硬质合金刀片时，除正确选择材料的牌号以外，还应合理选择刀片的型号。我国目前采用的硬质合金焊接刀片分为 A、B、C、D、E 五种型式，A 型为车刀片，B 型为成形刀片，C 型为螺纹、切断、切槽刀片，D 型为铣刀片，E 型为孔加工刀片。刀片型号由表示刀片类型的大写字母和三个数字组成。第一个字母和第一位数字表示刀片形状，后面两位数字表示刀片的主要尺寸。当刀片长度参数 L 相同，其他参数如宽度、厚度不同时，则在型号后面加 A 或 B 以示区别；当刀片分左、右向切削时，在型号后面加 Z 表示左向切削，右向切削可省略不写。常用硬质合金焊接刀片型号示例见表 5-2。

表 5-2 常用硬质合金焊接刀片型号示例（YS/T 79—2006）

型号示例	刀片简图	主要尺寸/mm	主要用途
A108		$L=8$	制造外圆车刀、镗刀和切槽车刀
A208		$L=8$	制造端面车刀、镗刀
A225Z	右 左	$L=25$（左）	
A406		$L=6$	制造外圆车刀、端面车刀、镗刀
A430Z	右 左	$L=30$（左）	
B220		$L=20$	制造凹圆弧成形车刀及轮缘车刀
C110		$L=10$	制造螺纹车刀

（续）

型号示例	刀片简图	主要尺寸/mm	主要用途
D210		$L=10$	制造三面刃铣刀、T形槽铣刀
E106		$L=6$	制造麻花钻或直槽钻

选择刀片型号时，主要根据车刀用途和主偏角来选择。刀片长度 L 尺寸主要根据背吃刀量和主偏角决定，外圆车刀一般应使参加工作的切削刃长度不超过刀片长度的60%～70%。刀片宽度 T 在切削空间允许时可选择较宽值，以增大支承面积和重磨次数。刀片厚度 S 主要取决于切削力的大小，切削力越大，刀片厚度 S 须相应增大。对于切断车刀和切槽车刀用的刀片宽度 T，应根据槽宽或切断车刀宽度来选取。切断车刀宽度可按 $T=0.6\sqrt{d_w}$ 估算（d_w 为工件直径）。

2. 刀槽形状的选择

刀杆上应根据采用的刀片形状和尺寸开出刀槽，如图5-3所示。应在焊接强度和制造工艺允许的条件下，尽可能选用焊接面少的刀槽形状，因为焊接面多，焊接后刀片产生的内应力较大，容易产生裂纹。

开口槽制造简单，但焊接面积小，适用于A1型矩形刀片。半封闭槽焊接后刀片牢固，适用于带圆弧的A2、A3型刀片。封闭槽能增加焊接面积，强度高，但焊接应力大，适合于焊接面积相对较小的C1型刀片。切口槽增大了焊接面积，提高了结合强度，适合于A1、C3型刀片。

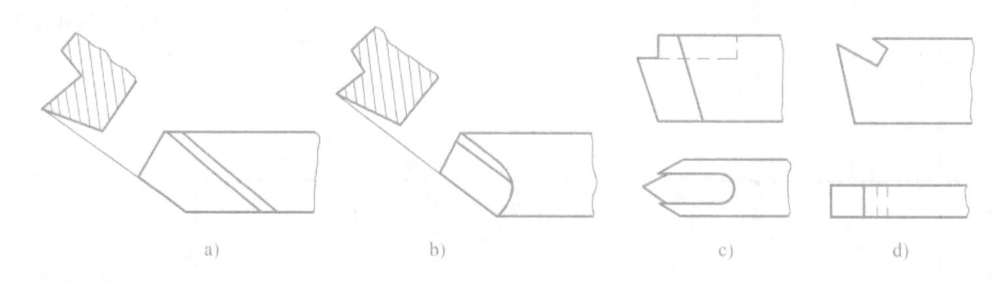

图5-3　刀槽形式

a）开口槽　b）半封闭槽　c）封闭槽　d）切口槽

刀槽尺寸可通过计算求得，通常可按刀片配置。为了便于刃磨，要使刀片露出刀槽0.5～1mm。一般取刀槽前角 $\gamma_{og}=\gamma_o+5°\sim10°$，刀片在刀槽中的安放位置如图5-4所示，以减少刃磨前刀面的工作量。刀杆后角 α_{og} 要比后角 α_o 大2°～4°，以便于刃磨刀片，提高刃磨质量。

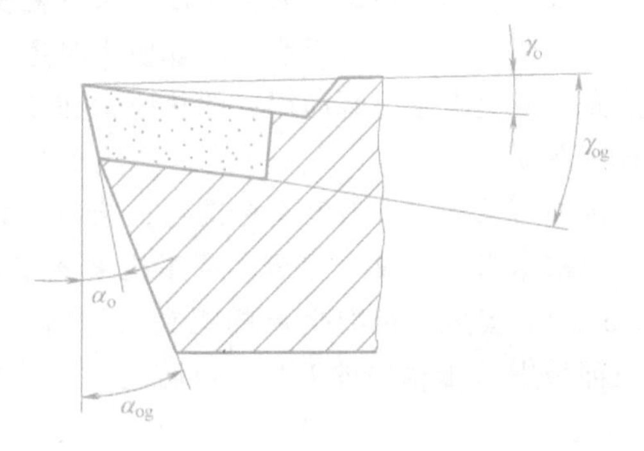

图5-4　刀片在刀槽中的安放位置

3. 车刀刀杆与刀头形状和尺寸

焊接车刀刀杆常用中碳钢制造，截面有矩形、方形和圆形三种。普通车床上使用的焊接车刀刀杆多采用矩形截面。当切削力较大时（尤其是进给力较大时），可采用方形截面。圆形刀杆多用于内孔车刀。矩形和正方形刀杆的截面尺寸，一般可按机床中心高查表选取，见表5-3。刀杆长度可按刀杆高度 H 的6倍左右估算，并选用标准尺寸系列，如100mm、125mm、150mm、175mm等。切断车刀工作部分的长度需大于工件的半径。内孔车刀的刀杆长度需大于工件孔深。

表5-3　常用车刀刀杆截面尺寸　（单位：mm）

机床中心高	150	180～200	260～300	350～400
正方形刀柄横截面 H^2	16^2	20^2	25^2	30^2
矩形刀柄横截面 $B\times H$	12×20	16×25	20×30	25×40

刀头形状可分为直头和弯头两种（图5-5）。直头结构简单，制造方便；弯头通用性好，可用于外圆和端面车削。刀头结构尺寸可查阅相关手册。

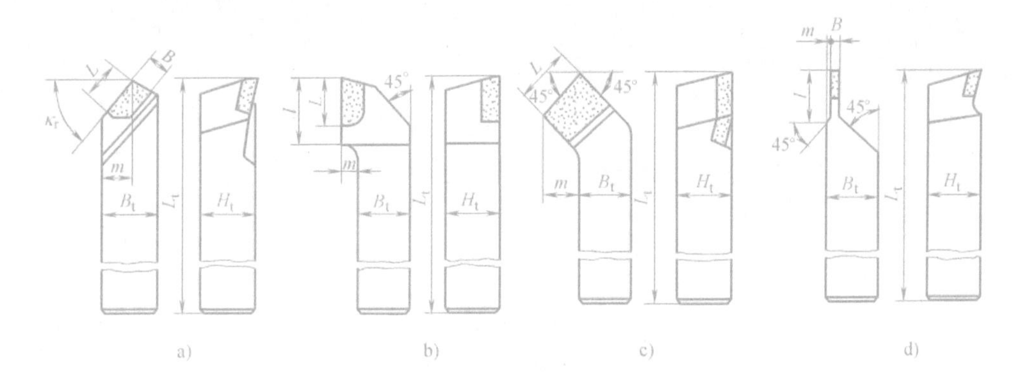

图5-5　常用焊接式车刀

a）直头外圆车刀　b）90°弯头外圆车刀　c）45°弯头车刀　d）切断车刀

二、机夹式车刀

1. 机夹可重磨式车刀

机夹可重磨式车刀，是用机械加固的方法将预先刃磨好的刀片固定在刀杆上。这种车刀是为了克服硬质合金焊接车刀的缺陷而研制的。与硬质合金焊接车刀相比，机夹可重磨式车刀有很多优点，如：刀片不经高温焊接，避免了因焊接引起的刀片硬度下降和产生裂纹等缺

陷，延长了刀具的寿命；刀杆可以多次重复使用，使刀杆材料利用率大大提高，刀杆成本下降；刀片用钝后可多次刃磨，不能使用时还可以回收。其缺点是：在使用过程中仍需刃磨，不能完全避免由于刃磨而引起的热应力和裂纹；其切削性能仍取决于工人刃磨的技术水平；刀杆制造复杂。

机夹可重磨式车刀没有标准化，结构形式很多。目前常用的机夹可重磨式车刀有切断车刀、切槽车刀、螺纹车刀等。常用机夹式车刀的夹紧结构有上压式、自锁式、弹性压紧式（图5-6）。按国家标准生产的机夹式切断车刀，内、外螺纹车刀都采用上压式（图5-7）。一般都采用V形槽底的刀片，以防止切削时受力后，刀片发生转动。

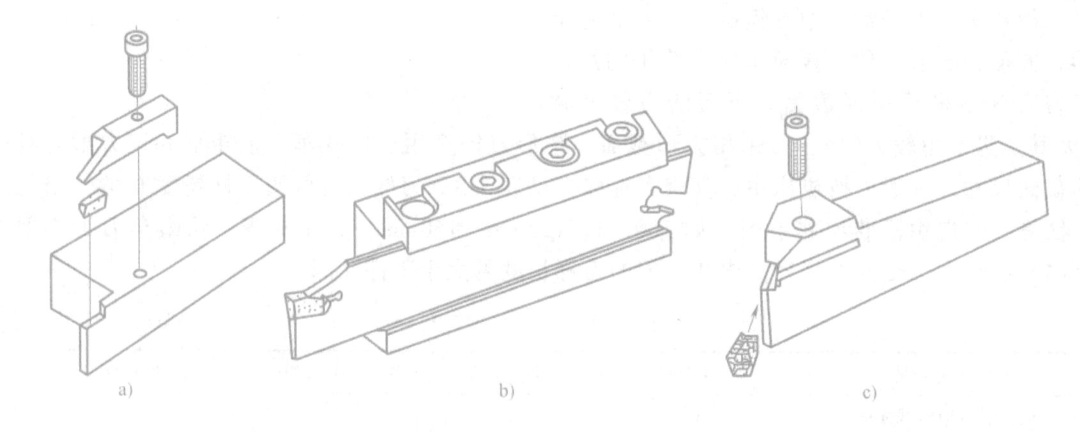

图5-6　机夹式车刀夹紧结构形式

a）上压式　b）自锁式　c）弹性压紧式

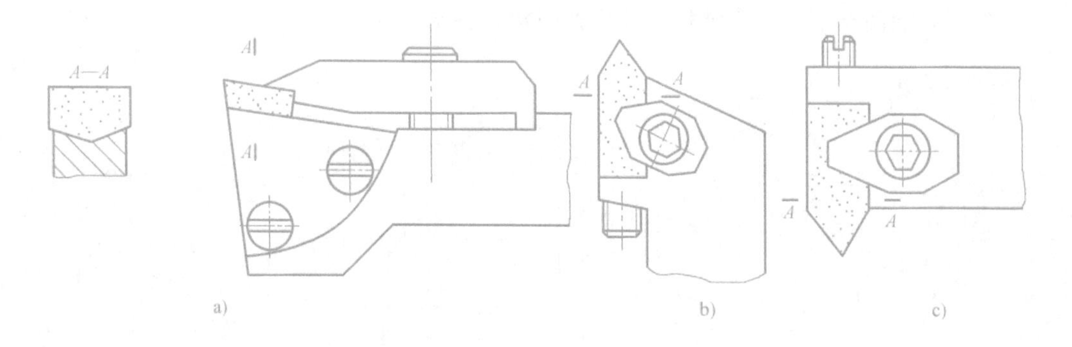

图5-7　上压式切断车刀和内、外螺纹车刀

a）切断车刀　b）外螺纹车刀　c）内螺纹车刀

2. 机夹可转位式车刀

机夹可转位式车刀（后简称“可转位车刀”）是使用可转位硬质合金刀片的机夹式车刀，如图5-8所示，刀垫3和刀片5套装在刀杆6的夹紧机构上，将刀片5压向支承面而紧固。

可转位刀片和焊接式车刀的刀片不同，它是由硬质合金厂压模成形的，使刀片具有供切削时选用的几何参数（不需刃磨），刀片为多边形，每条边都可作为切削刃。当一条切削刃用钝后，松开夹紧装置，将刀片转位调换到另一条切削刃，夹紧后即可继续切削，直到刀片

上所有切削刃都用钝后，才需更换刀片。

可转位车刀除了具有焊接式和机夹式车刀的优点外，还具有不需刃磨、可转位和更换切削刃简捷、几何参数稳定等特点，完全避免了因焊接和刃磨引起的热效应和热裂纹。其几何参数完全由刀片和刀杆上的刀槽保证，不受工人技术水平的影响，因此切削性能稳定，切削效率高，有利于合理使用硬质合金和新型复合材料，有利于刀片和刀杆的专业化生产等，很适合现代化生产要求。实践证明，可转位车刀比焊接式车刀可提高效率0.5～1倍。一把可转位车刀刀杆可使用80～200个刀片，刀杆材料消耗仅为焊接式车刀的3%～5%。由于不需要重磨，可采用涂层刀片，对数控车床更为有利，并为世界各国广泛采用，是刀具发展的重要方向。可转位车刀的应用与日俱增，但由于刃形和几何参数受到刀具结构和工艺限制，它还不能完全取代焊接式车刀和机夹式车刀。

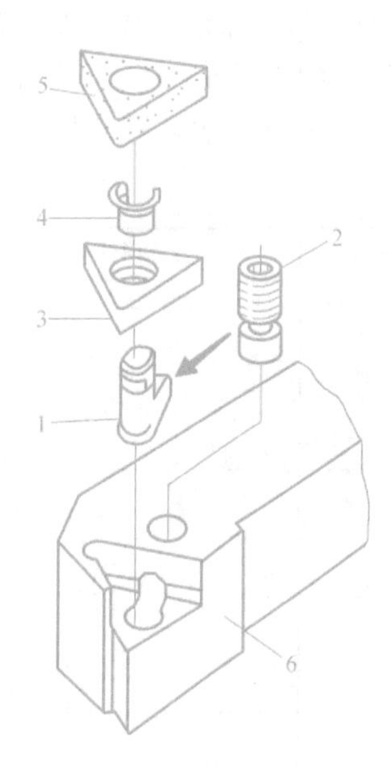

图5-8　可转位车刀的组成

1—杠杆　2—螺杆　3—刀垫
4—卡簧　5—刀片　6—刀杆

（1）可转位刀片　按照可转位硬质合金刀片的标记方法（GB/T 2076—2007），刀片的型号由代表一定意义的字母和数字代号按一定顺序排列组成，共有九个号位，每个号位的含义见表5-4。任一刀片都必须标记前七个号位，后两个号位在必要时才使用。

表5-4　可转位刀片的型号与表达特性

号位	1	2	3	4	5	6	7	8	9
表达特性	刀片形状	刀片法后角	允许偏差等级	夹固形式及有无断屑槽	刀片长度	刀片厚度	刀尖角形状	切削刃截面形状	切削方向
表达方法	每个号位用一个英文字母				两位阿拉伯数字(所表示参数的整数部分，不够两位的前面加0)		两位阿拉伯数字（舍去小数点后的参数）	一个英文字母	

1）号位1表示刀片形状。可转位刀片的形状及代号见表5-5，主要根据加工工件的廓形与刀具寿命进行选择。边数多的刀片，刀尖角大，耐冲击，并且切削刃多，因而寿命高，但切削刃较短，在车削时径向力较大，易引起振动。在机床、工件刚度足够情况下，粗加工应尽量采用刀尖角较大的刀片，反之选用刀尖角较小的刀片。其中常用的刀片为三角形和正方形。

① 正三角形（T）刀片常用于刀尖角要求小于90°的外圆、端面车刀和加工不通孔、台阶孔的内孔车刀。其刀尖强度差，只宜选用较小切削用量。

② 正方形（S）刀片的切削刃较短，刀尖强度高，主要用于75°、45°车刀以及加工通孔的内孔车刀等。

③ 80°菱形（C）刀片的两个刀尖强度较高，可加工端面或外圆，也用于加工台阶孔的内孔车刀。

④ 凸三角形（W）刀片有三个切削刃较短的80°刀尖角，刀尖强度高，主要用于加工外圆、台阶面的93°外圆车刀，也用于加工台阶孔的内孔车刀。

⑤ 圆形（R）刀片用于加工成形曲面或精车，径向力大。

表 5-5 可转位刀片的形状及代号

代号	刀片形式	代号	刀片形式	代号	刀片形式
H		L		M	86°
O		F	82°	V	35°
P		R		A	85°
S		C	80°	B	82°
T		D	55°	K	55°
W		E	75°		

常用刀片为三角形和正方形。刀片又分为带孔无后角和不带孔有后角两种形式，其中孔是夹持刀片用的。若刀片有后角，则在刀片装入刀槽时就不需要安装后角；若刀片无后角，则在刀片装入刀槽时就需将刀片安装出一定的后角。

2）号位2表示刀片法后角。其中N型刀片后角为0°，一般用于粗车、半精车。B（5°）、C（7°）、P（11°）型刀片一般用于半精车、精车、仿形加工和孔加工等，见表5-6。

3）号位3表示刀片主要尺寸允许偏差等级。车削用可转位刀片有12种精度，代号为A、F、C、H、E、G、J、K、L、M、N、U。普通车床粗、半精加工用U级，对刀尖位置要求较高的或数控车床用选N、M级，要求更高时选G级及以上。

4）号位4表示刀片有、无断屑槽和中心固定孔。

号位4常用的代号有：

A——有圆形固定孔，无断屑槽。

表 5-6　可转位刀片法后角及代号

代号	后角	代号	后角	代号	后角
A	3°	D	15°	G	30°
B	5°	E	20°	N	0°
C	7°	F	25°	P	11°

N——无固定孔，无断屑槽。

R——无固定孔，单面有断屑槽。

M——有圆形固定孔，单面有断屑槽。

G——有圆形固定孔，双面有断屑槽。

T——单面有 40°～60°固定沉孔，单面有断屑槽。

刀片夹固形式的选择实际上就是对车刀刀片夹紧结构的选择。刀片夹紧结构将在后面详细介绍。

5）号位 5 表示刀片长度。刀片切削刃长度应根据切削刃参加工作长度来选择。粗车时，可取切削刃长度 $L \geqslant 1.5a_p/(\sin\kappa_r\cos\lambda_s)$；精车时，取 $L \geqslant 3a_p/(\sin\kappa_r\cos\lambda_s)$。

6）号位 6 表示刀片厚度。刀片厚度根据在切削中承受最大切削力来选择。

7）号位 7 表示刀尖形状。粗车时应选择较大圆弧半径的刀尖，以提高刀尖强度；但不宜过大，以免切削时引起振动，并且圆弧半径过大，也不利于断屑。一般刀片刀尖圆弧半径应等于或大于车削时最大进给量的 1.25 倍。精车时，当零件表面粗糙度与进给量已设定后，就可选择相应的刀尖圆弧半径（$r_\varepsilon \geqslant f^2/8R_{max}$）。反之，当表面粗糙度和刀尖圆弧半径已定，则可选择相应的进给量。

8）号位 8 表示切削刃截面形状。切削刃截面形状对切削刃强度和寿命有明显的影响。国家标准规定有尖锐切削刃 F、倒圆切削刃 E、倒棱切削刃 T、既倒棱又倒圆切削刃 S、双倒棱切削刃 Q 及既双倒棱又倒圆切削刃 P 六种形式，见表 5-7。

表 5-7　可转位刀片切削刃截面形状及代号

代号	刀片切削刃截面形状	示意图
F	尖锐切削刃	
E	倒圆切削刃	

（续）

代号	刀片切削刃截面形状	示意图
T	倒棱切削刃	
S	既倒棱又倒圆切削刃	
Q	双倒棱切削刃	
P	既双倒棱又倒圆切削刃	

车削用的可转位刀片基本上是倒圆切削刃，其倒圆半径 r_n 一般为 0.03～0.08mm。涂层刀片倒圆半径 $r_n \leqslant 0.05$mm。加工有色金属、非金属材料时都采用 F 形式，小余量精加工和加工普通铸铁时也可采用 F 形式。T 形式的前刀面上做出负倒棱的刃口，适用于重负荷切削或有冲击载荷切削。陶瓷系列可转位刀片都采用 T 形刃口；多数可转位铣刀也采用 T 形刃口。S 形是先倒棱后倒圆，耐冲击性优于 T 形，但切削力也较大，通常涂层铣刀刀片采用 S 形刃口。

9）号位 9 表示切削方向。代号 R 表示右切，L 表示左切，N 表示左、右均能切。

示例：标记 TNUM160408R 表示刀片形状为正三角形，法后角为 0°，U 级偏差等级，单面有断屑槽，有圆形固定孔的刀片，刀片长度为 16.5mm，刀片厚度为 4.76mm，刀尖圆弧半径为 0.8mm，切削方向为右切。

（2）几种典型的夹紧结构　可转位车刀夹紧机构的选择和设计是否合理，将直接影响其使用效果。应力求刀片转位和更换新片简便迅速，转位后重复定位精度高，结构简单，夹固牢靠，夹紧元件制造工艺性良好，且尽量不外露，以免妨碍切屑流出。

可转位式车刀与机夹式车刀虽同属机械夹固方式，但它多利用刀片上的孔进行夹固，因此夹紧机构有其独特之处。最具代表性的夹紧机构有下面四种。

1）偏心式夹紧机构。它是利用螺钉上端部的一个偏心销，将刀片夹紧在刀杆上的，如图 5-9 所示。该结构靠偏心夹紧，靠螺钉自锁，结构简单，操作方便，但不能双边定位。由于偏心量较小，要求刀片制造精度高；偏心量太大时则又在切削力冲击下容易使刀片松动，故偏心式夹紧机构适用于轻中型连续平稳切削的场合。

2）杠杆式夹紧机构。应用杠杆原理对刀片进行夹紧。当旋转压紧螺钉 6 时，通过杠杆 2 产生的夹紧力将刀片 5 定位夹紧在刀槽侧面上；旋出螺钉时刀片松开，半圆筒形弹簧套 3 可保持刀垫不动，如图 5-10 所示。该结构特点是：定位精度高，夹固牢靠，调节范围大，受力合理，使用方便，卧式车床、数控车床上均能使用。

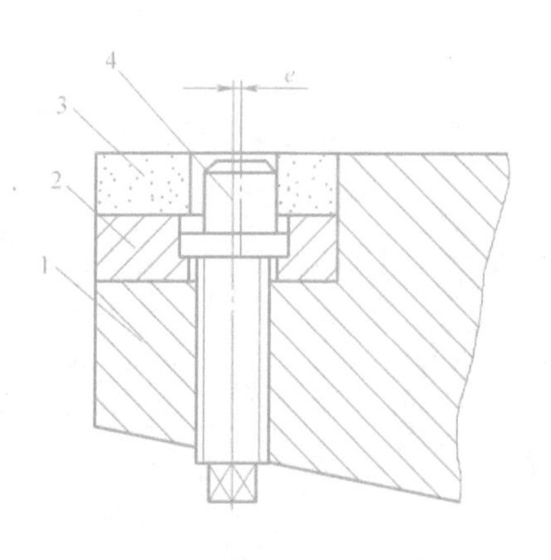

图 5-9　偏心式夹紧机构

1—刀杆　2—刀垫　3—刀片　4—偏心销

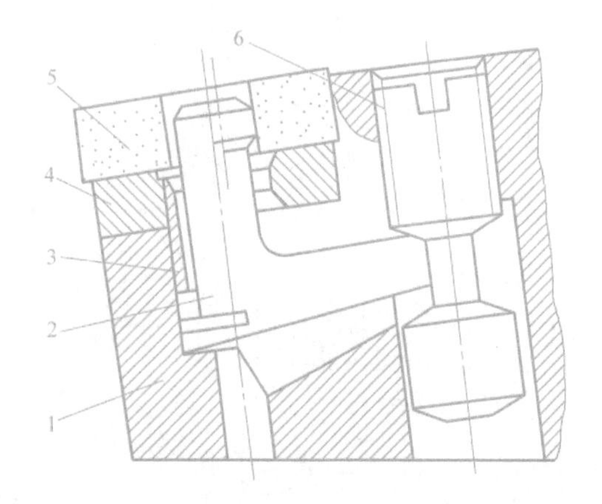

图 5-10　杠杆式夹紧机构

1—刀杆　2—杠杆　3—弹簧套

4—刀垫　5—刀片　6—压紧螺钉

3）楔块式夹紧机构。该结构是通过内孔定位在刀杆刀槽的圆柱销 3 来夹紧刀片 2 的。由压紧螺钉 6 下压带有斜面的楔块 1，使其一面紧靠在刀杆 7 的凸台上，另一面将刀片推往刀片中间孔的圆柱销上，将刀片压紧，如图 5-11 所示。该结构简单易操作，装卸方便，定位精度较低，适合连续切削。

4）上压式夹紧机构。与机夹式车刀一样，可转位车刀也有上压式夹紧机构，如图 5-12 所示。其夹紧可靠，装卸方便，但排屑受到一定影响。这种结构主要用于夹紧带后角及中间无孔的刀片。

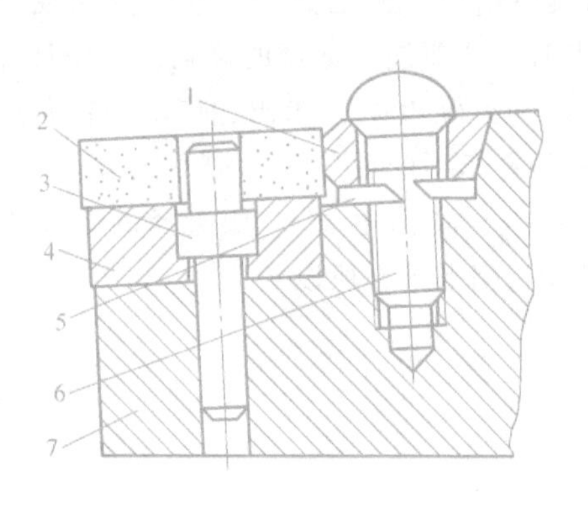

图 5-11　楔块式夹紧机构

1—楔块　2—刀片　3—圆柱销　4—刀垫

5—弹簧垫圈　6—压紧螺钉　7—刀杆

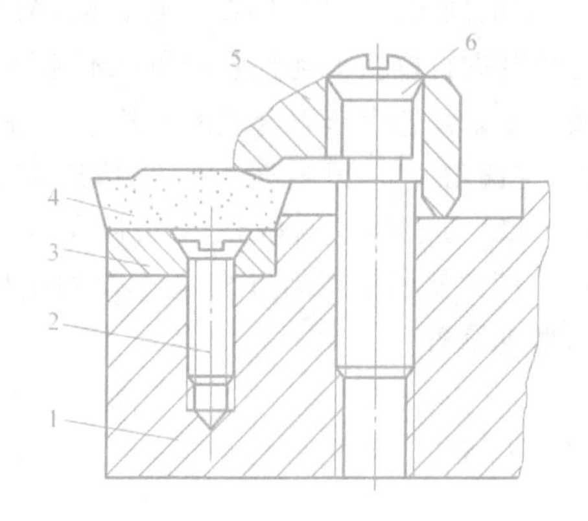

图 5-12　上压式夹紧机构

1—刀杆　2—螺钉　3—刀垫

4—刀片　5—压板　6—压紧螺钉

（3）可转位车刀刀槽角度的计算　可转位车刀的几何角度是将压制成一定几何角度的可转位刀片，安装在专门设计的刀杆的刀槽上而形成的。因此，可转位车刀的几何角度是由可转位刀片的几何角度和刀杆刀槽角度所共同组合形成的，如图 5-13 所示。

刀片角度是以刀片底面为基准度量的，安装到车刀上相当于法平面系角度。刀片的独立角度有刀片法前角 γ_{nt}、刀片法后角 α_{nt}、刀片刃倾角 λ_{st}、刀片刀尖角 ε_{nt}。常用的刀片角度

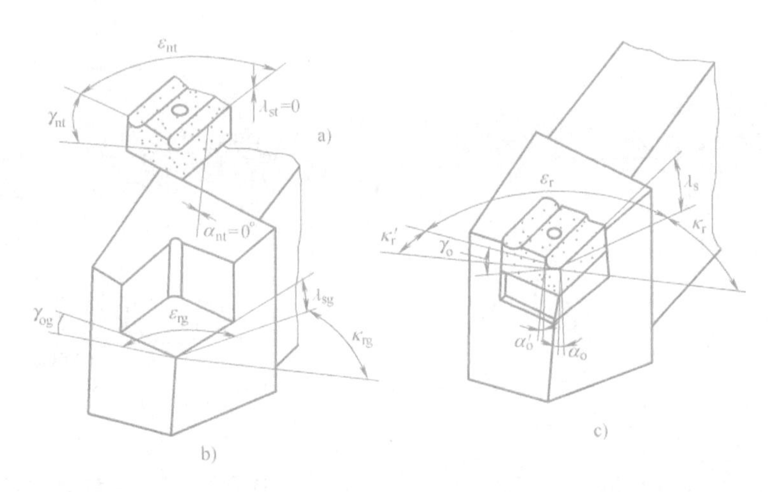

图 5-13　可转位车刀几何角度形成

a）刀片角度　b）刀槽角度　c）车刀角度

有 $\alpha_{nt}=0°$、$\lambda_{st}=0°$。

刀槽角度以刀柄底面为基面度量，相当于正交平面参考系角度。刀槽的独立角度有刀槽前角 γ_{og}、刀槽刃倾角 λ_{sg}、刀槽主偏角 κ_{rg}、刀槽刀尖角 ε_{rg}。通常刀槽设计成 $\varepsilon_{rg}=\varepsilon_r$、$\kappa_{rg}=\kappa_r$。

目前，可转位刀片已经标准化，一般不再重磨，故刀片角度是固定的，而车刀的合理几何角度则随加工条件而变化，因此为了用固定的刀片获得不同的车刀角度，主要是进行刀槽角度的设计计算。由于刀片形状的限制，可转位车刀基本角度的合理值不能同时得到满足（这也是它的缺点之一）。因此，设计时必须根据具体情况，满足其中一些主要角度，然后对其他角度进行校验，当校验的角度不能满足要求时，还要进行适当的调整，重新计算。通常先按加工条件选定车刀合理的前角 γ_o、主偏角 κ_r 和刃倾角 λ_s，求出相应的刀槽角度：前角 γ_{og}、主偏角 κ_{rg}、刃倾角 λ_{sg}、副偏角 κ_{rg}'，然后验算车刀的后角 α_o、副后角 α_o'。

1）计算刀槽的主偏角 κ_{rg}、刃倾角 λ_{sg}、前角 γ_{og}、副偏角 κ_{rg}'。如选择的刀片刃倾角 $\lambda_{st}=0°$，即刀槽的主切削刃 S_g 与车刀的主切削刃 S 互相平行，所以

刀槽主偏角

$$\kappa_{rg}=\kappa_r \tag{5-1}$$

刀槽刃倾角

$$\lambda_{sg}=\lambda_s \tag{5-2}$$

刀槽底面可看作前刀面，则刀槽前角 γ_{og} 的计算公式为

$$\tan\gamma_{og}=\frac{\tan\gamma_o-\dfrac{\tan\gamma_{nt}}{\cos\lambda_s}}{1+\tan\gamma_o\tan\gamma_{nt}\cos\lambda_s} \tag{5-3}$$

计算表明，当 $\lambda_s\leqslant 8°$时，可用近似公式计算

$$\gamma_{og}\approx\gamma_o-\gamma_{nt} \tag{5-4}$$

刀槽副偏角的计算公式为

$$\kappa_{rg}'=180°-\kappa_{rg}-\varepsilon_{rg}$$

而 $\varepsilon_{rg}=\varepsilon_r$，$\kappa_{rg}=\kappa_r$

所以

$$\kappa'_{rg}=\kappa'_r=180°-\kappa_r-\varepsilon_r \tag{5-5}$$

其中车刀刀尖角 ε_r 的计算公式为

$$\cot\varepsilon_r=[\cot\varepsilon_{rt}\sqrt{1+(\tan\gamma_{og}\cos\lambda_s)^2}-\tan\gamma_{og}\sin\lambda_s]\cos\lambda_s \tag{5-6}$$

式（5-6）是计算 ε_r 的精确公式。但计算表明，用该式求得的 ε_r 与 ε_{rt}一般会相差 1°左右。因此，为简化计算，可以用 ε_{rt}代替 ε_r，直接由式（5-7）求出，即

$$\kappa'_r=180°-\kappa_r-\varepsilon_{rt} \tag{5-7}$$

2）验算车刀的后角 α_o、副后角 α'_o。选用可转位车刀时需按选定的刀片角度和刀槽角度来验算刀具几何参数的合理性，α_o、α'_o和 κ'_r必须大于 0°并尽可能接近合理值，否则需要进行调整，并重新验算。

车刀后角 α_o 的验算公式为

$$\tan\alpha_o=\frac{(\tan\alpha_{nt}-\tan\gamma_{og}\cos\lambda_s)\cos\lambda_s}{1+\tan\alpha_{nt}\tan\gamma_{og}\cos\lambda_s} \tag{5-8}$$

当 $\alpha_{nt}=0°$时，则式（5-8）变为

$$\tan\alpha_o=-\tan\gamma_{og}\cos^2\lambda_s \tag{5-9}$$

同理，可导出车刀副后角 α'_o的精确计算公式为

$$\tan\alpha'_o=-\tan\gamma_{og}\cos^2\lambda_{sg}$$

经简化后得近似验算公式为

$$\tan\alpha'_o\approx\tan\gamma_{og}\cos\varepsilon_r-\tan\lambda_{sg}\sin\varepsilon_r \tag{5-10}$$

三、成形车刀

成形车刀又称样板刀，是一种高生产率的专用工具，其刃形是根据工件的廓形设计的，主要用于大批量生产，在卧式车床、六角车床、半自动及自动车床上加工内外回转体成形表面。由于大多数成形车刀均按径向进给设计，故又称径向成形车刀。

1. 成形车刀的特点

与普通车刀相比，成形车刀有如下特点：

1）生产率高。一把成形车刀相当于多把切削刃形状不同的普通车刀组合在一起同时参加切削。利用成形车刀进行加工，一次进给便可完成零件各表面的加工。

2）加工质量稳定。成形表面的精度与工人熟练程度无关，主要取决于刀具切削刃的制造精度，所以它可以保证工件表面形状和尺寸精度的一致性和互换性。加工尺寸公差等级可达到 IT10 ~ IT8，表面粗糙度值可达 $Ra6.3\sim3.2\mu m$。

3）刀具寿命长。由于刀具可重磨的次数多，刀具总寿命比普通车刀长得多。

4）刃磨简单。刀具磨钝后，只需重磨前刀面，而一般成形车刀的前刀面为平面，所以刃磨很方便。

5）刀具制造成本高。成形车刀的刃形复杂，制造较麻烦，刀具成本较高，故主要用在成批大量生产中，目前在汽车、拖拉机、纺织机械等行业里应用较多。

6）成形车刀切削刃工作长度较长，进给力大，易引起振动，因此应注意提高工艺系统刚性。

7）进给速度应较低且均匀，切削刃应光整锋利，浇注切削液应充分等。成形车刀切削

速度较低，通常切削碳钢时为 20～40m/min。

2. 成形车刀的种类和用途

（1）按结构和形状分类

1）平体成形车刀。平体成形车刀如图 5-14a 所示，刀具形状和普通车刀相似，结构简单，容易制造，成本低，但可重磨次数不多，刀具寿命较短，常用于加工简单的外成形表面，如车螺纹、车圆弧和铲齿等。

2）棱体成形车刀。棱体成形车刀如图 5-14b 所示，刀体呈棱柱形，刀头和刀杆分开制作，利用燕尾榫装夹在刀杆燕尾槽中，可重磨次数比平体成形车刀多，刀体刚性较好，用于加工外成形表面。

3）圆体成形车刀。圆体成形车刀如图 5-14c 所示，刀体是带孔回转体，并磨出容屑缺口和前刀面，利用刀体内孔与刀杆连接。它允许重磨的次数最多，制造也比棱体成形车刀容易，且可加工零件上的内、外成形表面，所以应用较广泛。但加工误差较大，加工精度不如前两种成形车刀高。

（2）按进给方向分类

1）径向进给成形车刀。图 5-14 所示的均为径向进给成形车刀。车削时，整条切削刃沿工件径向同时切入，切削行程短，生产率高，所以应用广泛。但当切削刃宽度较大时，径向力就会增大，容易引起振动，使加工表面粗糙度值增大，故不适用于加工细长和刚性差的工件。

2）切向进给成形车刀。如图 5-15a 所示。车削时，切削刃沿工件加工表面的切线方向切入。由于切削刃相对于工件有较大的倾斜角，所以切削刃是依次切入和切出，始终只有一小段切削刃在工作，从而减小了切削力，切削过程比较平稳。但切削行程长，生产率低，适于加工细长的、刚性较差且廓形深度差别小的外成形表面。

3）斜向进给成形车刀。如图 5-15b 所示，斜向进给成形车刀的进给方向不垂直于工件轴线，用于切削直角台阶表面时能形成较合理的后角及偏角。

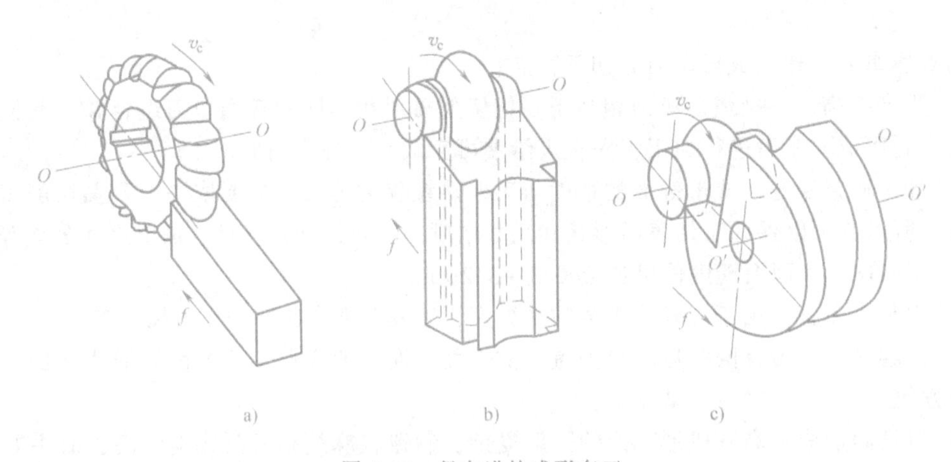

图 5-14　径向进给成形车刀

a）平体成形车刀　b）棱体成形车刀　c）圆体成形车刀

3. 成形车刀的安装

成形车刀的加工精度不仅取决于刀具廓形的设计和制造，而且与刀具的安装有关。安装

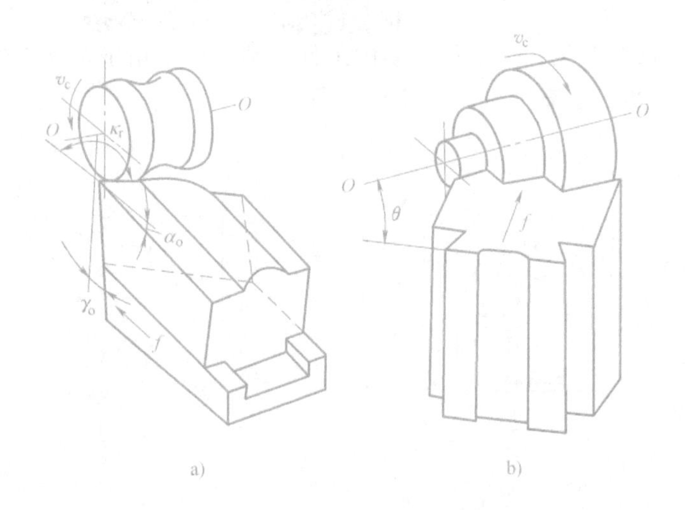

图 5-15　切向、斜向进给成行车刀
a）切向进给成形车刀　b）斜向进给成形车刀

时应注意以下几点。

1）刀具装夹必须牢固。

2）切削刃最外缘点（基准点）应对准工件中心。

3）棱体成形车刀安装时定位基准平面与圆体成形车刀的轴线应平行于工件的轴线。

4）刀具安装后的前角和后角应符合设计所规定的大小。

车刀安装得是否正确，直接影响切削的顺利与否和工件的加工质量。即使刃磨角度合理的车刀，如果不正确安装，也会改变车刀工作时的实际角度。

第三节　车刀的正确安装

一、车刀安装注意事项

1）车刀装夹在刀架上，伸出不宜过长，因为刀杆伸出过长，切削时刚性较差，容易产生振动，影响工件表面质量，甚至损坏车刀。因此在不影响观察和切削的前提下，车刀的伸出长度一般不超过刀杆厚度的 1.5 倍为宜。

2）车刀下面的垫片要平整，数量尽量少，应以少量的厚垫片代替较多的薄垫片，以防止车削时车刀产生振动。安装时垫片应与刀架边缘对齐。

3）车刀至少要用两个螺钉压紧在刀架上，并交替逐个旋紧。旋紧时用力不得过大，以防损坏螺钉。

4）车刀刀尖一般应与工件旋转中心等高。

5）车刀刀杆轴线一般与进给方向垂直或平行。

图 5-16 所示为车刀安装的一些常见错误。

二、常用车刀的安装

常用的 45°弯头车刀、90°弯头车刀、切槽车刀等安装时除了要满足以上要求外，还需注意以下情况。

1. 45°弯头车刀的安装

45°弯头车刀有两个刀尖，一个用于车削工件外圆，一个用于车削工件端面。另外主、副切削刃在需要时可做左、右倒角，如图 5-17 所示。

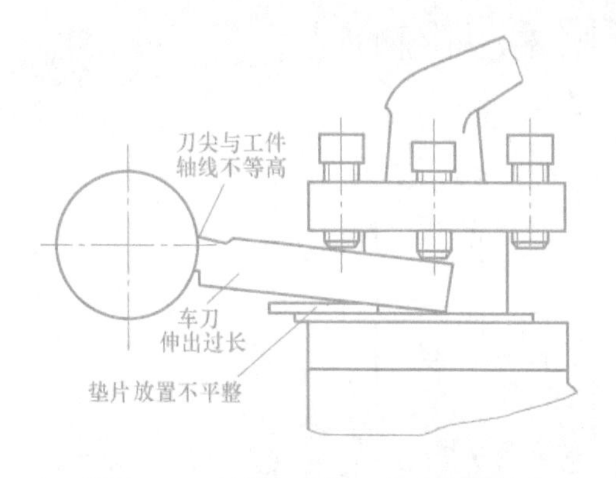

图 5-16　车刀安装的一些常见错误

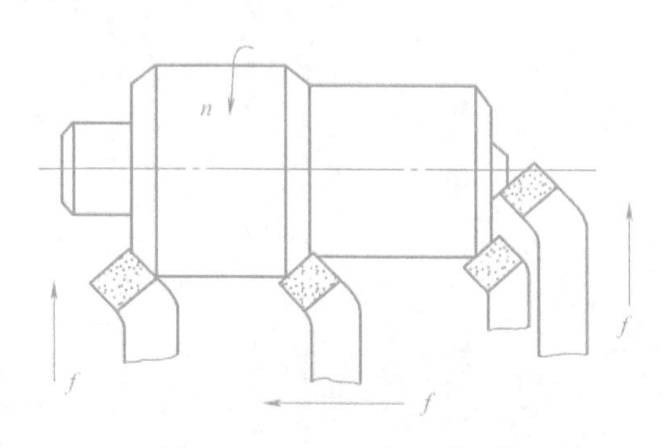

图 5-17　45°弯头外圆车刀的使用

当用于车端面时，45°车刀的刀尖必须严格与工件旋转中心等高，否则在车至端面中心时会留有小凸台。特别是刀尖低于工件中心时，车至端面中心易使刀尖崩碎，如图 5-18 所示。

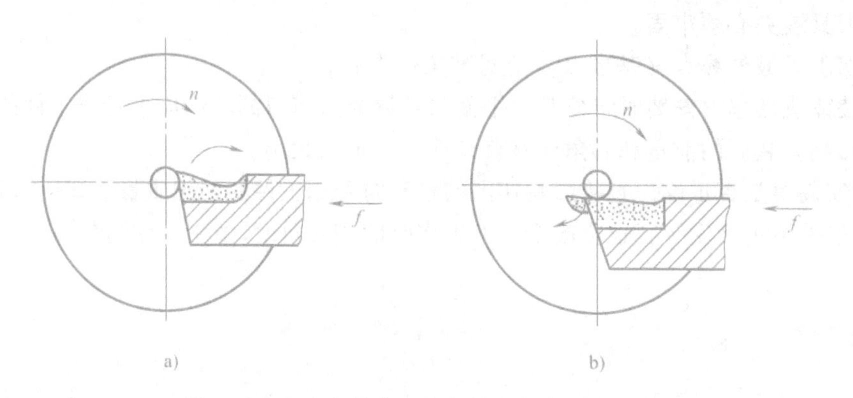

图 5-18　刀尖安装位置的高低对车端面的影响

a）装得高，留有小凸台　b）装得低，刀尖崩碎

2. 90°弯头车刀的安装

用 90°弯头车刀可车端面和车台阶。车削阶梯轴时，如图 5-19 所示，可通过安装调整主偏角的大小。粗车时为了增大切削深度、减小刀尖压力，车刀安装可取主偏角 85°～90°为宜；精车时为了保证台阶面和轴线的垂直，应取主偏角大于 90°（92°～94°为宜）。

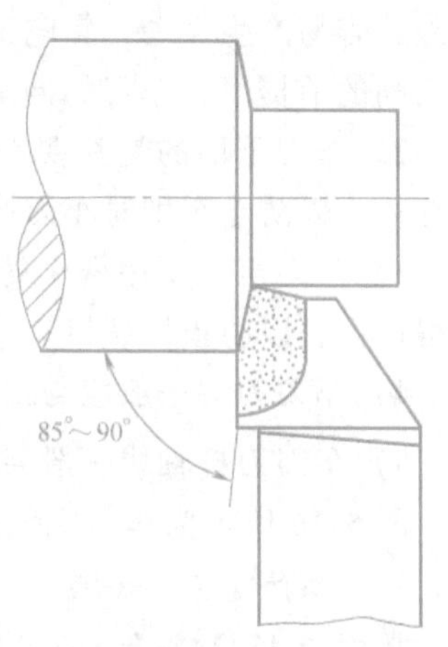

图 5-19　用 90°弯头车刀车削阶梯轴

3. 切槽车刀与螺纹车刀的安装

安装切槽车刀或螺纹车刀时需注意以下几点：

1）刀具的中心线必须与工件轴线垂直，以保证两个副偏角对称。主切削刃必须与工件轴线平行，否则车成的槽底呈锥状。

2）用切断车刀切断实心工件时，主切削刃必须与工件

回转中心等高，否则不能切至中心，而且易崩刃。

第四节　任务实施

根据第一节给定的任务要求，选择可转位外圆车刀。

一、选择刀片夹紧机构

考虑到加工是在CA6140型卧式车床上进行的，且属于连续切削，选择采用偏心式刀片夹紧机构。

二、选择刀片材料

由任务引入内容可知，工件材料为40Cr，连续切削，完成粗车、半精车两道工序，按照硬质合金刀具的选用原则，选取刀片材料（硬质合金牌号）为P10（旧YT15）。

三、选择车刀合理角度

根据刀具合理几何参数的选择原则，并考虑到可转位车刀几何角度的形成特点，选取四个主要角度：①前角 $\gamma_o=15°$；②后角 $\alpha_o=5°$；③主偏角 $\kappa_r=75°$；④刃倾角 $\lambda_s=-6°$。

后角 α_o、副后角 α_o' 和副偏角 κ_r' 的实际数值在计算刀槽角度时，经校验后确定。

四、选择切削用量

根据切削用量的选择原则，查表确定切削用量如下。

粗车时：切削深度 $a_p=3\text{mm}$，进给量 $f=0.6\text{mm/r}$，切削速度 $v_c=110\text{m/min}$。

半精车时：切削深度 $a_p=1\text{mm}$，进给量 $f=0.3\text{mm/r}$，切削速度 $v_c=130\text{m/min}$。

五、选择刀片型号和尺寸

（1）选择刀片有无中心固定孔　由于刀片夹紧机构已选定为偏心式，因此应选用有中心固定孔的刀片。

（2）选择刀片形状　按选定的主偏角 $\kappa_r=75°$，选用正方形刀片。

（3）选择刀片尺寸偏差等级　参照刀片尺寸偏差等级的选择原则（车削用硬质合金可转位刀片的精度等级选用，一般情况下选用U级，有特殊要求时才选用M级和G级），选用U级。

（4）选择刀片边长内切圆直径 d（或刀片边长 L）　根据已选定的 a_p、κ_r、λ_s，可求出切削刃的实际参加工作长度 L_{se} 为

$$L_{se}=\frac{a_p}{\sin\kappa_r\cos\lambda_s}=\frac{3\text{mm}}{\sin75°\times\cos(-6°)}=3.123\text{mm}$$

则所选用的刀片长度应为

$$L>1.5L_{se}=1.5\times3.23\text{mm}=4.685\text{mm}$$

因为是正方形刀片，所以 $L=d>4.685\text{mm}$。

（5）选择刀片的厚度 S　根据已选定的 $a_p=3\text{mm}$，$f=0.6\text{mm/r}$，查《金属切削刀具设计简明手册》图1-1（选择刀片厚度的诺模图），选择厚度 $S\geqslant4.8\text{mm}$。

（6）选择刀尖圆弧半径 r_ε　根据已选定的 $a_p=3\text{mm}$，$f=0.6\text{mm/r}$，查《金属切削刀具设计简明手册》图1-2（选择刀尖圆弧半径的诺模图），求得连续切削时的 $r_\varepsilon=1.2\text{mm}$。

（7）选择刀片断屑槽形式和尺寸　根据刀片断屑槽形式和尺寸的选择原则，根据已知的原始条件，选用A型断屑槽。断屑槽的尺寸在选定刀片型号和尺寸后，便可确定。

综合以上几个方面的选择结果，查《金属切削刀具设计简明手册》表1-9（圆孔正方形0°法后角单面有V型断屑槽刀片的型号与基本尺寸），可确定选用的刀片的型号是：SNUM150612R-A4，其具体尺寸为：$L=d=15.875\text{mm}$；$S=6.35\text{mm}$；$d_1=6.35\text{mm}$；$m=2.79\text{mm}$；$r_\varepsilon=1.2\text{mm}$。

刀片参数：刀尖角 $\varepsilon_{rt}=90°$，刃倾角 $\lambda_{st}=0°$，法后角 $\alpha_{nt}=0°$，断屑槽宽 $W_n=4\text{mm}$，法前角 $\gamma_{nt}=20°$。

六、确定刀垫型号和尺寸

为了承受切削中产生的高温和保护刀体，一般在硬质合金刀片下放置一个刀垫。刀垫材料可用淬硬的高速钢或高碳钢，但最好用硬质合金。硬质合金刀垫型号和尺寸的选择，取决于刀片夹紧结构及刀片的型号和尺寸。查《机械工程师简明手册》，选择与刀片形状相同的刀垫S12B，正四方形，中心有圆孔，其尺寸为：$L=d=14.88\text{mm}$；厚度 $S=4.76\text{mm}$；中心孔直径 $d_1=7.6\text{mm}$；材料为YG8。

七、计算刀槽角度

刀槽角度计算步骤如下。

（1）刀槽主偏角 κ_{rg}　$\kappa_{rg}=\kappa_r=75°$。

（2）刀槽刃倾角 λ_{sg}　$\lambda_{sg}=\lambda_s=-6°$

（3）刀槽前角 γ_{og}　刀槽底面可看作前刀面，则刀槽前角 γ_{og} 的计算公式为

$$\tan\gamma_{og}=\frac{\tan\gamma_o-\dfrac{\tan\gamma_{nt}}{\cos\lambda_s}}{1+\tan\gamma_o\tan\gamma_{nt}\cos\lambda_s}$$

将 $\gamma_o=15°$，$\gamma_{nt}=20°$，$\lambda_s=-6°$代入式中，求得 $\gamma_{og}=-5.11°$，取 $\gamma_{og}=-5°$。

（4）刀槽副偏角 κ'_{rg}　因为 $\kappa'_{rg}=180°-\kappa_{rg}-\varepsilon_{rg}$，而 $\varepsilon_{rg}=\varepsilon_r$，$\kappa_{rg}=\kappa_r$，所以 $\kappa'_{rg}=\kappa'_r=180°-\kappa_r-\varepsilon_r$。

车刀刀尖角 ε_r 的计算公式为

$$\cot\varepsilon_r=[\cot\varepsilon_{rt}\sqrt{1+(\tan\gamma_{og}\cos\lambda_s)^2}-\tan\gamma_{og}\sin\lambda_s]\cos\lambda_s$$

当 $\varepsilon_{rt}=90°$时，将 $\gamma_{og}=-5°$，$\lambda_s=-6°$代入到上式，得 $\varepsilon_r=90.52°$，故 $\kappa'_{rg}=14.5°$。

（5）验算车刀后角 α_o

车刀后角 α_o 的验算公式为 $\tan\alpha_o=-\tan\gamma_{og}\cos^2\lambda_s$，将 $\gamma_{og}=-5°$，$\lambda_s=-6°$代入公式，求得

$$\tan\alpha_o=0.087\Rightarrow\alpha_o=4.946°$$

与所选后角5°相近，可以满足切削要求。而刀杆后角 $\alpha_{og}\approx\alpha_o$，故 $\alpha_{og}=5°$。

（6）验算车刀副后角 α'_o

车刀副后角 α'_o的验算公式为

$$\tan\alpha'_o\approx\tan\gamma_{og}\cos\varepsilon_r-\tan\lambda_{sg}\sin\varepsilon_r$$

将 $\gamma_{og}=-5°$，$\lambda_{sg}=\lambda_s=-6°$，$\varepsilon_r=90.52°$代入，求得 $\tan\alpha'_o=0.10589$，进而求得 $\alpha'_o=6.044°$，可以满足切削要求。

刀槽副后角 $\alpha'_{og}=\alpha'_o=6.044°$，取 $\alpha'_{og}=6°$。

综合上述计算结果，可以归纳出车刀的几何角度：

$\gamma_o=15°$，$\alpha_o=4.946°$，$\kappa_r=75°$，$\kappa'_r=14.48°$，$\lambda_s=-6°$，$\alpha'_o=6.044°$。

刀槽的几何角度：

$\gamma_{og} = -5°$，$\alpha_{og} = 5°$，$\kappa_{rg} = 75°$，$\kappa'_{rg} = 14.5°$，$\lambda_{sg} = -6°$，$\alpha'_{og} = 6°$。

八、选择刀杆材料和尺寸

（1）选择刀杆材料　选用45号钢为刀杆材料，热处理硬度为38～45HRC，发黑处理。

（2）选择刀杆尺寸

1）选择刀杆截面尺寸。因加工使用CA6140型卧式机床，其中心高为200mm，并考虑到为提高刀杆的强度，选用刀杆截面尺寸 $B \times H = 20\text{mm} \times 25\text{mm}$。

2）选择刀杆长度尺寸。参照《金属切削刀具设计简明手册》，选取刀杆长度 $L = 150\text{mm}$。

企业点评　中国第二重型机械集团徐斐高级工程师：车刀主要在于结构及角度的正确选用，要掌握使用车刀时的正确安装，同时具备刀具角度的刃磨能力。

【思政目标】车刀主要在于结构及角度的正确选用，要掌握车刀的正确安装，同时具备刀具角度的刃磨能力，合理选用刀具材料及种类。在合理选用刀具的过程中，培养学生认真负责、踏实敬业的工作态度和严谨细致的工作作风。

复习思考题

1. 车刀按结构和用途分类，各有哪些类型？使用场合如何？
2. 常用硬质合金焊接刀片型号是如何规定的？其使用范围如何？
3. 试比较焊接式硬质合金车刀、机夹式车刀和可转位车刀的特点。
4. 可转位车刀对夹紧机构有何要求？
5. 分析常用的可转位车刀的夹紧机构各有何优缺点。
6. 成形车刀有何特点？不同类型的成形车刀各应用在什么场合？

第六章

6

孔加工刀具及其选用

第一节　任务引入

如图 6-1 所示法兰端盖和图 6-2 所示轴承套，请仔细分析一下，若想完成两个零件的孔

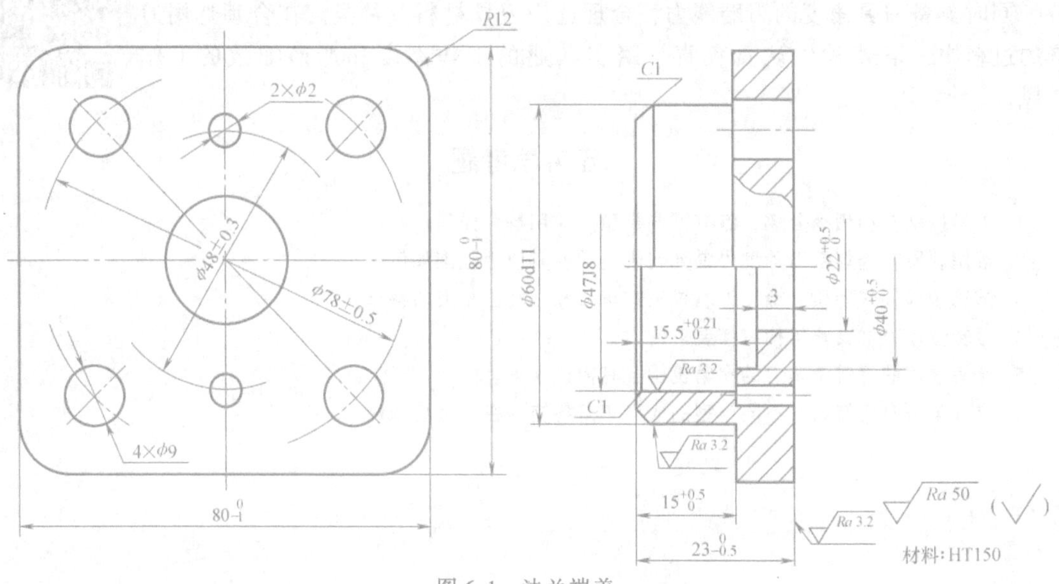

图 6-1　法兰端盖

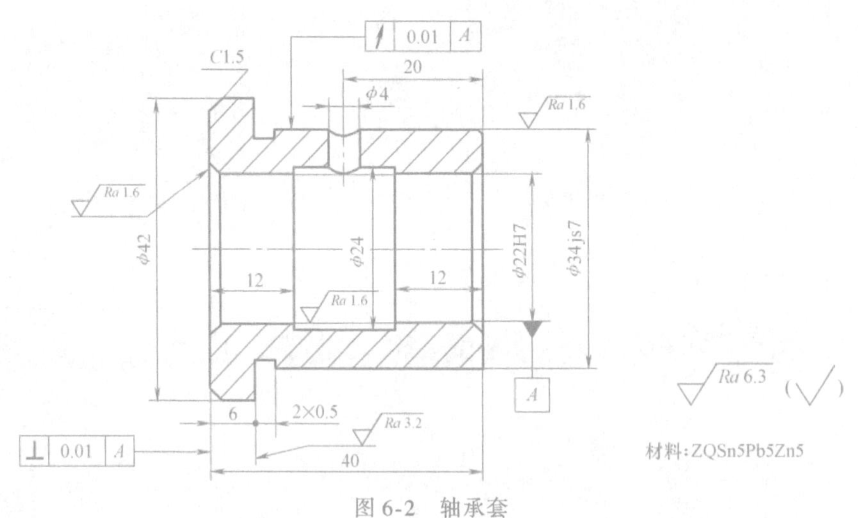

图 6-2　轴承套

加工，需要选择哪些孔加工刀具？又如何确定这些刀具的结构、几何参数和切削用量？

第二节　孔加工刀具的种类及用途

在工件实体材料上钻孔或扩大已有孔的刀具称为孔加工刀具。在金属切削中，孔加工刀具的应用十分广泛，一般约占机械加工总量的1/3，其中钻孔约占25%。这些孔加工刀具有着共同的特点：刀具均在工件内表面切削，切削情况不易观察；刀具的结构尺寸受工件孔径长度和形状的限制。在设计和使用时，孔加工刀具的强度、刚性、导向、容屑、排屑和冷却润滑等都比切削外表面时问题更突出。

由于孔的形状、规格、精度要求和加工方法各不相同，孔加工刀具种类有很多，按其用途可分两类：一类是在实体材料上加工孔的刀具，如麻花钻、中心钻及深孔钻等；另一类是对已有孔进行再加工的刀具，如扩孔钻、锪钻、铰刀、镗刀及圆拉刀等。

一、在实体材料上加工孔的刀具

1. 扁钻

扁钻是最早使用的钻孔工具，它的结构简单、刚度好、制造成本低、刃磨方便、切削液容易导入孔中，但切削和排屑性能较差。在微孔（$<\phi1$mm）及较大孔（$>\phi38$mm）加工中还是比较方便、经济的。近十几年来，经过改进的扁钻，应用还是比较多的。

扁钻有整体式（图6-3a）和装配式（图6-3b）两种。前者常用于较小直径（$<\phi12$mm）孔的加工，后者适用于较大直径（$>\phi63.5$mm）孔的加工。

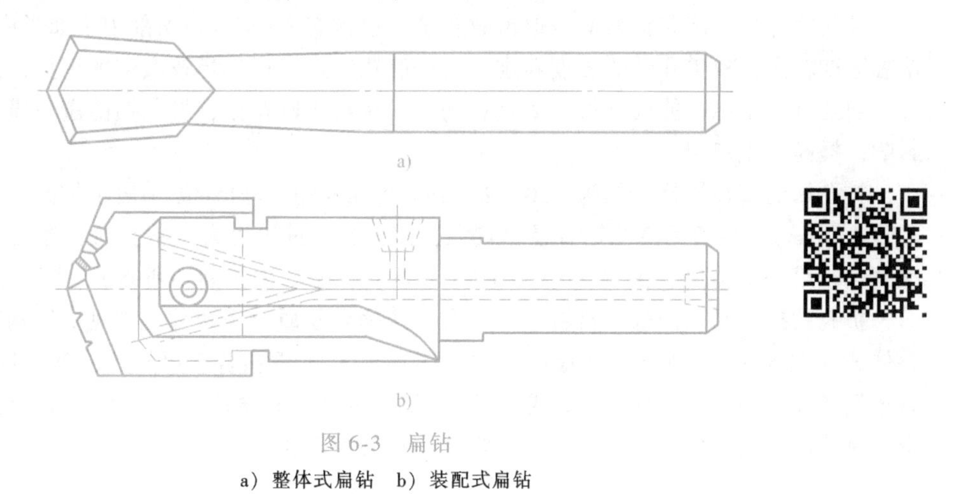

图6-3　扁钻

a）整体式扁钻　b）装配式扁钻

2. 麻花钻

麻花钻是孔加工刀具中应用最为广泛的工具，特别适合直径小于$\phi30$mm孔的粗加工。生产中也有把大一点的麻花钻作为扩孔钻使用的。麻花钻按其制造材料的不同，分为高速钢麻花钻和硬质合金麻花钻。在钻孔中以高速钢麻花钻为主。

3. 中心钻

中心钻主要用于加工轴类零件的中心孔，如图6-4所示，根据其结构特点分为无护锥A型中心钻和带护锥B型、R型中心钻三种。钻孔前，先钻中心孔，有利于钻头的导向，防止孔的偏斜。

4. 深孔钻

通常把孔深与直径之比大于5的孔称为深孔，加工深孔所用的钻头称为深孔钻。深孔钻有很多种，常用的有外排屑深孔钻、内排屑深孔钻、喷吸钻及套料钻等。

深孔钻由于切削液不易达到切削区域，刀具的冷却散热条件差，切削温度高，刀具寿命降低；再加上刀具细长，刚性较差，钻孔时容易发生引偏和振动。因此，为保证孔加工质量和深孔钻的寿命，必须从结构上解决深孔钻的断屑排屑、冷却润滑和导向问题。

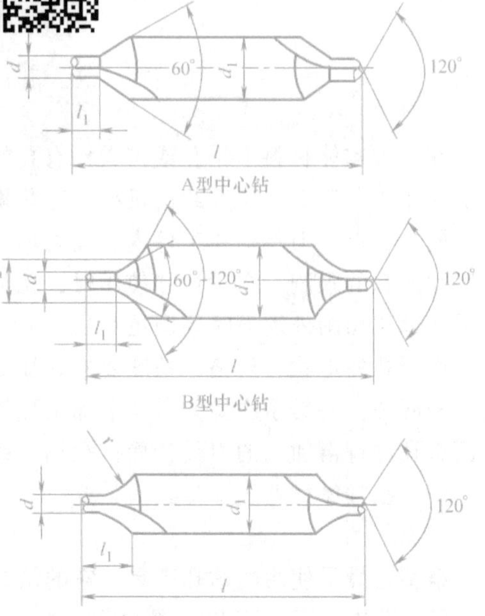

二、对已有孔加工的刀具

1. 扩孔钻

扩孔钻是用来扩大已有孔的孔径或提高孔的加工精度的刀具。它既可以用于孔的最终加工，也可用于铰孔或磨孔的预加工，在成批或大批生产时应用较广；它所达到的尺寸公差等级为IT10～IT9，表面粗糙度值为Ra6.3～3.2μm。

A型中心钻

B型中心钻

R型中心钻

图6-4　中心钻

扩孔钻外形与麻花钻相似，但齿数较多，通常有3～4齿，切削刃不通过中心，无横刃，钻芯厚度较大，故扩孔钻的强度和刚性均比麻花钻好，可选择较大切削用量；加工时导向性好，切削过程平稳，能改善加工质量；同时，相对于麻花钻，扩孔钻能避免横刃引起的不良影响，提高了生产率。

扩孔钻的直径规格一般为ϕ10～ϕ100mm，孔径小于ϕ15mm一般不扩孔。如果孔径较大（$d>\phi$30mm），则所用麻花钻直径也较大，横刃长，进给力大，钻孔时很费力，这时可分两次钻削。第一次钻出直径为（0.6～0.8）d的孔，第二次扩削到所需的孔径d。

扩孔钻按刀具切削部分材料来分，有高速钢和硬质合金两种。常见的结构形式有高速钢整体式（图6-5a）、硬质合金镶齿套式（图6-5b）和硬质合金可转位式等。国家标准规定，高速钢扩孔钻ϕ7.8～ϕ50mm做成锥柄，ϕ25～ϕ100mm做成套式。在小批量生产时，常用麻花钻改制。对于大直径的扩孔钻，常采用机夹可转位式。

2. 锪钻

锪钻用于在孔的端面上加工各种圆柱形沉头孔、锥形沉头孔或凹台表面。锪钻可采用高速钢整体结构或硬质合金镶齿结构，其中以硬质合金锪钻应用较广。常见的锪钻有三种：圆柱形沉头孔锪钻、锥形沉头孔锪钻及端面凸台锪钻。单件或小批生产时，常把麻花钻修磨成锪钻使用。

图6-6a所示为带导柱平底锪钻，用于加工六角头螺栓、带垫片的六角螺母、圆柱头螺钉的圆柱形沉头孔。这种锪钻在端面和圆周上都有刀齿，并且有一个导向柱，以保证沉头孔及其端面对圆柱孔的同轴度及垂直度。导向柱可以拆卸，以利于制造和重磨。

图6-6b所示为带导柱的锥面锪钻，其切削刃分布在圆锥面上，可对孔的锥面进行加工。

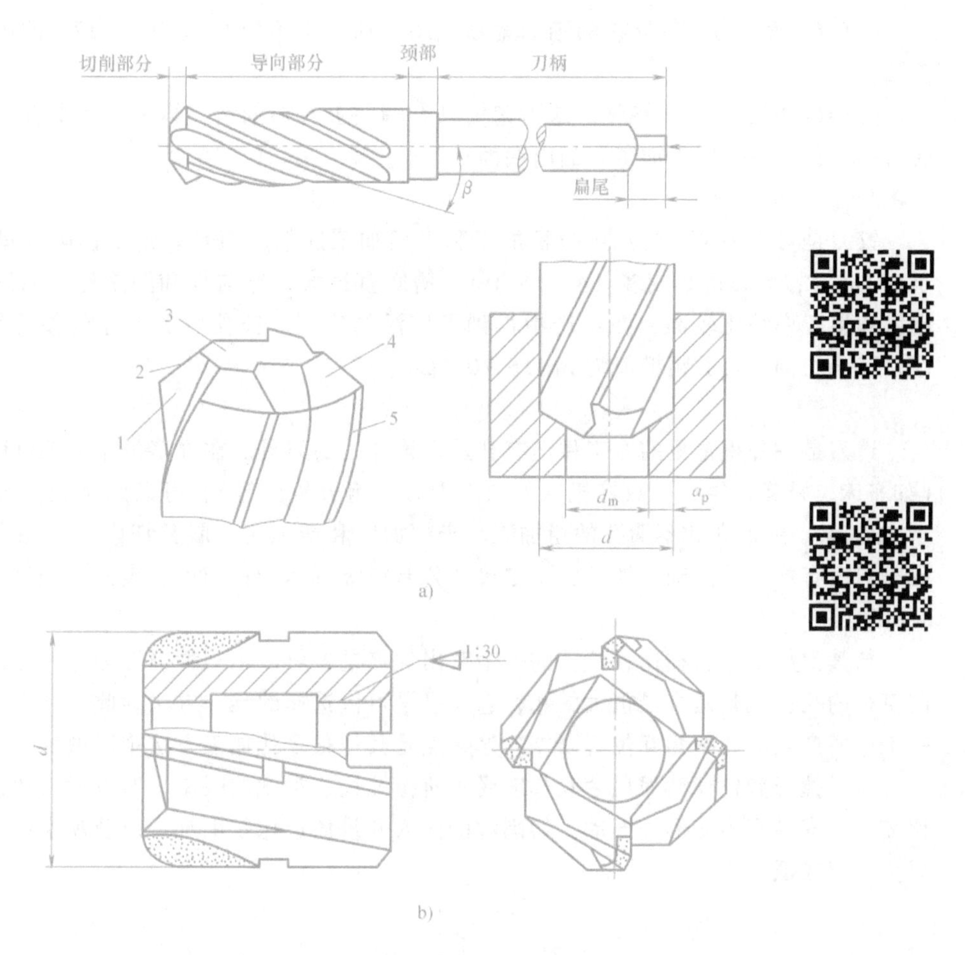

图 6-5　扩孔钻

a）高速钢整体扩孔钻　b）硬质合金镶齿套式扩孔钻

1—前刀面　2—主切削刃　3—钻芯　4—后刀面　5—刃带

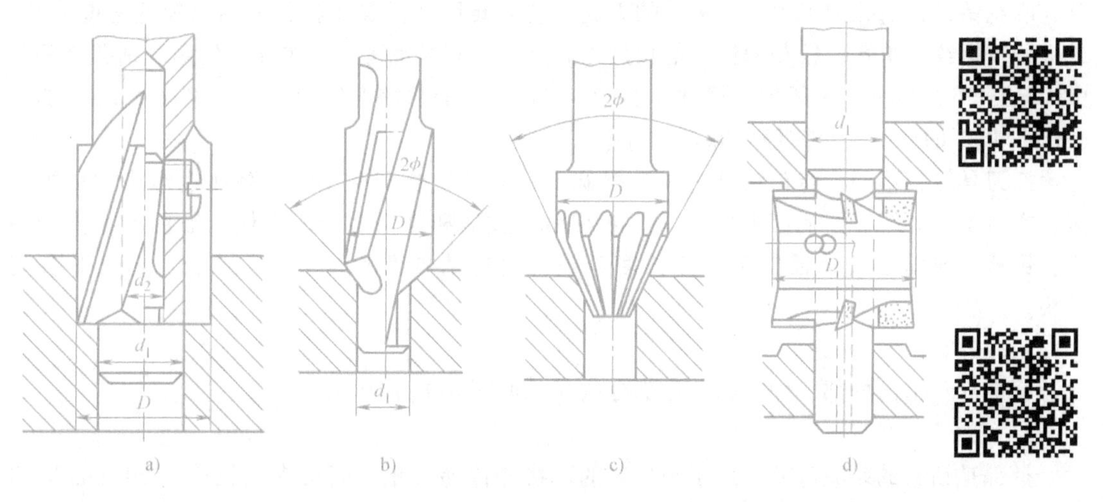

图 6-6　锪钻

a）带导柱平底锪钻　b）带导柱锥面锪钻　c）不带导柱锥面锪钻　d）端面锪钻

图6-6c所示为不带导柱的锥面锪钻，用于加工锥角为60°、90°、120°的沉头螺钉的沉头孔。

图6-6d所示为端面锪钻。这种锪钻只有端面上有切削齿，以刀杆来导向，保证加工平面与孔垂直，主要用于加工孔的内端面。

3. 铰刀

铰刀是对中小尺寸的孔进行精加工和半精加工的常用刀具。由于铰削余量小（一般小于0.1mm），铰刀齿数较多（4～16个），槽底直径大，导向性和刚度好，因此铰削的加工精度和生产率都比较高，在生产中得到了广泛的应用。铰孔后的尺寸公差等级可达IT7～IT6，甚至IT5，表面粗糙值为$Ra1.6 \sim 0.4\mu m$。

4. 镗刀

镗刀是一种很常见的对工件已有孔进行再加工的刀具。在许多机床上都可以用镗刀镗孔（如车床、铣床、镗床、数控机床、加工中心及组合机床等），可以用于较大直径（孔径大于ϕ80mm）的通孔和不通孔的粗加工、半精加工和精加工。就其切削部分而言，镗刀与外圆车刀没有本质的区别。镗孔的加工尺寸公差等级可达IT8～IT7，表面粗糙度值为$Ra1.6 \sim 0.8\mu m$。

与其他加工方法相比，镗孔的一个突出优点是，可以用一种镗刀加工一定范围内各种不同直径的孔，尤其是直径很大的孔，它几乎是可供选择的唯一方法。此外，镗孔可以修正上一工序所产生的孔的相互位置误差，这一点是其他很多孔加工方法难以做到的。

由于镗刀和镗杆截面尺寸及长度受到所镗孔径、深度的限制，所以镗刀和镗刀杆的刚度比较差，容易产生变形和振动，切削液的注入和排屑也比较困难，以及观察和测量不便，所以生产率较低。

第三节　麻　花　钻

一、概述

麻花钻是目前孔加工中应用最广的刀具。它主要用来在实体材料上钻出较低精度的孔，或进行攻螺纹、扩孔、铰孔和镗孔的预加工。麻花钻有时也可当作扩孔钻使用。钻孔直径范围为ϕ0.1～ϕ80mm，一般加工精度为IT13～IT11，表面粗糙度值为$Ra12.5 \sim 6.3\mu m$。加工ϕ30mm以下的孔时，目前仍以麻花钻为主。

按刀具材料不同，麻花钻分为高速钢麻花钻和硬质合金麻花钻。高速钢麻花钻种类很多，本节重点介绍。按柄部形式分类，麻花钻有直柄和锥柄之分。直柄一般用于小直径钻头；锥柄一般用于大直径钻头。按长度分类，则有基本型和短、长、加长、超长等各型钻头。

二、麻花钻的组成

标准麻花钻由柄部、颈部和工作部分构成，如图6-7a所示。

1. 柄部

柄部是钻头的装夹部分，用于与机床的联接并传递转矩。当钻头直径小于ϕ13mm时通常采用直柄（圆柱柄），大于ϕ12mm时则采用莫氏锥柄。锥柄后端制出扁尾，其作用是利用楔铁把钻头从莫氏锥套中卸下；在钻削时，扁尾可防止钻头与莫氏锥套打滑。

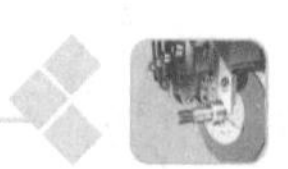

2. 颈部

颈部是柄部和工作部分之间的联接部分，作为磨削时砂轮退刀和打印标记（钻头的规格及厂标）用。为制造方便，直柄麻花钻一般不制作颈部。

3. 工作部分

麻花钻的工作部分有两条螺旋槽，因其外形很像麻花而得名。它是钻头的主要部分，由切削部分和导向部分组成。

（1）导向部分　钻头的导向部分由两条螺旋槽所形成的两个螺旋形刃瓣组成，两个刃瓣由钻芯连接。为减小两个螺旋形刃瓣与已加工表面的摩擦，在两个刃瓣上制造出了两条螺旋棱边（称为刃带），用以引导钻头并形成副切削刃；螺旋槽用以排屑和导入切削液并形成前刀面。导向部分也是切削部分的备磨部分。

（2）切削部分　钻头的切削部分由两个螺旋形前刀面、两个圆锥后刀面（刃磨方法不同，也可能是螺旋面）、两个副后刀面（刃带棱面）、两条主切削刃、两条副切削刃（前刀面与刃带的交线）和一条横刃（两个后刀面的交线）组成，如图 6-7b 所示。主切削刃和横刃起切削作用，副切削刃起导向和修光作用。

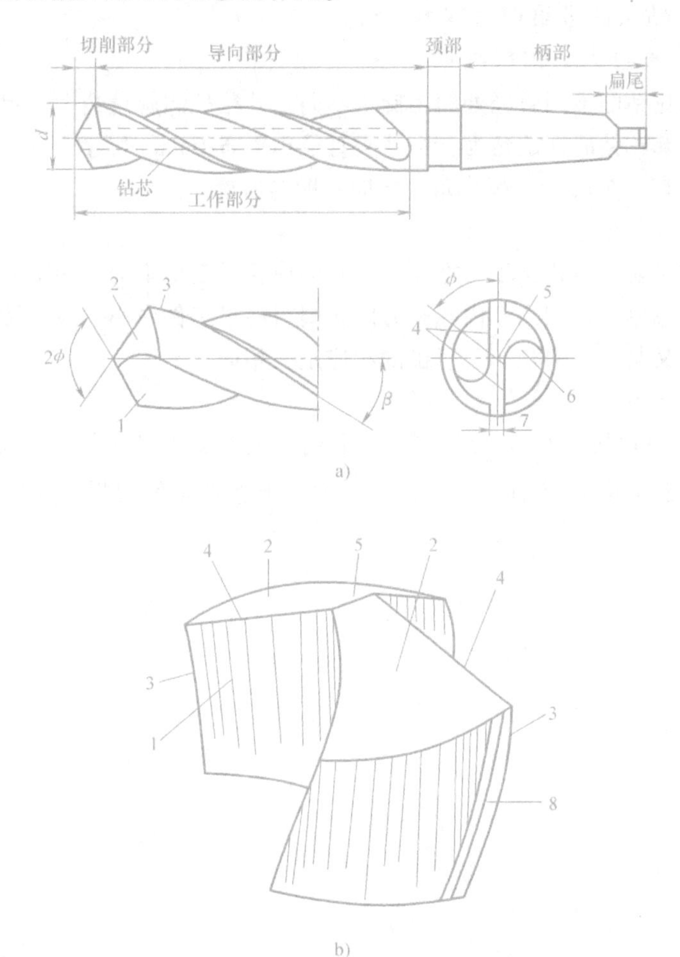

图 6-7　麻花钻的组成

1—前刀面　2—后刀面　3—副切削刃　4—主切削刃　5—横刃　6—螺旋槽　7—棱边　8—副后刀面

三、麻花钻的结构参数

麻花钻的结构参数是指钻头在制造时控制的尺寸和有关角度，它们是决定钻头几何形状的独立参数，包括直径 d，钻芯厚度 d_0 和螺旋角 β 等。

（1）直径 d　指钻头两刃带间的垂直距离。标准麻花钻的直径系列国家标准已有规定。为了减少刃带与工件孔壁间的摩擦，直径做成向钻柄方向逐渐减小，形成倒锥，相当于副偏角的作用，其倒锥量一般为（0.03～0.12）mm/100mm。

（2）钻芯厚度 d_0　指钻芯与两螺旋槽底相切圆的直径。它直接影响钻头的刚性与容屑空间的大小。一般钻芯厚度约为0.125～0.15倍的钻头直径。对标准麻花钻而言，为提高钻头的刚性和强度，钻芯厚度制成向钻柄方向逐渐增大的正锥，如图6-8所示。其正锥量一般为（1.4～2）mm/100mm。

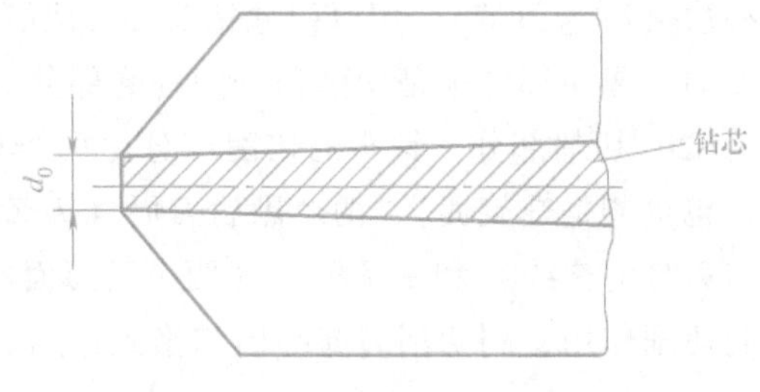

图6-8　钻芯厚度

（3）螺旋角 β　指钻头刃带棱边螺旋线展开成直线后与钻头轴线间的夹角，如图6-7a所示。螺旋角实际就是钻头的进给前角。因此螺旋角越大，钻头的进给前角越大，钻头越锋利。但螺旋角过大，钻头刚性变差，散热条件变坏。麻花钻的不同直径处的螺旋角不同，外径处螺旋角最大，越接近中心螺旋角越小。一般高速钢麻花钻的螺旋角为：当钻头直径小于 ϕ10mm 时，$\beta=18°\sim28°$；当钻头直径为 $\phi10\sim\phi80$mm 时，$\beta=30°$。螺旋角的方向一般为右旋。

四、麻花钻的几何参数

麻花钻的两条主切削刃相当于两把反向安装的内孔车刀切削刃，切削刃不过轴线且相互错开，其距离为钻芯厚度，相当于内孔车刀的切削刃高于工件中心。表示钻头几何角度所用的坐标平面，其定义与本书中从车刀引出的相应定义相同。

1. 基面与切削平面（图6-9）

（1）基面 p_r　主切削刃上选定点 A 的基面 p_{rA} 是通过该点且包括钻头轴线在内的平面。显然，它与该点切削速度 v_{cA} 方向垂直。因主切削刃上选定点的切削速度垂直于该点的回转

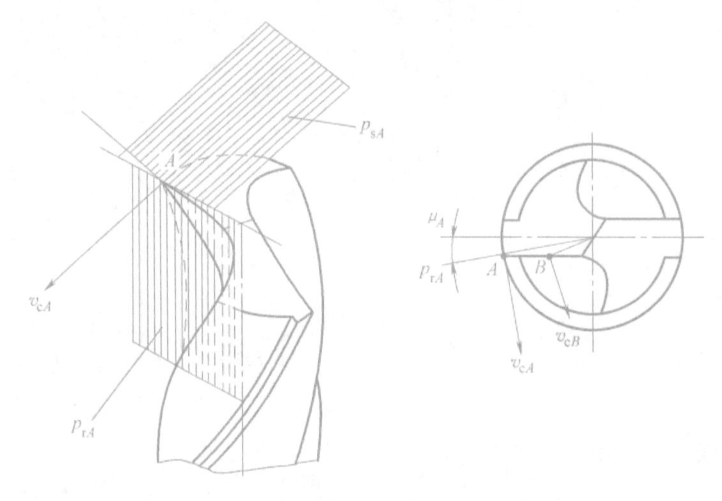

图6-9　麻花钻的基面与切削平面

半径，所以基面 p_r 总是包含钻头轴线的平面，同时各点基面的位置也不同。

（2）切削平面 p_s　主切削刃选定点的切削平面是通过该点与主切削刃相切并垂直于基面的平面。显然切削平面的位置也随基面位置的变化而变化。

此外，正交平面 p_o、假定工作平面 p_f 和背平面 p_p 等的定义也与车削中的规定相同。

2. 麻花钻的几何角度（图 6-10）

麻花钻的各种几何参数性质不同。有一些是钻头制造时已定的参数，使用者在使用时无法改变，如钻头直径 d、直径倒锥度、钻芯厚度 d_0，螺旋角 β 等，称为固有参数。另一些几何参数是钻头的使用者可以根据具体的加工条件，通过刃磨而控制其大小的，它们是构成钻头切削部分几何形状的独立参数，也称独立角度，包括顶角 2ϕ、侧后角 α_f、横刃斜角 φ。还有一些几何参数是非独立的，是由钻头的固有参数和独立角度换算而求得的，如主切削刃上的主偏角 κ_r、刃倾角 λ_s、前角 γ_o、后角 α_o 等，一般称为派生角度。

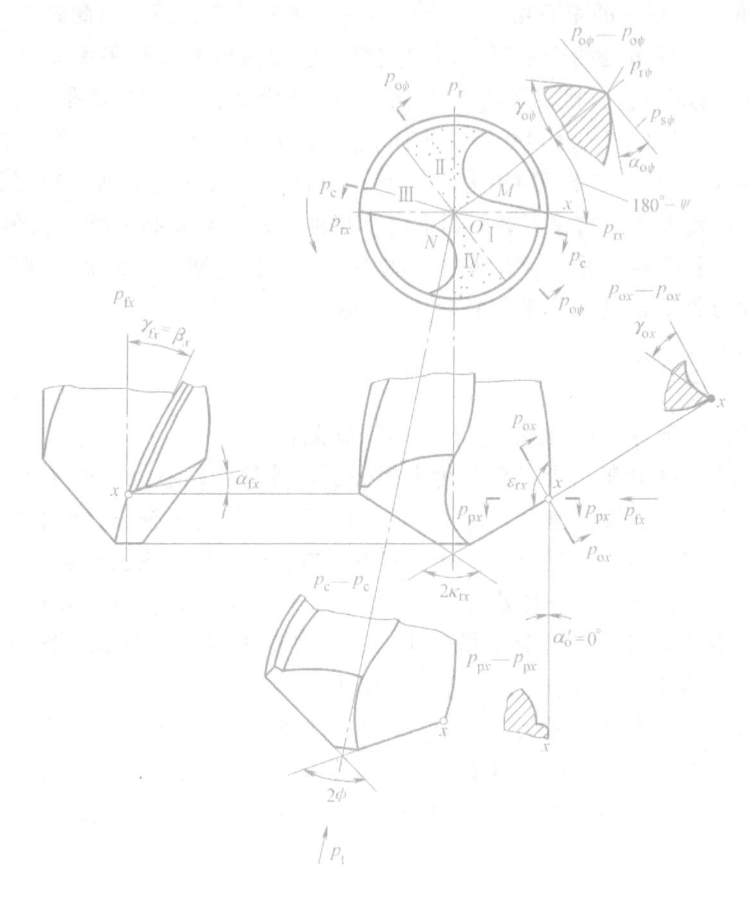

图 6-10　钻头的几何角度

（1）顶角 2ϕ　指主切削刃在与其平行的轴向平面（p_c-p_c）内投影之间的夹角。标准麻花钻的顶角 2ϕ 一般为 118°。

（2）主偏角 κ_r　任一点的主偏角 κ_{rx} 是指主切削刃在该点基面（$p_{rx}-p_{rx}$）内的投影与进给方向的夹角。由于主切削刃上各点的基面不同，主切削刃上各点的基面投影不同，因此主切削刃上各点的主偏角也是变化的，外径处大，钻芯处小。

当顶角 2ϕ 磨出后，各点主偏角 κ_r 也就确定了。顶角 2ϕ 与外径处的主偏角 κ_r 的大小较接近，故常用顶角 2ϕ 大小来分析对钻削过程的影响。

（3）前角 γ_o　主切削刃上任一点的前角 γ_o 是指在正交平面内测量的前刀面与基面的夹角。在假定工作平面 P_{fx} 内，前角 γ_{fx} 也是螺旋角 β_x，它与主偏角 κ_{rx} 有关。由于螺旋角 β_x 越靠近钻芯越小，故在切削刃上各点的前角 γ_o 也是变化的。标准麻花钻主切削刃上的各点的前角变化很大，从外径到钻芯处，约由 +30°减小到 -30°。因此，靠近钻芯处切削条件很差。此外，由于主切削刃前角不是直接刃磨得到的，因而钻头的工作图上一般不标注前角。

（4）进给后角 α_f　主切削刃上任一点的后角 α_{fx} 是在假定工作平面内测量的后刀面与切削平面的夹角。在刃磨后刀面时，后角 α_f 应满足外径处小，钻芯处大，一般从 8° ~14°增大到 20° ~27°。其主要目的是，减少进给运动对主切削刃上各点工作后角产生的影响，改善横刃处切削条件和使主切削刃上各点的楔角基本相等。

（5）副后角 α_o'　钻头的副后角（刃带）是一条狭窄的圆柱面，因此副后角 $\alpha_o'=0°$。

（6）横刃角度　横刃是两个主后刀面的交线，横刃角度是在端平面 p_t 上表示，包括有横刃斜角 ψ、横刃前角 $\gamma_{o\psi}$、横刃后角 $\alpha_{o\psi}$。如图 6-10 所示，以钻头轴线为分界，可以将横刃分为两段四个区。过横刃 OM 段作正交平面 $p_{o\psi}$，则Ⅱ区是前刀面，前角为负 $\gamma_{o\psi}$，Ⅰ区是后刀面，后角为 $\alpha_{o\psi}$。同理在横刃 ON 段中，Ⅳ区是前面，Ⅲ区是后面。横刃斜角 ψ 是横刃与主切削刃之间的锐夹角，它是刃磨后刀面时形成的。标准麻花钻的横刃斜角 ψ 一般为 50° ~55°。当后角 α_o 磨得偏大时，横刃斜角 ψ 减小，横刃长度增大。因此，在刃磨麻花钻时，可以通过观察横刃斜角 ψ 的大小来判断后角 α_o 磨得是否合适。

五、麻花钻的缺陷与修磨

1. 麻花钻的缺陷

标准麻花钻由于本身结构的原因，存在以下缺陷：

（1）主切削刃　主切削刃上各点前角不相等，从外径到钻芯处，由 +30°到 -30°变化，各点切削条件相差很大，切削速度方向也不同。同时，主切削刃较长，切削宽度大，各点的切屑流出速度和方向不同，互相牵制，不利于切屑的卷出，切削液也不易注入切削区，排屑与冷却不利。另外，主切削刃外径处的切削速度高，切削温度高，切削刃易磨损。

（2）横刃　横刃较长，引钻时不易定中心，钻削时容易使孔钻偏。同时，横刃处的前角为较大的负值，钻芯处的切削条件较差，进给力大。

（3）刃带棱边　刃带棱边处无副后角（α_o'），摩擦严重，主切削刃与刃带棱边转角处的切削速度又最高，刀尖角又较小，热量集中不易传散，磨损最快，也是钻头最薄弱的部位。

标准麻花钻结构上的这些特点，严重影响了它的切削性能，因此在使用中常常加以修磨。

2. 麻花钻的修磨

麻花钻的修磨是指在普通刃磨的基础上，针对钻头某些不够合适的结构参数进行的补充刃磨。在使用过程中可采用修磨麻花钻的刃形及几何角度的方法，来充分发挥钻头的切削性能，保证加工质量和提高钻孔效率。

（1）修磨出过渡刃（图 6-11）　在钻头的转角处磨出过渡刃，使钻头具有双重顶角。其优点是增大刀尖角，提高刀尖强度，改善刀尖的散热条件。此法主要适用于较大直径钻头和铸件钻孔。

（2）修磨横刃（图6-12）　修磨横刃的目的是在保持钻尖强度的前提下，增大钻尖的前角，缩短横刃的长度，从而有利于钻头的定心和减小进给力。较好的形式有两种：十字形修磨和内直刃修磨。

（3）修磨分屑槽（图6-13）　在钻削塑性材料或尺寸较大的孔时，在钻头的后刀面上交错磨出分屑槽，使切屑分割成窄条，便于切屑的卷曲、排出和切削液的注入。此法主要适用于中等以上直径钻头钻削钢件。

（4）修磨刃带（图6-14）　修磨刃带的目的是减小刃带宽度，磨出副后角，以减小刃带与加工孔壁的摩擦。这种修磨方法适用于直径大于 ϕ12mm 的钻头，钻削韧性高的软材料，以提高表面加工质量。修磨后钻头的寿命可提高一倍以上。

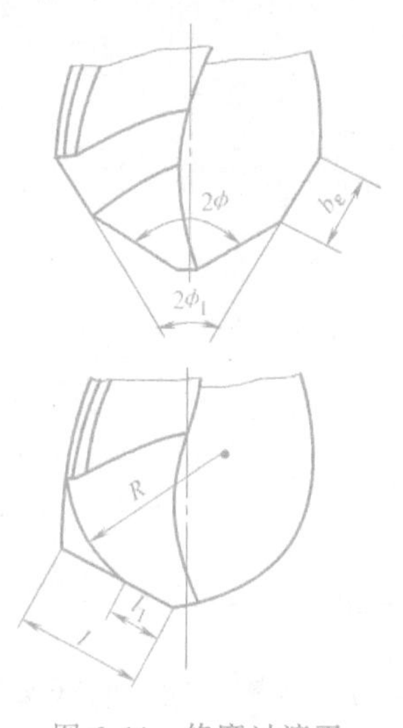

图 6-11　修磨过渡刃

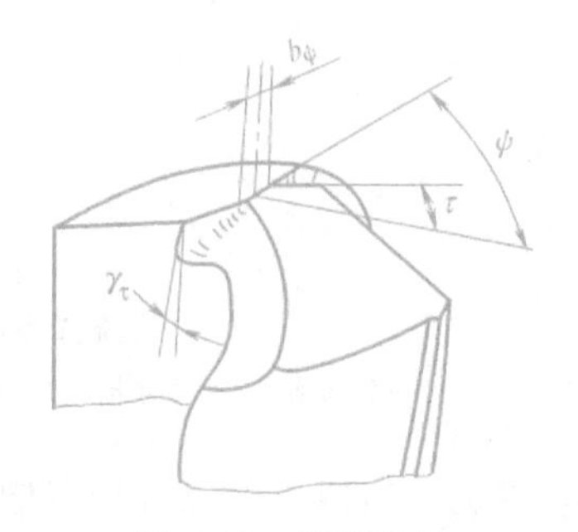

图 6-12　修磨横刃

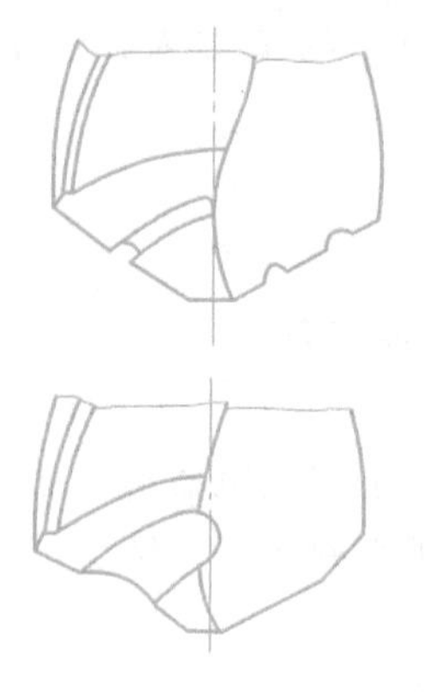

图 6-13　修磨分屑槽

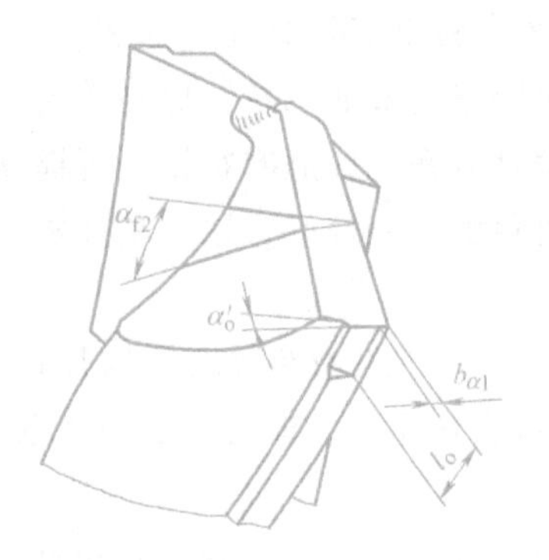

图 6-14　修磨刃带

六、先进钻头

1. 群钻

群钻是针对标准麻花钻的缺陷，经过综合修磨后而形成的新钻型，在长期的生产实践中已演化扩展成一整套钻型。图6-15所示为基本型群钻切削部分的几何形状。群钻的刃磨主要包括磨出月牙槽、修磨横刃和开分屑槽等。群钻共有七条切削刃，外形上呈现三个尖。其

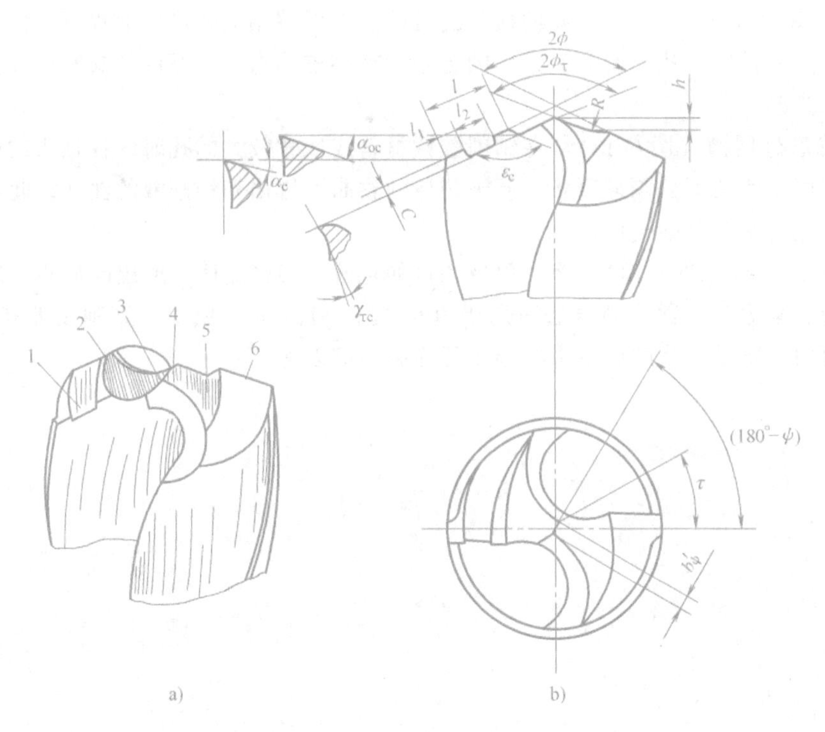

图 6-15　基本型群钻

a) 刃形示意图　b) 钻头几何几何参数

1—分屑槽　2—月牙槽　3—横刃　4—内直刃　5—圆弧刃　6—外直刃

主要特点是：三尖七刃锐当先，月牙弧槽分两边，一侧外刃开屑槽，横刃磨低窄又尖。

与普通麻花钻比较，群钻具有以下优点：

1）群钻横刃长度只有普通钻头的 1/5，主切削刃上前角平均值增大，进给力下降 35% ~50%，转矩下降 10% ~30%。

2）进给量比普通麻花钻提高 3 倍，钻孔效率得到很大提高。

3）群钻寿命比普通麻花钻约可提高 2 ~4 倍。

4）群钻的定心性好，钻孔精度提高，所钻孔的表面粗糙度值也较小。

2. 硬质合金麻花钻

硬质合金麻花钻有整体式、镶片式和可转位式等结构，用于加工硬脆材料，如铸铁、玻璃、大理石、花岗石、淬硬钢及印制电路板等复合层压材料。采用硬质合金钻头可显著提高切削效率。

小直径（$d \leq 5$mm）的硬质合金钻头都做成整体式结构（图 6-16a）。直径 $d > 5$mm 的硬质合金钻头可做成镶片式结构（图 6-16b），其切削部分相当于一个扁钻。刀片材料一般用 K30（旧 YG8），刀体材料采用 9SiCr，并淬硬到 50 ~55HRC。其目的是提高钻头的强度和刚性，减小振动，便于排屑，防止刀片碎裂。硬质合金可转位钻头如图 6-17 所示。它选用凸三角形、三边形、六边形、圆形或菱形硬质合金刀片，用沉头螺钉将其夹紧在刀体上，一个刀片靠近中心，另一个在外径处，切削时可起分屑作用。如果采用涂层刀片，切削性能可获得进一步提高。这种钻头适用的直径（d）范围为 ϕ16 ~ϕ60mm，钻孔深度不超过（3. 5 ~

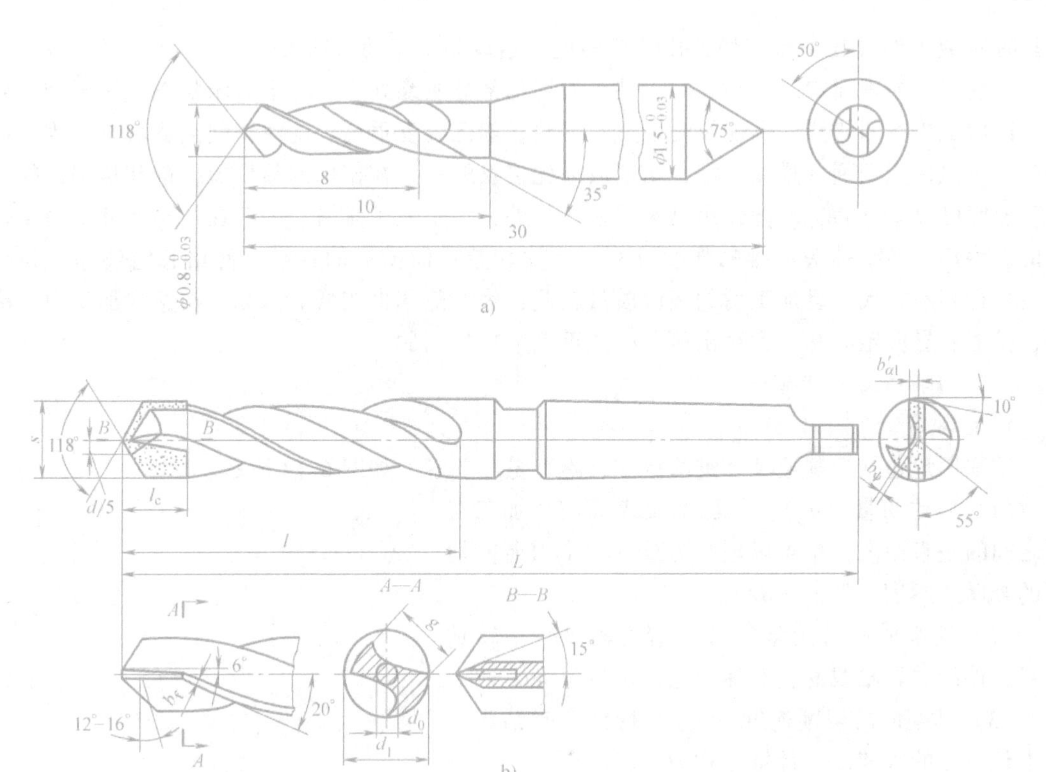

图 6-16　硬质合金钻头

a）整体式　b）镶片式

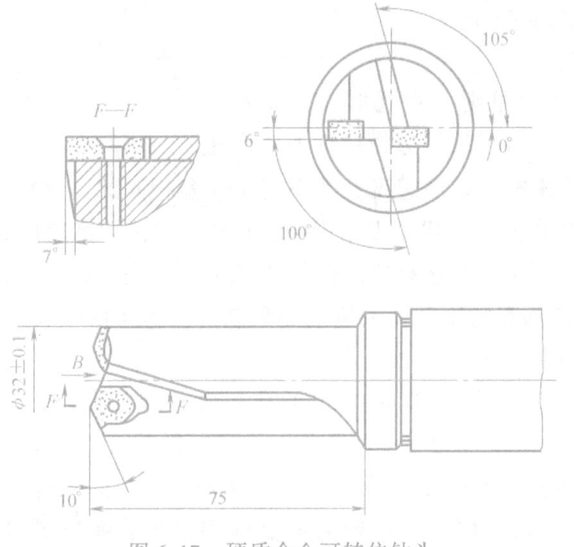

图 6-17　硬质合金可转位钻头

4) d，其切削效率比高速钢提高 3 ~ 10 倍。

七、钻削工艺特点

钻削时的切削运动和车削一样，由主运动和进给运动组成。其中，钻头（在钻床上加工孔时）或工件（在车床上加工孔时）的旋转运动为主运动，钻头的轴向运动为进给运动。

钻削属于内表面加工，钻孔时，钻头的切削部分始终处于一种半封闭状态，切屑难以排出，而加工生产的热量又不能及时散发，导致切削区温度很高。浇注切削液虽然可以改善切削条件，但由于切削区是在内部，切削液最先接触的是正在排出的热切屑，待其达到切削区时，温度已显著升高，冷却作用已不明显。另外，为了便于排屑，一般在钻头上开出两条较宽的螺旋槽，导致钻头本身的强度及刚度都比较差；而横刃的存在，使钻芯定性差，易引偏，孔径容易扩大，且加工后的表面质量较差，生产效率也较低。因此，在钻削加工中，冷却、排屑和导向定心是三大突出而又必须重点解决的问题。

八、钻削用量及其选择

1. 钻削用量

钻削用量包括切削速度、进给量和背吃刀量三要素，如图6-18所示。

（1）背吃刀量（a_p）　指已加工表面与待加工表面之间的垂直距离，也可以理解为是一次走刀所能切下的金属层厚度，即 $a_p = d/2$。

（2）钻削时的进给量（f）　指主轴每转一转钻头对工件沿主轴轴线的相对移动量，单位是mm/r。

（3）钻削时的切削速度（v_c）　指钻孔时钻头直径上任一点的线速度，计算公式为

$$v_c = \frac{\pi d n}{1000} \tag{6-1}$$

式中　d——钻头直径（mm）；

n——钻床主轴转速（r/min）；

v_c——切削速度（m/min）。

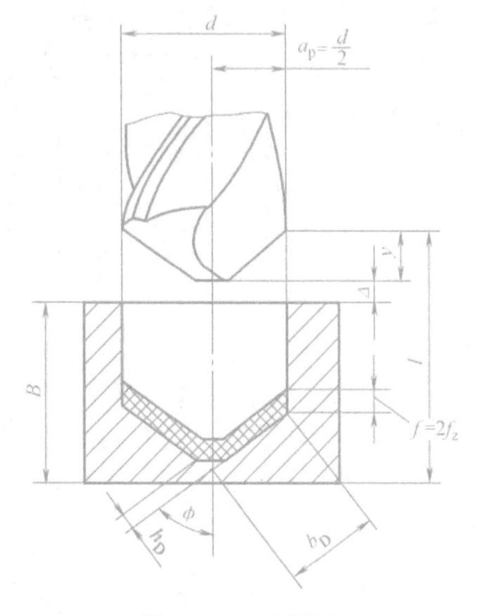

图6-18　钻削用量

2. 钻削用量的选择

（1）选择钻削用量的原则　钻孔时，由于背吃刀量已由钻头直径所定，所以只需选择切削速度和进给量。对钻孔生产率的影响，切削速度 v_c 和进给量 f 是相同的；对钻头寿命的影响，切削速度 v_c 比进给量 f 大；对孔的表面粗糙度的影响，进给量 f 比切削速度 v_c 大。

综合以上影响因素，钻孔时选择切削用量的基本原则是：在允许范围内，尽量先选较大的进给量 f，当 f 受到表面粗糙度和钻头刚度的限制时，再考虑较大的切削速度 v_c。

（2）钻削用量的选择方法

1）背吃刀量的选择。直径小于 ϕ30mm 的孔一次钻出；直径为 ϕ30 ~ ϕ80mm 的孔可分为两次钻削，先用（0.6 ~ 0.8）d（d 为要求的孔径）的钻头钻底孔，然后用直径为 d 的钻头将孔扩大。这样可以减小背吃刀 量及进给力，保护机床，同时提高钻孔质量。

2）进给量的选择。孔的精度要求较高和表面粗糙度值要求较小时，应取较小的进给量；钻孔较深、钻头较长、刚度和强度较差时，也应取较小的进给量。

普通钻头进给量可按经验公式 $f = (0.01 \sim 0.02)d$ 估算，合理修磨的钻头可选用 $f = 0.03d$。直径小于 ϕ5mm 的钻头，常用手动进给。

3）钻削速度的选择。当钻头的直径和进给量确定后，钻削速度应按钻头的寿命选取合

理的数值。高速钢钻头的切削速度推荐按表 6-1 选用，也可参考有关手册、资料选取。孔深较大时，应取较小的切削速度。

表 6-1　钻头切削速度　（单位：m/min）

加工材料	低碳、易切钢	中、高碳钢	高合金钢、不锈钢	铸铁	铜、铝合金
高速钢钻头	25 ~ 30	20 ~ 25	15 ~ 20	15 ~ 20	40 ~ 70
涂层硬质合金钻头	80 ~ 120	70 ~ 100	50 ~ 70	90 ~ 140	90 ~ 220

九、钻削加工常用的工件装夹方法

1. 手握或手用虎钳夹持

钻直径 ϕ6mm 以下的小孔，如果工件能用手握住，而且基本比较平整时，可以直接用手握住工件进行钻孔。对于短小工件，用手不能握住时，必须用手用虎钳或小型台虎钳来夹紧，如图 6-19 所示。

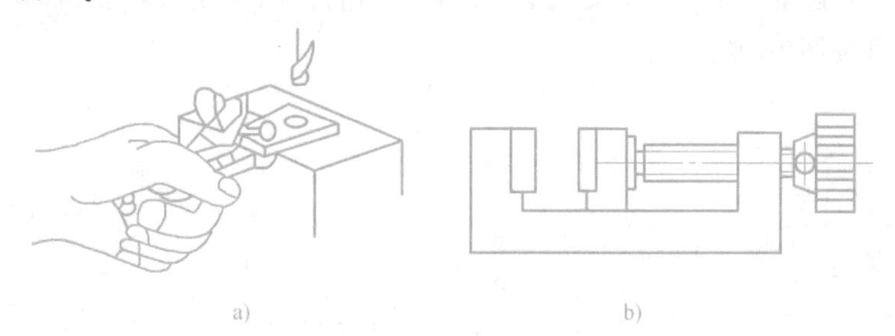

图 6-19　钻小孔时的装夹

a）用手用虎钳夹持工件　b）小型台虎钳

对于较长工件，虽然可用手握住，但最好在钻床台面上再用螺钉靠住工件（图 6-20），这样比较安全。

2. 用机用平口虎钳装夹

在平整的工件上钻较大孔时，一般采用机用平口虎钳装夹（图 6-21）。装夹时在工件下面垫一木块，如果钻的孔较大，机用平口虎钳应用螺钉固定在钻床工作台面上。

图 6-20　用螺钉靠住长工件

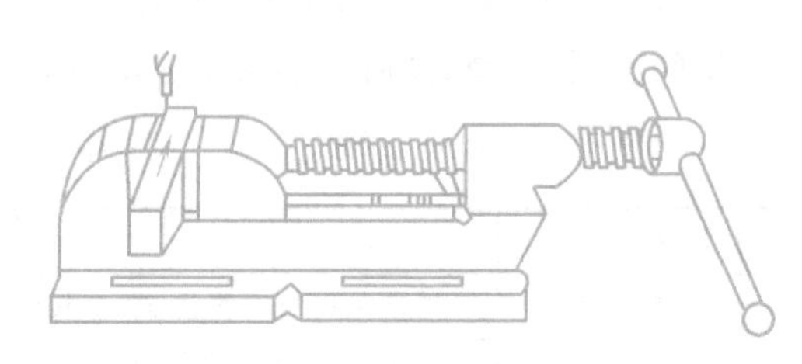

图 6-21　用机用平口虎钳装夹工件

3. 用 V 形块装夹

在圆柱形或套筒类工件上钻孔时，一般把工件放在 V 形块上并配以压板压紧，如图 6-22所示。

4. 用角铁装夹

将工件装夹在已固定于钻床台面上的角铁上，如图 6-23 所示。

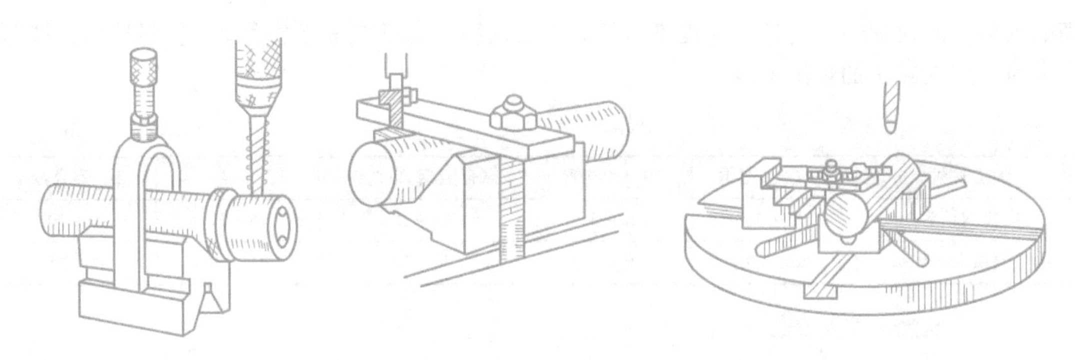

图 6-22　用 V 形块装夹工件

5. 在钻床工作台面上装夹工件

钻大孔或不适宜用机用平口虎钳装夹的工件，可直接用压板、螺栓把工件固定在钻床工作台面上，如图 6-24 所示。

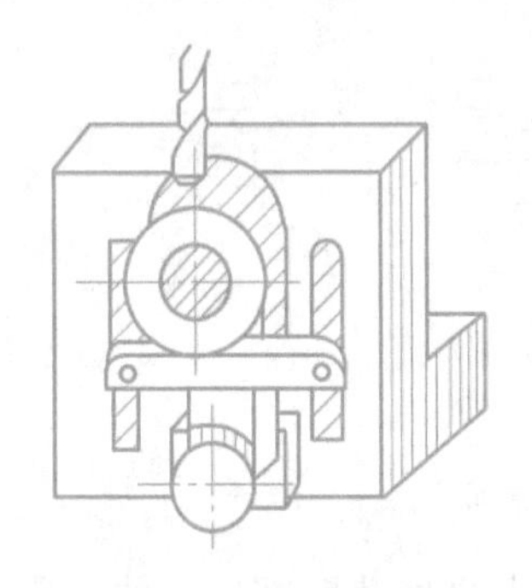

图 6-23　用角铁装夹工件

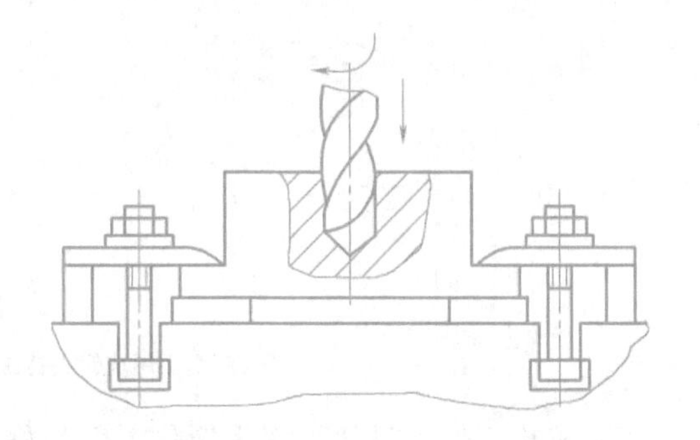

图 6-24　在钻床工作台面上装夹工件

如果被加工孔的位置精度、尺寸精度及表面粗糙度要求较高，且生产批量比较大时，可使用钻床夹具（钻模）来对工件进行加工。

十、钻孔方法

1. 钻削不同孔距精度所用的加工方法

钻削不同孔距精度所用的加工方法见表 6-2。

表 6-2　钻削不同孔距精度所用的加工方法

孔距精度/mm	加工方法	适用范围
±0.25～0.5	划线找正、配合测量与简易钻模	单件、小批生产
±0.1～0.25	用普通夹具或组合夹具、配合快换钻头	小、中批生产
	盘、套类工件可用通用分度夹具	
±0.03～0.1	利用坐标工作台、百分表、量块、专用对刀装置或采用坐标、数控钻床	单件、小批生产
	采用专用夹具	大批、大量生产

2. 切削液的选用

钻削时，切削液的选用见表 6-3。

表 6-3　切削液的选用

加工材料	切削液(体积分数)	加工材料	切削液(体积分数)
碳钢、合金钢	①3% ~5% 乳化液 ②5% ~10% 极压乳化液	纯铜、铝及其合金	①3% ~5% 乳化液 ②煤油 ③煤油与菜籽油的混合油
不锈钢、高温合金	①10% ~15% 乳化液 ②10% ~20% 极压乳化液 ③含氯(氯化石蜡)的切削油 ④含硫、磷、氯的切削油	硬橡胶、胶木、硬纸板	①一般不加 ②风冷
铸铁、黄铜	①一般不加 ②3% ~5% 乳化液	有机玻璃	10% ~15% 乳化液

3. 一般孔的加工方法

1）钻削通孔时，当孔快要钻穿时，应变自动进给为手动进给，以避免钻穿孔的瞬间因进给量剧增而发生啃刀，影响加工质量和损坏钻头。

2）钻不通孔（盲孔）时，应按钻孔深度调整好钻床上的挡块、深度标尺或采用其他控制方法，以免钻得过深或过浅，并应注意退屑。

3）一般钻削深孔时钻削深度达到钻孔直径 3 倍时，钻头就应退出排屑。此后，每钻一定深度，钻头就再退出排屑一次，并注意冷却润滑，防止切屑堵塞、钻头过热退火或扭断。

4）钻 ϕ1mm 以下的小孔时，开始进给力要轻，防止钻头弯曲和滑移，以保证钻孔试切的正确位置。钻削过程要经常退出钻头排屑和加注切削液。切削速度可选在 2000 ~ 3000r/min以上，进给力应小而平稳，不宜过大过快。

半圆孔、斜面上孔、圆弧面上孔、间断孔等特殊孔的加工可参考相关书籍，本书不再赘述。

第四节　深　孔　钻

深孔一般指孔的深径比在 5 以上的孔。深孔加工时，由于孔的深径比比较大，钻杆细而长，刚性很差，切削时很容易产生弯曲变形和振动，使孔的位置偏斜，难以保证孔的加工精度；另外，刀具在近似封闭的状态下工作，切削液难以进入切削区域而起到充分的冷却与润滑作用，切削热不易扩散，排屑也很困难。针对深孔加工的特点，深孔刀具应具有足够的刚性和良好的导向能力、可靠的断屑和排屑能力、有效的润滑和冷却功能。

对深径比为 5 ~ 20 的普通深孔，可在车床或钻床上用加长麻花钻钻孔；对深径比在 20 以上的深孔，应在深孔钻床上用深孔钻加工；对于要求较高且直径较大的深孔，可以在深孔镗床上加工。

图 6-25 所示为单刃外排屑深孔钻。单刃外排屑深孔钻最早用于枪管加工，故又称枪钻。它主要用来加工 ϕ3 ~ ϕ20mm 的深孔，孔的深径比可大于 100。它的切削部分采用高速钢或硬质合金，工作部分用无缝钢管压制成形。其工作原理是：高压切削液从钻杆和切削部分的油孔进入切削区，以冷却、润滑钻头，并把切屑沿钻杆与切削部分的 V 形槽冲出孔外。

图 6-26 所示为高效、高质量的内排屑深孔钻（又称喷吸钻）的工作原理。它用于加工深径比小于 100，直径为 ϕ20 ~ ϕ65mm 的深孔。它由钻头、内钻管及外钻管三部分组成，

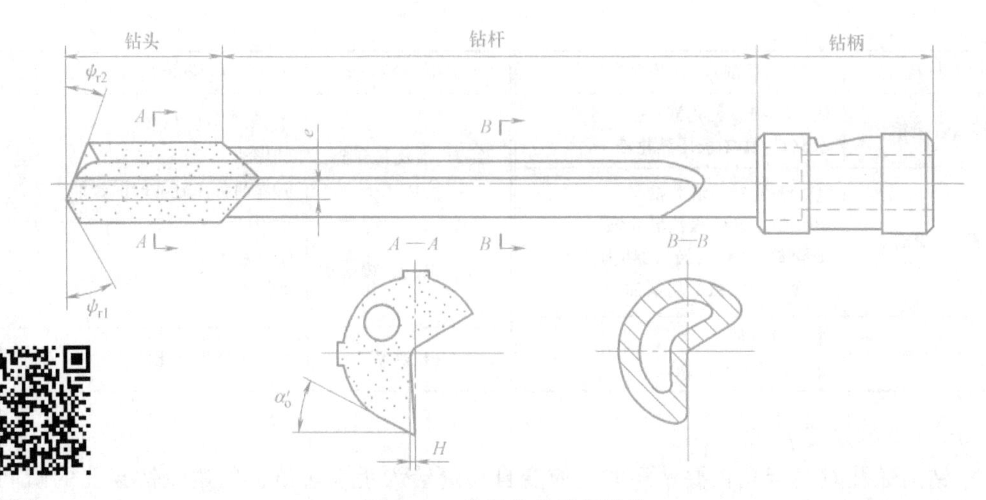

图 6-25　单刃外排屑深孔钻

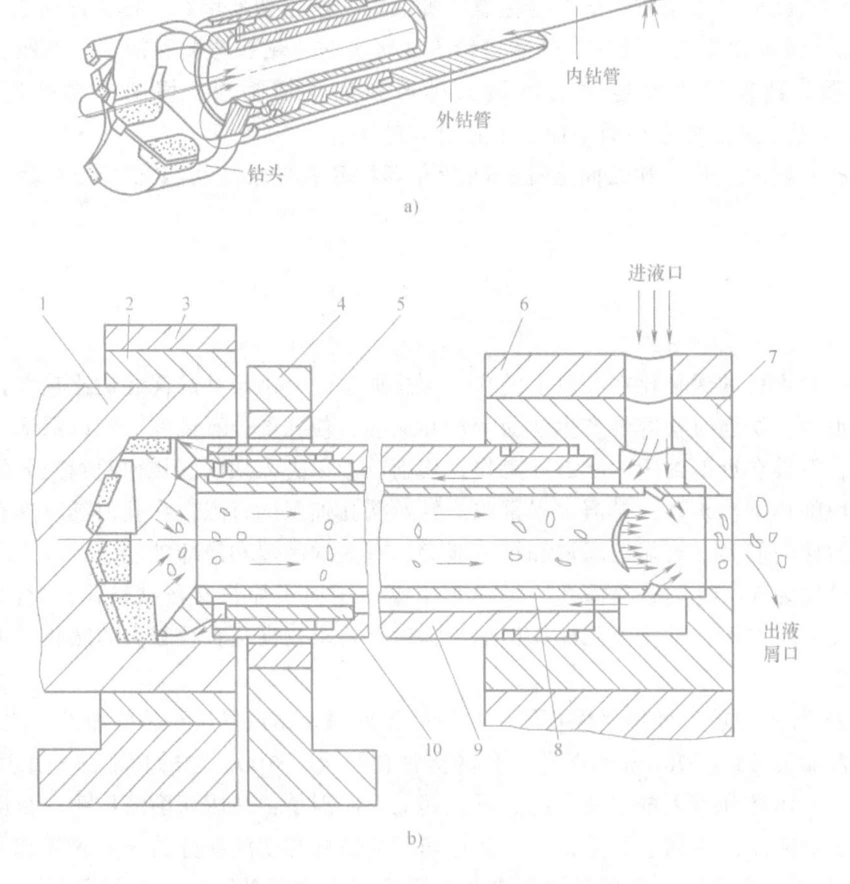

图 6-26　喷吸钻工作原理

1—工件　2—夹爪　3—中心架　4—引导架　5—导向管　6—支持座　7—连接套　8—内钻管　9—外钻管　10—钻头

内、外钻管之间留有环形空隙。喷吸钻工作时，高压切削液从进液口进入连接套，2/3 的切削液以一定的压力经内、外钻管之间输送至钻头，并通过钻头上的小孔喷向切削区，对钻头进行冷却和润滑，此外 1/3 的切削液通过内管上六个月牙形的喷嘴向后喷入吸管，由于喷速高，在内管中形成低压区而将前端的切屑向后吸，在前推后吸的作用下，排屑顺畅。

喷吸钻附加一套液压系统与连接套，可在车床、钻床、镗床上使用，适用于中等直径的深孔加工，钻孔的效率较高。

近年来又有了 DF（Double Feeder）系统深孔钻，又称双加油器深孔钻，如图 6-27 所示。工作系统在零件端面放置一个 BTA 系统的密封装置，后面放置一个产生喷吸效应的装置。由于发挥了推、吸双重作用，排屑效果进一步得到改善，特别适合 $\phi6 \sim \phi20$mm 小深孔以及用于不易断屑材料的加工。DF 系统深孔钻只有一个钻杆，内有压力切削液的支托，振动小，排屑空间大，加工精度好，效率高，是很有发展前途的深孔加工工具。

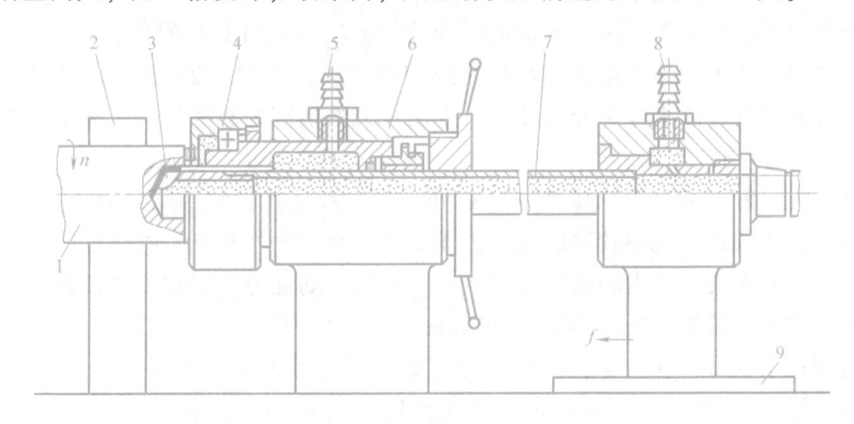

图 6-27　DF 系统深孔钻装置示意

1—工件　2—中心架　3—钻头　4—BTA 系统密封头　5—进液口
6—导向支架　7—钻杆　8—喷吸效应进液口　9—进给拖板

图 6-28 所示为套料钻。套料钻又叫环孔钻，用于加工直径大于 $\phi60$mm 的孔。采用套料钻加工，只切出一个环形孔，在中心部位留下料芯。由于它切下的金属少，不但节省金属材料，还可节省刀具和动力消耗，并且生产率极高，加工精度也高，因此在重型机械的孔加工中应用较多。

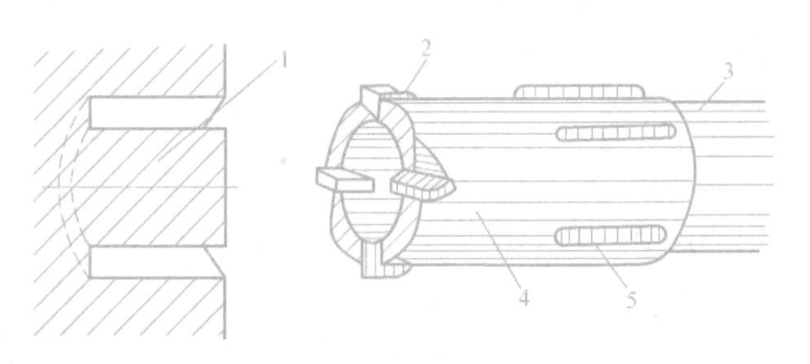

图 6-28　套料钻

1—料芯　2—刀齿　3—钻杆　4—刀体　5—导向块

套料钻的刀齿分布在圆形的刀体上，图 6-28 所示有四个刀齿。同时在刀体上装有分布均匀的导向块（4 ~ 6 个）。加工时，将工件上一圈环形材料切除，从中间套出一个尚可利用的芯棒。导向块起导向作用。

第五节　铰　　刀

铰刀是对预制孔进行半精加工或精加工的多刃刀具，常用于钻孔或扩孔等工序之后。因铰削加工余量小，齿数多（4～12个），刚性和导向性好，故工作平稳，加工后尺寸公差等级可达IT7～IT6，甚至可达IT5，表面粗糙度值为Ra1.6～0.4μm。它可以用于加工圆柱孔、圆锥孔、通孔和不通孔。铰削可以在钻床、车床、组合机床、数控机床和加工中心等多种机床上进行，也可以用手工铰削。铰削是一种应用非常广泛的孔加工方法。

一、铰刀的种类和铰削特点

1. 铰刀的种类

铰刀按精度等级可分为三级，分别适用于铰削H7、H8、H9级的孔。

铰刀按使用方式可分为手用铰刀和机用铰刀两大类，如图6-29所示。机用铰刀由机床引导方向，导向性好，故工作部分尺寸短。手用铰刀的柄部为圆柱形，尾部制成方头，以便使用铰杠。

图6-29d所示为手用铰刀，其主偏角κ_r小，工作部分长，常用直径为ϕ1～ϕ71mm，适用于单件小批生产或在装配中铰削圆柱孔。图6-29e所示为可调节手用铰刀。铰刀刀片装在刀体的斜槽内，并靠两端有内斜面的螺母夹紧。旋转两端螺母，推动刀片在斜槽内移动，使其直径有微量伸缩。常用直径为ϕ6.5～ϕ100mm。这种铰刀常用于机器修配场合。机用铰刀可分为高速钢机用铰刀和硬质合金机用铰刀。高速钢机用铰刀直径为ϕ1～ϕ20mm，做成直柄（图6-29a）；直径为ϕ5.5～ϕ50mm，做成锥柄（图6-29b）；直径为ϕ25～ϕ100mm，做成套式（图6-29f）。它们用于成批生产低速机动铰孔。硬质合金机用铰刀直径为ϕ6～ϕ20mm，做成直柄；直径为ϕ8～ϕ40mm，做成锥柄（图6-29c），它们用于成批生产机动铰削普通材料、难加工材料的孔。

铰刀按孔加工的形状可分为圆柱铰刀和圆锥铰刀。图6-29g所示为铰削0～6

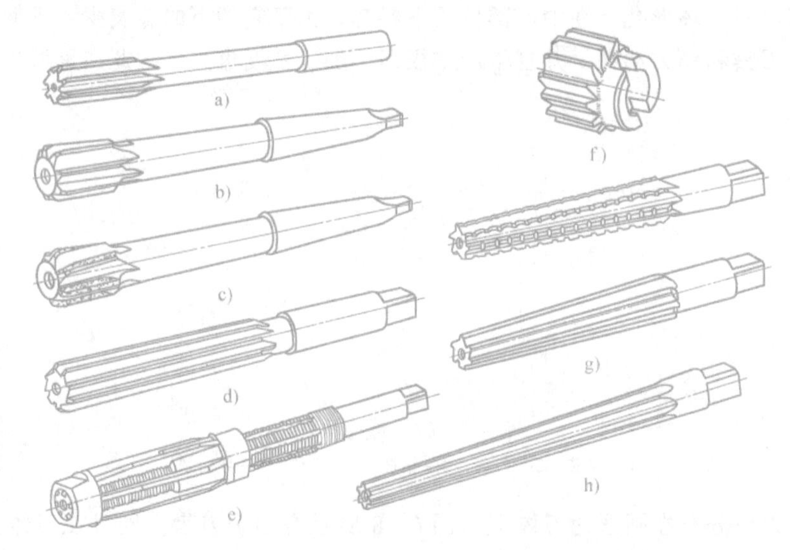

图6-29　铰刀的种类

号莫氏锥度锥孔的圆锥铰刀，由于加工余量大，通常是两把刀组成一套，粗铰刀上有分屑槽。图6-29h所示为用于铰削1∶50锥度的销孔铰刀，常用直径为$\phi0.6\sim\phi50$mm。上述各种铰刀均有国家标准。

2. 铰削特点

铰刀是定尺寸工具，一把铰刀只能加工一种尺寸和一种精度要求的孔，且直径大于$\phi80$mm的孔不适宜铰削。由于铰削余量小，一般为0.05～0.2mm，因此铰削时的切削层公称厚度h_D很薄，此时在切削刃与校准刃之间的过渡部分，形成一段切削厚度极薄的区域。由于铰刀切削刃存在一定钝圆半径r_n，所以经常在$h_D<r_n$的情况下进行切削。此时其切削作用的前角为负值，因而产生挤刮作用。经受挤刮作用的已加工表面弹性恢复，又受到校准部分后角为0°的刃带挤压与摩擦，所以铰削过程是个非常复杂的切削、挤压与摩擦的过程。另外，铰削速度较低（<10m/min），易产生积屑瘤，使孔径扩大及表面粗糙度值增加。由于铰刀切削量小，为防止铰刀轴线与主轴轴线相互偏斜而引起的孔轴线歪斜、孔径扩大等现象，铰刀与机床主轴之间常采用浮动联接。当采用浮动联接时，铰削不能校正底孔轴线的偏斜，故孔的位置精度应由前道工序来保证。

二、铰刀的结构及几何参数

1. 铰刀的结构

如图6-30所示，铰刀由工作部分、颈部和柄部组成。工作部分包括引导锥、切削部分和校准部分，其中校准部分又分为圆柱部分和倒锥部分。引导锥对于手用铰刀仅起便于铰刀

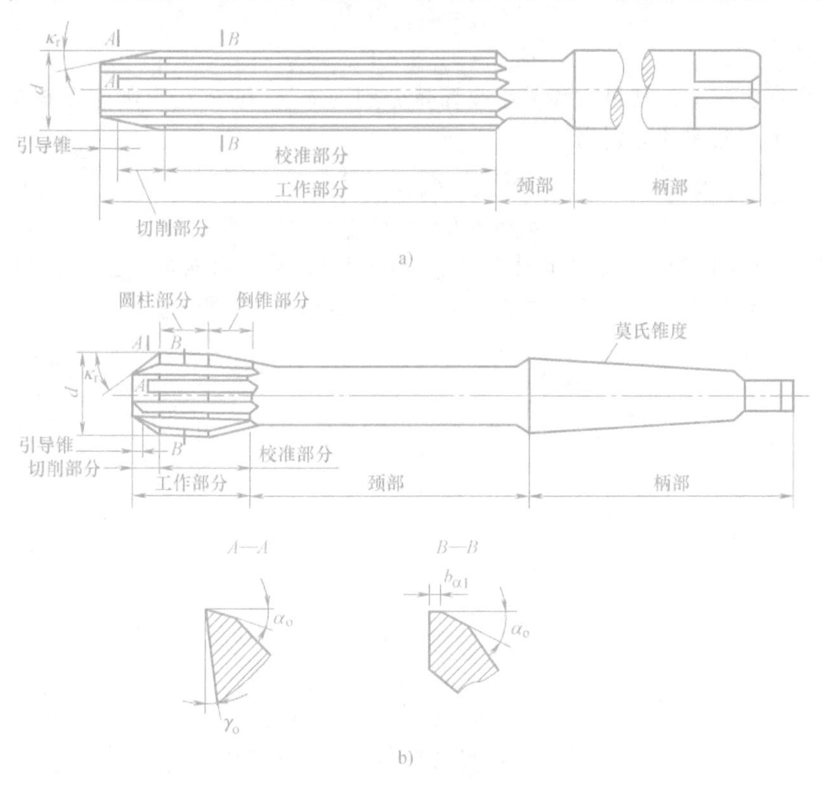

图6-30　铰刀的结构

a）手用铰刀　b）机用铰刀

引入预制孔的作用；切削部分呈锥形，担负主要的切削工作；校准部分用于校准孔径、修光孔壁和导向。校准部分的后部具有很小的倒锥，其倒锥量为（0.005～0.006）mm/100mm，用于减少与孔壁之间的摩擦和防止铰削后孔径扩大。对于手用铰刀，为增强导向作用，校准部分应做得长些；对于机用铰刀，为减少机床主轴和铰刀同轴度误差的影响和避免扩大的摩擦，校准部分应做得短些。

2. 铰刀的直径和公差

铰刀的直径和公差是指铰刀校准部分的直径和公差，因为被铰孔的尺寸和形状的精度最终是由它决定的。铰刀直径的公称尺寸应等于被铰孔直径的公称尺寸，而铰刀直径的公差则与被铰孔的公差、铰刀本身的制造公差、铰刀使用时所需的磨损储备量和铰削后可能产生的孔径扩张量或收缩量有关。

铰削时由于切削振动、刀齿的径向圆跳动、刀具与工件的安装偏差以及积屑瘤等原因，常会产生铰出的孔径大于铰刀直径的“扩张”现象；但是，有时也会因孔和工件弹性变形或热变形的恢复，而出现铰出的孔径小于铰刀直径的“收缩”现象。一般扩张量为0.003～0.02mm，收缩量为0.005～0.02mm。铰孔后是产生扩张还是收缩由经验或试验判定。经验表明，用高速钢铰刀铰孔一般会发生扩张，用硬质合金铰刀铰孔一般会发生收缩。

图6-31a所示为产生扩张时铰刀直径及其公差分布图。被加工孔的最大直径和最小直径分别为d_{wmax}和d_{wmin}，若已知铰孔时产生的最大和最小扩张量分别为P_{max}和P_{min}，铰刀制造公差为G，则铰刀制造时的上、下极限尺寸分别为

$$d_{max}=d_{wmax}-P_{max} \tag{6-2}$$

$$d_{min}=d_{wmax}-P_{max}-G \tag{6-3}$$

若铰孔后产生收缩，其最大和最小收缩量分别为P_{amax}和P_{amin}，则由图6-31b可得铰刀制造时的上、下极限尺寸分别为

$$d_{max}=d_{wmax}+P_{amin} \tag{6-4}$$

$$d_{min}=d_{wmax}+P_{amin}-G \tag{6-5}$$

通常规定：$G=0.35\mathrm{IT}$；最大扩张量$P_{max}=0.15\mathrm{IT}$；最小收缩量$P_{amin}=0.1\mathrm{IT}$。其中，IT为被加工孔的公差数值。标准铰刀的直径公差分配如图6-31c所示。

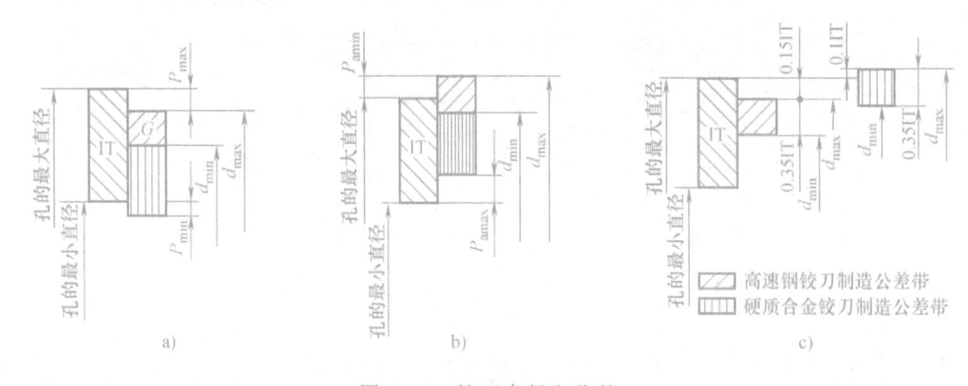

图6-31　铰刀直径和公差
a）孔径扩张　b）孔径收缩　c）公差分配图

3. 铰刀的齿数和齿槽

铰刀齿数应根据直径大小、铰削精度和齿槽容屑空间要求而定。增多铰刀齿数，使切削

厚度减薄，铰刀导向性好，可提高孔的加工质量，但刀齿容屑空间减小。一般高速钢铰刀直径为 $\phi1 \sim \phi55$mm 时，齿数为 4 ~ 12。而硬质合金铰刀直径小于 $\phi6$mm 时，齿数不超过 3，直径大于 $\phi40$mm 时，齿数不小于 10；直径为 $\phi6 \sim \phi40$mm 时，齿数为 4 ~ 8。加工塑性材料时应取较少齿数，加工脆性材料时应取较多齿数。为了便于测量直径，铰刀齿数一般取偶数。

铰刀刀齿在圆周上的分布有等齿距和不等齿距两种形式，如图 6-32 所示。等齿距分布铰刀制造简单，应用广泛。为避免铰刀颤振时使刀齿切入的凹痕定向重复加深，手用铰刀常采用不等齿距分布；而是为便于制造和测量，做成对顶齿间角相等的不等齿距分布。

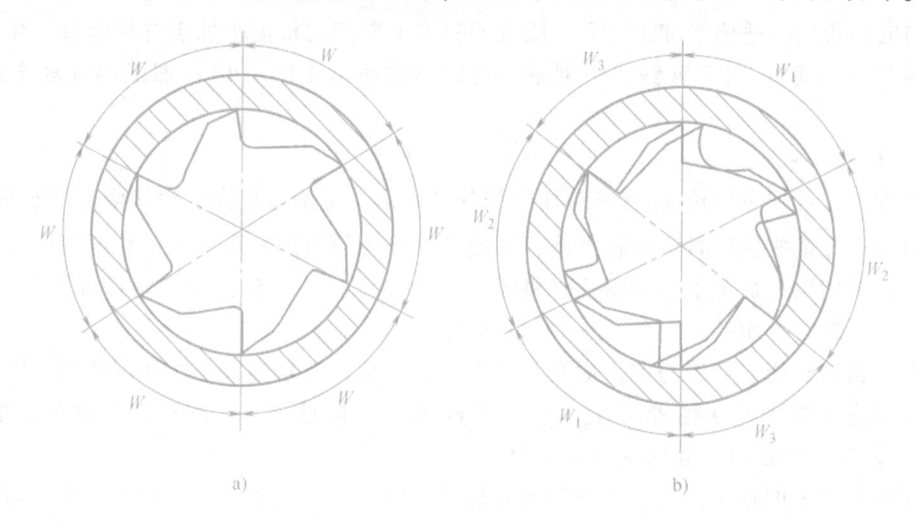

图 6-32　刀齿分布形式

a）等齿距分布　b）不等齿距分布

铰刀的齿槽形式有直线齿背形（图 6-33a）、圆弧齿背形（图 6-33b）和折线齿背形（图 6-33c）三种。直线齿背形状简单，能用标准角度铣刀铣制，制造容易，一般机用和手用铰刀都采用这种槽形。铰刀直径 $d=4 \sim 7$mm 时，$\theta=80°$；$d=14 \sim 20$mm 时，$\theta=70°$。圆弧齿背形有较大的容屑空间，通常 $d>20$mm 时，圆弧 R 一般取 15mm、20mm、25mm。折线齿背形结构较简单，制造刃磨方便，主要用于硬质合金铰刀。

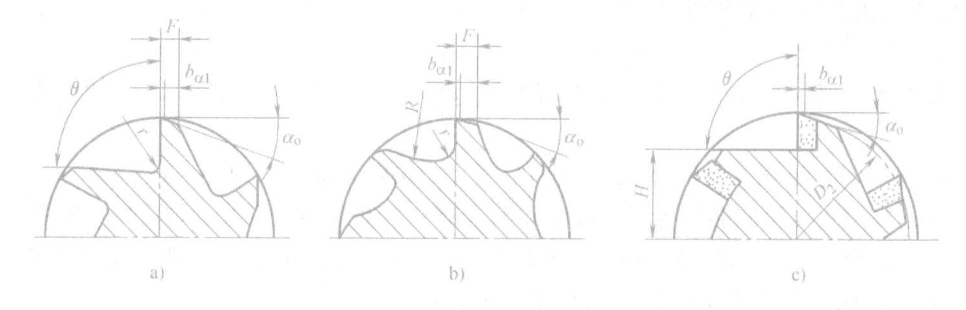

图 6-33　铰刀齿背形式

a）直线齿背形　b）圆弧齿背形　c）折线齿背形

铰刀的齿槽可做成直槽或螺旋槽。直槽铰刀制造、刃磨和检验都比较方便，生产中常用；螺旋槽铰刀（图 6-34）切削较平稳，主要用于铰削深孔或带断续表面的孔，其旋向有左旋和右旋两种。右旋槽铰刀在切削时切屑向后排出，适用于加工不通孔；左旋槽铰刀在切

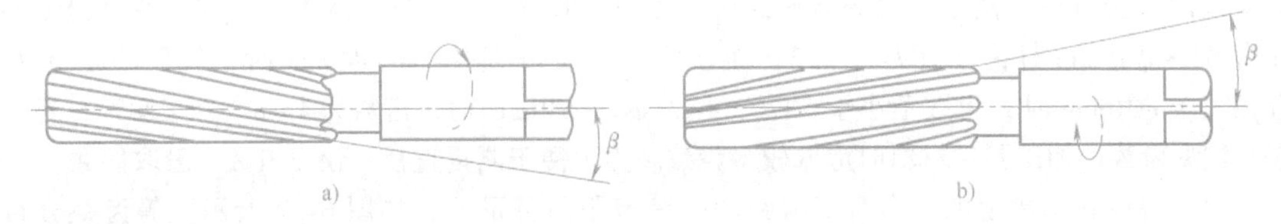

图 6-34　铰刀螺旋槽方向

a）右旋　b）左旋

削时切屑向前排出，适用于加工通孔。螺旋槽铰刀的螺旋角根据被加工材料选取：加工铸铁和硬钢时取 7°～8°；加工软钢、中硬钢、可锻铸铁时取 12°～20°；加工铝等轻金属时取 35°～45°。

4. 铰刀的几何角度

对于铰刀，可把主偏角 κ_r 看成是切削部分半锥角。主偏角过大会使切削部分长度过短，使进给力增大并造成铰削时定心精度差；主偏角过小会使切削宽度加大，切削厚度变小，不利于排屑。机用铰刀加工钢件等塑性材料时，一般 $\kappa_r = 12° \sim 15°$；加工铸铁等脆性材料时，一般 $\kappa_r = 3° \sim 5°$。手用铰刀一般 $\kappa_r = 1° \sim 1°30'$。

铰削时切屑较薄，切屑与前刀面在刃口附近处接触，前角的大小对切削变形的影响并不显著。通常高速钢铰刀在精铰时 $\gamma_p = 0°$，粗铰塑性材料时，为了减小切削变形，取 $\gamma_p = 5° \sim 15°$。硬质合金铰刀一般取 $\gamma_p = 0° \sim 5°$。

铰削时切削厚度较小，后刀面磨损较为显著，应选择较大的后角。但为了使铰刀使用时径向尺寸变化缓慢，通常取 $\alpha_o = 6° \sim 14°$。高速钢铰刀切削部分的切削刃应锋利，不留有刃带；而硬质合金铰刀切削刃通常留有 0.01～0.07mm 的窄刃带，以增加切削刃强度。在铰刀校准部分磨出刃带，这样不仅能够提高其寿命，还能保证良好的导向和修光作用，提高工件已加工表面质量，同时也有利于制造和检验。高速钢铰刀校准部分的刃带宽度通常取0.15～0.4mm，硬质合金铰刀的刃带宽度取 0.1～0.25mm。

一般铰刀没有刃倾角。铰削塑性材料时，在高速钢直槽铰刀切削部分的切削刃上磨出与铰刀轴线成 15°～20°的轴向刃倾角 λ_s，可使铰刀工作更平稳，还可使切屑排向工件的待加工表面，提高已加工表面质量。

5. 工作部分的尺寸

在切削部分前端做出（1～2）mm 的 45°前导锥，便于铰刀引入工件，并对切削刃起保护作用。

切削部分长度 l_1 根据主偏角 κ_r 和铰削余量 A 来决定，取 $l_1 = (1.3 \sim 1.4)\ A\cot\kappa_r$。

高速钢机用铰刀校准部分有圆柱部分和倒锥部分。倒锥部分可减少与孔壁的摩擦，减少扩张量，其倒锥量为 0.005～0.02mm。当铰刀直径 $d = 3 \sim 32$mm 时，取机用铰刀工作部分长度 $l = (0.8 \sim 3)d$，圆柱部分长度 $l_2 = (0.25 \sim 0.5)d$。

硬质合金铰刀工作部分长度等于刀片长度，其校准部分允许倒锥量为 0.005mm。在校准部分的末端应做出后锥角为 3°～5°、长度为 3～5mm 的后锥，以防止退刀时划伤孔壁和挤碎刀片。

三、铰刀的刃磨与研磨

铰刀的切削厚度较小，磨损主要发生在后刀面上，为避免铰刀重磨后的直径减小或校准

部分刃带宽度的减小，通常只重磨切削部分后刀面。铰刀刃磨通常在工具磨床上进行，如图6-35所示。重磨时铰刀轴线相对于工具磨床导轨倾斜一个角度，并使砂轮的端面相对于切削部分后刀面倾斜1°~3°，以避免两者接触面过大而烧伤刀齿。磨削时，为使后刀面和砂轮都处于垂直位置，支承在铰刀前刀面的支承片应低于铰刀中心 h，其值为 $h=(d_0/2)\sin\alpha_o$，这样便可得到所要求的后角 α_o。重磨后的铰刀应用磨石在切削部分和校准部分交接处研磨出宽度为0.5~1mm的倒角，以提高铰削质量和铰刀寿命。

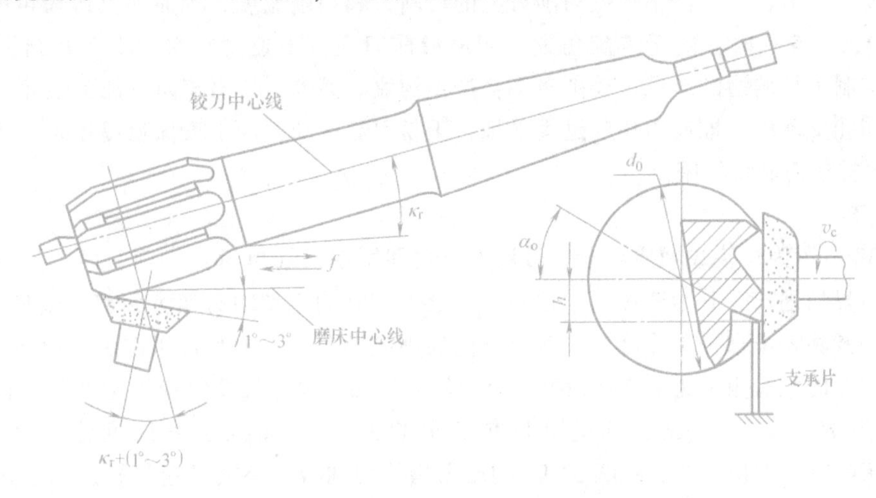

图6-35　铰刀的刃磨

工具厂供应的新铰刀，通常留有0.01mm左右的直径研磨量，使用前须经研磨才能达到要求的铰孔精度。磨损了的铰刀可通过刃磨改制为铰削其他配合精度的孔。此外，在决定专用铰刀直径公差时，若扩张量与收缩量无法事先确定时，可将铰刀直径预先做得大一点，留有适当的研磨量，通过试切实测加以确定。铰刀的研磨可在车床上用铸铁研磨套沿校准部分刃带进行，如图6-36所示。研磨套用三个调节螺钉支承在外套的孔内。研磨套铣有开口斜槽，调节螺钉使研磨套产生变形，与铰刀圆柱刃带轻微接触，在接触面加入少量的研磨膏。研磨时，铰刀低速转动，研磨套沿轴向往复运动。

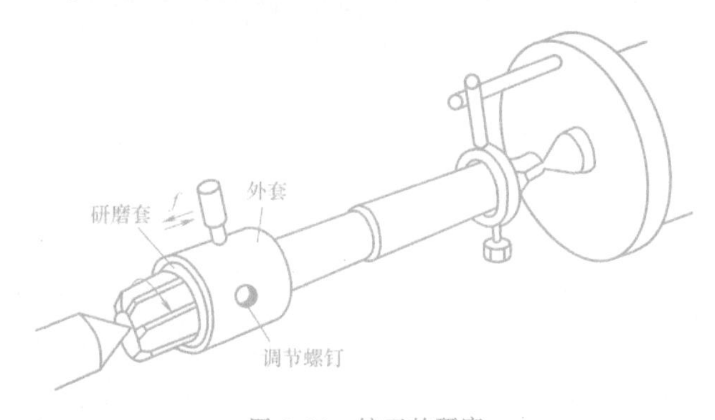

图6-36　铰刀的研磨

四、新结构铰刀

1. 大螺旋角推铰刀

图6-37所示的推铰刀具有很小的主偏角和很大的螺旋角。与普通铰刀比较，其切削刃

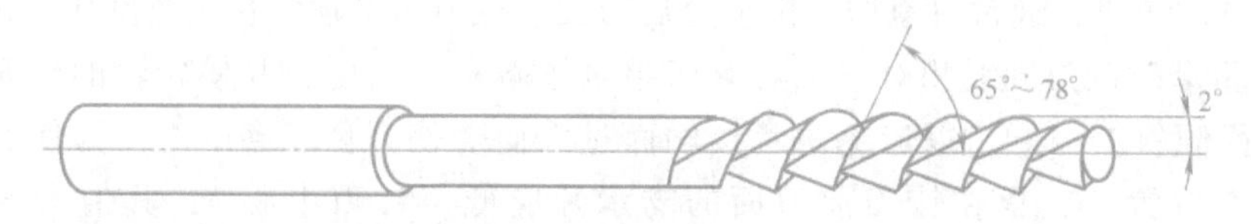

图 6-37 大螺旋角推铰刀

的工作长度明显增长，降低了单位切削刃上的切削力和切削温度，因而刀具寿命可提高 3 ~ 5 倍。用推铰刀铰孔时，由于螺旋角大，切屑沿前刀面流出速度很快，不易黏结在前刀面上，从而抑制了积屑瘤的形成，铰削时不会产生沟痕。另外，切屑流向待加工表面，不会出现切削划伤孔壁现象。推铰刀切削过程平稳，不易引起振动，加工表面粗糙度值为 *Ra*1.6 ~ 0.8μm。但推铰刀制造较困难。

2. 单刃铰刀

图 6-38 所示为焊接式硬质合金单刃铰刀，它利用单刃（单齿）切削，两个导向块支承和导向。刀具切削部分分为两段，主偏角 κ_r = 15° ~ 45°的主切削刃切去大部分余量，κ_r = 3°的过渡刃和圆柱校准部分用作精铰；两个导向块则起导向、支承和挤压作用。导向块 2 与 3 相对于刀齿 1 的配置角度为 84°和 180°。单刃铰刀的加工尺寸公差等级可达 IT8 ~ IT7，表面粗糙度值为 *Ra*1.6 ~ 0.8μm，孔的圆度值为 0.003 ~ 0.008μm，直线度值为 0.005mm/100mm。切削时，如使用 0.3 ~ 32.5MPa 的压力供给切削液，还能高速铰孔，切削速度可达 80 ~ 150m/min，加工效率比多齿铰刀高 2 ~ 4 倍。

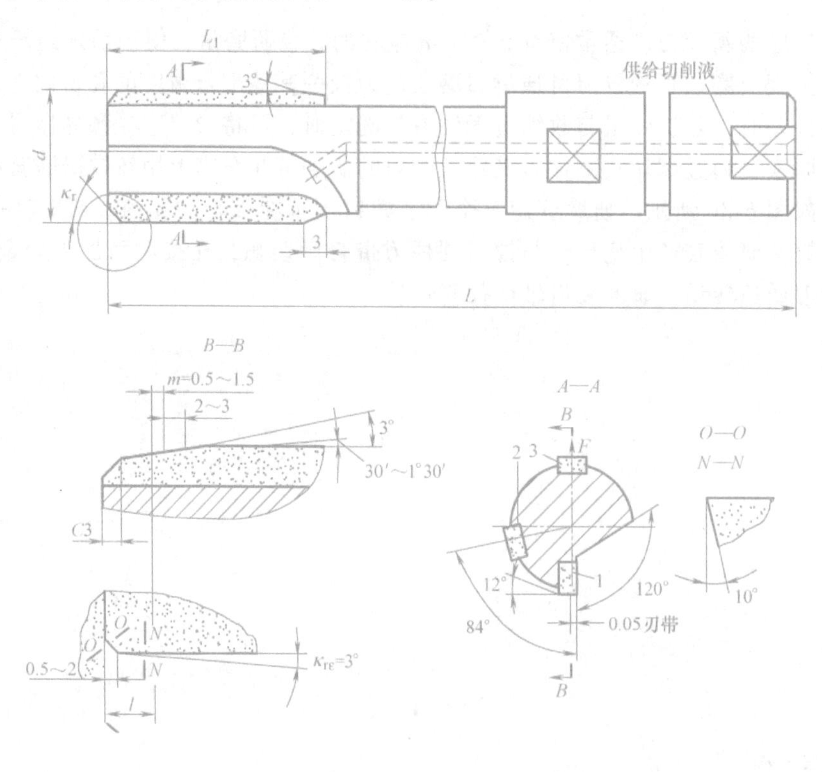

图 6-38 焊接式硬质合金单刃铰刀

1—刀齿 2、3—导向块

五、铰削用量

铰削用量包括铰削余量（$2a_p$）、切削速度（v_c）和进给量（f）。

1. 铰削余量

铰削余量是指上道工序（钻孔或扩孔）完成后留下的直径方向的加工余量。铰削余量不宜过大，因为铰削余量过大，会使刀齿切削负荷增大，变形增大，切削热增加，被加工表面呈撕裂状态，致使尺寸精度降低，表面粗糙度值增大，同时加剧铰刀磨损。

铰削余量也不宜太小，否则上道工序的残留变形难以纠正，原有刀痕不能去除，铰削质量达不到要求。选择铰削余量时，应考虑到孔径大小、材料软硬、尺寸精度、表面粗糙度要求及铰刀类型等因素的综合影响。用普通标准高速钢铰刀铰孔时，铰削余量可参考表6-4选取。

表6-4　铰削余量　（单位：mm）

铰孔直径	<5	5～20	21～32	33～50	51～70
铰削余量	0.1～0.2	0.2～0.3	0.3	0.5	0.8

此外，铰削余量的确定与上道工序的加工质量有直接关系。对铰削前预加工孔出现的弯曲、锥度、椭圆和不光洁等缺陷，应有一定限制。铰削精度较高的孔时，必须经过扩孔或粗铰，才能保证最后的铰孔质量。所以确定铰削余量时，还要考虑铰孔的工艺过程。例如用标准铰刀铰削 $D<40$mm、尺寸公差等级为IT8、表面粗糙度值为 $Ra1.25\mu m$ 的孔，其工艺过程是：钻孔—扩孔—粗铰—精铰。精铰时的铰削余量一般为0.1～0.2mm。

用标准铰刀铰削尺寸公差等级为IT（H9）、表面粗糙度值为 $Ra2.5\mu m$ 的孔，工艺过程是：钻孔—扩孔—铰孔。

2. 机铰切削速度

为了得到较小的表面粗糙度值，必须避免产生积屑瘤，减少切削热及变形，因而应采取较小的切削速度。用硬质合金铰刀铰削钢件（$\sigma_b>1000$MPa）时，$v_c=4\sim10$m/min；铰削铸铁件（>200HBW）时，$v_c=5\sim10$m/min；铰削铜件时，$v_c=6\sim12$m/min。

3. 机铰进给量

进给量要适当，过大铰刀易磨损，也影响加工质量；过小则很难切下金属材料，形成对材料挤压，使其产生塑性变形和表面硬化，最后形成切削刃撕去大片切屑，使表面粗糙度值增大，并加快铰刀磨损。

用硬质合金铰刀机铰钢件时，$f=0.25\sim1.2$mm/r；机铰铸铁件时，$f=0.7\sim3.0$mm/r；机铰铜件和铝件时，$f=0.15\sim0.5$mm/r。

六、铰孔时的冷却润滑

铰削的切屑细碎且易黏附在切削刃上，甚至挤在孔壁与铰刀之间而刮伤表面，扩大孔径。因此，铰削时必须用适当的切削液冲掉切屑，减少摩擦，并降低工件和铰刀温度，防止产生积屑瘤。切削液选用时参考表6-5。

七、铰孔时的工作要点

1）装夹要可靠。将工件夹正、夹紧。对薄壁零件，要防止夹紧力过大而将孔夹扁。

2）手铰时，两手用力要平衡、均匀、稳定，以免在孔的进口处出现喇叭孔或孔径扩大；

表 6-5　铰孔时的切削液

加工材料	切削液(体积分数)	加工材料	切削液(体积分数)
钢	①10% ~20%乳化液 ②铰孔要求较高时,采用30%煤油加70%肥皂水 ③铰孔要求较高时,可采用苯油、柴油、猪油等	铸铁	①煤油(但会引起孔径缩小,最大收缩量0.02 ~0.04mm) ②低浓度乳化液 ③也可不用
		铝	煤油
		铜	乳化液

进给时，不要猛力推压铰刀，而应一边旋转，一边轻轻加压，否则孔表面会很粗糙。

3）注意变换铰刀每次停歇的位置，以消除铰刀在同一处停歇所造成的振痕。

4）铰刀只能顺转，否则切屑扎在孔壁和刀齿后刀面之间，既会将孔壁拉毛，又易使铰刀磨损，甚至崩刃。

5）当手用铰刀被卡住时，不要猛力扳转，而应及时取出铰刀，清除切屑，检查铰刀后再继续缓慢进给。

6）机铰退刀时，应先退出刀后再停机。铰通孔时铰刀的校准部分不要全出头，以防孔的下端被刮坏。

7）机铰时要注意机床主轴、铰刀及待铰孔三者间的同轴度是否符合要求，对高精度孔，必要时应采用浮动铰刀夹头装夹铰刀（表6-6图示）。

8）圆锥孔的铰削。铰削尺寸较小的圆锥孔时，先按圆锥孔小端直径并留铰削余量钻出圆柱孔，孔口按圆锥孔大端直径锪出45°的倒角，然后用圆锥铰刀铰削。在铰削过程中一定要及时地用精密配锥（或圆锥销）试深控制尺寸。铰削尺寸较大的圆锥孔时，铰孔前先将工件钻出阶梯孔。1:50的圆锥孔可钻两节阶梯孔。1:10圆锥孔、1:30圆锥孔、莫氏锥孔、圆锥管螺纹底孔可钻三节阶梯孔。阶梯孔的最小直径按锥孔小端直径确定，并留有铰削余量。其余各段直径可根据锥度计算公式算得。

表 6-6　夹持铰刀的浮动装置

图　形	说　明
铰刀　外套　莫氏锥柄　A　A	铰削小孔时可利用图示装置。顶尖锥柄与外套以右旋螺纹联接在一起,外套中有一腰形孔。工作时,机用铰刀柄部的扁尾插在腰形孔内,两者之间有一定的间隙,铰刀的中心孔被顶尖顶住,以确定铰刀中心和传递轴向力,当需要调整铰削中心的偏差时,铰刀可以在很小的范围内歪斜

第六节　镗削与镗刀

镗孔是利用镗刀对已钻出、铸出或锻出的孔进行加工的过程。对于直径较大的孔（一

般 D > 80 ~ 100mm）内成形面或孔内环形槽等，镗孔是主要的加工方法。

一、镗床及镗削运动

图 6-39 所示为常用的卧式镗床的主要组成部分。卧式镗床主要由床身 10、前立柱 7、主轴箱 8、镗轴 4、平旋盘 5、回转工作台 3、后立柱 2 和后尾筒 9 等组成。

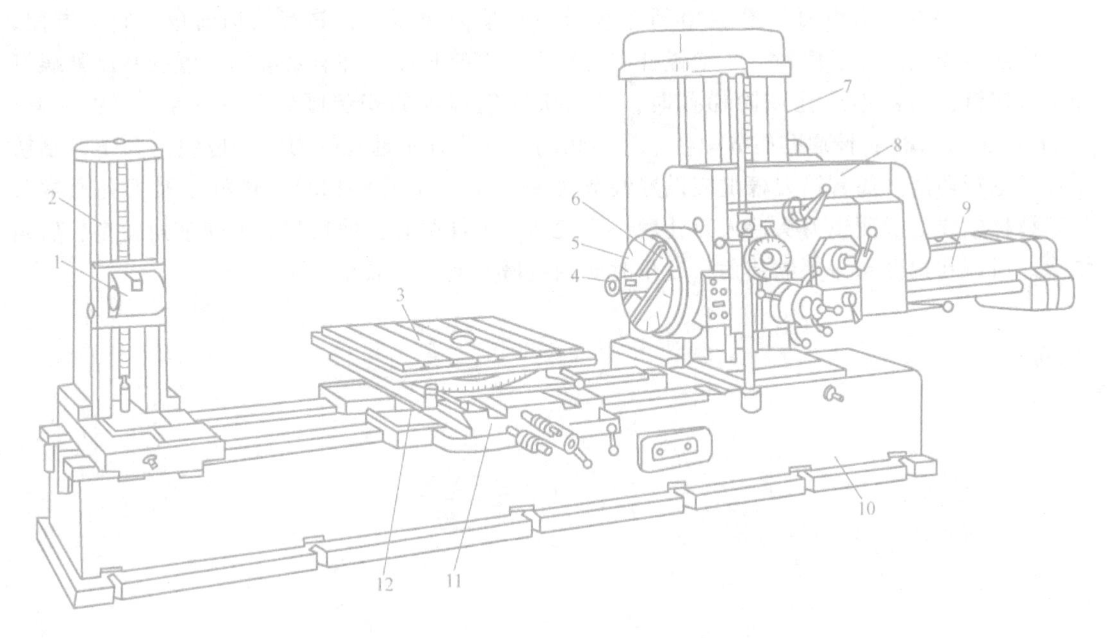

图 6-39　卧式镗床的主要组成部分

1—支架　2—后立柱　3—回转工作台　4—镗轴　5—平旋盘　6—径向刀具溜板
7—前立柱　8—主轴箱　9—后尾筒　10—床身　11—下滑座　12—上滑座

1. 主轴与平旋盘

镗轴与平旋盘可根据加工需要，分别由各自的传动链带动，独立地做旋转主运动。镗轴可沿本身轴线移动，做轴向进给运动。其前端的锥孔可安装镗杆或其他刀具。平旋盘装在主轴外层，其上装有径向刀架，使刀具可沿导轨做径向进给运动。

2. 前立柱和主轴箱

前立柱固定在床身的右端，主轴箱可沿前立柱上的垂直导轨升降，实现其位置调整或使刀架做垂直进给运动。

3. 工作台

它装在床身的中部，由下滑座 11、上滑座 12 和回转工作台 3 组成。下滑座可沿床身导轨平行于主轴方向做纵向进给运动；上滑座可沿下滑座上的横向导轨垂直于主轴方向做横向进给运动；回转工作台还可绕上滑座的环形导轨在水平平面内回转任意角度。

4. 后立柱和支架

后立柱上安装支架，其作用是支承长镗杆，增加镗杆刚度。后立柱可沿床身导轨做水平移动，以适应不同镗杆长度。支架可在后立柱的垂直导轨上与主轴箱同时升降，以便与主轴同轴，并镗削不同高度的孔。

此外，为了加工精度要求较高的各孔，卧式镗床的主轴箱和工作台的移动部分都有精密刻度尺和准确的读数装置。

二、镗刀分类及装夹

镗刀种类很多，按结构特点和使用方式，一般可分为单刃镗刀和双刃镗刀。

1. 单刃镗刀

（1）机夹式单刃镗刀　图6-40所示为机夹式单刃镗刀。它具有结构简单、制造方便、通用性强等优点。为了使镗刀头在镗杆内有较大的安装长度，并有足够的位置安装压紧螺钉和调节螺钉，在镗不通孔或阶梯孔时，镗刀头在镗杆内的安装倾斜角 δ 一般取 10°～45°（图6-40a、c、d）；镗通孔时 $\delta=0°$（图6-40b）。在设计不通孔镗刀时，应使压紧螺钉不妨碍镗刀进行切削。通常镗刀杆上应设置调节直径的螺钉（图6-40d）。镗杆上装刀孔通常对称于镗杆轴线，因而镗刀头装入刀孔后，刀尖高于工件中心，使切削时工作前角减小，后角增大。所以在选择镗刀头的前角、后角时要相应增大前角、减小后角。

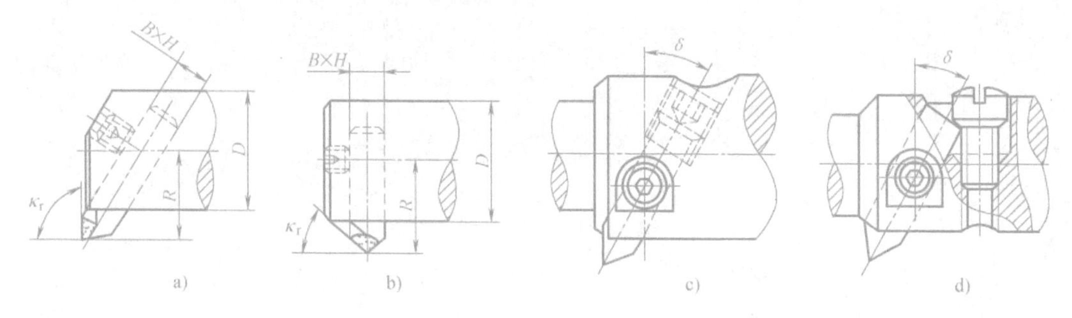

图6-40　单刃镗刀

（2）微调单刃镗刀　机夹式单刃镗刀尺寸调节较费时，调节精度不易控制。图6-41所示为坐标镗床和数控机床上使用的一种微调单刃单刃镗刀。微调镗刀首先用调节螺母5、波形垫圈4将微调螺母2连同镗刀头1一起固定在固定座套6上，然后用螺钉3将固定座套6固定在镗杆上。调节时，转动带刻度的微调螺母2，使镗刀头径向移动达到预定尺寸。旋转调节螺母5，使波形垫圈4和微调螺母2产生变形，以产生预紧力和消除螺纹副的轴向间隙。

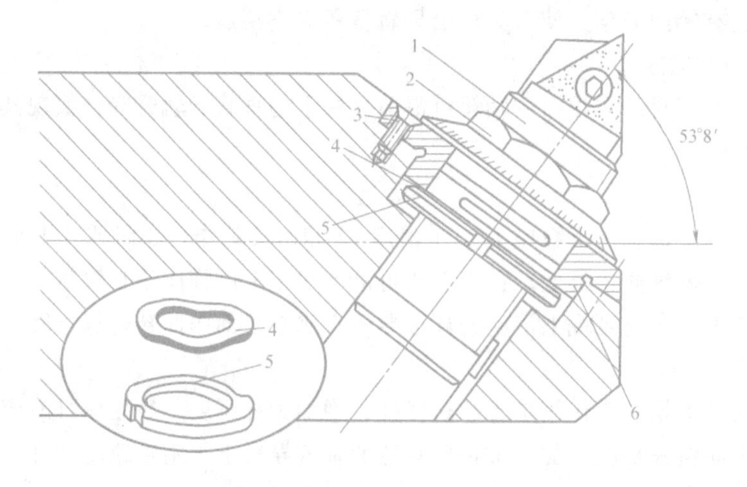

图6-41　微调单刃镗刀

1—镗刀头　2—微调螺母　3—螺钉　4—波形垫圈　5—调节螺母　6—固定座套

微调单刃镗刀在镗杆上的安装角度通常采用两种形式：直角型和倾斜型。倾斜型交角通常为53°8′。若微调螺母的螺距为0.5mm，微调螺母每转过1格，镗刀头沿径向移动量为

$$\Delta R=(0.5\text{mm}/80)\sin53°8'=0.005\text{mm}$$

2. 双刃镗刀

双刃镗刀的两条切削刃在两个对称位置同时切削，可消除由径向切削力对镗刀杆的作用而造成的加工误差。这种镗刀是一种定直径尺寸刀具。切削时，孔的直径尺寸是由刀具保证的，刀具外径是根据工件孔径确定的，其结构比单刃镗刀复杂，刀片和刀杆制造较困难，但生产率较高。适用于加工精度要求较高、生产批量大的场合。

双刃镗刀块分整体和可调两大类。整体镗刀块有定装的和浮动的，这两种形式又都可做成可调的。双刃镗刀多用来镗削直径大于 ϕ30mm 的孔。

图6-42所示为固定式镗刀，其直径尺寸不能调节，刀片一端有定位凸肩，供刀片装在镗杆中定位使用，刀片用螺钉或楔块紧固在镗杆中。固定式镗刀刚性好，不易引起振动，容屑空间大，生产率高，适用于粗镗和半精镗，还可用于锪沉头孔及端面的加工。

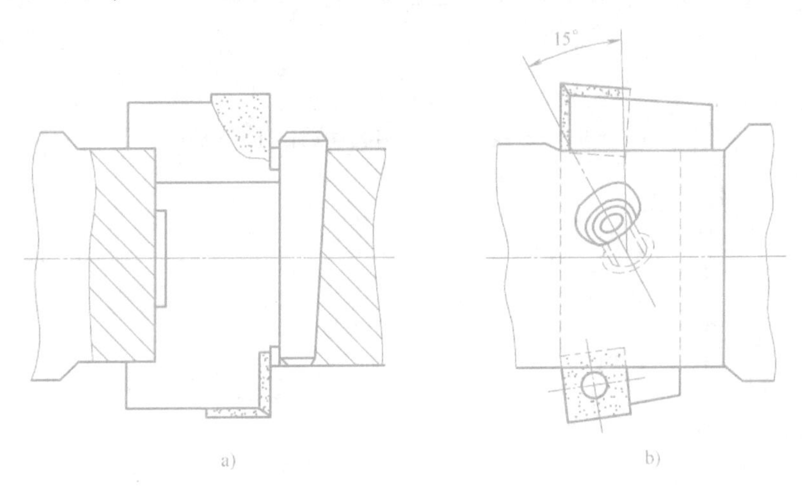

图6-42　固定式镗刀

a）用斜楔夹紧　b）用双向倾斜的螺钉夹紧

图6-43所示为可调式硬质合金浮动镗刀。调节尺寸时，稍微松开紧固螺钉2，转动调节螺钉3推动刀体，可使直径增大。浮动式镗刀直径为 ϕ20 ~ ϕ330mm，其调节量为2 ~ 30mm。镗孔时，将浮动式镗刀装入镗杆的方孔中，如图6-44所示，无须夹紧，通过作用在两侧切削刃上的切削力来自动定心，因此它能自动补偿由于刀具制造、安装误差和镗杆的全跳动误差而造成的加工误差，加工后孔的尺寸公差等级可达IT7 ~ IT6，表面粗糙度值可达 Ra1.6 ~ 0.2μm。但这种镗刀不能校正孔的直线度误差和孔的位置偏差。制造简单、刃磨方便是其优点，不能加工 ϕ20mm 以下的孔是其缺点。在单件小批生产，特别是在通用机床上加工箱体零件上较高精度的大直径孔或孔系时，浮动式镗刀是常用的加工刀具。

图6-45所示为滑槽式双刃镗刀。镗刀头3凸肩置于刀体4凹槽中，用螺钉1将它压紧在刀体上。调整尺寸时，稍微松开螺钉1，拧动调整螺钉5，推动镗刀头上销子6，使镗刀头3沿槽移动来调整尺寸。其镗孔范围为 ϕ25 ~ ϕ250mm，目前广泛用于数控机床。

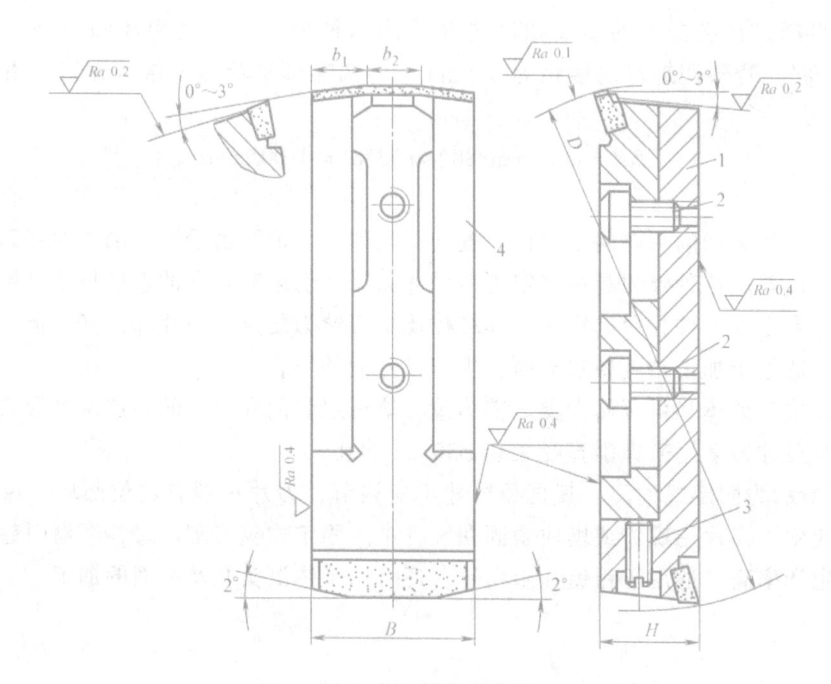

图 6-43　浮动式镗刀

1—上刀体　2—紧固螺钉　3—调节螺钉　4—下刀体

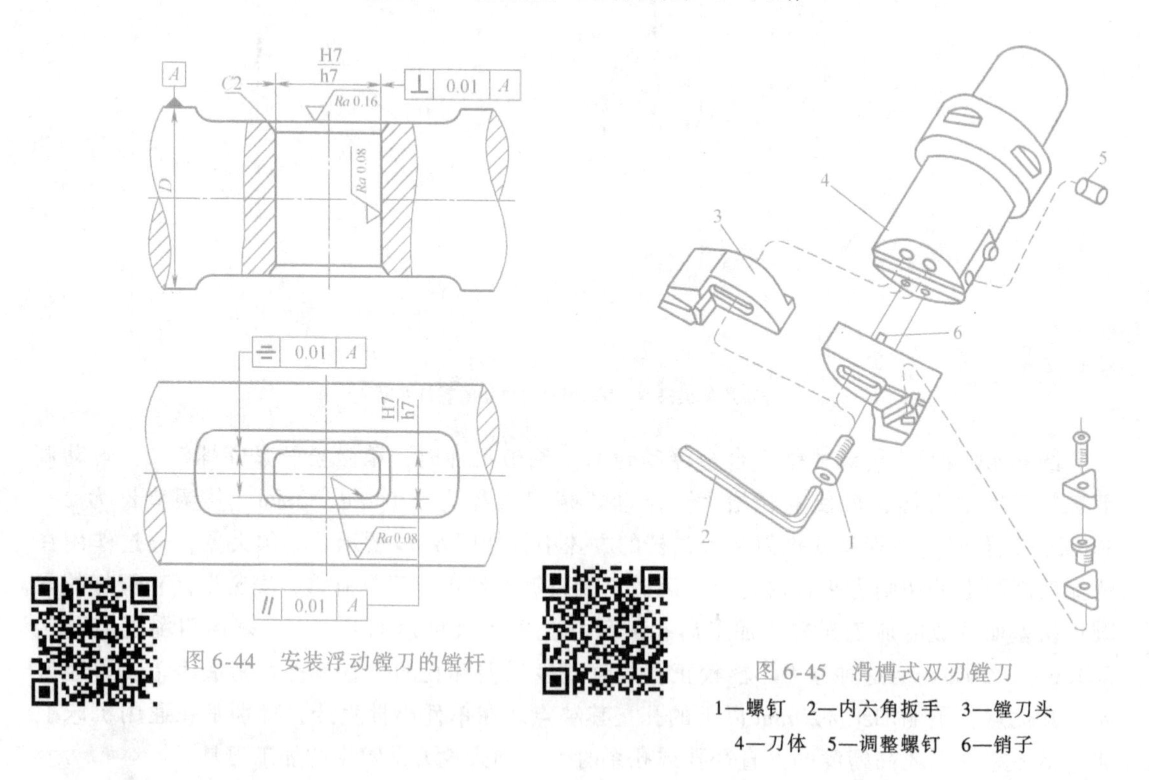

图 6-44　安装浮动镗刀的镗杆

图 6-45　滑槽式双刃镗刀

1—螺钉　2—内六角扳手　3—镗刀头

4—刀体　5—调整螺钉　6—销子

三、卧式镗床的主要工作

1. 镗孔

镗床镗孔的方式如图 6-46 所示。按其进给形式可分为主轴进给和工作台进给两种方式。

主轴进给方式如图 6-46a 所示。在工作过程中，随着主轴的进给，主轴的悬伸长度是变化的，刚度也是变化的，易使孔产生锥度误差；另外，随着主轴悬伸长度的增加，其自重所引起的弯曲变形也随之增大，使镗出孔的轴线弯曲。因此，这种方式只适宜镗削长度较短的孔。

工作台进给方式如图 6-46b ~ d 所示。图 6-46b 所示为悬臂式的，用来镗削较短的孔；图 6-46c 所示为多支承式的，用来镗削箱体两壁相距较远的同轴孔系；图 6-46d 所示为用平旋盘镗大孔。

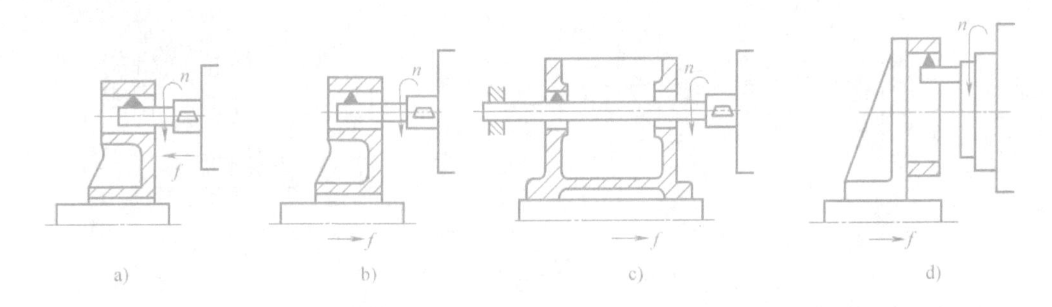

图 6-46　镗床镗孔的方式

镗床上镗削箱体上同轴孔系、平行孔系和垂直孔系的方法通常有坐标法和镗模法两种。图 6-47 所示为用镗模法镗削箱体孔系的情况。

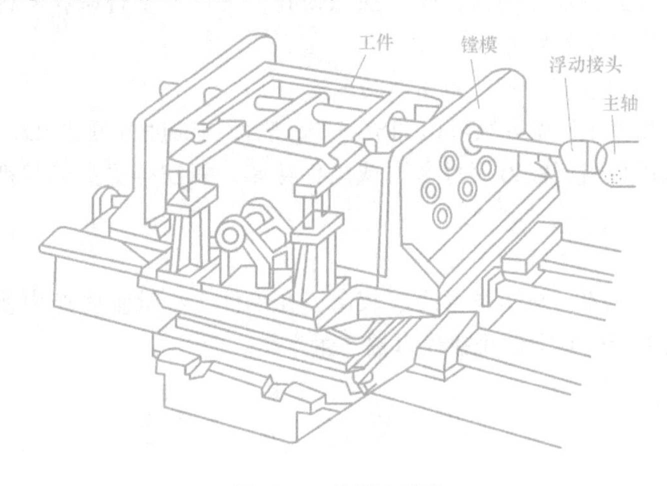

图 6-47　镗模法镗孔

2. 镗床其他工作

在镗床上不仅可以镗孔，还可以进行钻孔、扩孔、铰孔、铣平面、车外圆、车端面、切槽及车螺纹等工作，其加工方式如图 6-48 所示。

四、镗削的工艺特点及应用

1. 镗床是加工机座、箱体、支架等外形复杂的大型零件的主要设备

一些箱体上往往有一系列孔径较大、精度较高的孔，这些孔在一般机床上加工很困难，但在镗床上加工却很容易，并可方便地保证孔与孔之间、孔与基准平面之间的位置精度和尺寸精度要求。

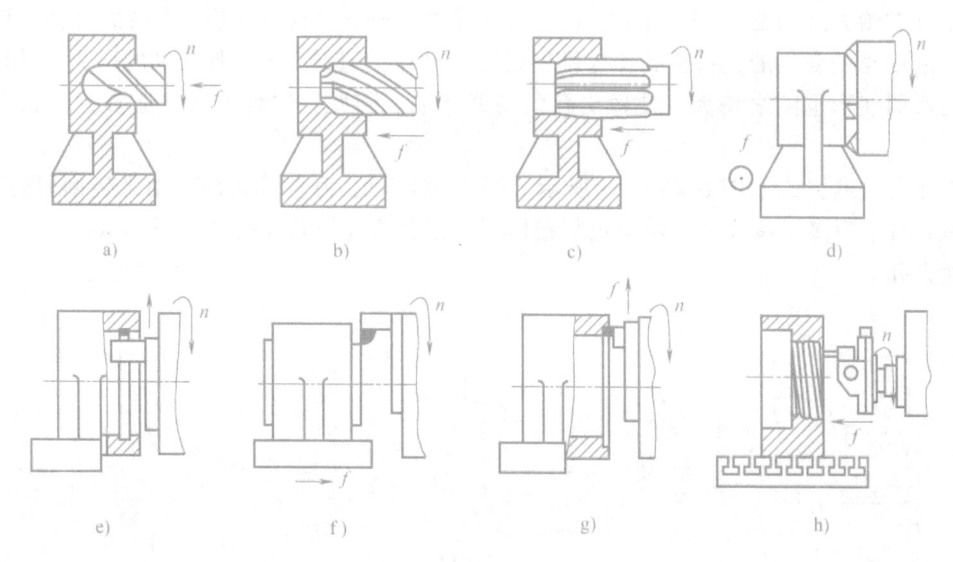

图 6-48　镗床其他工作

a）钻孔　b）扩孔　c）铰孔　d）铣平面　e）镗内槽　f）车外圆　g）车端面　h）加工螺纹

2. 加工范围广泛

镗床是一种万能性强、功能多的通用机床，既可加工单个孔，又可加工孔系；既可加工小直径的孔，又可加工大直径的孔；既可加工通孔，又可加工台阶孔及内环形槽。除此之外，还可进行部分铣削和车削工作。

3. 能获得较高的精度和较低的表面粗糙度值

普通镗床镗孔的尺寸公差等级可达 IT8 ~ IT7，表面粗糙度值可达 $Ra1.6 \sim 0.8\mu m$。若采用金刚镗床（因采用金刚石镗刀而得名）或坐标镗床，能获得更高的精度和更小的表面粗糙度值。

4. 生产率较低

镗机和镗刀调整复杂，操作技术要求较高，在单件、小批量生产中使用镗模生产率较低，在大批、大量生产中则须使用镗模以提高生产率。

第七节　孔加工复合刀具

孔加工复合刀具是将两把或两把以上同类或不同类的孔加工刀具组合成一体的专用刀具。它能在一次加工过程中，完成钻孔、扩孔、铰孔、锪孔和镗孔等多种不同工序的工艺组合，具有高效率、高精度和高可靠性的成形加工特点。由于复合刀具是专用的，需专门设计制造，而且制造复杂，重磨和调整尺寸较困难，与其他单个刀具比较，价格较贵，因此只有在成批大量生产的情况下才经济合理。复合刀具在组合机床、自动线和专用机床上应用很广泛，较多的用来加工汽车发动机和摩托车上的机械零件、农用柴油机和箱体等的机械零部件。

孔加工复合刀具的种类繁多。按零件工艺类型可分为：同类工艺复合刀具，如图 6-49 所示的复合钻、复合扩孔钻、复合铰刀和复合镗刀等；不同类工艺复合刀具，如图 6-50 所示的钻—扩、扩—铰、钻—铰等孔加工复合刀具。

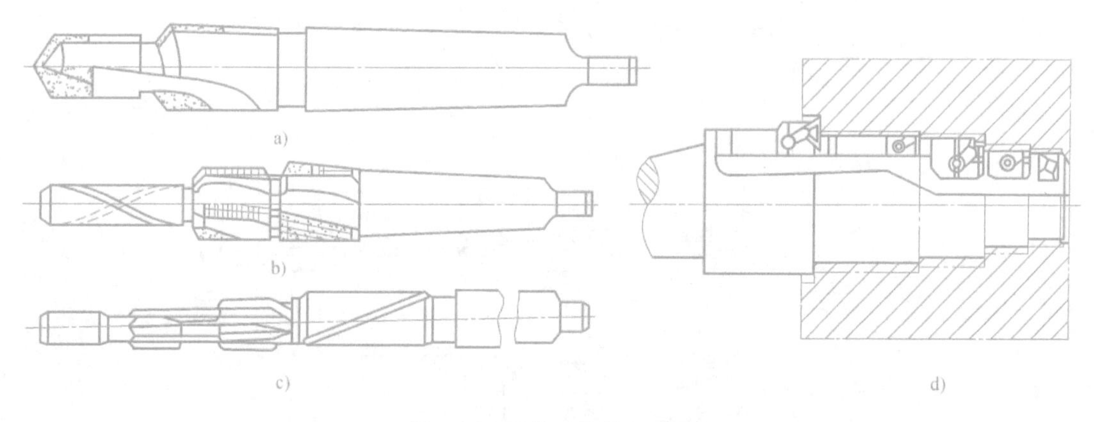

图 6-49　同类工艺复合刀具
a）复合钻　b）复合扩孔钻　c）复合铰刀　d）复合镗刀

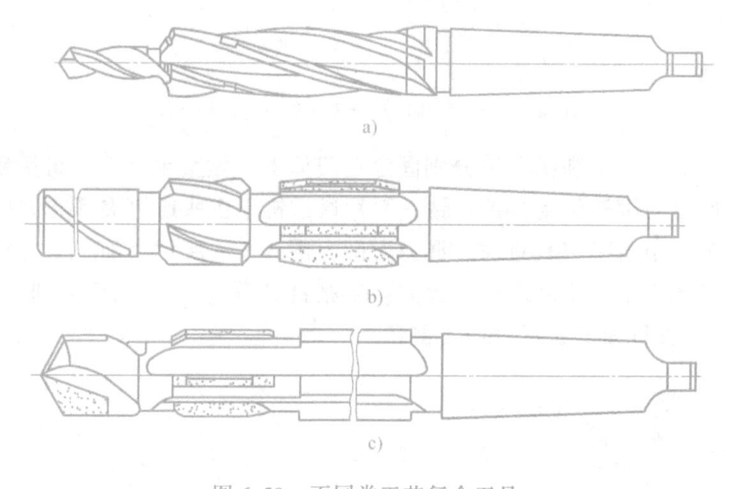

图 6-50　不同类工艺复合刀具
a）钻—扩复合刀具　b）扩—铰复合刀具　c）钻—铰复合刀具

此外，按结构不同，孔加工复合刀具还可分为整体式、焊接式和装配式。

复合刀具由通用刀具组合而成，因此其设计方法与通用刀具基本相同，但设计复合刀具时，应着重处理好以下几方面的问题。

一、正确选择复合程度和形式

选择复合程度高的复合刀具，可减少机床台数，提高生产率，并且易保证零件相互位置精度。通常根据零件的工艺、加工表面形状、尺寸、精度和表面粗糙度来确定。例如在实心材料上加工 IT8 ~ IT7、$Ra3.2 \sim 1.6\mu m$ 的孔。当孔的尺寸较小时，可选用图 6-51a 所示的钻—扩—铰复合刀具。若钻孔的精度要求较高时，可采用图 6-51b 所示的钻—铰—铰复合刀具，能较容易达到孔的精度。若孔的尺寸较大，可采用图 6-51c 所示的扁钻—镗复合刀具，它具有结构简单、尺寸调节方便等优点。

二、刀具结构形式

整体式孔加工复合刀具刚性好，能使各单刀间保持高的同轴度、垂直度等位置精度；但重磨后尺寸不能调整，刀具利用率低，适用于小尺寸孔加工复合刀具。图 6-52a 所示为钻—

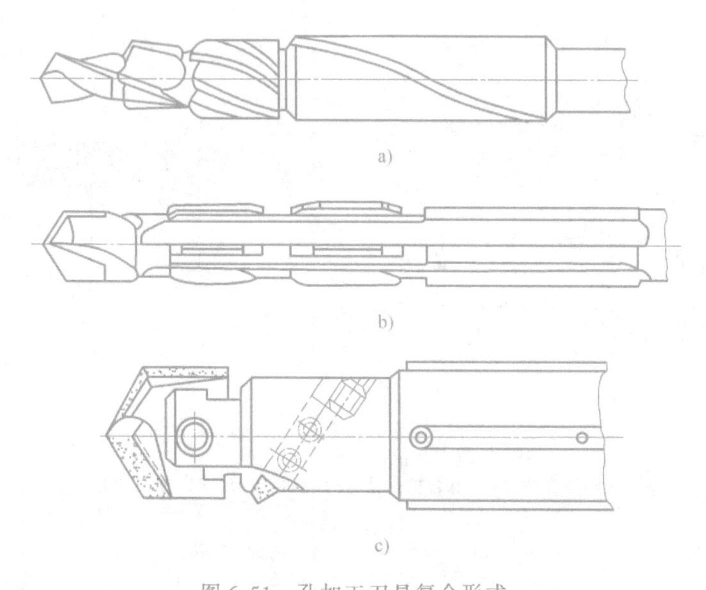

图 6-51　孔加工刀具复合形式

a）钻—扩—铰　b）钻—铰—铰　c）扁钻—镗

扩镶装可调复合刀具，钻头和扩孔钻分别固定在刀体上。钻头重磨后，可用螺钉调节其伸出长度。图 6-52b 所示为可转位复合扩孔钻，刀片通过锥形沉头螺钉夹紧在刀体上。它结构简单，刀片转位迅速，节省了刀具重磨、调刀时间。图 6-52c 所示为加工摩托车零件的镶装可转位复合镗刀。该镗刀前端安装着微调镗刀，半精镗 d_1 孔。后端两侧分别安装着 90°F 型刀夹和 45°S 型刀夹，进行加工 d_2 孔和 $C1$ 倒角。

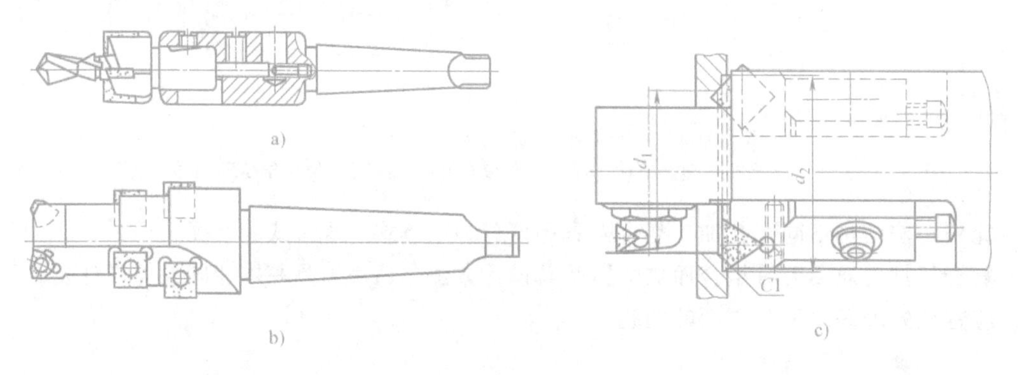

图 6-52　刀具结构形式

a）钻—扩镶装可调复合刀具　b）可转位复合扩孔钻　c）镶装可转位复合镗刀

三、强度和刚度

复合刀具切削时产生较大的切削力，其大小与各单刀切削面积及排屑阻力有关。为此复合刀具应满足刀体强度高、联接牢固、刚度足够、各单刀受力达到相互平衡要求。对于刚度较差、受力大、加工孔的同轴度要求高的复合刀具，通常在刀体上做出导向部。如图 6-53 所示，导向部可安置在复合刀具的前端、后端、中间或前、后端位置上。

四、排屑、分屑和断屑

为了防止各单刀的切屑相互干扰和阻塞，要求各单刀都具有自己宽敞的容屑槽，常做成

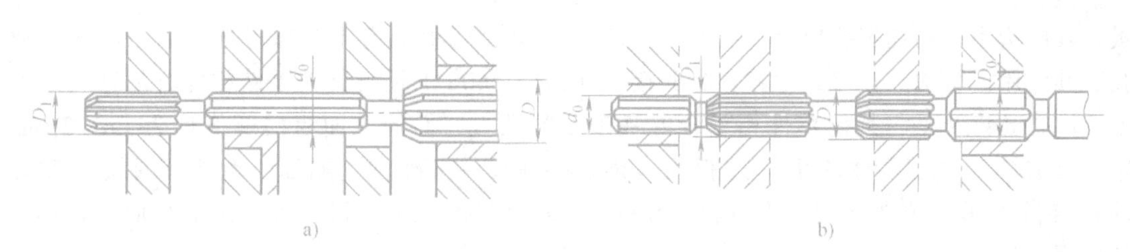

图 6-53　复合刀具的导向部

a）中间导向　b）前、后导向

图 6-54a 所示的交错分布容屑槽，避免了切屑流出时的互相干扰。为了减少切屑宽度，可在切削刃上磨出分屑槽。图 6-54b 所示为在复合刀具上增加切削液浇注通道，利用切削液冲走切屑。此外，应合理地选择可转位刀片的断屑槽形，以确保断屑。

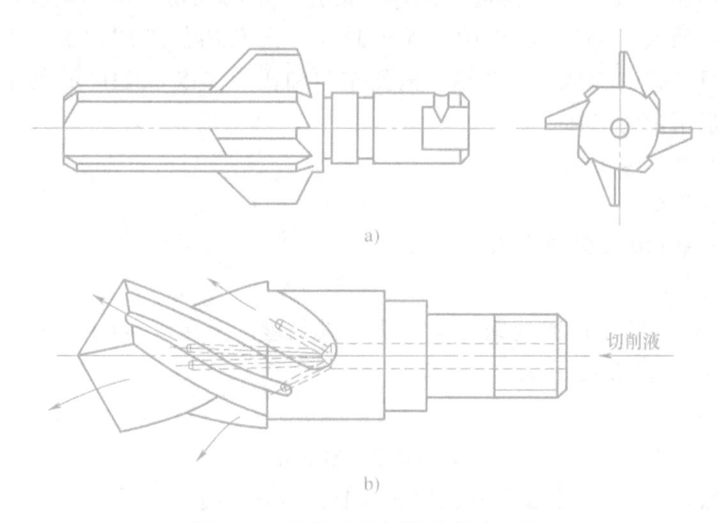

图 6-54　妥善处理切屑的复合刀具

a）容屑槽交错分布的复合刀具　b）有切削液通道的复合刀具

五、合理地选择切削用量

复合刀具制造、重磨和调整困难，为了确保刀具寿命不低于 4h，应选择较小的切削用量。孔加工复合刀具的背吃刀量 a_p 由相邻单刀的直径差来决定，a_p 不易过大。复合刀具的进给量是各刀共有的，进给量按最小尺寸的单刀来决定。对于先后切削的复合刀具，如钻—扩—攻螺纹复合刀具，在切削时，应相应地改变进给量，以适应各单刀的加工需要。最大直径刀具的切削速度高，磨损最快，故应按最大直径刀具来确定切削速度。各单刀进行不同加工工艺时，需兼顾其不同的工艺特点。例如，采用钻—铰复合刀具加工时，采用的切削速度应低于正常的钻削速度，而高于正常的铰削速度。

第八节　任务实施

一、孔加工刀具种类的选择

1. 法兰端盖孔加工刀具的选择

法兰端盖属于盘套类零件，材料为灰铸铁。零件的底板为$80_{-1}^{\ 0}$mm × $80_{-1}^{\ 0}$mm 的正方形板，其周边不需要加工，精度直接由铸造毛坯保证，底板上有 4 个均匀分布的 ϕ9mm 的通孔，其作用是将法兰盘与其他零件相联接，外圆面 ϕ60d11 是与其他零件相配合的基孔制的轴，内孔 ϕ47J8 是与其他零件相配合的基轴制的孔。它们的表面粗糙度值均为 Ra3.2μm，精度要求较低。该零件的生产过程为：铸造—划线—车外圆、端面、镗孔—划线（钻孔前）—钻孔。所需孔加工刀具有麻花钻和镗刀。以 ϕ47J8 孔加工过程为例讲解孔加工刀具及切削用量的选择。

2. 轴承套孔加工刀具的选择

轴承套属于短套筒，材料为锡青铜。其主要技术要求为：ϕ34js7 外圆对 ϕ22H7 孔的径向圆跳动公差为 0.01mm；左端面对 ϕ22H7 孔轴线的垂直度公差为 0.01mm。轴承套外圆尺寸公差等级为 IT7，采用精车可以满足要求；内孔尺寸公差等级也为 IT7，采用铰孔可以满足要求。该零件的生产过程为：铸造—粗车、钻孔、车内孔槽、半精车孔—铰孔—精车外圆、端面、倒角—调头车 ϕ42mm 外圆，保证总长。内孔的加工顺序为：钻孔—车孔—铰孔，所需孔加工刀具有中心钻、麻花钻、内孔车刀和铰刀。以 ϕ22H7 孔加工过程为例讲解孔加工刀具及切削用量的选择。

二、孔加工切削用量的选择

1. 法兰端盖 $\phi 47\text{J8}\left(^{+0.024}_{-0.015}\right)$ 孔加工过程及切削用量选择

所选机床为 CA6140 型卧式车床。

（1）钻孔 ϕ20mm

1）刀具及规格。ϕ20mm 高速钢麻花钻头，其长度 L = 孔深 + (5 ~ 10) mm = 23 + (5 ~ 10) mm = 28 ~ 33mm，取 L = 30mm。

2）切削用量选择。

$$a_{\mathrm{p}} = d/2 = 10\mathrm{mm}$$

由表 6-1 可知，$v_T = 15 \sim 20\mathrm{m/min}$，取 $v_T = 15\mathrm{m/min}$，则

$$n = \frac{1000v_T}{\pi d} = 1000 \times \frac{15\mathrm{m/min}}{\pi \times 20\mathrm{mm}} = 239\mathrm{r/min}$$

由机床转速表，取 $n_{实} = 250\mathrm{r/min}$，则

$$v_{\mathrm{c}} = \frac{\pi d n_{实}}{1000} = \frac{\pi \times 20\mathrm{mm} \times 250\mathrm{r/min}}{1000} = 15.7\mathrm{m/min}$$

手动进给。

（2）镗孔 $\phi 40^{+0.5}_{0}$mm

1）刀具及规格。可转位镗刀（SNMM150604），刀片材料为 K20（YG6），刀杆截面尺寸：$B \times H = 20\mathrm{mm} \times 20\mathrm{mm}$，长度 $L = 180\mathrm{mm}$。

2）切削用量选择。

$$a_{\mathrm{p}} = 10\mathrm{mm}\ （两次进刀）$$

由《机械加工实用手册》第 335 页表 6.1.71 可知，$v_T = 40 \sim 80\mathrm{m/min}$，取 $v_T = 60\mathrm{m/min}$，则

$$n = \frac{1000v_T}{\pi d} = \frac{1000 \times 60\mathrm{m/min}}{\pi \times 40\mathrm{mm}} = 478\mathrm{r/min}$$

由机床转速表，取 $n_{实} = 500\mathrm{r/min}$，则

$$v_c = \frac{\pi d n_{实}}{1000} = \frac{\pi \times 40\text{mm} \times 500\text{r/min}}{1000} = 62.8\text{m/min}$$

由《机械加工工艺手册》第573页表2.4－66可知，$f = 0.15 \sim 0.30\text{mm/r}$，由机床纵向进给量表，取$f = 0.24\text{mm/r}$。

（3）镗孔$\phi 47\text{J8}\ (^{+0.024}_{-0.015})$

1）刀具及规格。可转位镗刀（SNMM150604），刀片材料为K20（YG6），刀杆截面尺寸：$B \times H = 20\text{mm} \times 20\text{mm}$，长度$L = 180\text{mm}$。

2）粗镗$\phi 47\text{J8}\ (^{+0.024}_{-0.015})$孔至$\phi 44^{+0.250}_{0}$的切削用量选择。

$$a_p = 2\text{mm}$$

由《机械加工实用手册》第335页表6.1.71可知，$v_T = 40 \sim 80\text{m/min}$，取$v_T = 60\text{m/min}$，则

$$n = \frac{1000 v_T}{\pi d} = \frac{1000 \times 60\text{m/min}}{\pi \times 44\text{mm}} = 434\text{r/min}$$

由机床转速表，取$n_{实} = 450\text{r/min}$，则

$$v_c = \frac{\pi d n_{实}}{1000} = \frac{\pi \times 44\text{mm} \times 450\text{r/min}}{1000} = 62.2\text{m/min}$$

由《机械加工工艺手册》第573页表2.4－66可知，$f = 0.15 \sim 0.30\text{mm/r}$，由机床纵向进给量表，取$f = 0.24\text{mm/r}$。

3）半精镗$\phi 47\text{J8}\ (^{+0.024}_{-0.015})$孔的切削用量选择。

$$a_p = 1.5\text{mm}$$

由《机械加工实用手册》第335页表6.1.71可知，$v_T = 60 \sim 100\text{m/min}$，取$v_T = 80\text{m/min}$，则

$$n = \frac{1000 v_T}{\pi d} = \frac{1000 \times 80\text{mm}}{\pi \times 47\text{m/min}} = 542\text{r/min}$$

由机床转速表，取$n_{实} = 560\text{r/min}$，则

$$v_c = \frac{\pi d n_{实}}{1000} = \frac{\pi \times 47\text{mm} \times 560\text{r/min}}{1000} = 82.6\text{m/min}$$

由《机械加工工艺手册》第573页表2.4-66可知，$f = 0.10 \sim 0.20\text{mm/r}$，由机床纵向进给量表，取$f = 0.16\text{mm/r}$。

2. 轴承套$\phi 22\text{H7}\ (^{+0.021}_{0})$孔加工过程及切削用量选择

钻中心孔是为了便于定位，由于工序不是很复杂，选用无护锥中心钻A型即可。所选机床为CA6140型卧式车床。

（1）钻孔$\phi 20\text{mm}$

1）刀具及规格。$\phi 20\text{mm}$高速钢麻花钻头，其长度$L = 孔深 + (5 \sim 10)\text{mm} = 40\text{mm} + (5 \sim 10)\text{mm} = 45 \sim 50\text{mm}$，取$L = 50\text{mm}$。

2）切削用量选择。

$$a_p = 10\text{mm}$$

由表6-1可知，$v_T = 40 \sim 70\text{m/min}$，取$v_T = 60\text{m/min}$，则

$$n = \frac{1000 v_T}{\pi d} = 1000 \times \frac{60\text{m/min}}{\pi \times 20\text{mm}} = 955\text{r/min}$$

由机床转速表，取 $n_{实}=900\text{r/min}$，则

$$v_c=\frac{\pi d n_{实}}{1000}=\frac{\pi\times 20\text{mm}\times 900\text{r/min}}{1000}=56.5\text{m/min}$$

手动进给。

（2）半精车孔至 $\phi 21.8^{+0.130}_{0}$mm

孔 $\phi 22\text{H7}$（$^{+0.021}_{0}$）最终工序为铰削，预留铰孔余量 $A_{铰孔}=0.1\sim0.2\text{mm}$，取 $A_{铰孔}=0.2\text{mm}$，则半精车孔尺寸为 $\phi(22-0.2)\text{mm}=\phi 21.8\text{mm}$。

1）刀具及规格。焊接式车刀，刀片代号 A208，刀片材料为 K20（YG6）。夹持部分的刀杆截面为方形，且 $B\times H=20\text{mm}\times 20\text{mm}$；刀杆需伸入工件中的部分其截面为圆形，直径为 $\phi 16$mm；刀杆总长为 160mm，且圆形截面部分长度要大于 40mm。

2）切削用量选择。

$$a_p=0.9\text{mm}$$

由《机械加工实用手册》第 335 页表 6.1.71 可知，$v_T=250\sim300\text{m/min}$，取 $v_T=250\text{m/min}$，则

$$n=\frac{1000v_T}{\pi d}=\frac{1000\times 250\text{m/min}}{\pi\times 21.8\text{mm}}=3562\text{r/min}$$

由机床转速表，取 $n_{实}=900\text{r/min}$，则

$$v_c=\frac{\pi d n_{实}}{1000}=\frac{\pi\times 21.8\text{mm}\times 900\text{r/min}}{1000}=61.6\text{m/min}$$

由《机械加工实用手册》第 335 页表 6.1.71 可知，$f=0.20\sim0.60\text{mm/r}$，由机床纵向进给量表，取 $f=0.20\text{mm/r}$。

（3）铰孔 $\phi 22\text{H7}$（$^{+0.021}_{0}$）

1）刀具及规格。选择高速钢手用铰刀，根据经验，高速钢铰刀铰孔会发生扩张，其直径根据式（6-2）、式（6-3）可得

$$d_{max}=d_{wmax}-P_{max}=22.021\text{mm}-0.15\times 0.021\text{mm}=22.018\text{mm}$$

$$d_{min}=d_{wmax}-P_{max}-G=22.021\text{mm}-0.15\times 0.021\text{mm}-0.35\times 0.021\text{mm}=22.011\text{mm}$$

即 $\phi 22.011\text{mm}\leqslant d_{铰刀}\leqslant\phi 22.018\text{mm}$。

应先进行试切，再对铰刀进行研磨。

2）切削用量选择。

$$a_p=0.1\text{mm}$$

由《机械加工实用手册》第 335 页表 6.1.63 可知 $v_T\leqslant 8\text{m/min}$，取 $v_T=6\text{m/min}$，则

$$n=\frac{1000v_T}{\pi d}=\frac{1000\times 6\text{m/min}}{\pi\times 22\text{mm}}=87\text{r/min}$$

由机床转速表，取 $n_{实}=80\text{r/min}$，则

$$v_c=\frac{\pi d n_{实}}{1000}=\frac{\pi\times 22\text{mm}\times 80\text{r/min}}{1000}=5.5\text{m/min}$$

手铰时，两手用力要平衡、均匀、稳定，不要猛力推压铰刀，而应一边旋转，一边轻轻加压，且加注乳化液进行润滑。

三、孔加工刀具与机床联接

1. 麻花钻的装夹

（1）用钻夹头安装　这种装夹方法适用于安装 ϕ13mm 以下的直柄钻头。它是利用钻夹头的锥柄插入车床尾座套筒内，当钻头插入钻夹头的三个爪中后再用扳手夹紧来进行安装的，如图 6-55 所示。

（2）用钻套安装　当锥柄钻头的锥柄号码与车床尾座的锥孔号码相符时，锥柄麻花钻可以直接插入车床尾座套筒内；但是，如果二者的号码不同，就得使用钻套过渡，如图6-56所示。例如，钻头锥柄是 2 号，而车床尾座套筒锥孔是 4 号，那么就要用内 2 外 3 和内 3 外 4 两只钻套，先将两只钻套套在钻头上，然后再装进车床尾座上。从钻套中取出钻头时，一般必须使用专用的楔铁从钻套尾端的腰形孔中插入，经轻轻敲击楔铁后，钻头就会被挤出。

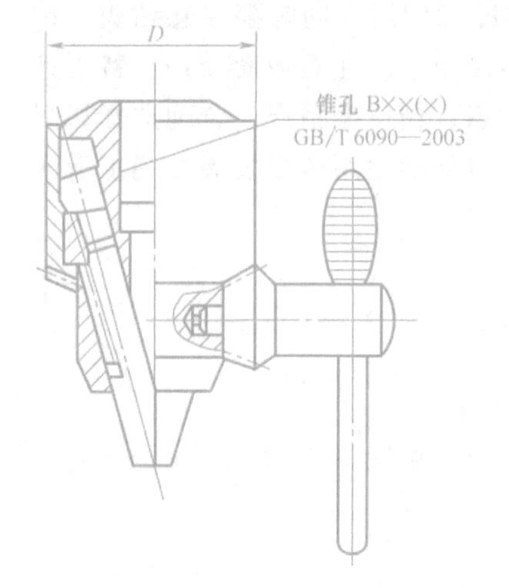

图 6-55　锥孔扳手钻夹头

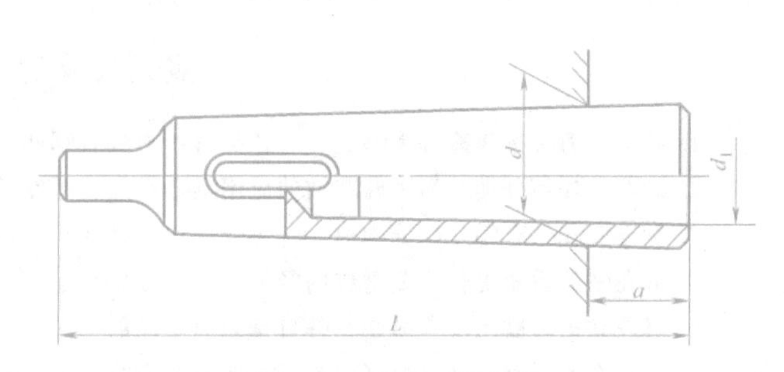

图 6-56　锥柄工具钻套

2. 铰刀的装夹

若是手动铰孔，用铰杠（图 6-57）夹持铰刀柄部即可工作；若是机动铰孔，由于铰刀切削量小，为防止铰刀轴线与主轴轴线相互偏斜而引起的孔轴线歪斜、孔径扩大等现象，铰刀与机床主轴之间常采用浮动联接，见表 6-6。

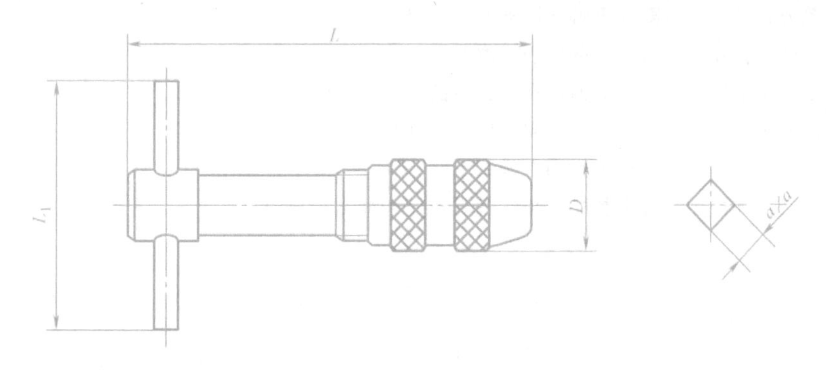

图 6-57　铰刀铰杠

3. 镗刀的装夹

1）利用平旋盘镗大孔时，镗刀安装在平旋盘上，其安装方法与车刀在刀架上的安装方法一样。

2）若镗刀通过镗刀柄与机床主轴孔联接，两者锥号应相同。

3）若镗刀安装在镗刀杆上（图6-44），镗刀杆与主轴孔相连一端的锥号应与主轴孔锥号相同。长镗刀杆一端与机床主轴孔连接，另一端由后立柱上的尾架支承。

4）在装夹镗刀杆及刀盘时，需擦净锥柄及机床主轴孔，装镗杆时拉紧螺钉应拧紧，装刀盘时必须事先用对刀装置调整好。

企业点评　东方汽轮机有限公司钟成明高级工程师：孔加工时，主要解决排屑和冷却问题，同时要注意钻头、扩孔钻、铰刀等属于定尺寸刀具，要根据加工精度要求，注意成套使用；特别是铰削加工是一种微量切削，要根据加工工件材料、精度等情况，合理选取切削液。

【思政目标】孔加工时，主要解决排屑和冷却问题，同时要注意钻头、扩孔钻、铰刀等属于定尺寸刀具，要根据加工精度要求，注意成套使用；特别是铰削加工是一种微量切削，要根据加工工件材料、精度等情况，合理选择切削液。通过启发式、案例式等教学方式的学习，帮助学生用全面发展的观点看问题，培养学生发现和解决问题的兴趣和能力。

复习思考题

1. 孔加工刀具按用途分为哪几类？各类常用刀具有哪些？
2. 麻花钻如何分类？简述麻花钻的应用场合和加工精度及表面质量。
3. 标准麻花钻有哪几部分构成？各部分的作用是什么？切削部分包括哪些几何参数？
4. 麻花钻的后角为什么要磨成内径处大，外径处小？
5. 麻花钻的刃磨角度有哪些？各自是如何定义的？
6. 为什么要对麻花钻进行修磨？有哪些修磨方法？各自适用于什么场合？
7. 群钻的刃形特征是什么？与普通麻花钻相比有什么优点？
8. 简述麻花钻和扩孔钻、扩孔加工和钻孔加工的区别。
9. 什么是深孔？深孔钻削与一般钻削有什么不同？主要解决哪几个问题？
10. 锪钻主要用于哪些场合？常用锪钻有哪些？
11. 铰削加工的特点有哪些？
12. 确定铰刀直径公差时要考虑哪些因素？
13. 铰孔时产生孔径扩张或收缩的原因是哪些？
14. 什么是孔加工复合刀具？有何特点？常用的有哪几种？
15. 与其他孔加工方法比较，镗孔的突出优点是什么？
16. 以卧式镗床为例，描述镗削运动有哪些。
17. 镗刀按结构和使用方式分为哪几类？各自适用于什么场合？

第七章

7

铣刀及其选用

第一节 任务引入

图 7-1 所示为某公司生产的滑道零件，材料为 45 钢。请仔细分析滑道零件结构，要想完成滑道零件的主要平面和键槽的加工，需要选用哪些铣刀？铣削用量和铣削方式又该如何选择？

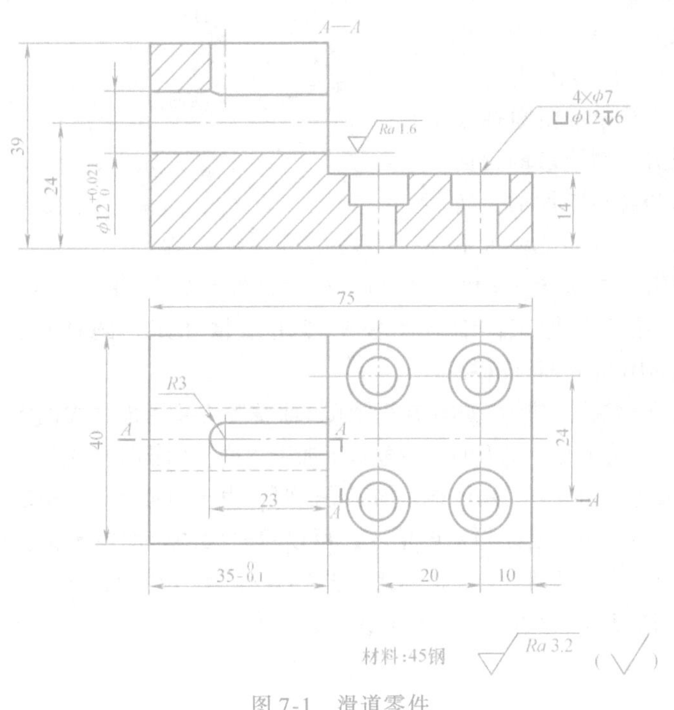

图 7-1 滑道零件

第二节 铣削加工工艺范围及铣刀种类

一、铣削加工工艺范围

铣削是使用多齿旋转刀具进行切削加工的一种方法，常用来加工平面（包括水平面、垂直面和斜面）、台阶面、沟槽（包括直角槽、键槽、V 形槽、燕尾槽、T 形槽、圆弧槽、螺旋槽）、切断及成形表面等。铣刀的种类很多，在铣削加工中，用圆柱铣刀和面铣刀铣削平面具有代表性，故以圆柱铣刀和面铣刀为例，介绍铣刀的几何角度、铣削要素、铣削方式和铣削特点，以及常用铣刀的结构特点与应用等。

二、铣刀的种类及用途

铣刀是金属切削刀具中种类最多的刀具之一，属于多齿回转刀具，每一个刀齿相当于一把车刀固定在铣刀的回转表面上，其切削加工特点与车削加工基本相同，但铣削是断续切削，切削厚度和切削面积随时在变化，所以铣削过程具有一些特殊规律。

1. 常用铣刀特点及应用范围

铣刀的种类很多，常用的有圆柱铣刀、面铣刀、立铣刀、键槽铣刀、半圆键槽铣刀、三面刃铣刀、模具铣刀、角度铣刀、锯片铣刀等。通用规格的铣刀已标准化，一般由专业工具厂生产。按用途分类时，铣刀又可分为加工平面用铣刀、加工沟槽用铣刀、加工成形面用铣刀等三大类。下面介绍几种常用铣刀的特点及其适用范围。

（1）圆柱铣刀　如图7-2所示，圆柱铣刀主要用于卧式铣床上加工宽度小于铣刀长度的狭长平面。它一般都是用高速钢制成整体式（7-2a）的；外径较大的铣刀，也可以镶焊螺旋形硬质合金刀片制成镶齿式（图7-2b）。螺旋形切削刃分布在圆柱表面上，没有副切削刃，螺旋形的刀齿切削时是逐渐切入和脱离工件的，所以切削过程较平稳。根据加工要求不同，圆柱铣刀有粗齿（螺旋角$\beta=40°\sim45°$），细齿（螺旋角$\beta=30°\sim35°$）之分。粗齿圆柱铣刀的容屑槽大，用于粗加工；细齿圆柱铣刀用于精加工。圆柱铣刀直径有$\phi50$mm、$\phi63$mm、$\phi80$mm、$\phi100$mm四种规格。

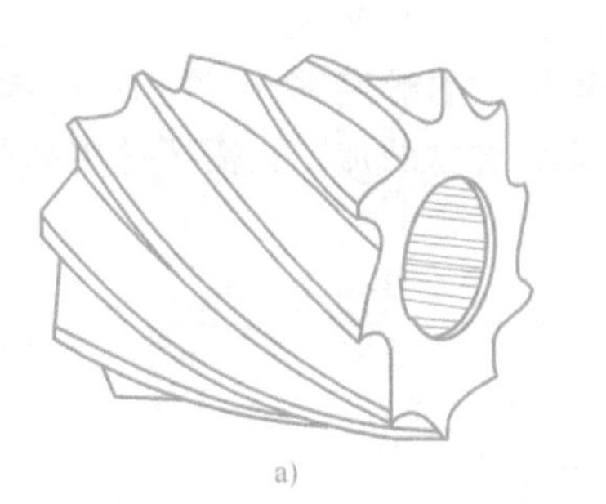
a)

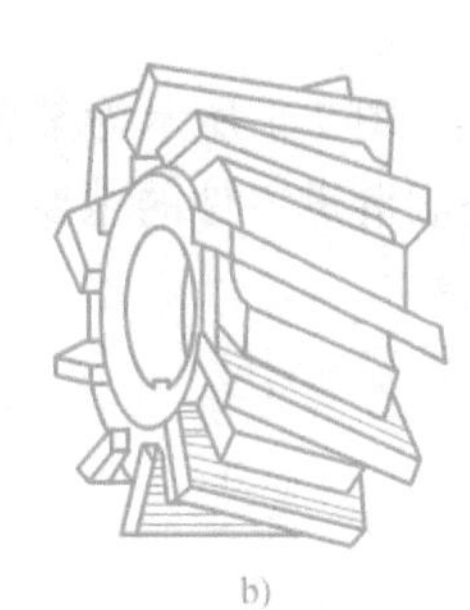
b)

图7-2　圆柱铣刀
a）整体式　b）镶齿式

（2）面铣刀（又称端铣刀）　如图7-3所示，面铣刀主要用于立式铣床上加工平面，特别适合较大平面的加工。铣削时，铣刀的轴线垂直于加工表面。面铣刀的主切削刃位于圆柱或圆锥表面上，端面切削刃为副切削刃。用面铣刀加工平面时，由于同时参加切削的刀齿较多，又有副切削刃的修光作用，所以加工表面粗糙度值小，可以用较大的切削用量，生产率较高，应用广泛。小直径的面铣刀一般用高速钢制成整体式（图7-3a），大直径的面铣刀是在刀体上镶装焊接式硬质合金刀头（图7-3b），或采用机械夹固式可转位硬质合金刀片（图7-3c）。

a)

b)

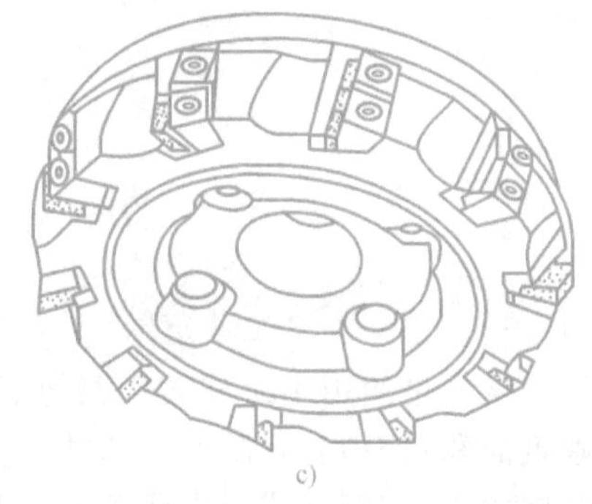
c)

图7-3　面铣刀
a）整体式面铣刀　b）镶焊接式硬质合金刀头面铣刀　c）可转位硬质合金面铣刀

（3）立铣刀 如图 7-4 所示，立铣刀相当于带柄的小直径圆柱铣刀，一般由 3～4 个刀齿组成，圆柱面上的切削刃是主切削刃，端面上的切削刃没有通过中心，是副切削刃，因此工作时不宜沿铣刀轴线方向做进给运动。立铣刀主要用于加工凹槽、台阶面以及利用靠模加工成形面。标准立铣刀按柄部结构有直柄、莫氏锥柄、7:24 锥柄等类型。用立铣刀铣槽时槽宽有扩张，故应选直径比槽宽略小的铣刀。

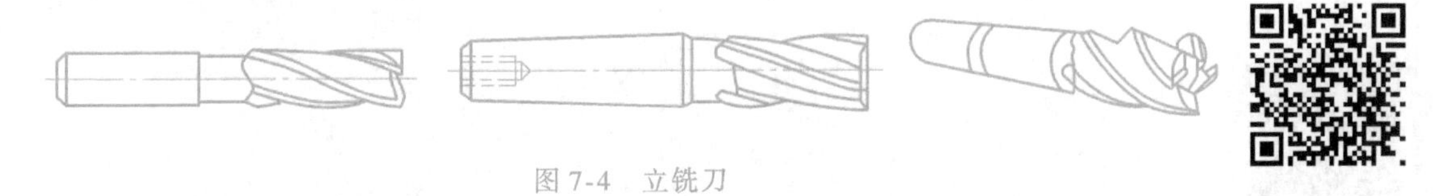

图 7-4 立铣刀

（4）键槽铣刀 如图 7-5 所示，键槽铣刀的外形与立铣刀相似，不同的是它在圆周上只有两个螺旋刀齿，其端面刀齿的切削刃延伸至中心，在铣两端不通的键槽时，可以做适量的轴向进给。它主要用来加工圆头封闭键槽，加工时要做多次轴向（垂直）进给和纵向进给才能完成键槽加工。铣削时，圆周切削刃仅在靠近端面的一小段长度内发生磨损，重磨时只需刃磨端面切削刃，保证重磨后铣刀直径不变。

其他槽类铣刀还有 T 形槽铣刀（图 7-6）和燕尾槽铣刀（图 7-7）等。

图 7-5 键槽铣刀

图 7-6 T 形槽铣刀

（5）三面刃铣刀 如图 7-8 所示，三面刃铣刀在刀体的圆周上及两侧环形端面上均有刀齿，所以称为三面刃铣刀。它主要用在卧式铣床上加工台阶面和一端或两端贯穿的浅沟槽。三面刃铣刀有直齿（7-8a）和交错齿（7-8b）之分，直径较大的常采用镶齿结构（7-8c）。三面刃铣刀的圆周切削刃为主切削刃，两侧面切削刃是副切削刃，从而改善了两侧面的切削条件，提高了切削效率，减小了表面粗糙度值。但重磨后铣刀宽度尺寸变化较大，镶齿三面刃铣刀可解决这一问题。

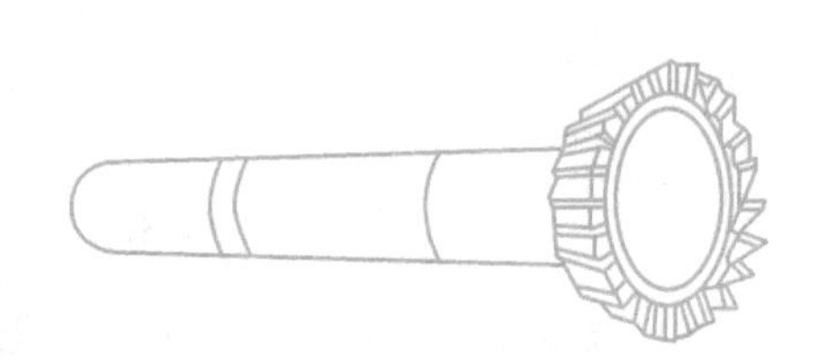

图 7-7 燕尾槽铣刀

（6）角度铣刀 如图 7-9 所示，角度铣刀有单角铣刀（图 7-9a）和双角铣刀，又分为对称双角铣刀和不对称双角铣刀（图 7-9b、c），用于铣削带角度的沟槽和斜面。角度铣刀大端和小端直径相差较大时，往往造成小端刀齿过密，容屑空间较小，因此常将小端刀齿间隔地去掉，使小端的齿数减少一半，以增大容屑空间。单角铣刀圆锥切削刃为主切削刃，端面切削刃为副切削刃。双角铣刀两圆锥面上的切削刃均为主切削刃。

（7）锯片铣刀 如图 7-10 所示，锯片铣刀是薄片的槽铣刀，只在圆周上有刀齿，用于铣削窄槽或切断。它与切断车刀类似，对刀具几何参数的合理性要求较高。为了避免夹刀，其厚度由边缘向中心减薄，使两侧形成副偏角。

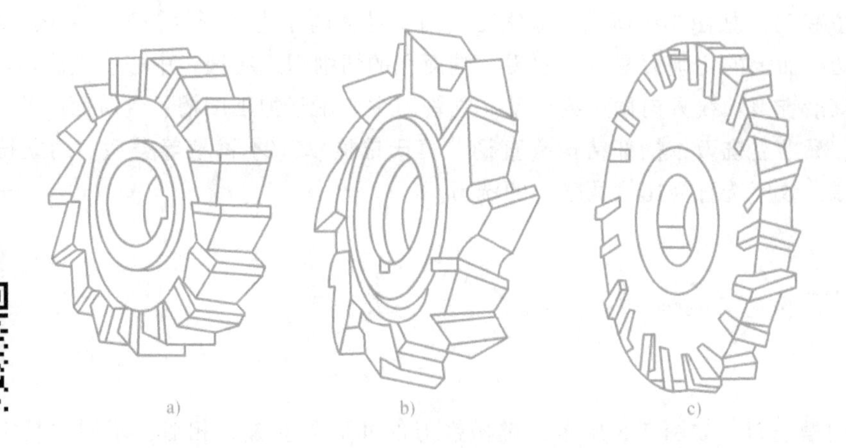

图 7-8　三面刃铣刀

a）直齿　b）交错齿　c）镶齿

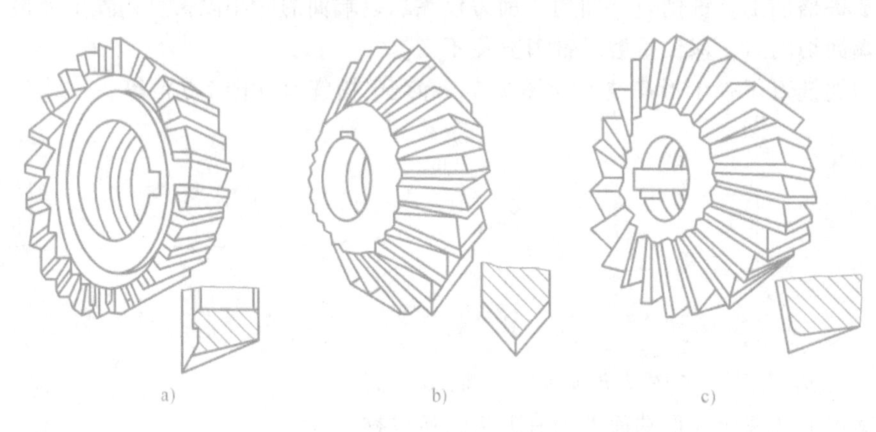

图 7-9　角度铣刀

a）单角铣刀　b）对称双角铣刀　c）不对称双角铣刀

（8）成形铣刀　如图 7-11 所示，成形铣刀是在铣床上用于加工成形表面的刀具，其刀齿廓形要根据被加工工件的廓形来确定。用成形铣刀可在通用铣床上加工复杂形状的表面，并获得较高的精度和表面质量，生产率也较高。除此之外，还有仿形用的指形齿轮铣刀（图 7-12）等。

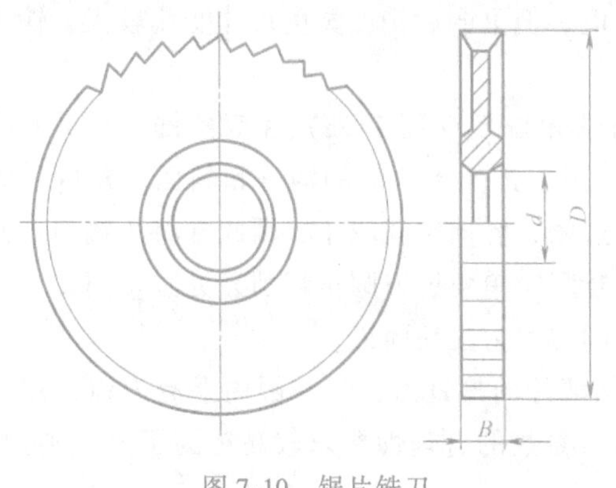

图 7-10　锯片铣刀

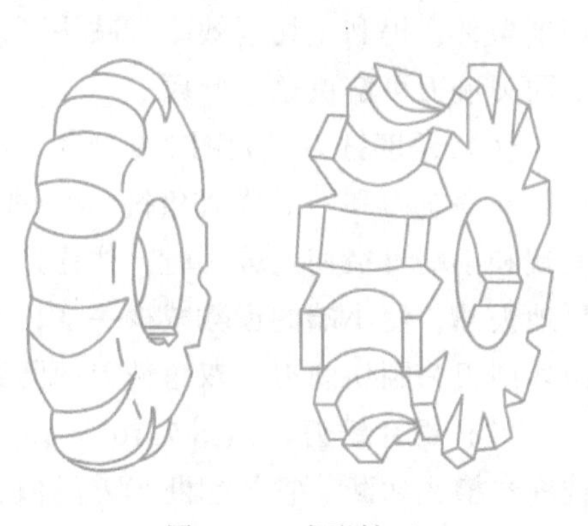

图 7-11　成形铣刀

2. 铣刀的分类

（1）按齿背形式分类　按齿背形式可分为尖齿铣刀和铲齿铣刀两大类，如图 7-13 所示。

1）尖齿铣刀。如图 7-13a～c 所示，尖齿铣刀的特点是齿背经铣制而成，并在切削刃后磨出一个窄的后刀面，铣刀用钝后只需刃磨后刀面，刃磨比较方便。尖齿铣刀是铣刀中的一大类，上述铣刀除成形铣刀外基本均为尖齿铣刀。

2）铲齿铣刀。如图 7-13d 所示，铲齿铣刀的特点是齿背经铲制而成，铣刀用钝后仅刃磨前刀面，易于保持切削刃原有的形状，因此适用于切削廓形复杂的铣刀，如成形铣刀。

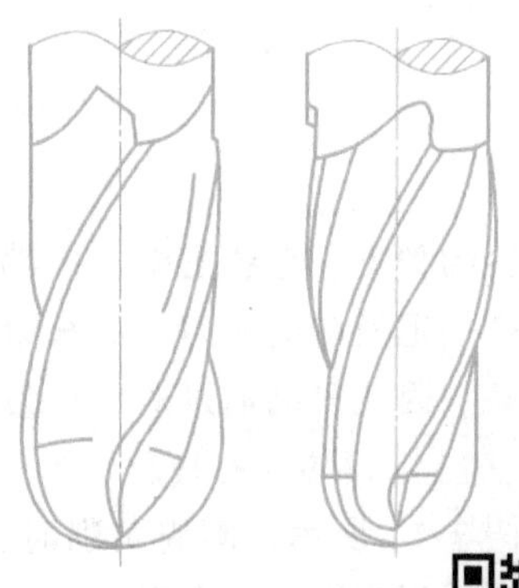

图 7-12　指形齿轮铣刀

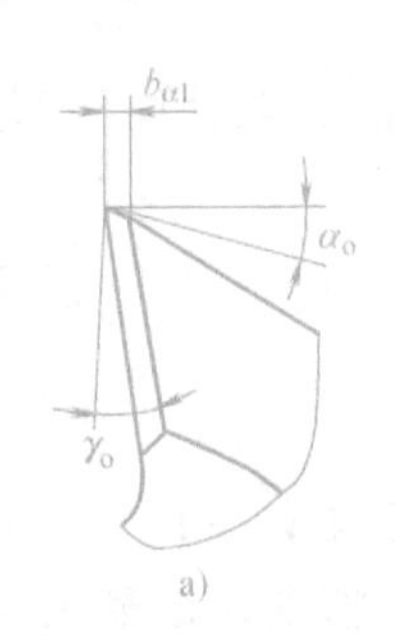

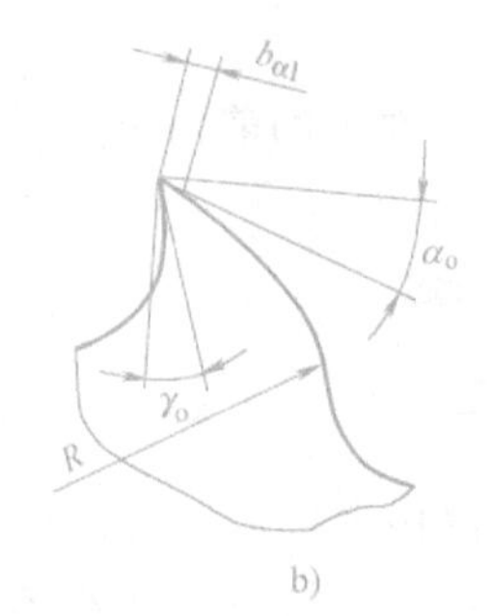

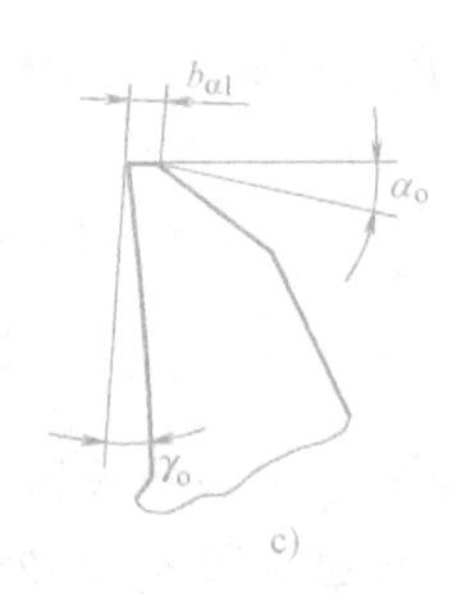

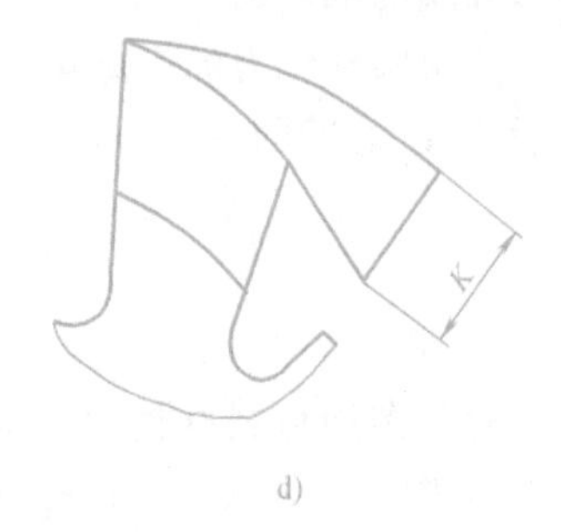

图 7-13　铣刀刀齿齿背形式

（2）按铣刀的结构分类

1）整体式。刀齿和刀体制成一体。

2）整体焊接式。刀齿采用硬质合金或其他耐磨材料制成，并钎焊在刀体上。

3）镶齿式。刀齿采用机械方法装夹在刀体上。这种刀头能够更换，可以是整体刀具材料的刀头，也可以是焊接刀具材料的刀头。刀头装夹在刀体上刃磨的铣刀称为体内刃磨式铣刀，刀头单独刃磨的铣刀称为体外刃磨式铣刀。

4）可转位式。将能够转位使用的多边形刀片采用机械方法装夹在刀体上。这种结构已广泛应用于立铣刀、三面刃铣刀以及成形铣刀等各类铣刀上。可转位式硬质合金铣刀现在已经使用得越来越广泛。

（3）按铣刀的材料分类

1）高速钢铣刀。通用性好，可用于加工结构钢、合金钢、铸铁和非铁金属。切削钢件时，必须浇注充分的切削液。

2）硬质合金铣刀。可以高效地铣削各种钢、铸铁和非铁金属。

3）陶瓷铣刀。用于淬硬钢和铸铁，有色金属等材料的精铣。

4）金刚石铣刀。用于铣削塑料、复合材料、有色金属及其合金。

5）立方氮化硼铣刀。用于半精铣及精铣高温合金、淬硬钢和冷硬铸铁。

除此之外，铣刀还可以按刀齿数目分为粗齿铣刀和细齿铣刀。在直径相同的情况下，粗齿铣刀的刀齿数较少，刀齿的强度和容屑空间较大，适用于粗加工；细齿铣刀适用于半精加工和精加工。

第三节　铣刀的几何角度

铣刀的种类、形状虽多，但都可以归纳为圆柱铣刀和面铣刀两种基本形式，每个刀齿可以看作是一把简单的车刀，故车刀的几何角度定义也适用于铣刀。所不同的是，铣刀回转，刀齿较多。因此只要通过对一个刀齿的分析，就可以了解整个铣刀的几何角度。

1. 圆柱铣刀的几何角度

如图 7-14 所示，圆周铣削时，铣刀旋转运动是主运动，工件的直线移动是进给运动。圆柱铣刀的正交平面参考系 p_r、p_s 和 p_o 的定义可参考车削中规定。对于以绕自身轴线旋转做主运动的铣刀，它的基面 p_r 是通过切削刃选定点并包含铣刀轴线的平面，并假定主运动方向与基面垂直。切削平面 p_s 是通过切削刃选定点的圆柱的切平面。正交平面 p_o 是垂直于铣刀轴线的端剖面。

如果圆柱铣刀的螺旋角为 β，则前角 γ_o 与法向平面上的前角 γ_n、后角 α_o 与法向平面上的后角 α_n 之间的关系，可用式（7-1）和式（7-2）计算

$$\tan\gamma_n = \tan\gamma_o\cos\beta \tag{7-1}$$

$$\tan\alpha_n = \frac{\tan\alpha_o}{\cos\beta} \tag{7-2}$$

对于螺旋齿圆柱铣刀，前角 γ_n 一般按被加工材料来选取，铣削钢时取 $\gamma_n = 10° \sim 20°$；铣削铸铁时取 $\gamma_n = 5° \sim 15°$。后角通常取 $\alpha_o = 12° \sim 16°$，粗铣时取小值，精铣时取最大值。螺旋角一般取粗齿圆柱铣刀 $\beta = 45° \sim 60°$；细齿圆柱铣刀 $\beta = 25° \sim 30°$。

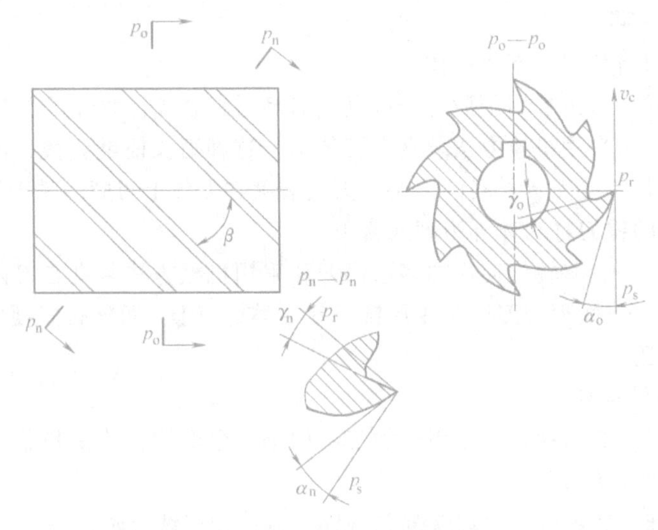

图 7-14　圆柱铣刀的几何角度

2. 面铣刀的几何角度

由于面铣刀的每一个刀齿相当于一把车刀，因此，面铣刀的几何角度与车刀相似，其各角度的定义可参照车刀确定，如图 7-15 所示。

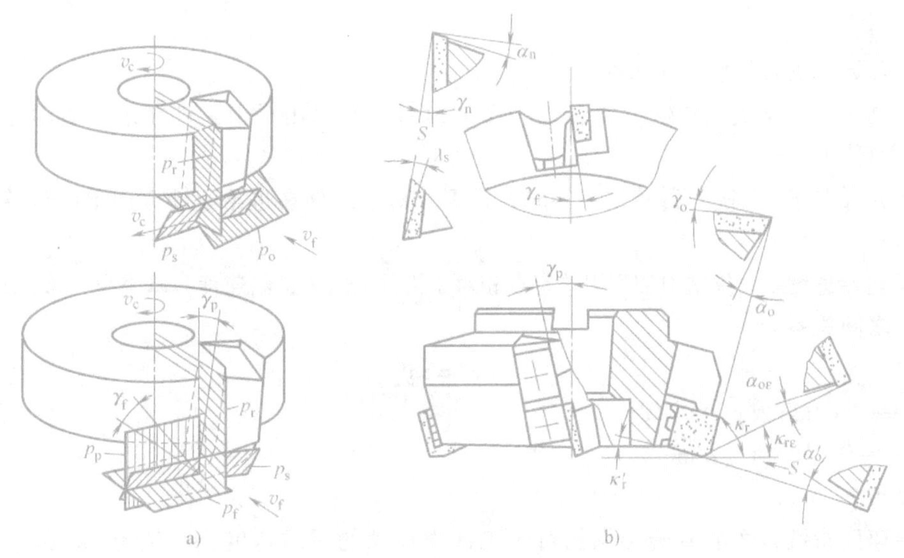

图 7-15 面铣刀的几何角度

a）立体图 b）几何角度

第四节 铣削用量及铣削切削层参数

一、铣削用量

铣削用量如图 7-16 所示。

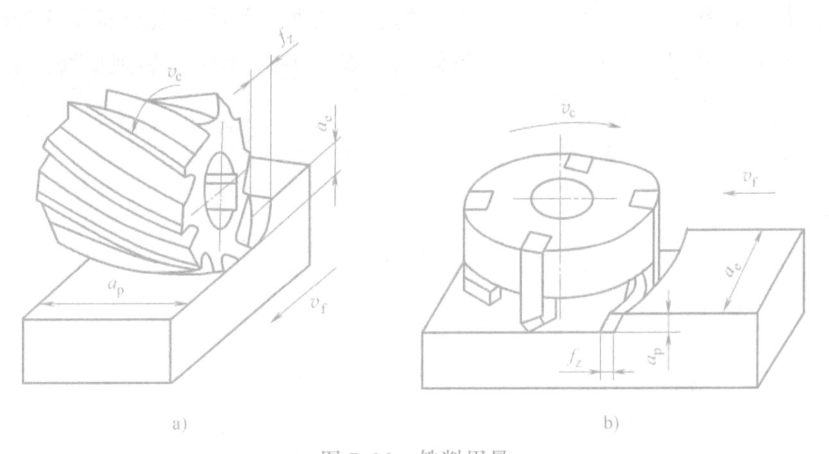

图 7-16 铣削用量

a）圆周铣削 b）端面铣削

1. 背吃刀量 a_p

背吃刀量指平行于铣刀轴线测量的切削层尺寸。圆周铣削时，a_p 为被加工表面的宽度；端铣时，a_p 为切削层深度。

2. 侧吃刀量 a_e

侧吃刀量指垂直于铣刀轴线测量的切削层尺寸。圆周铣削时 a_e 为切削层深度；端铣时，a_e 为被加工表面宽度。

3. 进给量

铣削时进给量有三种表示方法。

(1) 每齿进给量 f_z 指铣刀每转过一个刀齿时，铣刀相对于工件在进给运动方向上的位移量，单位为 mm/z。

(2) 进给量 f 指铣刀每转过一转时，铣刀相对于工件在进给运动方向上的位移量，单位为 mm/r。

(3) 进给速度 v_f 指铣刀切削刃选定点相对于工件的瞬时进给速度，单位为 mm/min。

三者之间关系为

$$v_f = nf = nzf_z \tag{7-3}$$

式中 z——铣刀齿数；

n——铣刀转速（r/min）。

4. 铣削速度 v_c

铣削速度指铣刀切削刃选定点相对于工件主运动的瞬时速度，单位为 m/min。计算公式为

$$v_c = \frac{\pi dn}{1000} \tag{7-4}$$

式中 d——铣刀直径（mm）；

n——铣刀转速（r/min）。

二、铣削的切削层参数

1. 铣削的切削层参数

铣削时，铣刀相邻 2 个刀齿在工件上形成的加工表面之间的一层金属层称为切削层，切削层剖面的形状和尺寸对铣削过程有很大的影响。如图 7-17 所示，切削层要素有以下三个。

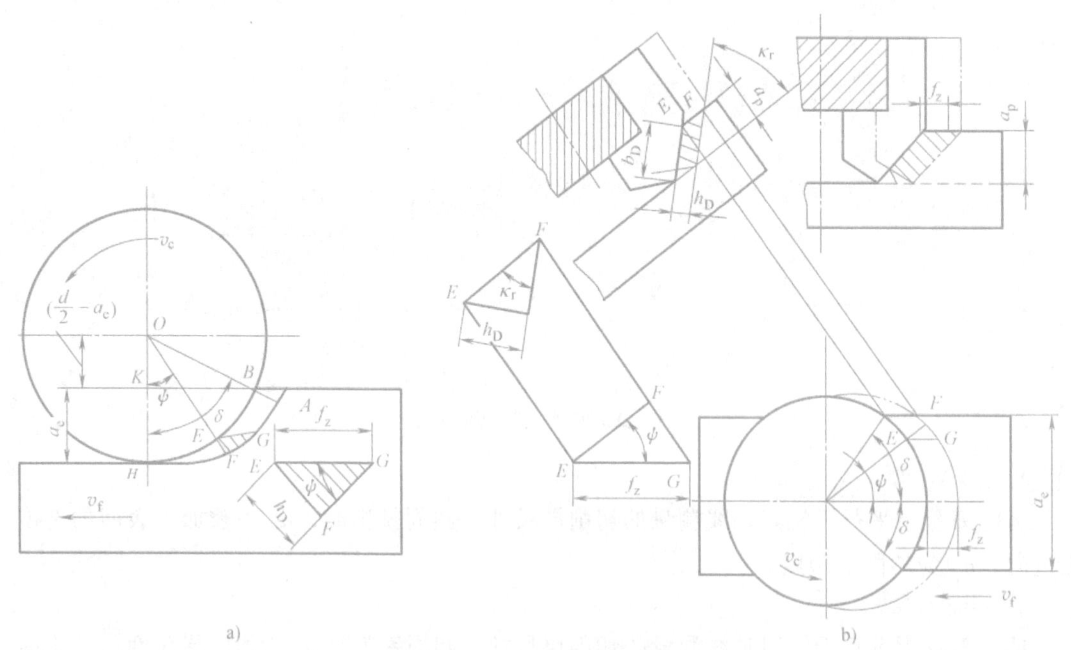

图 7-17 铣削切削层要素

a) 圆柱铣刀周铣 b) 面铣刀端铣

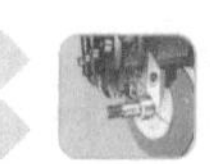

(1) 切削厚度 h_D　指相邻两个刀齿所形成的加工面间的垂直距离。由图 7-17a 可知，铣削时切削厚度是随时变化的。

圆柱铣刀铣削时，当铣削刃转到 F 点时，其切削厚度为

$$h_D = f_z \sin\psi \tag{7-5}$$

式中　ψ—瞬时接触角（°），是刀齿所在位置与起始切入位置间的夹角。

由式（7-3）可知，刀齿在起始位置 H 点时，$\psi = 0$，因此 $h_D = 0$，为最小值。刀齿即将离开工件到 A 点时，$\psi = \delta$，切削厚度达到最大值，即

$$h_{D\max} = f_z \sin\delta \tag{7-6}$$

螺旋齿圆柱铣刀铣削时切削刃是逐渐切入和切离工件的，切削刃上各点的瞬时接触角不同，因此切削厚度也不相等，如图 7-17 所示。

端铣时，刀齿在任意位置时的切削厚度为

$$h_D = EF\sin\kappa_r = f_z \cos\psi \sin\kappa_r \tag{7-7}$$

由于刀齿接触角由最大变为零，然后由零变为最大。因此，刀齿的切削厚度在刚切入工件时为最小，然后逐渐增大，到中间位置为最大，以后又逐渐减小。

(2) 切削宽度 b_D　切削宽度为主切削刃参加工作时的长度。如图 7-17b 所示，直齿圆柱铣刀的切削宽度与铣削背吃刀量 a_p 相等，而螺旋齿圆柱铣刀的切削宽度是变化的，如图 7-18 所示。随着刀齿切入和切出工件，切削宽度逐渐增大，然后又逐渐减小，因而铣削过程较为平稳。

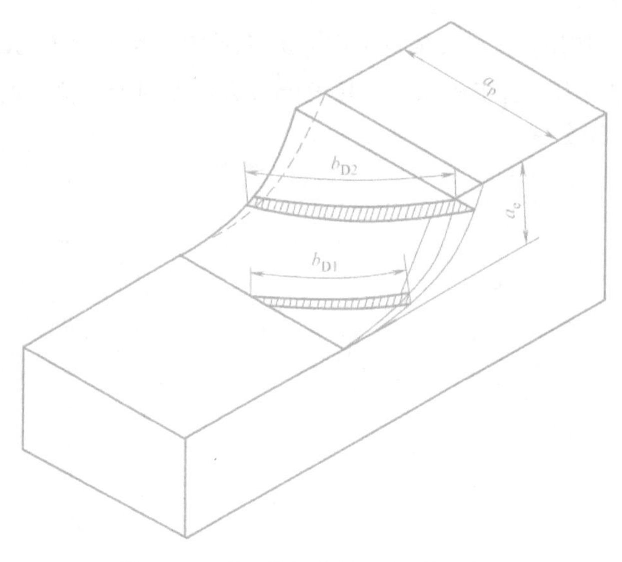

图 7-18　螺旋齿圆柱铣刀切削层要素

端铣时，切削宽度保持不变，其值为

$$b_D = \frac{a_p}{\sin\kappa_r} \tag{7-8}$$

(3) 平均切削总面积 A_D　铣刀同时有几个刀齿参加切削，切削总面积等于各个刀齿的切削面积之和。铣削时，铣削厚度是变化的，而螺旋齿圆柱铣刀的切削宽度也是变化的。此外，铣刀的同时工作齿数也在变化，所以铣削总面积是变化的。铣削时平均总切削面积的计算公式为

$$A_D = \frac{Q_w}{v_c} = \frac{a_p a_e v_f}{\pi d n} = \frac{a_p a_e f_z z}{\pi d} \tag{7-9}$$

式中　z——铣刀的齿数；

d——铣刀的直径（mm）。

第五节　铣　削　力

一、铣削总切削力和分力

1. 铣刀总切削力和分力

铣削时每个工作刀齿都受到切削力，铣刀总切削力应是各刀齿所受切削力之和。由于每个工作刀齿的切削位置和切削面积随时在变化，为便于分析，假定铣刀总切削力 $\boldsymbol{F}_r$ 作用在某个刀齿上，并将铣刀总切削力分解为 3 个互相垂直的分力，如图 7-19 所示。

（1）切向力 $\boldsymbol{F}_y$　在铣刀圆周切线方向上的分力，消耗功率最多，是主切削力。

（2）径向力 $\boldsymbol{F}_x$　在铣刀半径方向上的分力，一般不消耗功率，但会使刀杆弯曲变形。

（3）轴向力 $\boldsymbol{F}_z$　在铣刀轴线方向上的分力。

圆周铣削时，$\boldsymbol{F}_x$ 和 $\boldsymbol{F}_y$ 的大小与螺旋齿圆柱铣刀的螺旋角 β 有关；而端铣时，与面铣刀的主偏角 κ_r 有关。用大螺旋角立铣刀铣削时，$\boldsymbol{F}_z$ 较大且向下，如果立铣刀没有夹牢，很易造成“掉刀”，而造成“打刀”和工件报废。

2. 作用在工件上的铣削分力

如图 7-19 所示，作用在工件上的总切削力 $\boldsymbol{F}_r'$ 和铣刀总切削力 $\boldsymbol{F}_r$ 大小相等，方向相反，是一对作用力与反作用力。由于机床、夹具设计的需要和测量方便，通常将总切削力 $\boldsymbol{F}_r'$ 按铣床工作台运动方向来分解。

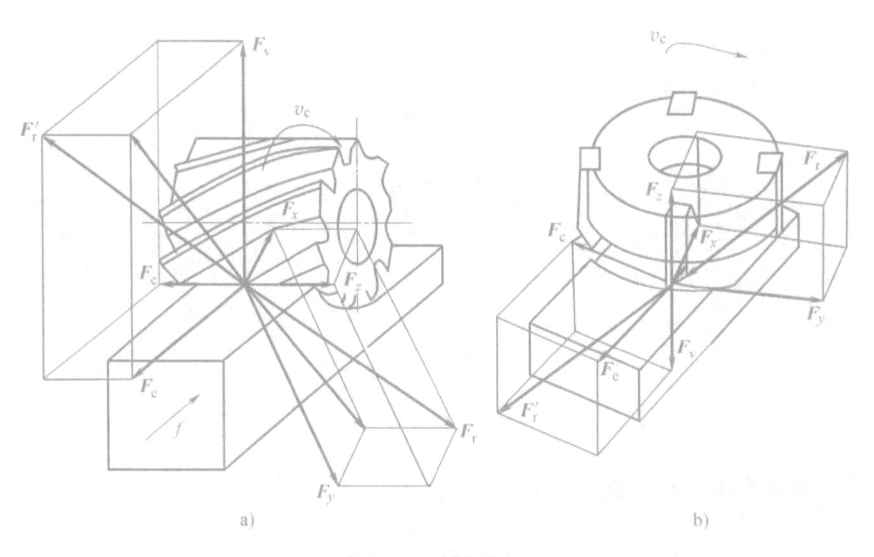

图 7-19　铣削力

a）圆柱铣刀铣削力　b）面铣刀铣削力

（1）纵向分力 $\boldsymbol{F}_e$　与纵向工作台运动方向一致的分力，它作用在铣床纵向进给机构上。

（2）横向分力 F_c　与横向工作台运动方向一致的分力。

（3）垂直分力 F_v　与铣床垂直进给方向一致的分力。

铣削时，沿铣床工作台运动方向分解的三个分力与主切削力有一定比例，见表7-1，如果求出 F_y，便可计算 F_e、F_c 和 F_v。

表7-1　铣削力之间的比值

铣削条件	比值	对称铣削	不对称铣削	
			逆铣	顺铣
端铣 $a_e=(0.4\sim0.8)d$ $f=0.1\sim0.2\text{mm/z}$	F_e/F_y	0.3～0.4	0.6～0.9	0.15～0.30
	F_v/F_y	0.85～0.95	0.45～0.7	0.9～1.00
	F_c/F_y	0.5～0.55	0.5～0.55	0.5～0.55
圆柱铣削 $a_e=0.05d$ $f=0.1\sim0.2\text{mm/z}$	F_e/F_y	—	1.0～1.20	0.8～0.90
	F_v/F_y		0.2～0.3	0.75～0.80
	F_c/F_y		0.35～0.40	0.35～0.40

铣刀总切削力 F_r 为

$$F_r=\sqrt{F_x^2+F_y^2+F_z^2}=\sqrt{F_e^2+F_c^2+F_v^2} \tag{7-10}$$

二、铣削力的计算

与车削相似，圆柱铣刀和面铣刀的切削力可按表7-2所列出的试验公式进行计算。当加工材料性能不同时，F_y 需乘修正系数 K_{Fy}。

表7-2　圆柱铣削和端铣时的铣削力计算式

铣刀类型	刀具材料	工件材料	切削力 F_y 计算式(单位:N)
圆柱铣刀	高速钢	碳钢	$F_y=9.81\times65.2a_e^{0.86}f_z^{0.72}a_p^{1.0}zd^{-0.86}K_{Fy}$
		灰铸铁	$F_y=9.81\times30a_e^{0.83}f_z^{0.65}a_p^{1.0}zd^{-0.83}K_{Fy}$
	硬质合金	碳钢	$F_y=9.81\times96.6a_e^{0.88}f_z^{0.75}a_p^{1.0}zd^{-0.87}K_{Fy}$
		灰铸铁	$F_y=9.81\times58a_e^{0.90}f_z^{0.80}a_p^{1.0}zd^{-0.90}K_{Fy}$
面铣刀	高速钢	碳钢	$F_y=9.81\times78.8a_e^{1.1}f_z^{0.80}a_p^{0.95}zd^{-1.1}K_{Fy}$
		灰铸铁	$F_y=9.81\times50a_e^{1.14}f_z^{0.72}a_p^{0.90}zd^{-1.14}K_{Fy}$
	硬质合金	碳钢	$F_y=9.81\times789.3a_e^{1.1}f_z^{0.75}a_p^{1.0}zd^{-1.3}n^{-0.2}K_{Fy}$
		灰铸铁	$F_y=9.81\times54.5a_e^{1.0}f_z^{0.74}a_p^{0.90}zd^{-1.0}K_{Fy}$
被加工材料 σ_b 或硬度不同时的修正系数 K_{Fy}			加工钢料时 $K_{Fy}=\left(\dfrac{\sigma_b}{0.637}\right)^{0.30}$（式中 σ_b 的单位:GPa）
			加工铸铁时 $K_{Fy}=\left(\dfrac{\text{布氏硬度值}}{190}\right)^{0.55}$

第六节　铣削方式及其选择

铣削属于断续切削，实际切削面积随时都在变化，因此铣削力波动大，冲击与振动大，铣削平稳性差。但采用合理的铣削方式，会减缓冲击与振动，还对提高铣刀寿命、工件质量和生产率起重要的作用。

一、周铣

圆柱铣刀在铣削平面时，主要是利用圆周上的切削刃切削工件，所以称之为周铣，其铣削方式分为顺铣和逆铣两种，如图 7-20 所示。

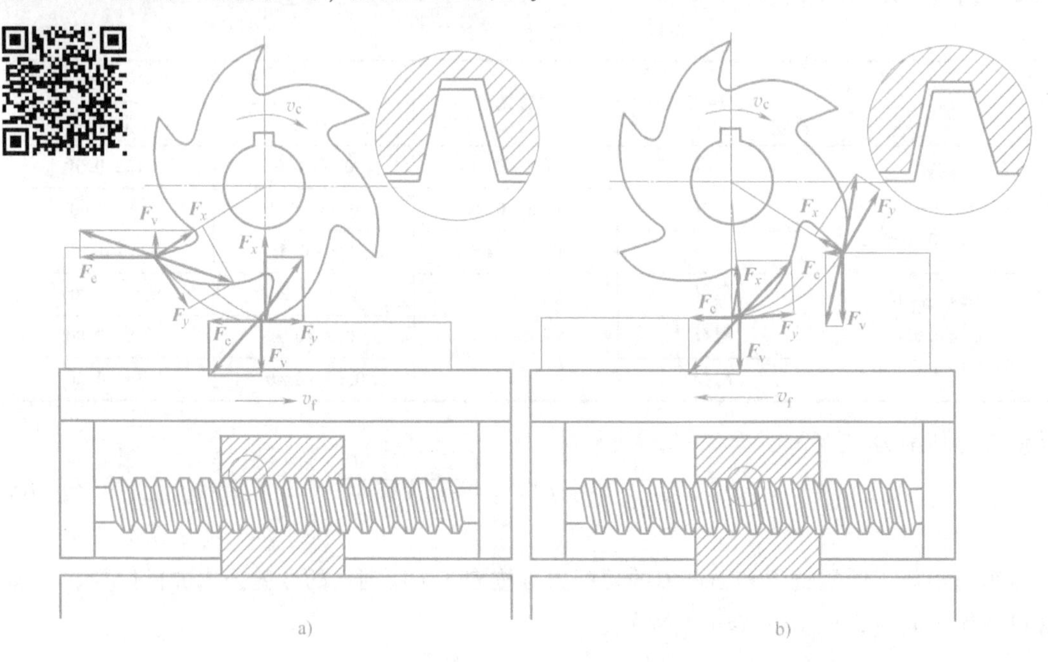

图 7-20　逆铣和顺铣

a）逆铣　b）顺铣

1. 逆铣

采用周铣法铣削工件时，铣刀切入工件时的水平分速度方向与工件进给运动方向相反，称为逆铣。逆铣具有如下特点：

1）切削厚度由薄变厚，当切入时，由于刃口钝圆半径大于瞬时切削厚度，刀齿与工件表面进行挤压和摩擦，刀齿较易磨损。尤其当冷硬现象严重时，更加剧刀齿的磨损，并影响已加工表面的质量。

2）刀齿作用于工件上的垂直分力 $\boldsymbol{F}_v$ 向上，有抬起工件的趋势，因此要求夹紧可靠。

3）纵向分力 $\boldsymbol{F}_e$ 与纵向进给方向相反，使铣床工作台进给机构中的丝杠与螺母始终保持良好的左侧接触，见局部放大视图，故工作台进给速度均匀，铣削过程平稳。

4）逆铣时，刀齿是从切削层内部开始的，当工件表面有硬皮时，对刀齿没有直接的影响。

2. 顺铣

采用周铣法铣削工件时，铣刀切入工件时的水平分速方向与工件进给运动方向相同，称为顺铣。顺铣具有如下特点：

1）切削厚度由厚变薄，容易切下切屑，刀齿磨损较慢，已加工表面质量高。有些试验表明，相对于逆铣，顺铣的刀具寿命可提高 2 ~ 3 倍。尤其在铣削难加工材料时效果更加明显。

2）刀齿作用于工件上的垂直分力 $\boldsymbol{F}_v$ 压向工作台，有利于夹紧工件。

3）纵向分力 F_e 与纵向进给方向相同，当丝杠与螺母存在间隙时，会使工作台带动丝杠向左窜动，造成进给不均匀，会影响工件表面粗糙度，也会因进给量突然增大而容易损坏刀齿。

3. 铣削方式的选择

综合所述逆铣和顺铣的特点，选择铣削方式的原则如下：

1）因为顺铣无滑移现象，加工后的表面质量较好，所以顺铣多用于精加工。逆铣多用于粗加工。

2）加工有硬皮的铸件、锻件毛坯时应采用逆铣。

3）使用无丝杠螺母间隙调整机构的铣床加工时，也应该采用逆铣。

二、端铣

采用面铣刀铣削工件时，主要是刀具端面的切削刃进行切削，故称为端铣。面铣刀在铣削平面时有许多优点，因此在目前的平面铣削中有逐渐以面铣刀来代替圆柱铣刀的趋势。根据面铣刀和工件间的相对位置不同，可分为对称铣削和不对称铣削两种不同的铣削方式。不对称铣削可以调节切入和切出时的切削厚度。不对称铣削又分为不对称顺铣和不对称逆铣，如图 7-21 所示。

1. 对称铣削

刀齿切入、切出工件时，切削厚度相同的铣削称为对称铣削。一般端铣时常用这种铣削方式。

2. 不对称铣削

（1）不对称逆铣　刀齿切入时的切削厚度最小，切出时的切削厚度最大。这种铣削方式切入冲击小，常用于铣削碳钢和低合金钢，如 9Cr2。

（2）不对称顺铣　刀齿切入、切出时的切削厚度正好与不对称逆铣相反。这种铣削方式可减小硬质合金的剥落破损，提高刀具寿命，可用于铣削不锈钢和耐热合金，如 20Cr13、1Cr18Ni9Ti。

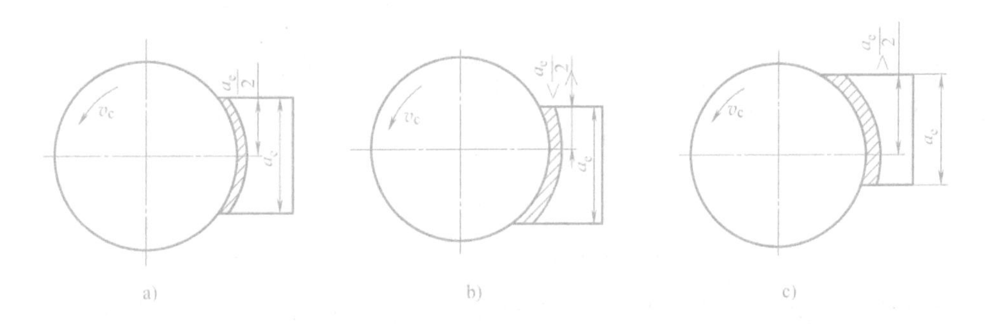

图 7-21　对称铣削和不对称铣削

a）对称铣削　b）不对称逆铣　c）不对称顺铣

3. 工件与铣刀之间的相对正确位置

铣刀安装位置直接影响切入角 δ 和切离角 δ_1。如图 7-22a 所示，铣削时，刀齿的切削面积为 $STUV$。面铣刀切入工件时，前面与工件的接触点可能是 S、T、U、V 区域范围内的某一点。为了增加刀齿抗冲击能力，减少刀齿疲劳现象，希望开始接触点在 U 点而不在 S 点，

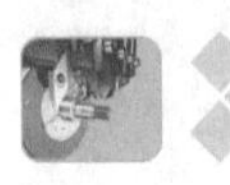

这就取决于面铣刀的几何角度和相对于工件的安装位置。由图 7-22b 可知，若 $\gamma_f < \delta$，则刀齿以 V 点或 U 点或 UV 线首先接触工件；由图 7-22c 可知，若 $\gamma_f > \delta$，根据 γ_p 的大小，刀齿以 S 点或 T 点或 ST 线首先接触工件；若 $\gamma_f = \delta$，$\gamma_p = 0°$，刀齿切入时，前刀面与工件发生 $STUV$ 面接触，刀齿经受很大冲击力，极易产生破损。合理地选择面铣刀安装位置对减小面铣刀破损，延长刀具寿命起着重要的作用，如图 7-23 所示。

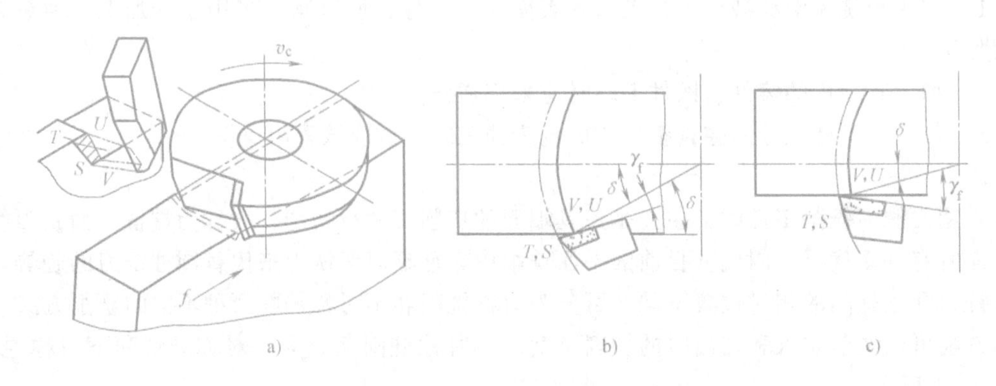

图 7-22　面铣刀切入工件时，前面与工件的接触位置

a) 面铣刀刀齿切削面积　b) $\gamma_f < \delta$　c) $\gamma_f > \delta$

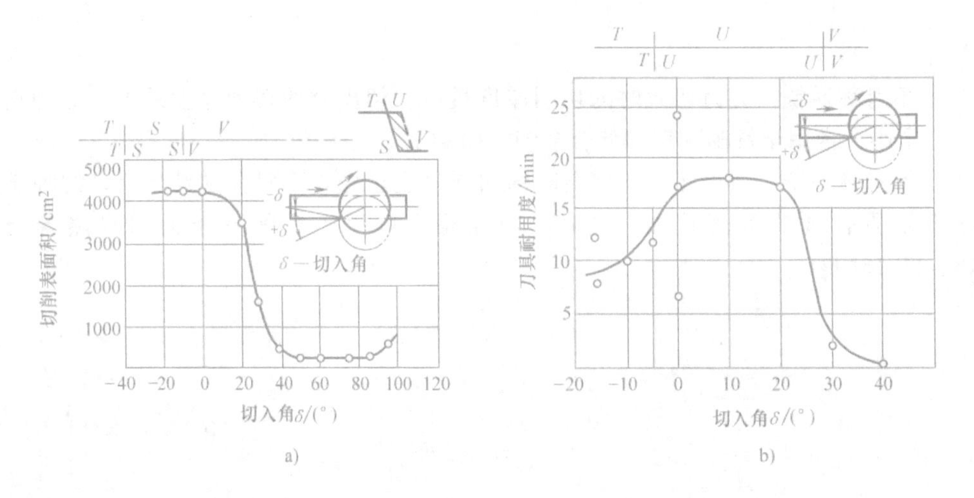

图 7-23　切入角 δ 对刀具寿命的影响

a) 切入角 δ 与切削面积之间的关系　b) 切入角 δ 对刀具寿命的影响

采用不对称铣削时，铣刀安装时的偏移量 K 与切入角 δ 之间的关系，如图 7-24 所示。由直角三角形 OAE，可得到关系式

$$\sin\delta = \frac{\frac{a_e}{2} \pm K}{\frac{d}{2}} = \frac{a_e \pm 2K}{d} \tag{7-11}$$

式中　δ——切入角（°）；

d——铣刀的直径（mm）；

K——铣刀安装时的偏移量（mm）；

a_e——侧吃刀量（mm）。

式（7-11）中，选用不对称逆铣时，选取“+”号；选用不对称顺铣时，选取“-”号。

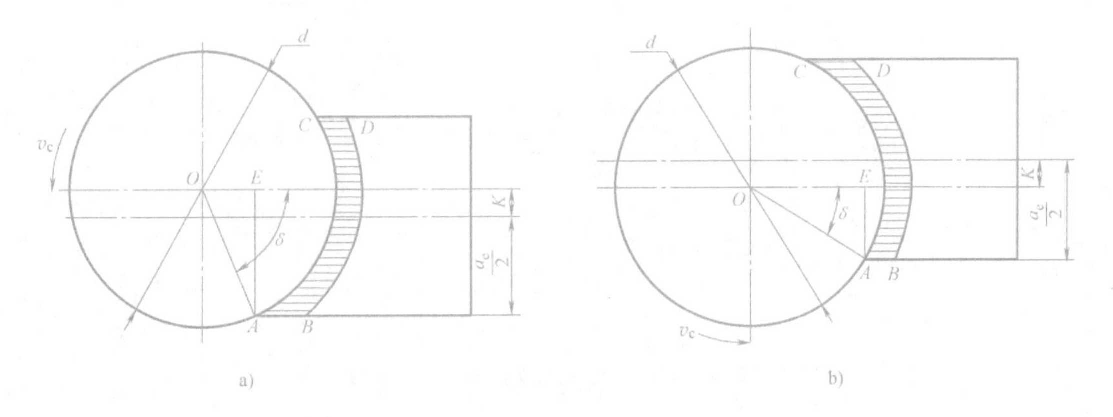

图 7-24　铣刀安装时的偏移量 K 与切入角 δ 之间的关系示意

a）不对称逆铣　b）不对称顺铣

第七节　铣刀的刃磨

尖齿铣刀刃磨后刀面，铲齿铣刀刃磨前刀面，一般在万能工具磨床上进行。图 7-25 所示为刃磨圆柱形铣刀（尖齿铣刀），其方法与刃磨铰刀相似。刀齿的前刀面由支承片支持着，并由其调节刀齿的位置。为了磨出后角，刀齿应低于铣刀中心，其值 H 的计算公式为

$$H = d\sin\frac{\alpha_o}{2} \tag{7-12}$$

式中　d——铣刀直径（mm）；

α_o——铣刀后角（°）。

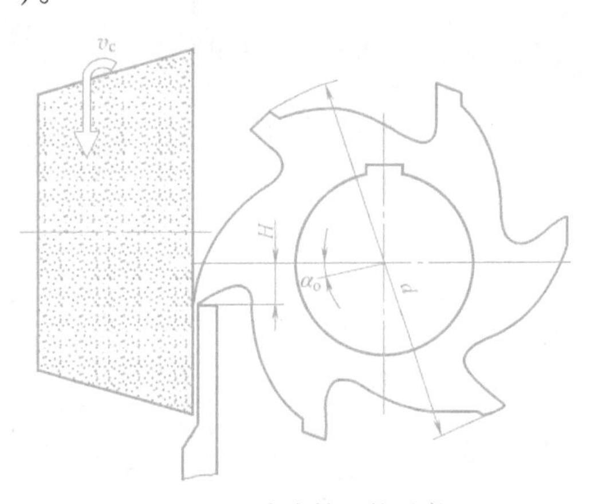

图 7-25　尖齿铣刀的刃磨

图 7-26 所示为刃磨铲齿成形铣刀，刃磨时应严格保证前角的设计值，以防铲齿铣刀刃形的畸变，影响工件的加工精度。

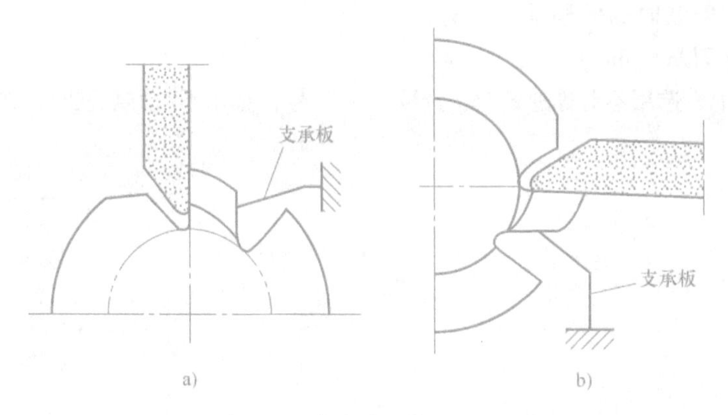

图 7-26　铲齿成形铣刀的刃磨

第八节　常用铣刀的安装

安装铣刀是铣削前必要的准备工作，安装方法正确与否决定了铣刀的运动精度，并直接影响铣削质量和铣刀寿命。

一、圆柱铣刀的安装

1）安装刀杆和铣刀。如图 7-27a 所示，在刀杆上套上几个垫圈，装上键，再套上铣刀。

2）套上几个垫圈，拧上螺母。如图 7-27b 所示，在铣刀外侧的刀杆上再套上几个垫圈后，拧上压紧螺母（左旋）。

3）装上吊架。如图 7-27c 所示，装上吊架，拧紧吊架紧固螺钉，轴承孔内加油润滑。

4）拧紧螺母。如图 7-27d 所示，初步拧紧螺母，开机观察铣刀是否装正，装正后拧紧螺母。

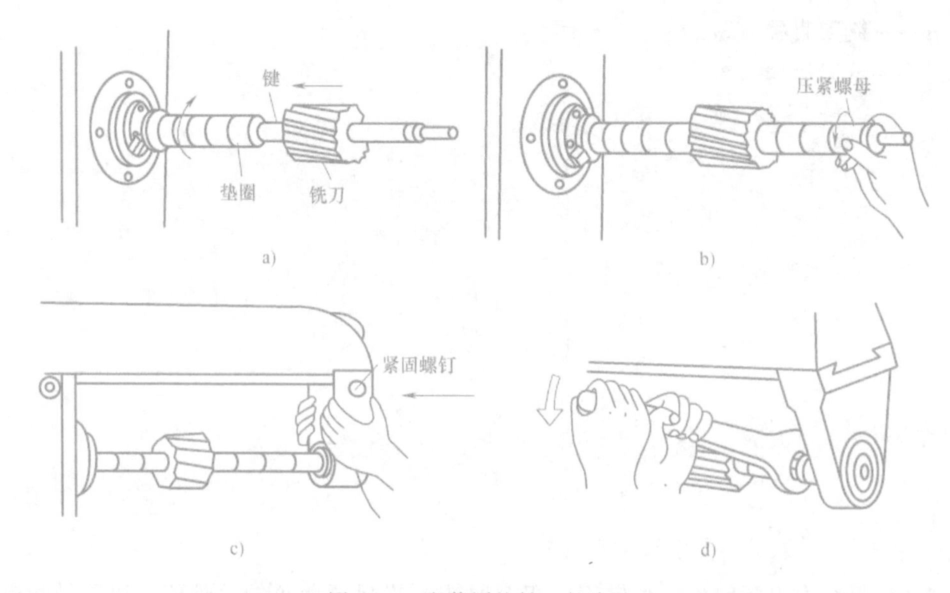

图 7-27　安装圆柱铣刀的步骤

二、立铣刀的安装

1. 直柄立铣刀的安装

直柄铣刀常用弹簧夹头来安装，如图7-28a所示。安装时，旋紧螺母，使弹簧套做径向收缩而将铣刀的柱柄夹紧。

2. 锥柄立铣刀的安装

1）选择外锥面与铣床主轴锥孔（锥度为7:24）相配合，内锥面与立铣刀配合的变径套，并擦净主轴锥孔、铣刀锥柄和变径套2的内外锥面。选择与铣刀柄部内螺纹相同的拉紧螺杆。

2）将立铣刀的锥柄装入变径套锥孔，如图7-28b所示。

3）将变径套连同铣刀装入主轴锥孔，并使变径套上的缺口对准主轴端部的键块。

4）用拉紧螺杆将铣刀连同变径套紧固在主轴上。

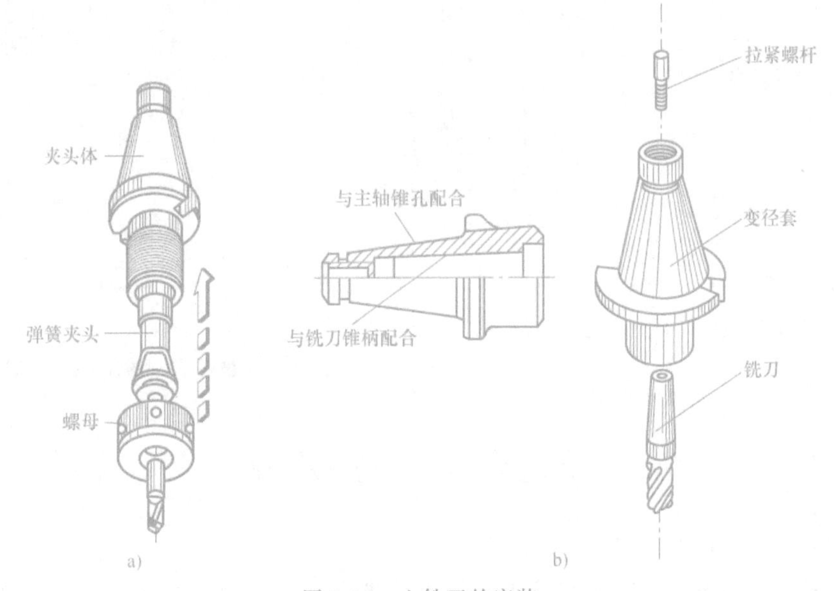

图7-28　立铣刀的安装

a）直柄立铣刀的安装　b）锥柄立铣刀的安装

三、面铣刀的安装

面铣刀是通过短刀轴安装到铣床主轴上。图7-29所示为在圆柱面上带有键槽的刀轴，用来安装内孔具有键槽的铣刀或刀体。具体安装步骤如下：

1）安装前，擦净铣刀端面及孔径。

2）安装时，先把面铣刀套在刀轴上，再旋紧螺钉，把铣刀紧固，图7-29所示的刀轴由三部分组成。刀轴体主要起对铣刀定中心作用，并通过拉紧螺杆固定在铣床主轴上，凸缘盘的两个键槽与铣床主轴端面上的键配合，端面上的两个凸块与主轴的端面键槽相配，是传递转矩的主要零件，损坏后只要调换键即可；压紧螺钉用来压紧铣刀。目前生产的面铣刀大都是在端面上有键槽，因此安装面铣刀的刀轴也大都做成图7-29所示的形式。

四、可转位面铣刀刀片的安装

可转位面铣刀的结构如图7-30所示，刀片的安装步骤（图7-31）如下。

1）在刀体上装刀垫4，使刀垫紧贴刀体槽侧面。

2）装楔块2，将螺钉3旋入螺孔内，用内六角扳手扳紧，使刀垫与刀体槽侧面压紧。

3）装楔块1，将螺钉3旋入螺孔内。

4）将刀片5装入刀垫，使其与两定位面接触，然后用内六角扳手扳紧。

5）安装铣刀和刀片后，应检查刀片的安装精度。检查时可用百分表测量各刀片最低点示值等同性，也可以试铣一个平面，然后观测刀片最低点与试切平面的间隙来判断刀片的安装精度。此外，为达到平面的要求，注意检查立铣头与工作台面的垂直度精度是否符合要求。

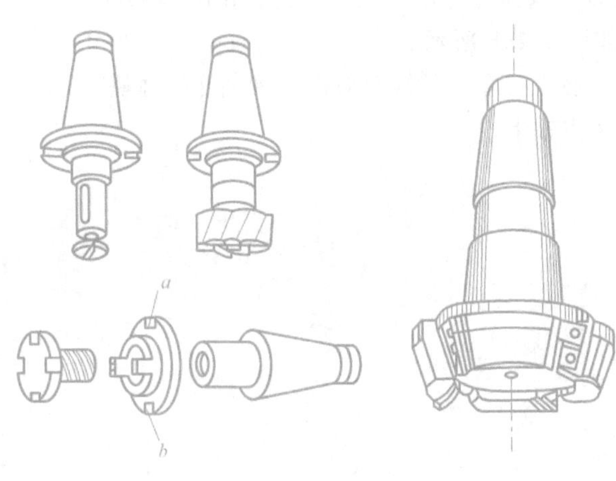

图7-29　安装面铣刀用的刀轴　　图7-30　可转位面铣刀

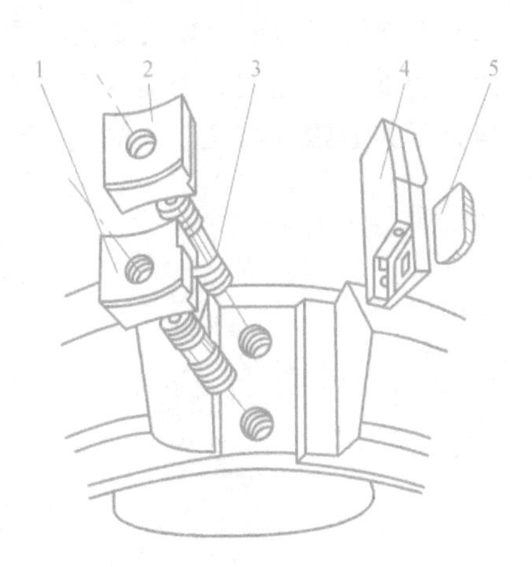

图7-31　可转位面铣刀刀片的安装

1、2—楔块　3—螺钉　4—刀垫　5—刀片

第九节　任务实施

一、铣刀的种类选择

从图7-1可以看出，该滑道零件主体结构为带台阶的方块，台阶面的表面粗糙度值为$Ra3.2\mu m$，横孔的尺寸公差等级为IT8～IT7，基孔制，表面粗糙度值为$Ra1.6\mu m$，无几何公差要求。该滑道的材料为45钢，无热处理要求，各平面采用铣削加工即可；横孔采用铰孔即可满足精度要求。该滑道零件的主要定位基准为底平面和侧平面。

基于上面的分析，滑道零件中等批量生产时的加工工艺路线为：下料—铣底平面、上平面—铣前、后平面—铣左右平面—粗、铣精铣台阶面—钻沉孔—钻、扩、铰孔—铣槽—去毛刺—终检—入库。

根据滑道的外形尺寸、加工精度、生产类型、加工设备选用通用机床。本任务铣平面、台阶、铣槽选用X5032型立式铣床，孔加工选用Z3040型摇臂钻床。

根据零件需要在铣床加工的工序选择合适的面铣刀和立铣刀。本任务中需加工的零件外形尺寸宽度为40mm，厚度为39mm，台阶宽度为40mm。面铣刀直径一般是铣削宽度的1.2～1.5倍，由于毛坯都有一定的加工余量，故可选ϕ80mm和ϕ63mm的面铣刀各一把，分别用于粗、精铣各平面。用ϕ63mm的面铣刀粗铣台阶并精铣台阶底面，再用ϕ20mm直柄立铣刀精铣台阶侧面。宽度为6mm的半封闭槽尺寸精度不高，但有R3mm的要求，可选用ϕ6mm直柄立铣刀铣槽。

二、铣削用量及铣削方式的选择

1. 铣削方式的选择

用面铣刀铣削平面和台阶时，应采用不对称逆铣，可以减小切入时的冲击，延长面铣刀寿命。用立铣刀铣槽时，粗铣时吃满刀，为对称铣削。精铣台阶或槽的侧面时可用逆铣的铣削方式。

2. 铣削用量的选择

（1）切削深度的选择　对于面铣刀，切削深度就是背吃刀量 a_p，对于圆柱铣刀切削深度就是侧吃刀量 a_e。由于滑道毛坯表面有硬皮，铣外形六个面时要分为粗铣和半精铣。粗铣时第一刀的铣削深度要超出硬皮的深度；工件表面粗糙度值为 $Ra3.2\mu m$，留出半精铣余量0.5～1mm后余量不大于5mm，可一次走刀加工。如果分粗铣、半精铣、精铣三步铣削，当工艺系统刚性一般时，粗铣切削深度 $a_p \leqslant 5mm$，余量较多时可多次切削。半精铣余量 $a_p = 1.5 \sim 2mm$，精铣余量 $a_p = 0.2 \sim 0.5mm$。

（2）每齿进给量 f_z 的选择　选用硬质合金面铣刀时，加工铸铁每齿进给量 $f_z = 0.2 \sim 0.5mm/z$；加工钢件每齿进给量 $f_z = 0.05 \sim 0.25mm/z$。选用高速钢立铣刀时，加工铸铁每齿进给量 $f_z = 0.08 \sim 0.15mm/z$；加工钢件每齿进给量 $f_z = 0.02 \sim 0.08mm/z$。一般粗加工时取较大值，精铣时取较小值。本例中硬质合金面铣刀粗铣时每齿进给量 $f_z = 0.15mm/z$；精铣时 $f_z = 0.06mm/z$。用高速钢立铣刀粗铣时每齿进给量 $f_z = 0.05mm/z$；精铣时 $f_z = 0.04mm/z$。

（3）切削速度 v_c 的选择　45钢正火后硬度一般小于229HBW，高速钢铣刀的切削速度 $v_c = 20 \sim 30m/min$，硬质合金的切削速度 $v_c = 80 \sim 120m/min$；45钢调质处理后硬度范围一般在220～250HBW，高速钢铣刀的切削速度 $v_c = 15 \sim 25m/min$，硬质合金的切削速度 $v_c = 60 \sim 100m/min$。本例中硬质合金面铣刀粗铣时切削速度 $v_c = 100m/min$；精铣时切削速度 $v_c = 120m/min$。用高速钢立铣刀粗铣时切削速度 $v_c = 25m/min$；精铣时切削速度 $v_c = 30m/min$。然后用公式 $v_c = \pi dn/1000$ 计算出机床转速 n 的理论值，最后根据机床转速表选取一个相近的实际转速值。

选好机床的转速后，根据机床转速 n、刀具齿数 z、每齿进给量 f_z，通过公式 $v_f = nf = nzf_z$ 计算出每分进给量理论值，最后根据机床进给速度表选取一个相近的实际进给速度值。

企业点评　东方电机有限公司吴伟教授级高工：铣削加工需主要解决的问题是铣刀结构及几何参数、铣削方式、刀具路径的正确选择，以及安装方式及铣削用量的合理选用。要根据加工零件材料、精度要求等合理确定以上参数。

【思政目标】铣削加工主要解决的问题是铣刀结构及几何参数、铣削方式、刀具路径的正确选择，以及安装方式及铣削用量的合理选用。要根据加工零件材料、精度要求等合理确定以上参数。培养学生认真负责、踏实敬业的工作态度和严谨求实、一丝不苟的工作作风。

复习思考题

1. 按铣刀用途及结构特点叙述常用铣刀的类型及其适用范围。
2. 尖齿铣刀和铲齿铣刀有何不同？
3. 圆柱铣刀铣削时切削层参数是如何变化的？
4. 按铣床工作台运动方向来分，铣削分力分为哪几个力？
5. 圆柱铣刀的正交参考平面是如何定义的？
6. 铣削用量包括哪些？各是如何定义的？
7. 周铣和端铣各有几种铣削方式？试述各种铣削方式的特点。
8. 试述铣刀的刃磨方法。

第八章

磨削与砂轮

第一节 任务引入

图 8-1 所示为某公司生产的 40Cr 输出轴，请仔细分析零件的表面粗糙度要求，零件的哪些表面需要磨削？砂轮的结构类型和参数应该如何选择？

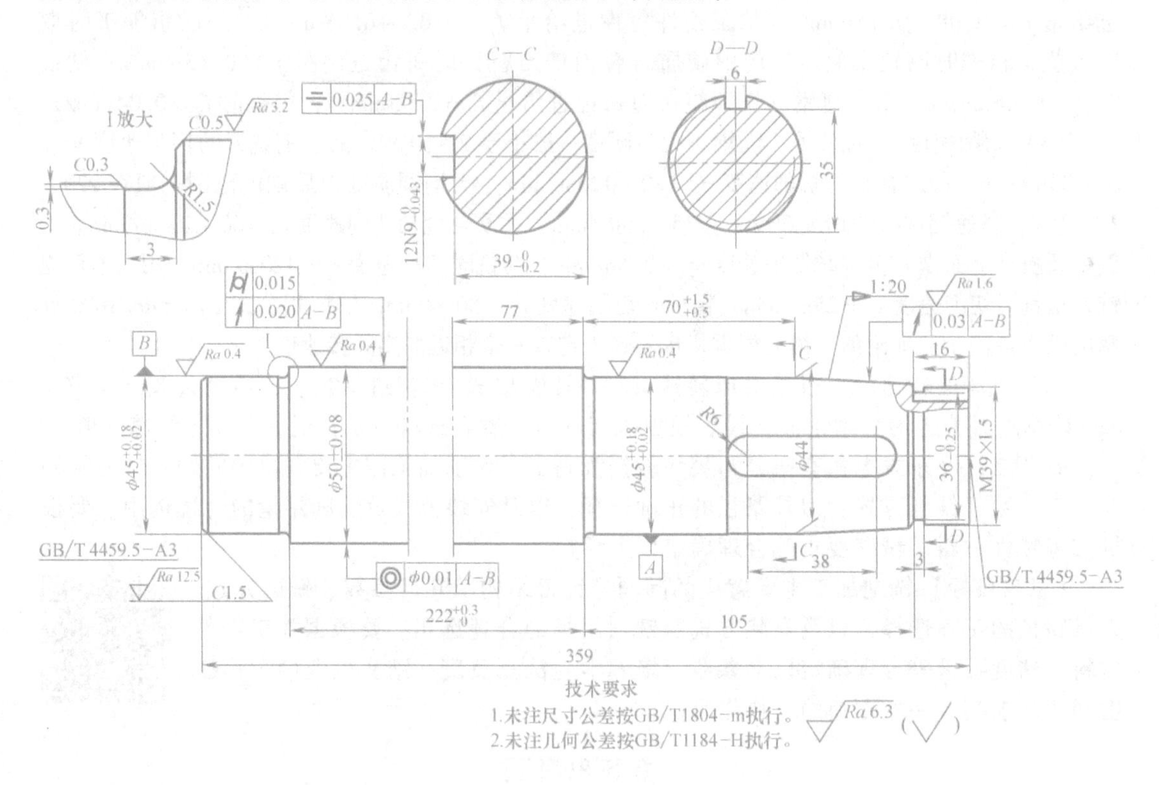

图 8-1　40Cr 输出轴

第二节 磨削加工工艺范围及磨削方法

一、磨削加工工艺范围

磨削加工是以磨料磨具（如砂轮、砂带、磨石、研磨剂等）为工具在磨床上进行切削的一种加工方法，常用于精加工和超精加工，也可用于荒加工和粗加工等。磨削加工生产率

高，应用范围很广，可加工外圆面、内孔、平面、螺纹、齿轮、花键、导轨和成形面，还可刃磨刀具和切断等。它不仅能加工一般材料，如钢、铸铁等，还可加工一般刀具难以加工的材料，如淬火钢、硬质合金钢、陶瓷、玻璃及石材等。其加工尺寸公差等级可达 IT6 ~ IT4，表面粗糙度值可达 $Ra0.8 \sim 0.02\mu m$。

二、磨削方法

磨削过程就是砂轮表面上的磨粒对工件表面的切削、刻划和滑擦的综合作用过程。砂轮表面上的磨粒在高速、高温与高压下，逐渐磨损而钝化。钝化磨粒的切削能力急剧下降，如果继续磨削，作用在磨粒上的切削力将不断增大。当此力超过磨粒的极限强度时，磨粒就会破碎，形成新的锋利棱角进行磨削。当此力超过砂轮结合剂的黏结强度时，钝化磨粒就会自行脱落，使砂轮表面露出一层新鲜锋利的磨粒，从而使磨削加工能够继续进行。

1. 外圆磨削

外圆磨削可以在普通外圆磨床或万能外圆磨床上进行，也可在无心磨床上进行，通常作为半精车后的精加工工序。外圆磨削的方法一般有四种：纵磨法、横磨法、深磨法和无心外圆磨削法。

（1）纵磨法　磨削时，工件做圆周进给运动，同时随工作台做纵向进给运动，使砂轮能磨出全部表面。每一纵向行程或往复行程结束后，砂轮做一次横向进给，把磨削余量逐渐磨去，如图 8-2 所示。

采用纵磨法，砂轮全宽上各处磨粒的工作情况是不同的。处于纵向进给方向前部的磨粒，担负主要的切削工作；而后部的磨粒，主要起磨光作用。由于没有充分发挥后面部分磨粒的切削能力，所以磨削效率较低。但由于后面部分磨粒的磨光作用，工件上残留面积大大减少，表面粗糙度值较小。为了保证工件两端的加工精度，砂轮应越出工件磨削面 1/3 ~ 1/2的砂轮宽度。另外，纵磨时磨削深度小，磨削力小，散热条件好，磨削温度低，而且精磨到最后可做几次无横向进给的光磨，能逐步消除由于机床、工件、夹具弹性变形而产生的误差，所以磨削精度较高。纵磨法是常见的一种磨削方法，可以磨削很长的表面，磨削质量好。特别在单件、小批生产以及精磨时，一般都采用这种方法。

（2）横磨法（切入磨法）　采用横磨法，工件无纵向进给运动。采用一个比需要磨削的表面还要宽一些（或与磨削表面一样宽）的砂轮以很慢的进给速度向工件做横向进给，直到磨掉全部加工余量，如图 8-3 所示。

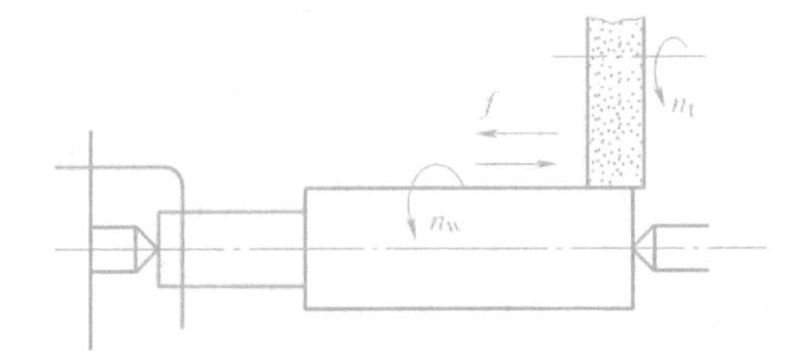

图 8-2　纵磨法

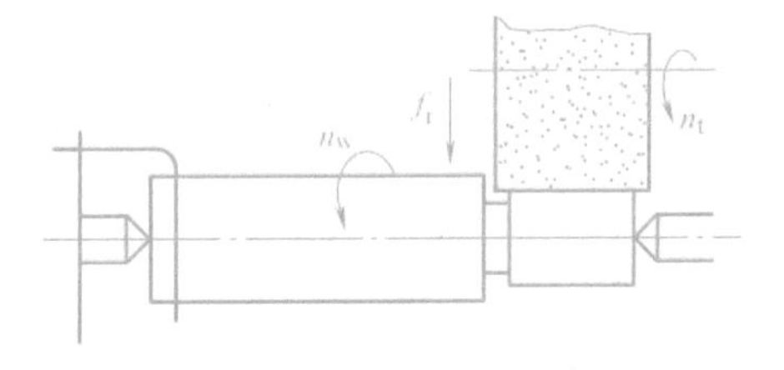

图 8-3　横磨法

采用横磨法，砂轮全宽上各处磨粒的切削能力都能充分发挥，磨削效率较高。但因工件相对砂轮无纵向运动，相当于成形磨削，当砂轮因修整不好、磨损不均、外形不正确时，砂轮的形状误差直接影响到工件的形状精度。另外，因砂轮与工件的接触宽度大，因而磨削力大、磨削温度高。所以，工件刚性一定要好，而且要勤修整砂轮和供给充分的切削液。横磨法主要用于磨削长度较短的外圆表面以及两边都有台阶的轴颈。

（3）深磨法　这种磨削法的特点是全部磨削余量（直径上一般为0.2～0.6mm）在一次纵向走刀中磨去。磨削时工件圆周进给速度和纵向进给速度都很慢，砂轮前端修整成阶梯形（图8-4a）或锥形（图8-4b）。修整砂轮时，最大直径的外圆要修整得很精细，因为它起精磨作用；其他阶梯修整得粗糙些，第一台阶深度应大于第二台阶。这样，相当于把整个余量分配给粗磨、半精磨与精磨。深磨法的生产率约比纵磨法高一倍，尺寸公差等级能达到IT6，表面粗糙度值为 $Ra0.4 \sim 0.8\mu m$。但修整砂轮较复杂，故深磨法只适用于大批、大量生产，磨削允许砂轮越出被加工面两端较大距离的工件。

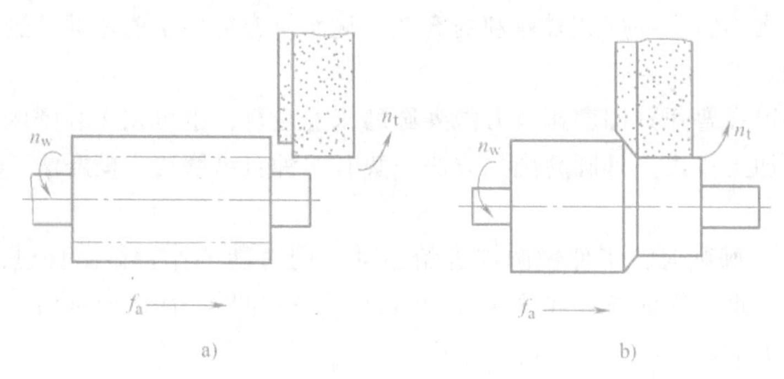

图8-4　深磨法
a）阶梯砂轮　b）锥形砂轮

（4）无心外圆磨削法　无心外圆磨削的加工原理如图8-5所示。工件放在磨削砂轮和导轮之间，下方有一托板。磨削砂轮（也称为工作砂轮）旋转起切削作用，导轮是磨粒极细的橡胶结合剂砂轮。工件与导轮之间的摩擦力较大，从而使工件以接近于导轮的线速度回转。为了使工件定位稳定，并与导轮有足够的摩擦力矩，必须把导轮与工件接触部位修整成直线。因此，导轮圆周表面为双曲线回转面。无心外圆磨削在无心外圆磨床上进行。无心外圆磨床生产率很高，但调整复杂；不能校正套类零件孔与外圆的同轴度误差；不能磨削具有较长轴向沟槽的零件，以防止外圆产生较大的圆度误差。因此，无心外圆磨削多用于细长光轴、销轴和小套等零件的成批、大量生产。

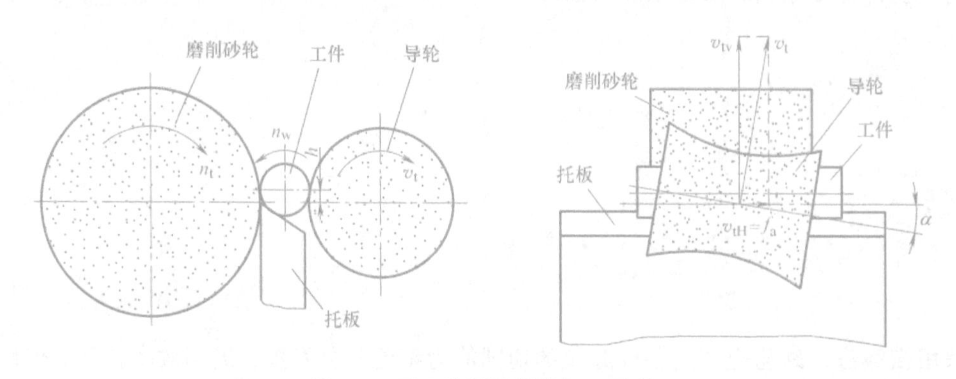

图8-5　无心外圆磨削的加工原理

（5）选择轴类零件磨削步骤的原则　磨削轴类零件时，常常不是只磨削一个表面，而

是要磨削好几个表面。这就有必要选择磨削步骤，也就是要考虑哪一个表面先磨削，哪一个表面后磨削。生产实践经验表明，这是一个非常重要的工作，它是决定工件质量和加工经济性的重要因素之一。同样一个零件，磨削步骤不同，得到的加工精度常常会不一样，甚至会由于磨削步骤选择得不合理而使工件报废。因此在磨削加工前，必须根据工件的结构、精度要求、加工设备的情况以及其他条件，慎重选择一个比较合理的磨削步骤，以便在保证加工质量的前提下，尽量提高生产率。

选择轴类零件的磨削步骤时，可以按照下列原则进行：

1）根据工件加工批量的大小、结构的复杂程度、尺寸的大小、精度要求的高低、机床设备情况等，磨削时可以有两种不同的加工原则：工序集中原则和工序分散原则。一般说来，当工件批量较小、尺寸较大、加工表面位置精度要求较高时，应采用工序集中原则；反之，应采用工序分散原则。

2）磨削精度要求较高的零件，通常要分粗磨和精磨两个阶段。当精度、表面粗糙度要求很高时，则要分粗磨、半精磨、精磨三个阶段。一般的规则是：先粗磨零件上的各个表面，要求低的表面可直接磨到图样上要求的尺寸，要求高的表面应留精磨余量；只有当全部表面进行粗磨之后，才进行精磨，要求最高的表面应放在最后精磨。

3）精度要求很高的零件，如磨床的砂轮主轴等，为了消除内应力，防止和减小在使用过程中的变形，粗磨以后要进行人工时效处理。

4）磨削第一个工件时，应从长度最长的一个表面开始，以便使工作台调整得比较准确，减少锥度误差。对于淬火工件，从长度最大的表面磨起，可以容易发现淬火变形是否过大，以便及时进行校直。如果先磨其他表面后，再磨长的表面，这时如发现工件变形太大，就会因无法纠正而造成废品。

5）同轴度要求很高的外圆面，尽可能在一次装夹中精磨完毕，以保证加工精度。如必须分几次装夹进行磨削时，应特别注意中心孔的质量和清洁工作。

6）磨削圆锥面时，要转动工作台，所以通常分为独立的工序进行。

7）对于台阶端面，如果台阶旁边的外圆面不分粗磨、精磨两个阶段，可以在精磨好外圆后磨削；如果外圆面分粗磨、精磨两个阶段，则在粗磨或半精磨外圆后磨削。

（6）典型轴类零件的磨削方法　阶梯轴是轴类零件中最常见的一种，对于这种工件应按上面讲过的原则选择适当的磨削步骤，以保证加工质量。现举一实例，如图 8-6 所示砂轮主轴箱，说明如何运用这些原则来具体选择此工件的磨削步骤。

磨削步骤：

1）粗磨 $\phi 65_{-0.10}^{\ 0}$mm 和 $\phi 65_{-0.02}^{\ 0}$mm 到 $\phi 65_{+0.20}^{+0.25}$mm，表面粗糙度值为 $Ra1.6 \sim 0.8\mu m$。

2）人工时效处理。

3）车螺纹，修正中心孔。

4）磨 $\phi 83$mm 到尺寸，磨两端 $\phi 65_{-0.10}^{\ 0}$mm 至 $\phi 65_{+0.10}^{+0.05}$mm，磨台肩端面至要求，半精磨两端 $\phi 65_{-0.02}^{\ 0}$mm 至 $\phi 65_{+0.03}^{+0.05}$mm，表面粗糙度值为 $Ra0.8 \sim 0.4\mu m$。

5）粗磨两端 1:5 圆锥面，留余量 0.03～0.05mm，表面粗糙度值为 $Ra0.8 \sim 0.4\mu m$。

6）精磨两端圆锥面至要求。在工作台上装一千分表，分别检查两端圆锥面的径向圆跳动（检查时如果用头架带动工件旋转，应把夹头松开，相对工件转动 180°后再夹紧）。

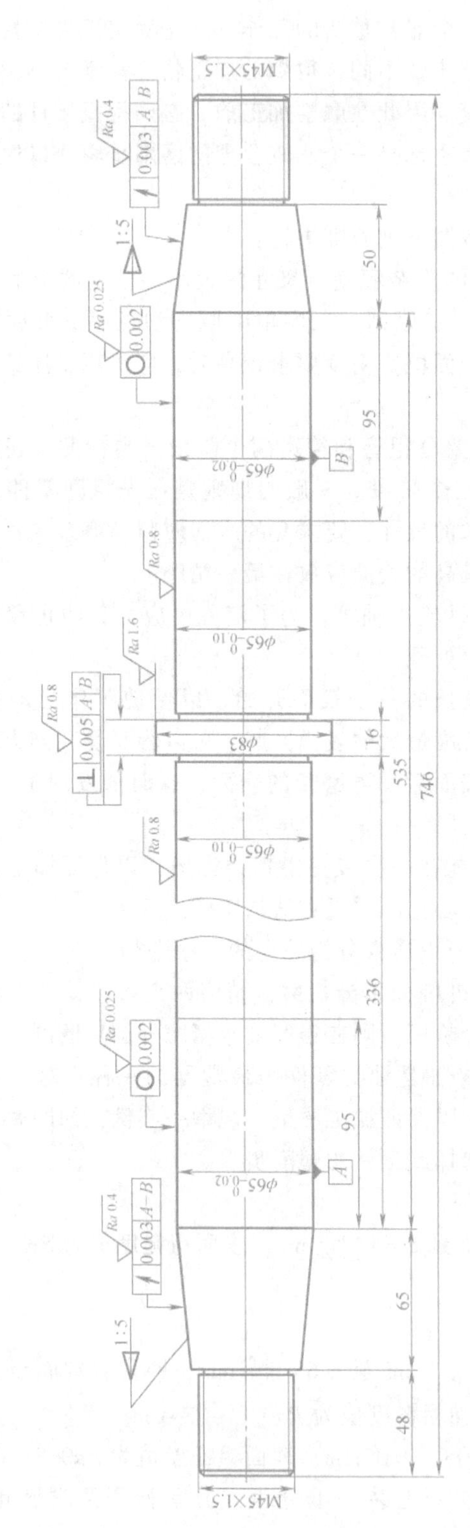

技术要求

1.1:5圆锥面用涂色法检查，接触面应均匀，在三条素线的全长上不少于60%。

2.热处理：除两端螺纹外，其余部分淬硬至55~60HRC。

3.材料：9Mn2V。

图 8-6　砂轮箱主轴

7）精磨两端 $\phi 65_{-0.02}^{\ 0}$ mm 至 $\phi 65_{-0.01}^{\ 0}$ mm，表面粗糙度值为 $Ra0.2\mu m$（注意：磨削结束前应做适当次数的“光磨”行程，磨削时切削液要充分），按图样要求，检验锥度、圆度和外圆径向圆跳动的值，合格后拆下。

8）超精磨两端 $\phi 65_{-0.02}^{\ 0}$ mm 至最后要求。

2. 内圆磨削

内圆磨削除了在普通内圆磨床（图 8-7）或万能外圆磨床上进行外，对大型薄壁零件，还可采用无心内圆磨削（图 8-8）；对重量大、形状不对称的零件，可采用行星式内圆磨削（图 8-9），此时工件外圆应先经过精加工。

内圆磨削由于砂轮轴刚性差，一般都采用纵磨法。只有孔径较大，磨削长度较短的特殊情况下，内圆磨削才采用横磨法。

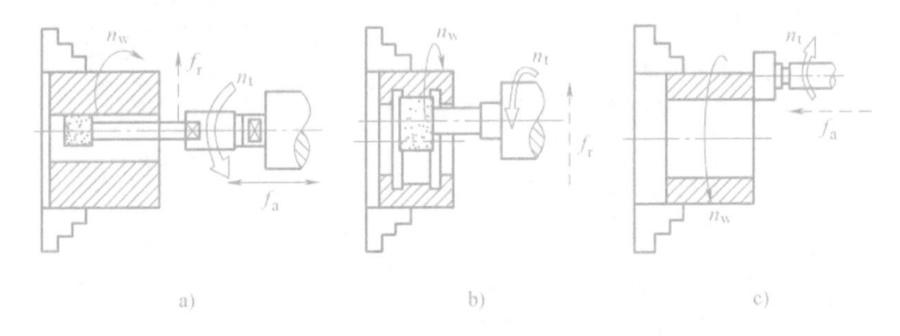

图 8-7　普通内圆磨床磨削

a）纵磨法磨内孔　b）切入法磨内孔　c）磨端面

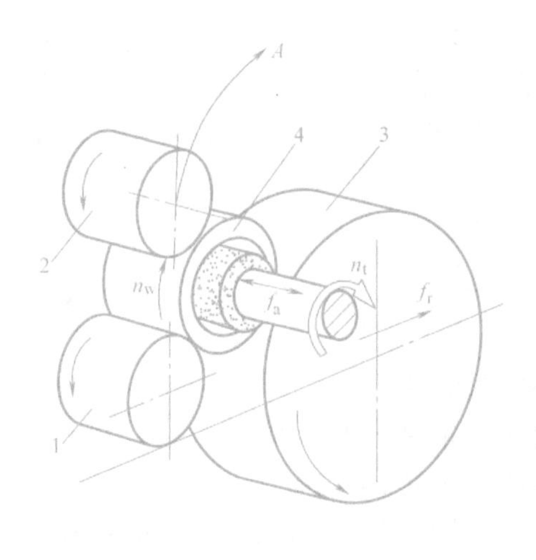

图 8-8　无心内圆磨削

1—滚轮　2—压紧轮　3—导轮　4—工件

图 8-9　行星式内圆磨削

与外圆磨削相比，内圆磨削有以下一些特点：

① 磨内圆时，受工件孔径的限制，只能采用较小直径的砂轮。如砂轮线速度一样的话，内圆磨削的砂轮转速要比外圆磨削的转速高 10～20 倍，即砂轮上每一磨粒在单位时间内参加切削的次数要多 10～20 倍，所以砂轮很容易变钝。另外，由于磨屑排出比较困难，磨屑常聚积在孔中容易堵塞砂轮，所以内圆磨削砂轮需要经常修整和更换，也就降低了生产率。

② 砂轮线速度低，工件表面就磨不光，而且限制了进给量，使磨削生产率降低。

③ 内圆磨削时砂轮轴细而长，刚性很差，容易振动。因此只能采用很小的切入量，既降低了生产率，也使磨出孔的质量不高。

④ 内圆磨削砂轮与工件接触面积大，发热多，而切削液又很难直接浇注到磨削区域，故磨削温度高。

综上所述，内圆磨削的条件比外圆磨削差，所以磨削用量要选得小些，另外应该选用较软的、粒度号小的、组织较疏松的砂轮，并注意改进操作方法。

为了对套类零件的磨削过程有比较全面的了解，引入下面的例子来进行分析。图 8-10 所示轴套，材料 45 钢，使用万能外圆磨床磨削。

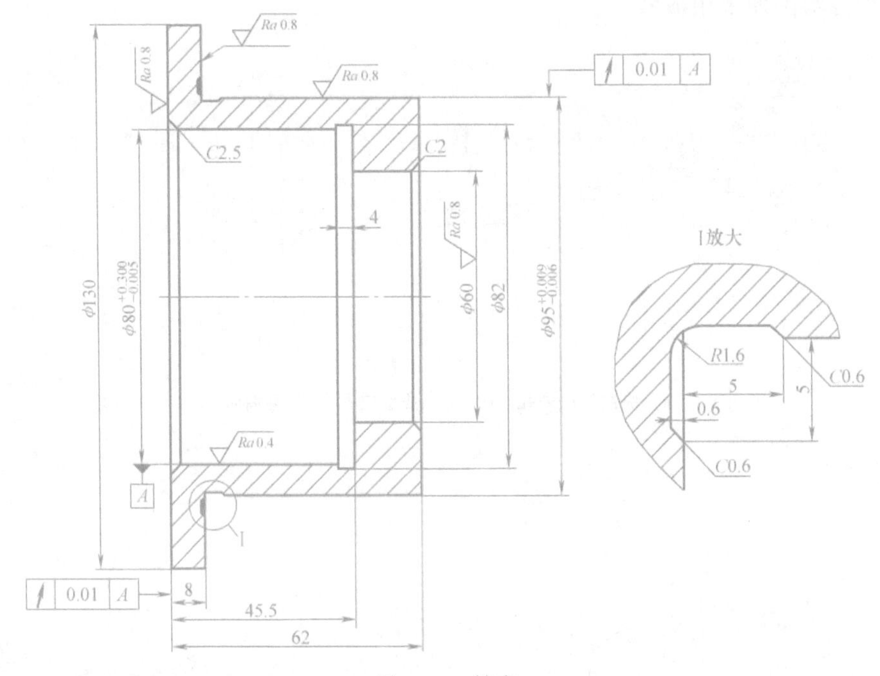

图 8-10 轴套

（1）单件生产

① 夹住 ϕ130mm 外圆，用百分表找正 ϕ95mm 外圆和端面。

② 磨削 ϕ95mm 外圆和 ϕ130mm 台阶端面，并将 ϕ95mm 端面磨一下。

③ 将工件放在平面磨床上，以 ϕ95mm 端面定位磨削 ϕ130mm 端面。

④ 夹住 ϕ95mm（壁较厚的一段）外圆（外圆上用铜皮包住），精确找正 ϕ95mm 外圆和 ϕ130mm 端面，使其径向和轴向圆跳动量在（1/3～1/5）跳动公差范围内，然后粗磨内孔、粗磨和精磨阶台端面、精磨内孔。

采用上述磨削步骤的理由如下：

① 由于单件生产，若采用内孔定位，那就需要制造一根心轴，很不经济，况且 ϕ95mm 外圆上有一段壁较厚的地方可供夹持，所以用外圆定位磨内孔。

② 磨 ϕ95mm 端面是为磨 ϕ130mm 端面提供定位基准的，所以虽然图样上没有要求，但还是要磨一下。

（2）成批生产　此时采用上述磨削步骤就不太适宜，一般是采用下面的磨削步骤。

① 夹住 ϕ95mm 外圆，用百分表找正 ϕ80mm 内孔和 ϕ130mm 的端面。

② 磨内孔退刀槽的台阶面和 ϕ80mm 内孔。

③ 磨 ϕ130mm 端面。

④ 以 ϕ80mm 内孔定位，将工件套在心轴上，并安装在两顶尖中间，磨削 ϕ95mm 外圆和 ϕ130mm 台阶面。

3. 平面磨削

零件上各种位置的平面，如互相平行的平面、互相垂直的平面和倾斜成一定角度的平面（机床导轨面、V 形面等），都可采用磨削加工。磨削后平面的表面粗糙度值为 *Ra*0.2～0.8μm，尺寸公差等级可达 IT6～IT5，对基面的平行度可达（0.005～0.01）mm/500mm。

图 8-11a 所示为周边磨削，其特点是砂轮与工件接触面小，磨削力小，排屑和冷却条件好，工件的热变形小，而且砂轮磨损均匀，所以工件的加工精度高。但是砂轮主轴悬臂工作，限制了磨削用量的选择，生产率较低。图 8-11b 所示为端面磨削，其特点是砂轮与工件接触面大，主轴轴向受力，刚性较好，所以允许采用较大的磨削用量，生产率较高。但是端面磨削的磨削力大，发热量大，排屑和冷却条件较差，工件的热变形较大，而且砂轮磨损不均匀，所以工件的加工精度较低。

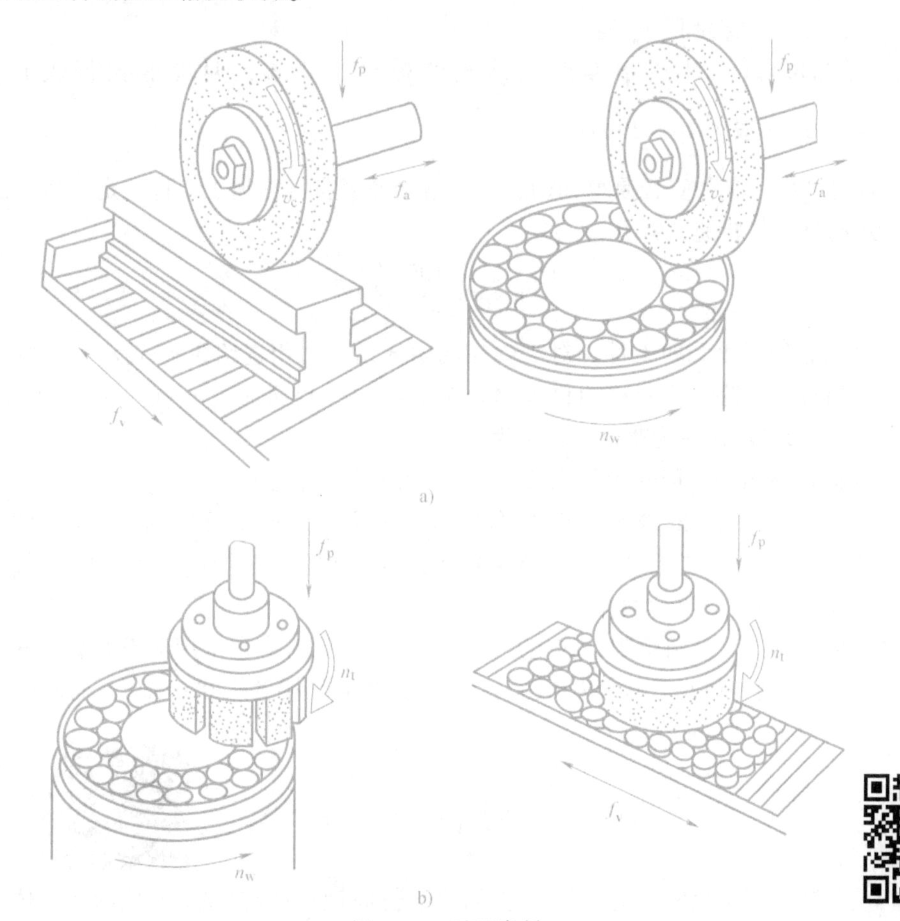

图 8-11　平面磨削

a）周边磨削　b）端面磨削

第三节　磨削运动及磨削用量

生产中常用的有外圆磨削、内圆磨削和平面磨削，现以外圆磨削（图 8-12）为例进行分析。

1. 主运动

砂轮旋转运动是主运动。砂轮旋转的线速度为磨削速度 v_c（单位为 m/s）。外圆磨削和平面磨削时，磨削速度一般为 30～35m/s，内圆磨削时，磨削速度一般为 18～30m/s。

2. 进给运动

磨削时的进给运动一般有圆周进给、轴向进给及径向进给三种。

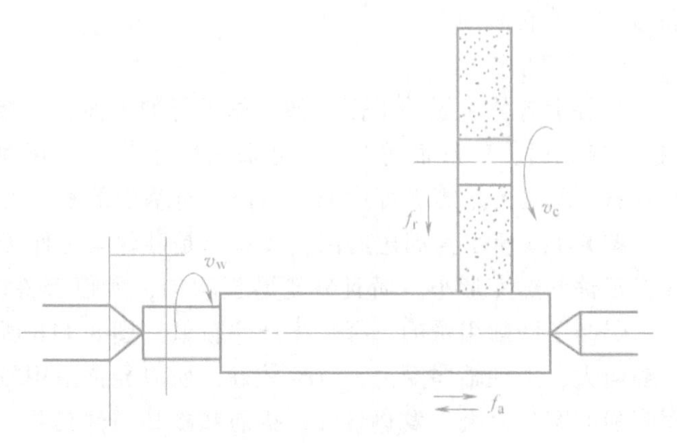

图 8-12　外圆磨削运动

（1）圆周进给运动　即工件的旋转运动。工件进给速度用 v_w 表示（单位为 mm/min）。工件进给速度比砂轮线速度小得多，两者的比例大致为 $v_w=\left(\frac{1}{80}\sim\frac{1}{160}\right)v_c$。$v_w$ 一般为 10～30mm/min。

在实际生产中，工件直径是已知的，工件进给速度应根据加工条件选定，所以加工时通常需要确定的是工件转速，计算公式为

$$n_{工件}=\frac{1000v_w}{\pi d_{工件}} \tag{8-1}$$

（2）轴向进给运动　即工件相对于砂轮的轴向运动，用进给量 f_a 表示。f_a 指工件每转一转，工件相对于砂轮的轴向移动量（单位为 mm/r）。粗磨时 $f_a=(0.3\sim0.7)B$；精磨时 $f_a=(0.3\sim0.4)B$（B 为砂轮宽度，单位为 mm）。

（3）径向进给运动　即砂轮切入工件的运动，用进给量 f_r 表示。f_r 指工作台每单行程或双行程，砂轮切入工件的深度（磨削深度）t（单位为 mm/单行程或 mm/双行程）。粗磨时 f_r 为 0.015～0.05mm/单行程或 0.015～0.05mm/双行程；精磨时 f_r 为 0.005～0.01mm/单行程或 0.005～0.01mm/双行程。

应该注意，对内、外圆磨削，在生产车间中，磨工师傅常常采用双面的磨削深度，就是指 $2t$，而不是 t。例如说吃刀深度 0.01mm，意思是说直径要磨去 0.01mm，而砂轮切入工件表面的深度仅为 0.005mm。

第四节　砂轮结构与选择

砂轮是磨削加工中最常用的工具，它是由结合剂将磨料颗粒黏结而成的多孔体。磨料起切削作用，结合剂把磨料结合起来，经压坯、干燥、焙烧，使之具有一定的形状和硬度。结

合剂并未填满磨料之间的全部空间，因而有气孔存在，如图 8-13 所示。

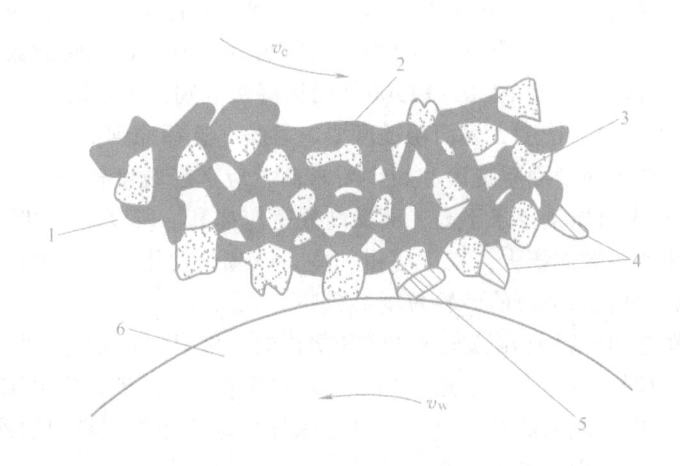

图 8-13　砂轮的构造

1—砂轮　2—结合剂　3—磨粒　4—磨屑　5—气孔　6—工件

一、砂轮的组成要素

磨料、结合剂、气孔构成了砂轮的组成三要素。砂轮的特性由磨料的种类、磨料颗粒的大小（粒度）、结合剂的种类、砂轮的硬度和砂轮的组织这五个基本参数所决定。

1. 磨料

磨料分为天然磨料和人造磨料两大类。一般天然磨料含杂质多，质地不匀，目前主要使用人造磨料。常用的磨料有氧化物系、碳化物系、超硬磨料系。各种磨料的特性及适用范围见表 8-1。

表 8-1　常用磨料的特性及使用范围

系列	磨料名称	代号	特性	使用范围
氧化物系	棕刚玉	A	棕褐色。硬度大、韧性大、价廉	碳钢、合金钢、可锻铸铁、硬青铜
	白刚玉	WA	白色。硬度高于棕刚玉，韧性低于棕刚玉	淬火钢、高速钢、高碳钢、合金钢、非金属及薄壁零件
	铬刚玉	PA	玫瑰红或紫红色。韧性高于白刚玉，磨削后工件表面粗糙度值小	淬火钢、高速钢、轴承钢及薄壁零件
	单晶刚玉	SA	浅黄色或白色。硬度和韧性高于白刚玉	不锈钢、高钒高速钢等高强度、韧性大的材料
	锆刚玉	ZA	黑褐色。强度和耐磨性都高	耐热合金钢、钛合金钢和奥氏体不锈钢
	微晶刚玉	MA	棕褐色。强度、韧性和自锐性能良好	不锈钢、轴承钢、特种球墨铸铁，适用于高速精密磨削
碳化物系	黑碳化硅	C	黑色有光泽。硬度比白刚玉高，性脆而锋利，导热性和抗导电性好	铸铁、黄铜、铝、耐火材料及非金属材料
	绿碳化硅	GC	绿色。硬度和脆性比黑碳化硅高，导热性和抗导电性好	硬质合金、宝石、玉石、陶瓷、玻璃
	碳化硼	BC	灰黑色。硬度比黑、绿碳化硅高，耐磨性好	硬质合金、宝石、玉石、陶瓷、半导体材料
超硬磨料系	人造金刚石	MBD 等	无色透明或淡黄色、黄绿色、黑色。硬度高，比天然金刚石略脆	硬质合金、宝石、光学材料、石材、陶瓷、半导体材料
	立方氮化硼	CBN	黑色或淡白色。立方晶体，硬度略低于金刚石，耐磨性高，发热量小	硬质合金、高速钢、高钼、高钒、高钴钢、不锈钢、镍基合金钢及各种高温合金

2. 粒度

粒度是指磨料颗粒的大小。GB/T 2481.1—1998 和 GB/T 2481.2—2009 规定，固结磨具用磨料粒度的表示方法为：粗磨料 F4 ~ F220（用筛分法区别，F 后面的数字大致为每英寸筛网长度上筛孔的数目），微粉 F230 ~ F1200（用沉降法区别，主要用光电沉降仪区分）。

粒度的选择主要与加工精度、表面粗糙度要求有关，选择原则如下。

1）精磨时，工件表面表面粗糙度和精度要求高，应选择粒度较细的砂轮。反之，粗磨时的磨削余量大，对表面质量要求不高，而磨削效率应提高，所以应选用粒度较粗的砂轮。

2）砂轮和工件的接触面积大，粒度应粗一些，以减少发热量。例如用端面磨削平面的砂轮粒度应比用圆周面磨削平面的砂轮粒度要粗些。

3）磨削导热性差的材料或容易发热变形和烧伤的工件时，粒度应粗些。

4）磨韧性金属和软金属（如黄铜、纯铜、软青铜等）时，砂轮容易堵塞，应选用粒度较粗的砂轮；相反，磨硬度高的材料（硬质合金除外）应当用粒度较细的砂轮。

常用磨料粒度号及适用范围见表 8-2。

表 8-2　常用磨料粒度号及适用范围

类别		粒度号	适用范围
磨粒	粗粒	F4,F5,F6,F7,F8,F10,F12,F14,F16,F20,F22,F24	荒磨
	中粒	F30,F36,F40,F46	一般磨削，加工表面粗糙度值可达 $Ra0.8\mu m$
	细粒	F54,F60,F70,F80,F90,F100	半精磨，精磨和成形磨削，加工表面粗糙度值可达 $Ra0.8 \sim 0.1\mu m$
	微粒	F120,F150,F180,F220	精磨，精密磨，超精磨，成形磨，刀具刃磨，珩磨
微粉	F230,F240,F280,F320,F360,F400,F500,F600		精磨，精密磨，超精磨，珩磨，螺纹磨
	F800,F1000,F1200		超精磨，镜面磨，精研，加工表面粗糙度值可达 $Ra0.05 \sim 0.01\mu m$

3. 结合剂

结合剂是将磨粒黏结成各种形状及尺寸砂轮的材料。它的性能决定了砂轮的强度、耐冲击性、耐蚀性、耐热性和砂轮寿命等。此外，结合剂对磨削温度和磨削表面质量也有一定的影响。常用的结合剂的名称、代号、性能及适用范围见表 8-3。

表 8-3　常用的结合剂的名称、代号、性能及使用范围

名　称	代号	特　性	适　用　范　围
陶瓷结合剂	V	耐热、耐油和耐酸碱的侵蚀，强度较高，但性较脆	适用范围最广，除切断砂轮外的大多数砂轮
树脂结合剂	B	强度高并富有弹性，但坚固性和耐热性差，不耐酸、碱。不宜长期存放	高速磨削、切断和开槽砂轮；镜面磨削的石墨砂轮；对磨削烧伤和磨削裂纹特别敏感的工序；荒磨砂轮
橡胶结合剂	R	具有弹性、密度大，但磨粒易脱落，耐热性差，不耐油，不耐酸，有臭味	无心磨床的导轮，切断、开槽和抛光砂轮
金属结合剂	M	型面的成型性好，强度高，有一定的韧性，但自励性差	金刚石砂轮，珩磨、半精磨硬质合金，切断光学玻璃、陶瓷及半导体材料

4. 硬度

砂轮的硬度是指在磨削力作用下，磨粒从砂轮表面上脱落的难易程度。如磨粒容易脱

落，表明砂轮硬度低，称之为软；反之则表明砂轮硬度高，称之为硬。当硬度选择合适时，砂轮具有自锐性，即磨削中磨钝的磨粒能自动脱落，而使新磨粒露出表面，从而保持砂轮的正常切削能力。

砂轮的硬度与磨粒的硬度是两个不同的概念，砂轮的软硬主要由结合剂的黏结强度决定，与磨粒本身的硬度无关。相同硬度的磨粒，可以制成不同硬度的砂轮。

砂轮硬度对磨削质量、生产率和砂轮损耗都有很大影响。砂轮硬度的选择决定于许多因素，其中主要有被磨工件材料、磨削方式和性质等。选择的主要原则如下：

1）工件材料硬度高，磨料容易磨钝，为了使磨钝的磨料能及时脱落，应选择较软的砂轮；反之工件材料软，磨粒不易磨钝，为了充分利用磨粒的切削性能，砂轮应较硬些。但是磨削很软很韧的材料时，如铜、铝、韧性黄铜、软钢等，为了避免砂轮堵塞，砂轮的硬度也应软一些。磨削硬度很高的材料（硬质合金除外），砂轮的硬度也不能太低，否则磨粒过分容易脱落，切削能力降低，且表面粗糙度也不易保证。通常磨削淬过火的碳素钢、合金钢、高速钢可选用硬度 G ~ K 的砂轮，磨未淬硬钢可用硬度 K ~ L 的砂轮。

2）磨削容易烧伤、变形的工件，如导热性差的工件、薄壁薄片工件等，应选用较软的砂轮。

3）砂轮与工件接触面积较大时，因发热量多，冷却条件差，为了避免工件烧伤或变形，应当用较软的砂轮。例如内圆磨削、平面磨削比外圆磨削的接触面积大，用砂轮端面磨平面比用砂轮圆周面磨削平面的接触面积大，所以选用砂轮硬度时应有所区别。

4）精磨时的硬度应比粗磨时的硬度适当高一些。成形磨削以及磨削具有圆角的轴颈（如发动机曲轴等），为了较好地保持砂轮外形轮廓，应该用较硬的砂轮。

5）磨削断续表面，如花键轴、有键槽的外圆等，由于有撞击作用而使磨粒较易脱落，所以硬度应高一些。

6）砂轮线速度低、工件线速度高或纵向（轴向）进给量大时，磨粒受力较大，应当选用较硬的砂轮，以免磨粒过早脱落。

7）干磨应比湿磨的砂轮选得稍软一些，以减少发热量。

砂轮的硬度等级名称及代号见表 8-4。

表 8-4　砂轮硬度等级名称及代号

<table>
<tr><td rowspan="2">等级</td><td>大级</td><td colspan="3">超软</td><td colspan="3">软</td><td colspan="2">中软</td><td colspan="2">中</td><td colspan="3">中硬</td><td colspan="2">硬</td><td>超硬</td></tr>
<tr><td>小级</td><td colspan="3">超软</td><td>软 1</td><td>软 2</td><td>软 3</td><td>中软 1</td><td>中软 2</td><td>中 1</td><td>中 2</td><td>中硬 1</td><td>中硬 2</td><td>中硬 3</td><td>硬 1</td><td>硬 2</td><td>超硬</td></tr>
<tr><td colspan="2">原代号</td><td colspan="3">CR</td><td>R1</td><td>R2</td><td>R3</td><td>ZR1</td><td>ZR2</td><td>Z1</td><td>Z2</td><td>ZY1</td><td>ZY2</td><td>ZY3</td><td>Y1</td><td>Y2</td><td>CY</td></tr>
<tr><td colspan="2">新代号</td><td>D</td><td>E</td><td>F</td><td>G</td><td>H</td><td>J</td><td>K</td><td>L</td><td>M</td><td>N</td><td>P</td><td>Q</td><td>R</td><td>S</td><td>T</td><td>Y</td></tr>
<tr><td colspan="2">选择</td><td colspan="16">磨未淬硬钢选用 L ~ N，磨淬火合金钢选用 H ~ K，高表面质量磨削时选用 K ~ L，刃磨硬质合金刀选用 H ~ J</td></tr>
</table>

5. 组织

砂轮的组织表示磨粒、结合剂和气孔三者的体积比例关系，也表示砂轮结构的紧密或疏松程度。磨粒在砂轮体积中所占比例越小，砂轮的组织就越疏松，气孔越多；反之，组织越紧密。气孔可以容纳切屑，使砂轮不易堵塞，还可把切削液带入磨削区，降低磨削温度。但过于疏松会影响砂轮强度，不易保持砂轮的轮廓形状，增大磨削表面粗糙度值。粗磨、磨削塑料材料、软金属及大面积磨削时，应选用组织疏松的砂轮；精磨、成形磨削时，应选用组织紧密的砂轮。

根据磨粒在砂轮中占有的体积百分数（称磨粒率）规定砂轮的组织号。砂轮组织分为紧密、中等、疏松三大类，细分为0~14号，其中0~3号属紧密型，4~7号为中等，8~14号为疏松。中等组织的砂轮适用于一般磨削。砂轮的组织号及选用见表8-5。

表8-5　砂轮组织号及选用

组织号	0	1	2	3	4	5	6	7	8	9	10	11	12	13	14
磨粒率(%)	62	60	58	56	54	52	50	48	46	44	42	40	38	36	34
用途	成形磨削,精密磨削				磨削淬火钢,刃磨刀具				磨韧性好、硬度低的材料					磨削热敏性高的材料	

二、砂轮的形状、尺寸及用途

根据不同的用途，按照磨床类型、磨削方式以及工件的形状和尺寸等，将砂轮制成不同的形状和尺寸，并已经标准化。

在生产中，为便于对砂轮进行管理和选用，通常将砂轮的形状、尺寸和特性参数印在砂轮端面上，其顺序为形状、尺寸、磨料、粒度号、硬度、组织号、结合剂和允许的最高工作圆周线速度。其中尺寸一般外径×厚度×内径。例如，砂轮 GB/T 4127 1-300×30×75-WA/F60L5V-35m/s，即代表该砂轮是平形，外径为300mm，厚度为30mm，内径为75mm，白刚玉磨料，60号粒度，中软硬度，5号组织，陶瓷结合剂，最高线速度为35m/s。

砂轮形状和尺寸的选择，主要与被加工工件的形状、尺寸以及磨床型号有关，选择时应注意：

1）在可能的条件下，砂轮的外径应尽可能选得大一些，以提高砂轮的线速度（但不能超过安全线速度），从而可获得较高的生产率和较低的表面粗糙度值。在有纵向进给的磨床上，选用宽度较大的砂轮，也可获得同样的效果。

2）磨外圆同时又要磨端面时，如选用单面凹锥砂轮（型号为23）就要方便和经济得多。磨削热敏感性高的材料时，砂轮厚度应适当减小。常用砂轮的形状、型号及用途见表8-6。

表8-6　常用砂轮形状、型号及用途

型号	名称	端面形状	形状尺寸标记	主要用途
1	平形砂轮	D, H, T	1型-$D\times T\times H$	磨外圆、内孔、平面及刃磨刀具
2	筒形砂轮	D, W, $W\approx0.17D$, T	2型-$D\times T\times W$	端磨平面
4	双斜边砂轮	D, J, H, T, U	4型-$D\times T\times H$	磨齿轮及螺纹

（续）

型号	名称	端面形状	形状尺寸标记	主要用途
6	杯形砂轮	D W T E H	6 型-$D \times T \times H$-W,E	端磨平面,刃磨刀具后刀面
11	碗形砂轮	D W K T E H J	11 型-$D/J \times T \times H$-$W \times E$	端磨平面,刃磨刀具后刀面
12a	碟形砂轮	D K W U T E H J	12a 型-$D/J \times T/U \times H$	刃磨刀具前刀面
41	平形切割砂轮	D T H	41 型-$D \times T \times H$	切断及磨槽

三、砂轮的强度

砂轮高速旋转时，受到很大的离心力作用，如果没有足够的强度，工作时就会因为破裂而引起严重事故。砂轮旋转时产生的离心力，随砂轮的线速度的平方成正比增加，所以当砂轮回转速度增大至一定程度，离心力超高砂轮强度所允许的数值时，砂轮就要破裂。基于这一原因，砂轮的强度通常都用安全线速度来表示。安全线速度比砂轮破裂时的速度低得多，当在这个速度下工作时，可保证不发生由于离心力过大而造成砂轮破裂的事故。各种砂轮按其强度高低都规定了安全使用的线速度，并标注在砂轮上或说明书中，使用时绝对不能超过它。一般磨削用砂轮的安全速度见表 8-7。

表 8-7　各种砂轮的安全线速度

砂轮名称	安全线速度(m/s)		
	陶瓷结合剂	树脂结合剂	橡胶结合剂
平形砂轮	35	40	35
磨钢锭用平形砂轮	40	45	—
双斜边砂轮	35	40	—
单斜边砂轮	35	40	—
单面凹砂轮	35	40	—
单面凹锥砂轮	35	40	—
双面凹砂轮	35	40	35
双面凹锥砂轮	35	40	—
平形切割砂轮	35	50	50

（续）

砂轮名称	安全线速度(m/s)		
	陶瓷结合剂	树脂结合剂	橡胶结合剂
碗形砂轮	30	35	—
杯形砂轮	30	35	—
碟形砂轮 a	30	35	—
碟形砂轮 b	30	—	—
磨量规砂轮	30	30	—
丝锥抛光砂轮	—	—	20
板牙抛光砂轮	—	—	20
磨螺纹砂轮	50	50	—

在实际工作中，除高速磨削需要按磨削速度订购特殊的高速砂轮外，其余情况下一般都采用安全线速度为25～35m/s的砂轮，使用时必须注意检查砂轮的实际线速度是否超过了安全线速度，在砂轮尺寸与转速可以变换的磨床（如内圆磨床）上工作时，应特别注意这一点。

例：在M250A型磨床上磨削内孔，拟选用砂轮转速 $n_{砂轮}=4200\text{r/min}$，砂轮直径 $D_{砂轮}=170\text{mm}$，安全线速度 $v_{安全}=35\text{m/s}$，试检验砂轮是否安全。

解：计算砂轮的实际线速度为

$$v_{砂轮}=\frac{\pi\times170\text{mm}\times4200\text{r/min}}{60\times1000}=37.4\text{m/s}>v_{安全}$$

由于砂轮使用时的实际线速度超过了允许的安全线速度，因此必须改用较小直径的砂轮。

第五节　砂轮的磨损、修整及安装

一、砂轮的磨损

砂轮的磨损可分为磨耗磨损和破碎磨损。磨耗磨损是由于磨粒与工件之间的摩擦引起的，一般发生在磨粒与工件的接触处。在磨损过程中，磨粒逐渐变钝，并形成磨损小平面。当变钝的磨粒逐渐增多时，磨削力随之增大，如不及时修整砂轮，将出现工件表面烧伤、振颤等后果。破碎磨损是由磨粒的破碎或者结合剂的破碎而引起的，表现为磨粒破碎或磨粒脱落。破碎磨损的程度取决于磨削力的大小和磨粒或结合剂的强度。磨削过程中，若作用在磨粒上的应力超过磨粒本身的强度时，磨粒上的一部分就会以微小碎片的形式从砂轮上脱落，形成磨粒破碎磨损。若砂轮结合剂破坏，会形成磨粒脱落磨损。

二、砂轮的修整

新砂轮使用一段时间后，磨粒逐渐变钝，由于磨削过程中砂轮不可能时时具有自锐性，且磨屑和碎磨粒会堵塞砂轮工作表面空隙，致使砂轮丧失外形精度和切削能力。所以，砂轮工作一段时间后必须进行修整。砂轮需进行修整（达到寿命）的判别依据：砂轮磨损量达到一定数值时会使工件发生振颤、表面粗糙度值突然增加或表面烧伤。

修整砂轮常用的工具有单粒金刚石笔、多粒细碎金刚石笔和金刚石滚轮，如图 8-14 所示。应用最多的是用单粒金刚石笔，其修整过程相当于用金刚石车刀车削砂轮外圆，如图 8-15 所示。多粒金刚石笔修整效率较高，所修整的砂轮磨出的工件表面粗糙度值较小。金刚石滚轮修整效率更高，适用于修整成形砂轮。修整时，应根据不同的磨削条件，选择不同的修整用量。一般砂轮的单边总修整量为 0.1 ~0.2mm。

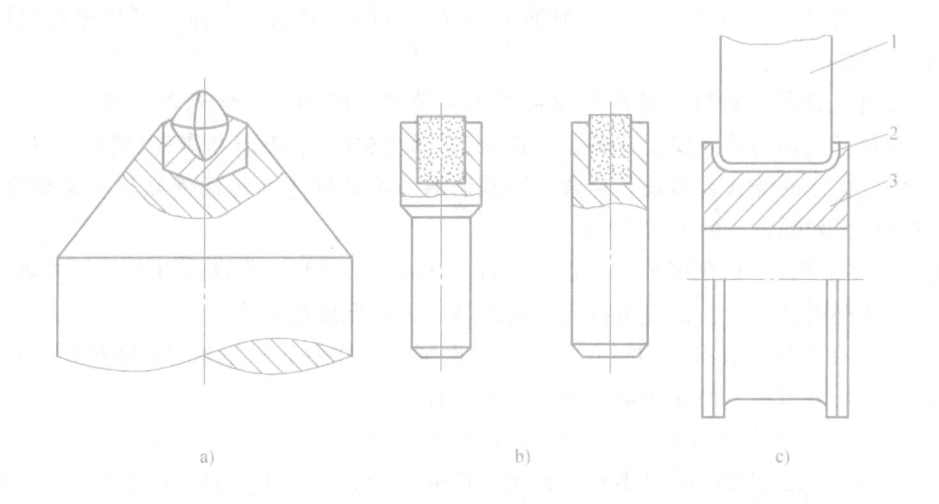

图 8-14　修整砂轮用的工具

a）单粒金刚石笔　b）多粒细碎金刚石笔　c）金刚石滚轮

1—被修整砂轮　2—金刚石　3—轮体

三、砂轮的安装

磨削时砂轮高速旋转，而且由于制造误差，其重心与安装的法兰盘中心线不重合，从而产生了不平衡的离心力，加速了砂轮轴承的磨损。因此，如果砂轮安装不当，不但会降低磨削工件的质量，还会突然碎裂造成较严重的事故。安装砂轮应注意以下几个方面：

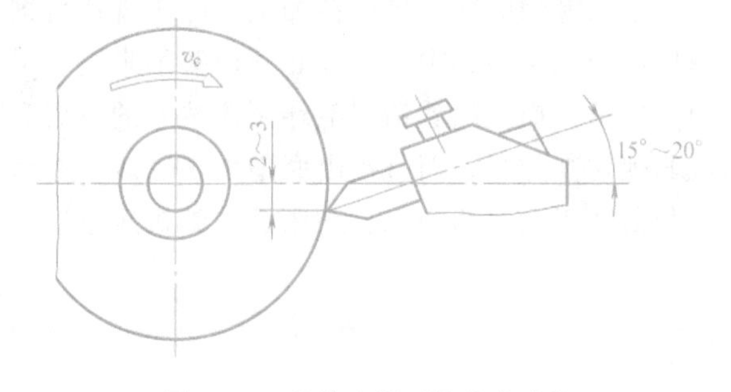

图 8-15　单粒金刚石笔修整砂轮

1）砂轮安装前，必须校对其安全速度。若标志不清或为无标志砂轮，则必须重新进行回转试验。

2）安装前，要用木槌轻敲砂轮，如发现有哑声，说明砂轮内可能有裂纹，不能使用。

3）安装时，要求砂轮不松不紧地套在砂轮主轴上，夹在砂轮两边的法兰盘，其形状、大小必须相同。法兰盘的直径约为砂轮直径的一半，内侧要求有凹槽。在砂轮端面和法兰盘之间，要垫上一块厚度约为 1 ~2mm 的弹性纸板或皮革、耐油橡胶垫片，垫片的直径略大于法兰盘的外径。

4）应依次对称地拧紧法兰盘螺钉，使夹紧力分布均匀。但用力不宜过大，以免压裂砂轮。注意紧固螺钉螺纹的旋向应与砂轮的旋向相反，即当砂轮逆时针旋转时，用右旋螺纹，这样砂轮在磨削力的作用下，将带动螺母越旋越紧。

5）砂轮安装好后，至少需要经过一次静平衡才能安装到磨床上。

第六节 磨削加工的特点

磨削加工与其他切削加工方法如车削、铣削等比较，具有以下特点：

(1) 能获得高的加工精度和小的表面粗糙度值 加工尺寸公差等级可达 IT6 ~ IT4，表面粗糙度值可达 $Ra0.8 \sim 0.02\mu m$。磨削加工不仅可以作为精加工，而且可以进行粗磨、荒磨、重载荷磨削。

(2) 能加工高硬度材料 磨削不仅可以加工铸铁、碳钢、合金钢等一般材料，还可以加工一般刀具难以切削的高硬度材料，如淬火钢、硬质合金、玻璃和陶瓷材料等。但对于塑性很大，硬度很低的非铁金属及其合金，因其切屑易堵塞砂轮孔隙而使砂轮丧失切削能力，一般不宜磨削，如纯铜、纯铝等。

(3) 磨削温度高 磨削时磨削区温度可高达 800 ~ 1000℃，很容易引起工件的热变形和烧伤。所以在磨削过程中，需要进行充分的冷却，以降低磨削温度。

(4) 砂轮在磨削时具有“自锐作用” 在磨削力的作用下部分磨钝的磨粒能自动脱落，从而形成新的切削刃口，使砂轮保持良好的磨削性能。

(5) 磨削的背向力（径向力）大 磨削时背向力 F_p 很大，是进给力 F_c 的 1.6 ~ 3.2 倍。这是磨削与普通切削的明显不同，它使工件变形增大。在 F_p 力的作用下，工艺系统将产生弹性变形，使得实际磨削深度比名义磨削深度小。因此在磨去主要加工余量以后，随着磨削力的减小，工艺系统弹性变形恢复，应继续光磨一段时间，直至磨削火花消失。

由于以上的特点，磨削主要用于对机器零件、刀具、量具等进行精加工。经过淬火的零件，几乎只能用磨削来进行精加工。由于现代机器上的零件对精度要求不断提高，要求表面粗糙度值越来越小，很多零件必须用磨削来进行最后精加工，所以磨削在现代机器制造中占有很大比重。而且随着精密毛坯制造技术的发展和高生产率磨削方法的应用，使某些零件不需经其他切削加工，而直接由磨削加工完成，这将使磨削加工在大批量生产中得到广泛的应用。目前在工业发达国家，磨床已占到机床总数的 30% ~ 40%，而且还有不断增加的趋势。

第七节 先进磨削方法简介

以提高效率为目的的先进磨削方法常见的有高速磨削、强力磨削、超精密磨削、镜面磨削以及砂带磨削。

一、高速磨削

普通磨削时，砂轮线速度常在 25 ~ 35m/s 以内。当砂轮线速度提高到 50m/s 以上时即称为高速磨削。大于 150m/s 属于超高速磨削。目前国内砂轮线速度普遍采用 50 ~ 60m/s。我国高速磨床磨削速度可达 80 ~ 120m/s，发达国家的磨削速度可达 200m/s 以上。高速磨削的主要优点是生产率高、砂轮寿命长、加工精度高和表面粗糙度值小。高速磨削生产率一般可提高 30% ~ 100%，砂轮寿命提高 0.7 ~ 1 倍，工件表面粗糙度值可稳定地达到 $Ra0.8 \sim 0.4\mu m$。高速磨削目前已应用于各种磨削工艺，不论是粗磨还是精磨，单件小批还是大批大量生产，均可采用。但高速切削对磨床、砂轮、切削液供应均提出相应的要求。

高速磨削时的注意事项：砂轮主轴转速必须随线速度的提高而相应地提高，砂轮电动机

功率要比一般电动机功率大一倍左右。机床刚性必须足够，并注意减小振动。砂轮速度必须足够，保证在高速旋转下不会破裂。砂轮径向和轴向圆跳动要小，承受载荷能力要高，除应经过静平衡试验外，最好经过砂轮动平衡试验。砂轮必须有适当的防护罩，必须具有良好的冷却条件、有效的排屑装置，并注意防止切削液飞溅。

二、强力磨削

强力磨削是20世纪70年代发展起来的一种高效磨削工艺。强力磨削又叫深磨、蠕动磨削或大切深缓进给磨削。它是以较大的磨削深度（$a_p=2\sim30$mm或更多）和很低的工作台进给速度（$v_w=5\sim200$mm/min）磨削工件，砂轮在一次进给中几乎将全部磨削余量切除。磨削钢材时的材料切除率可达3kg/min，磨削铸铁时可达4.5～5kg/min。可直接从铸、锻毛坯上磨出成品，实现了以磨代车、以磨代铣、粗精结合的综合加工。强力磨削生产率高，砂轮损耗小，磨削质量好，缺点是设备费用高，适于磨削高硬度高韧性等难加工材料和淬硬金属的成形加工，如磨削耐热合金、不锈钢等的型面和沟槽。

近年来，强力磨削又出现了大切深、快进给的方式，要求砂轮的线速度达到120m/s，工件的进给速度达到2500mm/min，如成形磨削麻花钻的螺旋沟槽，一次进给就可磨出。

强力磨削时的注意事项：机床电动机功率要大，一般在20kW以上，主轴采用滚动轴承；机床刚性要好；切削液压力要达0.8～1.2MPa，流量达80～200L/min。

三、超精密磨削与镜面磨削

磨削后，表面粗糙度值Ra在0.01～0.04μm之间的磨削方法称为超精密磨削；表面粗糙度值$Ra<0.01$μm的磨削方法称为镜面磨削。我国在20世纪60年代就研究成功了超精密磨削和镜面磨削，并制造出了相应的高精度磨床，使这项先进磨削技术在生产中得到推广。目前，超精密磨削已成为对钢铁材料和半导体等硬脆材料进行精密加工的主要方法之一。镜面磨削的必要条件是使用具有高刚度、高回转精度的主轴和微量进给机构的磨床，经细心平衡的均质砂轮和精密修整使磨粒尖端变平的砂轮表面。

四、砂带磨削

用高速运动的砂带作为磨削工具，磨削各种表面的方法称为砂带磨削（图8-16）。砂带由基体、结合剂和磨粒所组成（图8-17）。砂带上仅有一层精选的粒度均匀的磨粒，通过高压静电植砂，使其锋刃向上，单层均匀分布在基体表面。砂带上的磨粒分布等高性好，重叠、堆积较少。与砂轮磨削类似，砂带磨削时，其磨粒对工件既有切削作用，又有刻划和滑擦作用。因此，砂带磨削材料切除率高，磨削表面质量也好。

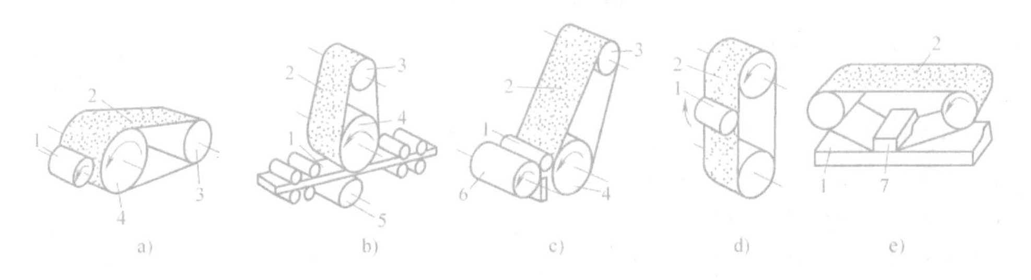

图8-16 砂带磨削的几种形式

a）磨外圆 b）磨平面 c）无心磨 d）自由磨削 e）砂带成形磨削

1—工件 2—砂带 3—张紧轮 4、5、6—导轮 7—成形导向板

砂带磨削的应用十分广泛，它既能磨削普通钢铁材料，也能磨削各种难加工材料，新型刚玉砂带尤其适于对各种不锈钢、镍铬耐热合金等材料进行高效磨削。在磨削大尺寸薄板、长径比大的外圆和内孔、薄壁件和复杂型面时，砂带磨削表现更为优越。因此，它是一项很有发展前景的磨削方法。目前，在工业发达国家，砂带磨削量已占磨削加工量的一半左右。

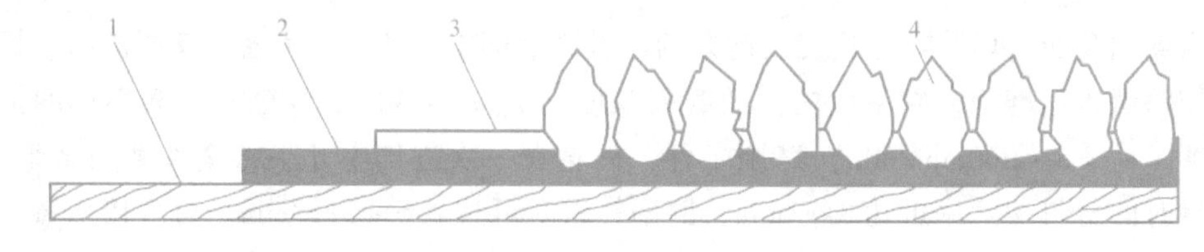

图 8-17　砂带组成

1—基体　2—底胶　3—复胶　4—磨粒

第八节　任务实施

根据图 8-1 对输出轴进行分析可知，支承轴颈、配合轴颈及圆锥面都需要磨削，现以粗磨 ϕ50mm ± 0.008mm 外圆为例，分析磨削加工时磨床、砂轮以及磨削用量的选择。

一、磨床的选用

根据输出轴的轴颈处的尺寸公差等级 IT6 和 ϕ50mm ± 0.008mm 外圆的直径、长度以及工厂设备情况等选择 M131W 型万能外圆磨床。

1. 主要规格

万能外圆磨床主要规格有 ϕ315 × 710、ϕ315 × 1000、ϕ315 × 1400，根据输出轴的长度和直径的大小以及工厂设备情况选用 ϕ315 × 710。

2. 加工范围

（1）磨削工件的外圆直径　用中心架　ϕ8 ~ ϕ60mm

不用中心架　ϕ8 ~ ϕ315mm

（2）磨削工件内圆的直径　用中心架　ϕ30 ~ ϕ110mm

不用中心架　ϕ13 ~ ϕ125mm

（3）磨削工件的最大长度　磨削外圆　710mm

磨削内圆　125mm

（4）顶尖距　710mm

3. 头架

（1）头架主轴转速　35r/min、70r/min、140r/min、280r/min

（2）头架回转角度　+90° ~ −30°

（3）自定心卡盘直径　ϕ200mm

（4）头架顶尖孔锥度　莫氏 4 号

4. 砂轮架

（1）砂轮架最大移动量　270mm

（2）砂轮架快速进退量　50mm

（3）刻度盘每转一转砂轮架进给量

粗 2mm

细 0.5mm

（4）刻度盘每转一格砂轮架进给量

粗 0.01mm

细 0.0025mm

（5）工作台往复一次砂轮架自动进给量 0.0025～0.04mm

（6）纵磨法的磨削深度 t（供参考）

粗磨 $t=0.01\sim0.04$mm

精磨 $t=0.0025\sim0.01$mm

（7）砂轮架回转角度 ±30°

（8）砂轮尺寸（外径×宽度×孔径）（280～400）mm×50mm×203mm

（9）砂轮主轴转速 1670r/min

（10）砂轮线速度 35m/s

5. 内圆磨头

砂轮尺寸（外径×宽度×孔径）

最大 80mm×32mm×20mm

最小 12mm×16mm×5mm

6. 工作台

（1）工作台最大纵向移动量 780mm、1100mm、1540mm

（2）手轮每转一转工作台移动量 6mm

（3）工作台最大回转角度

顺时针 3°

逆时针 3°、6°、9°

7. 尾座

（1）尾座顶尖孔锥度 莫氏 4 号

（2）尾座套筒移动量 25mm

二、砂轮的选择

1. 磨料、粒度、硬度、结合剂以及组织的选择

根据加工材料为调质的合金钢 40Cr、加工表面带有圆角以及径向圆跳动公差小于 0.5mm，选择如下：

查表 8-1 选择磨料为棕刚玉（代号为 A）。

查表 8-2 选择粒度为 F60～F80。粗磨时为了提高磨削效率，因此选用粒度为 F60。

查表 8-4 选择砂轮硬度为 K～N。由于粗磨时，磨削深度大，容易发热，磨料容易磨钝，为了使磨钝的磨料能及时脱落，应选择较软的砂轮，硬度为 M。

查表 8-3 选择结合剂为陶瓷，代号为 V。

查表 8-5 选择砂轮组织号为 6～8。因粗磨磨削深度大，为了磨屑能够排除方便，砂轮不易堵塞，从而提高生产率，因此选用组织较松的砂轮，砂轮的组织级别为 6。

2. 形状与尺寸

（1）形状　根据输出轴的磨削表面选择单面凹锥砂轮（型号为23）。

（2）尺寸　磨削输出轴时，为了提高砂轮的线速度，从而可获得较高的生产率和较低的表面粗糙度值，选用砂轮的尺寸为400mm×50mm×203mm。

3. 砂轮的表示

通过以上的选择，该砂轮的各种特性全部用代号的形式表示为：砂轮　GB/T 4127 23N-400×50×203-A/F60M6V-35m/s。

三、纵磨法磨外圆的粗磨切削用量

（1）砂轮主轴转速　　1670r/min

（2）砂轮线速度 v_c

1）$v_c = \dfrac{\pi n D_{砂轮}}{1000\times60} = \dfrac{3.14\times1670\text{r/min}\times400\text{mm}}{1000\times60} = 34.95\text{m/s}$

2）校核砂轮的安全线速度。查表8-7得，砂轮形状为单面凹锥砂轮、陶瓷结合剂的砂轮的安全线速度为35m/s，因此 $v_c = 34.95\text{m/s}$ 小于砂轮的安全线速度，合格。

（3）工件转速 $n_{工}$　查《金属机械加工工艺人员手册》P940 表10-213得工件转速77～154r/min，但M131W型万能外圆磨床的头架主轴转速只有35r/min、70r/min、140r/min、280r/min 4种不同的转速，因此取 $n_{工} = 140\text{r/min}$。

（4）工件的回转速度 v_w

1）v_w 计算

$$v_w = \frac{\pi n D_{工件}}{1000} = \frac{3.14\times140\text{r/min}\times50\text{mm}}{1000} = 21.98\text{m/min}$$

2）校核 v_w。为了保证砂轮在一定时间内切下最多的切屑和获得高的表面质量，同时充分利用砂轮的切削性能，须使 $v_w = \left(\dfrac{1}{80}\sim\dfrac{1}{160}\right)v_c$，将 $v_c = 35\text{m/s}$ 带入式子得 $v_w = 13.125\sim26.25\text{m/min}$，而 $v_w = 21.98\text{m/min}$ 在此范围内，合格。

（5）纵向进给量 f_a　查《金属机械加工工艺人员手册》P940 表10-213得 $f_a = (0.5\sim0.8)B$，式中 B 为砂轮宽度（$B = 50\text{mm}$，0.5～0.8中取0.5），则 $f_a = 0.5\times50\text{mm} = 25\text{mm/r}$。

（6）横进给量 f_r　查《金属机械加工工艺人员手册》P939 表10-212得棕刚玉砂轮顶尖间外圆砂轮的中等耐磨时间 $T = 6\text{min}$。

查《金属机械加工工艺人员手册》P940 表10-213，取横向进给量 $f_r = 0.0118\text{mm}$/单行程，横向进给量 f_r 的修正系数 $K_1 = 1.25$，$K_2 = 0.95$，因此 $f_r = 0.0118\times1.25\times0.95 = 0.014\text{mm}$/单行程，圆整为 $f_r = 0.015\text{mm}$/单行程。因为刻度盘每转一格砂轮架横向进给量0.0025mm，刻度盘转6格，工作台一次往复行程的磨削深度 $2t = 0.03\text{mm}$。

企业点评　东方电机有限公司吴勤高级工程师：砂轮是磨削加工的主要工具，在加工过程中砂轮参数、切削液的正确选用是保证加工质量的关键。

【思政目标】砂轮是磨削加工的主要工具，在加工过程中砂轮参数、切削液的正确选用是保证加工质量的关键。了解砂轮的特性以及加工过程，才会做出正确的选择。人生就是很多选择，要从客观实际出发，树立正确的人生观、

价值观、世界观，合理规划适合自己发展的人生道路。

复习思考题

1. 砂轮组成要素和特性参数有哪些？
2. 常用磨料有哪几种？各用什么代号表示？有什么特性？适用于何种场合？
3. 粒度号如何选用？
4. 什么是砂轮的自锐性？
5. 砂轮的组织号表示什么意思？一般磨削常用的组织号是多少？
6. 怎样判断砂轮是否需要修整？依据是什么？
7. 砂轮的磨损有哪些形式？
8. 外圆磨削的方法有哪些？各适用于什么样的场合？
9. 磨削有什么特点？

第九章

其他刀具简介

第一节　刨　　刀

一、概述

刨削是在刨床上使用刨刀进行切削加工的一种方法。在牛头刨床（图 9-1）上刨削时，刨刀的往复直线移动为主运动，工件随工作台在垂直于主运动方向做间歇性的进给运动。在龙门刨床（图 9-2）上刨削时，切削运动和牛头刨床相反，此时安装在工作台上的工件往复直线移动为主运动，而刨刀则做间歇性的进给运动。牛头刨床属于中型通用机床，适用于加工中小型零件。龙门刨床适用于加工大型或重型零件，以及若干件小型零件同时刨削。

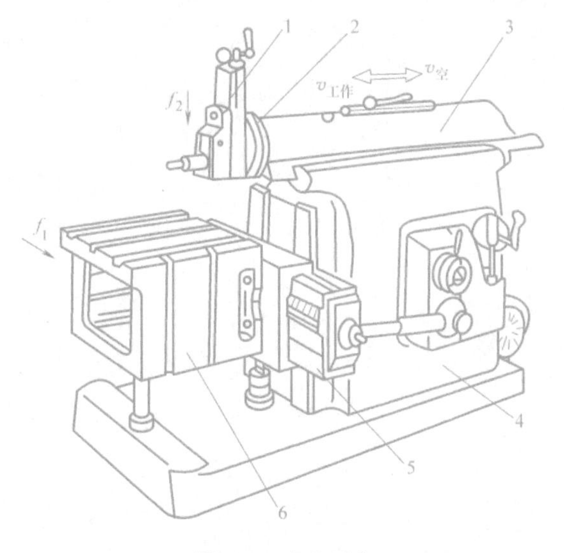

图 9-1　牛头刨床
1—刀架　2—转盘　3—滑枕　4—床身
5—横梁　6—工作台

刨削的加工范围基本上与铣削相似，可以刨削平面、台阶面、燕尾面、矩形槽、V 形槽、T 形槽等。如果采用成形刨刀、仿形装置等辅助装置，也可以加工曲面、齿轮的成形表面，如图 9-3 所示。

二、刨削加工的特点

1）刨削过程是一个断续的切削过程，刨刀的返回行程一般不进行切削；切削时有冲击现象，也限制了切削用量的提高；刨刀属于单刃刀具，因此刨削加工的生产率是比较低的。但对于狭长平面，刨削加工生产率反而较高。

2）刨刀结构简单，刀具的制造、刃磨较简便，工件安装也较简便，刨床的调整也比较方便，因此，刨削特别适合于单件、小批生产的场合。

3）刨削属于粗加工和半精加工的范畴，尺寸公差等级可以达到 IT10 ~ IT7、表面粗糙度值可达 $Ra12.5 \sim 0.4\mu m$。刨削加工也易于保证一定的相互位置精度。

4）在无抬刀装置的刨床上进行切削，在返回行程时，刨刀后刀面与工件已加工表面会发生摩擦，影响工件的表面质量，也会使刀具磨损加剧，对于硬质合金刀具甚至会发生崩刃。

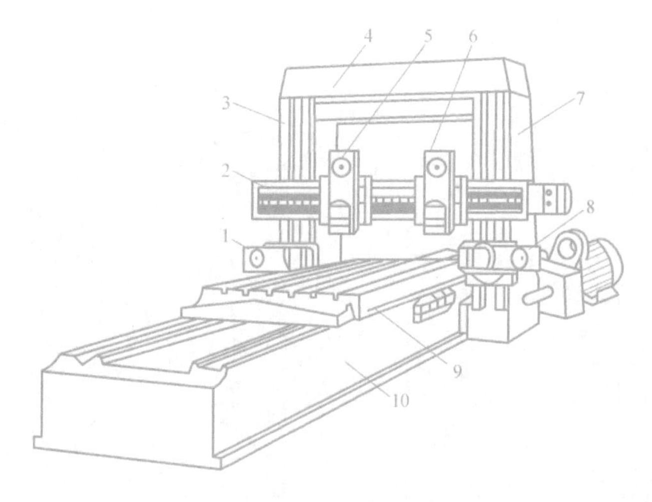

图 9-2　龙门刨床

1、8—左、右侧刀架　2—横梁　3、7—左、右侧立柱　4—顶梁　5、6—垂直刀架　9—工作台　10—床身

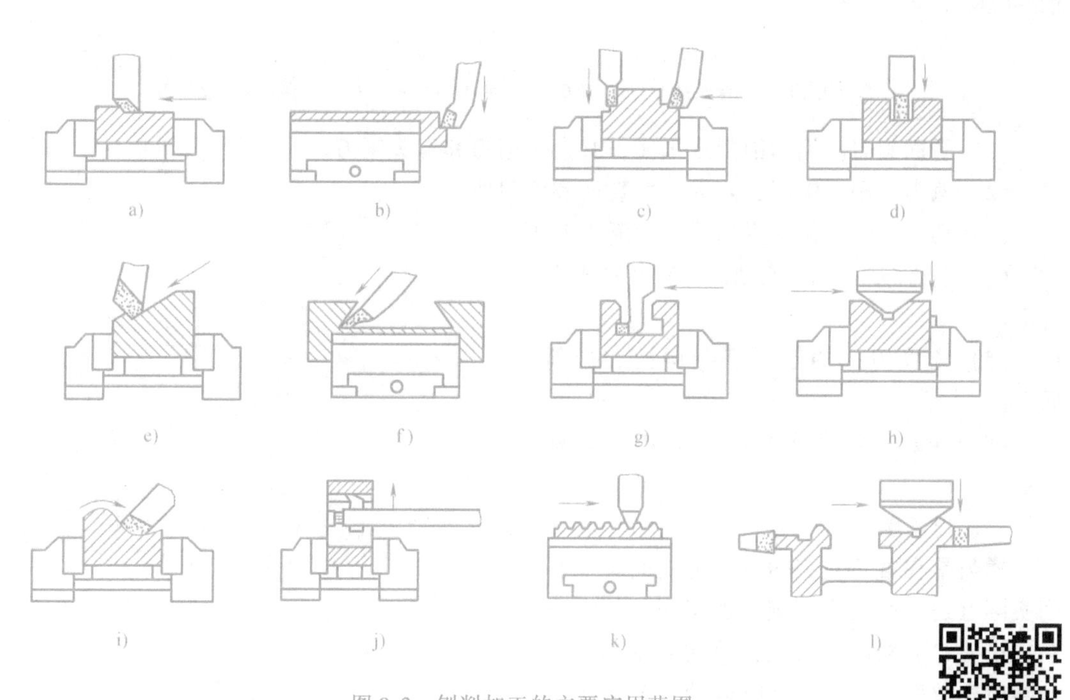

图 9-3　刨削加工的主要应用范围

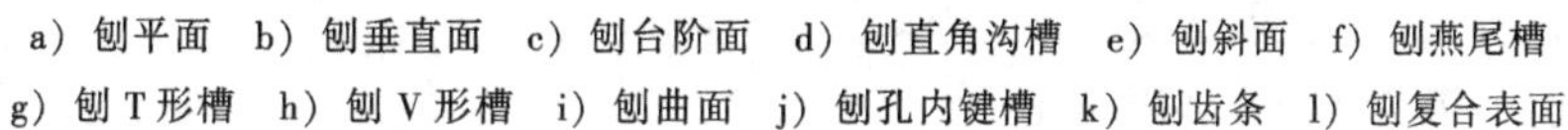

a）刨平面　b）刨垂直面　c）刨台阶面　d）刨直角沟槽　e）刨斜面　f）刨燕尾槽
g）刨 T 形槽　h）刨 V 形槽　i）刨曲面　j）刨孔内键槽　k）刨齿条　l）刨复合表面

5）刨削加工切削速度低，有一次空行程，因此产生的切削热少，散热条件好，除特殊情况外，一般不使用切削液。

三、刨削加工常用刀具

刨刀按用途分为平面刨刀、偏刀、切刀、弯切刀、角度刨刀和样板刀等，如图 9-4 所示。

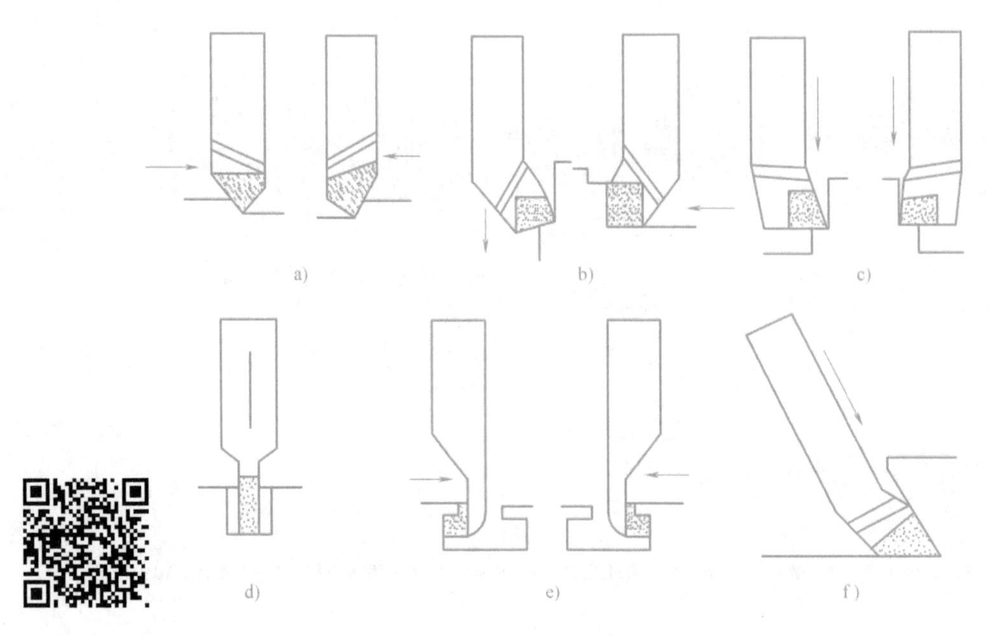

图 9-4　常用刨刀的种类和应用

a）平面刨刀　b）弯头刨刀　c）偏刀　d）切刀　e）弯切刀　f）燕尾槽角度刨刀

（1）平面刨刀　用于刨削水平面，有直头刨刀和弯头刨刀。

（2）偏刀　用于刨削台阶面、垂直面和外斜面等。

（3）切刀　用于刨削直角槽和切断工件等。

（4）弯切刀　用于刨削 T 形槽和侧面直槽。

（5）角度刀　用于刨削燕尾槽和内斜面等。

（6）样板刀　用于刨削 V 形槽和特殊型面。

四、插床及插削

插削是在插床（图 9-5）上进行的。插削实际上是一种立式刨削。加工时，插刀安装在滑枕 2 下部的刀架上，滑枕可沿床身上的导轨座做垂直的往复直线运动。安装工件的工作台由下滑板、上滑板及回转工作台等三部分组成。下滑板可做横向进给，上滑板可做纵向进给，回转工作台则可带动工件回转。它的生产率较低，一般只用于单件、小批生产时，插削直线的成形内外表面，如内孔键槽、多边形孔和花键孔等，尤其是能加工一些不通孔或有障碍台阶的内花键槽。

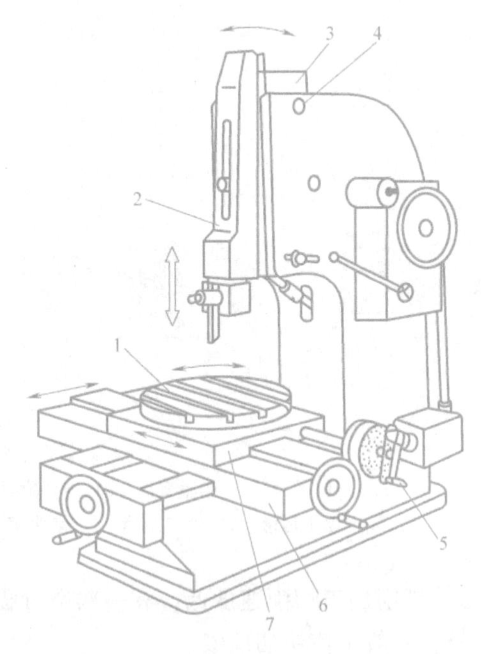

图 9-5　插床

1—回转工作台　2—滑枕　3—滑枕导轨座
4—销轴　5—分度装置　6—下滑板　7—上滑板

第二节　拉　　刀

一、拉削概念

拉削是指用拉刀在拉床上加工工件内外表面的一种加工方法。拉刀可拉削各种形状的通孔和外表面，如图 9-6 所示，其中以内孔拉削（含圆柱孔、花键孔、内键槽等）应用最广。

拉刀是一种多齿高生产率的精加工刀具。拉削时，拉刀沿轴线的等速直线运动为主运动，没有进给运动；其进给是靠拉刀刀齿的齿升量（相邻两齿或齿组的半径差）来实现的。由于拉刀的后一个（或一组）刀齿比前一个（或一组）刀齿高，从而能够一层层地从工作上切下多余的金属，如图 9-7 所示。

图 9-6　拉削加工各种内外表面

a）圆孔　b）三角形孔　c）正方形孔　d）长方形孔　e）六角形孔　f）多角孔
g）鼓形孔　h）键槽　i）花键孔　j）内齿轮　k）平面　l）成形表面　m）T 形槽
n）榫槽　o）燕尾槽　p）叶片榫轮　q）圆柱齿轮　r）直齿锥齿轮　s）螺旋锥齿轮

二、拉削特点

拉孔与其他孔加工方法比较，具有如下特点：

1）生产率高。拉刀是多齿刀具，拉削时，同时参加工作的刀齿数多，切削刃的总长度大，一次行程即完成粗、半精及精加工，因此生产率很高。尤其是加工形状特殊的内外表面时，更能显示拉削的这个优点。

2）加工精度与表面质量高。一般拉床采用液压系统，传动平稳；拉削速度较低，一般

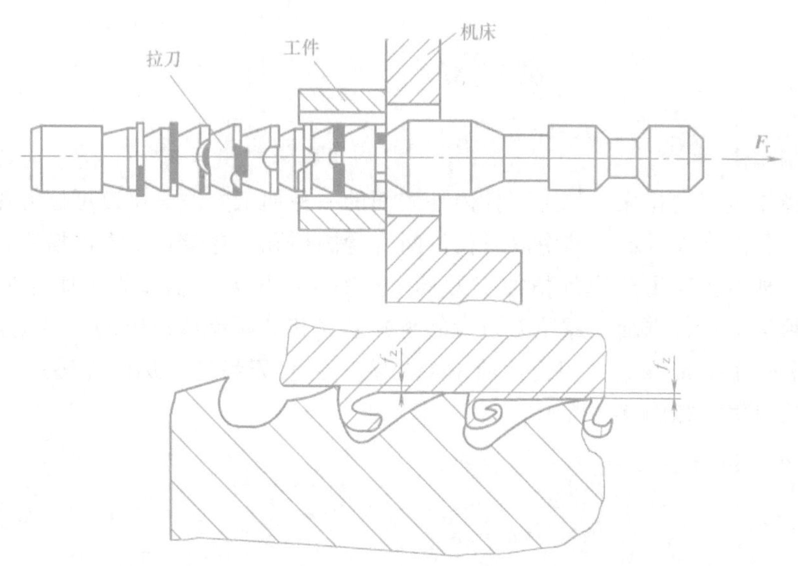

图 9-7　拉削工作原理

v_c = 2 ~ 8m/min，以避免产生积屑瘤。由于拉削速度较低，切削厚度很小，所以可获得较高的精度和较好的表面质量，拉削的尺寸公差等级可达 IT8 ~ IT7，表面粗糙度值为 Ra3.2 ~0.8μm。

3）加工范围广。拉刀可以加工出各种截面形状的内外表面。有些其他切削加工方法难以完成的加工表面，也可以采用拉削加工完成。

4）拉刀寿命长。由于拉削速度很低，而且每个刀齿在一个工作行程中只切削一次，因此，拉刀磨损小，寿命较长。

5）机床结构简单，操作方便。拉削一般只有一个主运动（拉刀直线运动），进给运动由拉刀刀齿的齿升量来完成。

6）拉刀是专用刀具。一种形状与尺寸的拉刀，只能加工相应形状与尺寸的工件，不具有通用性，因此拉刀也被称为定尺寸刀具。

7）拉刀结构复杂，制造成本高，主要用于成批大量生产中。

由于受到拉刀制造工艺以及拉床动力的限制，过小或特大尺寸的孔均不适宜于拉削加工，不通孔、台阶孔和薄壁内孔也不适宜于拉削加工。

三、拉刀结构

拉刀的种类很多，根据加工表面位置不同可分为内拉刀与外拉刀。内拉刀用于加工各种形状的内表面，常见的有圆孔拉刀、方孔拉刀、花键拉刀和键槽拉刀等；外拉刀用于加工各种形状的外表面。在生产中，内拉刀比外拉刀的应用更普遍。

拉刀虽有多种类型，但其主要组成部分基本相同。现以圆孔拉刀为例，对其主要组成部分介绍如下。

普通圆孔拉刀的结构如图 9-8 所示，它由前柄（头部）、颈部、过渡锥部、前导部、切削齿、校准齿和后导部组成。当拉刀过重或太长时，还需做出后柄以便支承拉刀。切削齿又分为粗切齿、过渡齿和精切齿，其上做有齿升量 f_z，用以达到每齿切除金属层的作用。

（1）前柄（头部）　拉刀前端用以夹持和传递动力的部分。

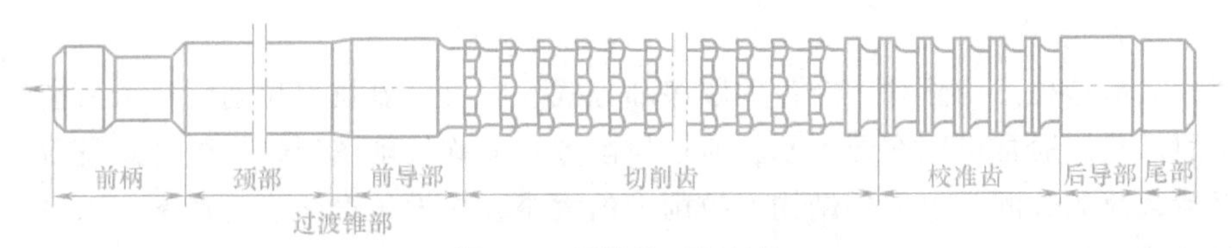

图 9-8 圆孔拉刀的结构

（2）颈部 前柄与过渡锥部之间的连接部分，便于前柄穿过拉床挡壁，也是打标记的地方。

（3）过渡锥 引导拉刀前导部逐渐进入工件预制孔中，并起对准中心的作用。

（4）前导部 用于引导拉刀的切削齿正确地进入工件孔中，防止拉刀偏斜，并可检查工件预制孔的孔径是否过小，以免拉刀的第一个刀齿因切削载荷过大而损坏。

（5）切削齿 粗切齿、过渡齿和精切齿的总称，用来切除工件上全部拉削余量。

（6）校准齿 拉刀最后几个尺寸、形状相同的齿，起修光和校准作用，并可作为精切齿的后备齿。

（7）后导部 用于保证拉刀最后的正确位置，防止拉刀在即将离开工件时，因工作下垂而损坏已加工表面和刀齿。

（8）后柄（尾部） 拉刀后端用于夹持或支持的部分。当拉刀又长又重时使用，用于支承并防止拉刀下垂。

四、拉刀几何参数

拉刀切削部分的主要几何参数如图 9-9 所示。

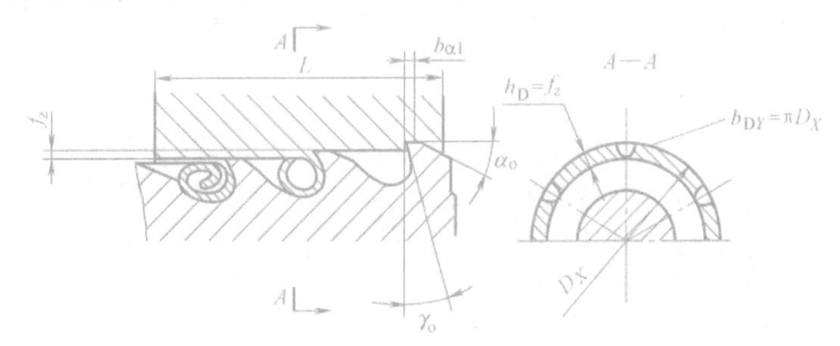

图 9-9 拉刀切削部分几何参数

（1）齿升量 f_z 圆孔拉刀的齿升量是指相邻两刀齿（或齿组）半径方向的高度差。粗切齿的 f_z 较大，一般取 0.015 ~0.2mm，用以切除大部分拉削余量（80% 以上）；精切齿的 f_z 很小，一般为 0.005 ~0.02mm，精切齿的齿数可取 3 ~7 个；过渡齿的 f_z 是在粗切齿和精切齿之间逐渐减小；校准齿上 $f_z=0$，仅起校准作用，其齿数通常为 3 ~7 个。

（2）齿距 P 指相邻两刀齿间的轴向距离。一般 $P=(1.2\sim1.9)\sqrt{L}$，其中 L 为拉削长度。齿距大小直接影响刀齿容屑空间和同时工作齿数 z_e，为保证拉削过程平稳，应取 $z_e=3\sim8$，或按公式 $z_e=\dfrac{L}{P}+1$ 计算。

（3）刃带宽 $b_{\alpha1}$ 刃带起支承刀齿、保持重磨后拉刀直径尺寸不变和便于检测、控制刀齿径向圆跳动的作用。通常取 $b_{\alpha1}=0.1\sim0.4\text{mm}$。

（4）拉刀前角 γ_o 一般取 $\gamma_o=5°\sim18°$。

（5）拉刀后角 α_o 一般取 $\alpha_o=1°\sim3°$。

拉刀工作部分的参数还有容屑槽、齿数、刀齿直径和分屑槽等，在此不再一一介绍。

五、拉削方式

拉削方式是指拉刀切除加工余量的顺序和方式。它决定着拉刀拉削时每个刀齿切下的切削层的截面形状，通常可用图形表示，所以拉削方式又称拉削图形。拉削方式是否合理，直接影响刀齿载荷的分配、拉刀的结构、拉削力的大小、拉刀的寿命、生产率、工件表面质量和拉刀制造成本等。

拉削方式有分层式拉削、分块式拉削和综合式拉削三种。分层式拉削包括同廓式拉削和渐成式拉削两种，分块式拉削常用轮切式拉削，将分层式拉削和分块式拉削结合在一起应用的称为综合轮切式拉削。

1. 分层式拉削

分层式拉削是把拉削余量按一层一层地顺序切除。由于参加切削的切削刃长度较长，即切削宽度较大（如拉圆孔的刀齿，其切削宽度等于圆周长），则单位切削力较大，所以切削厚度（齿升量）取值较小，否则会因切削力过大而无法进行切削。根据已加工表面的形成过程，分层式拉削可分为同廓式和渐成式两种。

（1）同廓式　如图 9-10 所示，拉刀各刀齿的廓形与被加工表面的最终形状一样，工件表面的最终形状和尺寸由最后一个精切齿和校准齿形成。同廓式拉削的特点是齿升量小，切削层薄，拉削过程平稳，拉削表面质量较高；缺点是拉刀齿数较多，拉刀较长，刀具成本高，生产率低，并且不适合加工带有硬皮的工件。主要用于拉削精度高、余量小的工件。

为使切屑容易卷曲减小拉削力，可在拉刀切削齿上开有前后交错分布的窄分屑槽，以减小切屑宽度（图 9-10b）。

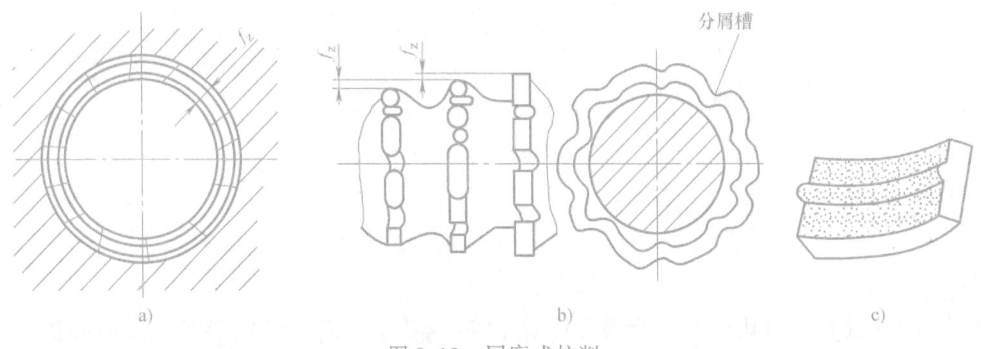

图 9-10　同廓式拉削

a）拉削图形　b）切削部齿形　c）切屑

（2）渐成式　如图 9-11 所示，渐成式拉削中拉刀各刀齿的廓形与被加工表面的形状不同，被加工表面的最终形状和尺寸是由各刀齿的副切削刃切出的表面连接而成的，因此，每个刀齿可制成简单的直线形或圆弧形，拉刀制造比同廓式简单，适合复杂成形表面的加工；缺点是在工件已加工表面上可能出现副切削刃的交接痕迹，故拉削表面质量不如同廓式拉削。键槽、花键槽及多边孔常采用这种拉削方式加工。

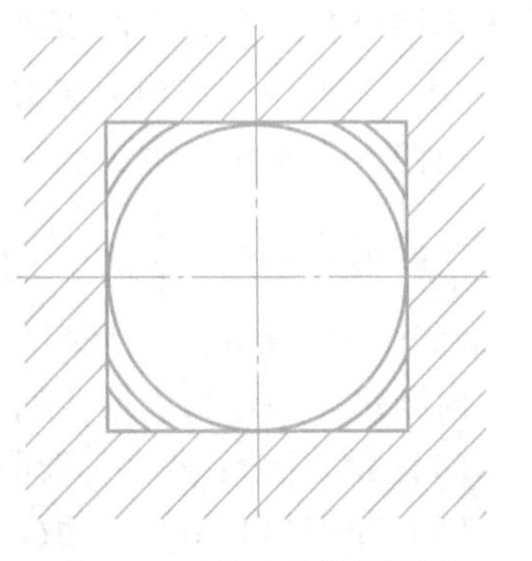

图 9-11　渐成式拉削图形

2. 分块式拉削

分块式拉削是把加工余量分成若干层，每层再分成若

干块，拉刀的每个刀齿依次切除一层或两层中的一部分。按分块式拉削方式设计的拉刀，其切削部分是由若干齿组组成的。同一齿组内各刀齿无齿升量，但齿组间齿升量较大。每个齿组中有2～3个刀齿，它们的直径相同，共同切下加工余量中的一层金属，每个刀齿仅切去一层中的一部分，最常用的是轮切式。图9-12所示为三个切削刀齿为一组的分齿组轮切式拉刀结构及拉削图形。第一、第二切削刀齿的直径相同，都做出同样的圆弧形分屑槽，但切削刃位置相互错开，各切除工件上同一层金属中的几段材料。为避免第三齿的切削刃与前两个切削刃切成的工件表面摩擦及切下整圈切屑，其直径应比同组其他两个刀齿直径小0.02～0.04mm。

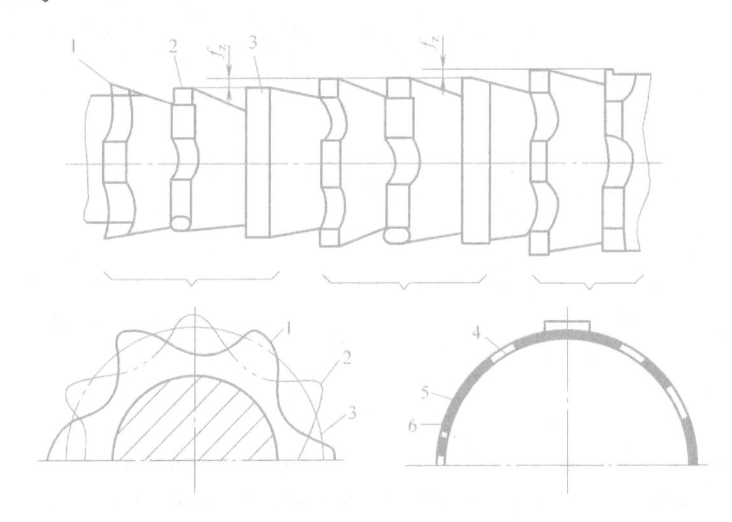

图9-12　轮切式拉刀结构及拉削图形

1—第一齿　2—第二齿　3—第三齿　4—被第一齿切的金属层　5—被第二齿切的金属层
6—被第三齿切的金属层

分块式拉削与分层式拉削相比，其主要优点是每个切削刀齿上参加工作的长度（即切削宽度）较短，单位切削力小，允许的切削厚度比分层式拉削可增大两倍以上，所以在相同的拉削余量下，所用刀齿的总数减少了许多，拉刀长度大大缩短，既节省了刀具材料，又大大提高了生产率。它还可拉削带有硬皮的工件。在刀齿上分屑槽的转角处，强度高，散热良好，故刀齿的磨损量也较小。但这种拉刀的结构复杂，制造困难，拉削后工件表面质量较差。主要用于加工尺寸大、余量多的工件。

3. 综合式拉削

综合式拉削集中了分层式拉削和轮切式拉削的优点，即粗切齿和过渡齿制成轮切式结构，精切齿采用同廓分层式结构。这样既可使拉刀长度缩短，生产率提高，又能获得较好的工件表面质量。

图9-13所示为综合式拉刀结构及拉削图形。粗切齿和过渡齿采取不分齿组的轮切式拉刀结构，每个刀齿上都有齿升量，即第一个刀齿分段地切去第一层加工余量的一半左右，第二个刀齿比第一个刀齿高出一个齿升量，除了切去第二层加工余量的一半左右外，还切去每一个刀齿留下的第一层加工余量的一半左右，因此，其切削厚度比第一刀齿的切削厚度大一倍。后面的刀齿都以同样顺序交错切削，直到把粗切余量切完为止。粗切齿齿升量较大，过渡齿齿升量逐渐减小。精切齿则采用分层拉削同廓式的刀齿结构，各刀齿的齿升量较小。校

准齿这组也采用了同廓式的刀齿结构，但各刀齿间无齿升量。

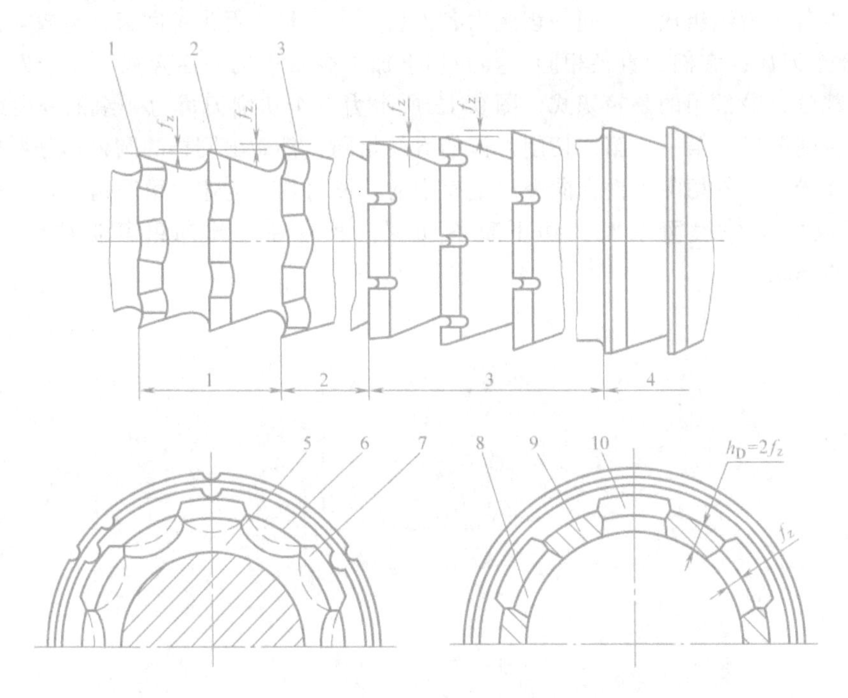

图 9-13　综合式拉刀结构及拉削图形

1—第一齿　2—第二齿　3—第三齿　4—粗切齿　5—过渡齿　6—精切齿　7—校准齿

8—被第一齿切的金属层　9—被第二齿切的金属层　10—被第三齿切的金属层

综合式拉刀刀齿的齿升量分布较合理，刀齿较少，拉刀长度短，生产率高，拉削过程平稳，加工表面质量高。但综合轮切式拉刀的制造较困难。目前，专业工具厂生产的圆孔拉刀，一般均采用综合拉削方式（即分层轮切式）。

六、拉刀设计

1. 设计题目

在 L6110 型卧式拉床上，拉制图 9-14 所示零件的孔，已知零件材料为 45 钢，$\sigma_b = 0.735$GPa，硬度为 185 ~ 220HBW，坯孔为钻孔。要求设计一把圆孔拉刀。

已知参数：$D_m = 26^{+0.022}_{0}$mm（拉后孔径），$L = 34^{0}_{-0.1}$mm，$D_w = 25 \pm 0.1$mm（拉前孔径）。

完成以下作业：①拉刀工作图；②计算说明书。

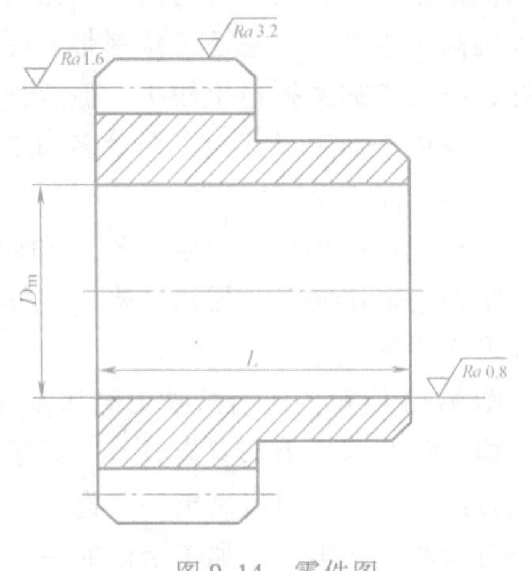

图 9-14　零件图

2. 圆孔拉刀设计主要内容

设计内容：工作部分和非工作部分结构参数设计；拉刀强度和拉床拉力校验；绘制拉刀工作图。

(1) 工作部分的设计

1) 刀具材料的选择。刀具材料选定为 W18Cr4V，柄部选取为 40Cr。

2）拉削方式。目前我国圆孔拉刀多采用综合式拉削，并已列为专业工具厂的产品。粗切齿部分的拉削方式为轮切式，精切齿部分的拉削方式为同廓式。

3）确定拉削余量 A_0。根据拉削长度、孔径大小以及拉前孔的加工情况，拉削余量的经验公式如下：

① 当拉前孔为钻孔或扩孔时　$A_0 = 0.005D_m + (0.1 \sim 0.2)\sqrt{L}$

② 当拉前孔为镗孔或粗铰孔时　$A_0 = 0.005D_m + (0.05 \sim 0.1)\sqrt{L}$

③ 当拉前孔 D_w 和拉后孔 D_m 已知时　$A_0 = D_{mmax} - D_{wmin}$

式中　L——拉削长度（mm）；

D_{mmax}——拉后孔的最大直径（mm）；

D_{wmin}——拉前孔的最小直径（mm）。

题目中，拉前孔为钻孔，拉孔直径 $D_m = 26^{+0.022}_{0}$mm，表面粗糙度值为 $Ra0.8\mu m$，预加工孔直径 $D_0 = D_w = 25 \pm 0.1$mm，拉削长度为 $L = 34^{0}_{-0.1}$mm。

因此，代入以上数据，则拉削余量为

$$A_0 = 26.022\text{mm} - 24.9\text{mm} = 1.122\text{mm}$$。

单边余量

$$A = \frac{A_0}{2} = 0.561\text{mm}$$

对于拉削余量，常可根据加工孔的长度、直径和上一道工序的加工方法查表选取。

4）确定齿升量、齿数和刀齿直径。

齿升量 f_z 的大小，对拉削生产率和加工表面质量都有很重要的影响。齿升量的确定原则如下。

① 粗切齿齿升量 f_{z1}。粗切齿一般切去拉削余量的 80% ~90%，齿升量应取得大些，以减少刀齿数并缩短拉刀的长度；但齿升量过大，拉削力过大，一则会使拉刀因强度不够而拉断或机床超负荷，二则很难获得表面粗糙度值小的拉削表面。一般推荐粗切齿齿升量 $f_{z1} = 0.03 \sim 0.06$mm，且各齿齿升量相等。

② 精切齿齿升量 f_{z3}。拉刀精切齿的齿升量应取小些，以保证工件的表面质量和精度，但齿升量不应小于 0.005mm，因为切削厚度小于切削刃钝圆半径时，刀齿会因难以切下很薄的金属层而造成挤压现象，加剧刀齿磨损，降低拉刀寿命，并使加工表面恶化。按拉削表面质量要求选取，一般 $f_{z3} = 0.01 \sim 0.02$mm。

③ 过渡齿齿升量 f_{z2}。过渡齿齿升量在各齿上是变化的，变化规律在 f_{z1} 与 f_{z3} 之间递减。

④ 校准齿齿升量一般取 0，最好起修光和校准拉削表面作用。

因此，本例中取粗切齿的齿升量为 $f_{z1} = 0.04$mm，精切齿的齿升量 $f_{z3} = 0.01$mm，过渡齿的齿升量 $f_{z2} = 0.03$mm、0.025mm、0.020mm、0.015mm。

齿升量也可查表选取。

拉刀上各齿齿数的确定方法如下。

① 过渡齿 z_2 一般取 4 ~8；精切齿齿数 z_3 取 3 ~7，校准齿齿数 z_4 为 5 ~10；粗切齿的齿数 z_1 的计算公式为

$$z_1 = \frac{A_0 - (A_2 + A_3)}{2f_{z1}}$$

初选 $z_2=4$，$z_3=5$，$z_4=6$，则 z_1 为

$$z_1=\frac{A_1-(A_2+A_3)}{2f_{z1}}$$

$$=\frac{1.122\text{mm}-2\times[(0.03\text{mm}+0.025\text{mm}+0.02\text{mm}+0.015\text{mm})+5\times0.01\text{mm}]}{2\times0.04\text{mm}}$$

$$=10.525$$

取 $z_1=10$，余下未切除的余量为

$$\begin{aligned}A_{余}&=A_0-(A_1+A_2+A_3)\\&=1.122\text{mm}-2\times[10\times0.04\text{mm}+(0.03\text{mm}+0.025\text{mm}+0.02\text{mm}+\\&\quad 0.015\text{mm})+5\times0.01\text{mm}]\\&=0.042\text{mm}\end{aligned}$$

则应重新选择过渡齿数：$z_2=5$，重新分配余下余量，则过渡齿的齿升量应分别为 $f_{z2}=$ 0.03mm、0.025mm、0.021mm、0.020mm、0.015mm。

因此，选择的粗切齿、精切齿、过渡齿和校准齿的齿升量、齿数见表9-1。

表9-1　齿升量选择

主要参数	校准齿	精切齿	过渡齿	粗切齿
齿数 z	6	5	5	10
齿升量 f_z/mm	0	0.01	—	0.04
拉削余量 A/mm	0	0.10	0.222	0.80

拉刀上各刀齿直径确定方法如下：

第一个切削齿的主要作用是修正上一道工序的形状误差与毛刺等，使以后的切削齿能顺利工作。第一个切削齿应取小齿升量或不设齿升量。因为预制孔的表面质量差，所以1号刀齿直径应该为

$$D_1=D_{\text{wmin}}+(1\sim1.5)f_{z1}=24.9\text{mm}+(1\sim1.5)\times0.04\text{mm}=24.94\sim24.96$$

取1号刀齿的直径为 $D_1=24.96$mm，其余各切削齿齿直径的计算公式为

$$D_x=D_{x-1}+2f_{zx}$$

式中　D_{x-1}、D_x——前、后两齿的直径（mm）；

f_{zx}——相邻两齿的齿升量（mm）。

校准齿各齿直径相同，起最后修光、校准拉削表面的作用，为延长拉刀寿命，校准齿的直径应取工件孔的最大尺寸，但应考虑拉空后孔径的扩张量或收缩量。校准齿的直径应取为

$$D_{gz}=d_{\text{wmax}}\pm\delta$$

式中　D_{gz}——拉刀校准齿的直径（mm）；

d_{wmax}——被拉孔允许的最大直径（mm）；

δ——拉孔后的扩张量或收缩量，可查表选取，扩张用负号，收缩用正号。

其他各齿的直径及其极限偏差见表9-2。

表 9-2　各齿的直径及其极限偏差

刀号	齿类	直径/mm	极限偏差
1	粗切齿	24.96	±0.02
2		25.05	
3		25.14	
4		25.22	
5		25.30	
6		25.38	
7		25.46	
8		25.54	
9		25.62	
10		25.70	
11	过渡齿	25.76	0 -0.01
12		25.81	
13		25.852	
14		25.892	
15		25.922	
16	精切齿	25.942	0 -0.01
17		25.962	
18		25.982	
19		26.002	
20		26.022	
21	校准齿	26.022	0 -0.007
22		26.022	
23		26.022	
24		26.022	
25		26.022	
26		26.022	

5）几何参数选择。

① 前角 γ_o。一般根据被加工材料性质选择拉刀前角。拉削钢料时，为减小切削变形，降低拉削力，提高拉削表面质量，一般 γ_o 取 10°~15°（材料韧性大，γ_o 取较大值）。

题目中工件材料是 45 钢，韧性较好，硬度为 185~220HBW，因此，可根据前角选择原则选择切削齿和校准齿的前角 $\gamma_o=15°$。

② 后角 α_o。拉削普通钢时，切削齿的后角一般为 $\alpha_o=2.5°\sim4°$，校准齿的后角一般为 $\alpha_o=0.5°\sim1°$。根据后角选择原则，应取较大的后角。但由于拉刀属于定尺寸刀具，后角过大，刀齿直径减小，拉刀寿命降低。

为使刀齿沿前刀面重磨后直径变化较小，以延长拉刀寿命，其后角 α_o 应选得小些，所以切削齿的后角选 $\alpha_o=2.5°$，校准齿的后角选 $\alpha_o=1°$。

③ 刃带后角 α_{b1} 和刃带宽 b_{a1}。刀齿上刃带起支承拉刀平稳工作，保持重磨后直径不变和便于检测直径尺寸的作用。因此，依据拉刀的类型及零件材料的性质，拉刀的切削齿允许选取刃带后角为 $\alpha_{b1}=0°$。

对于刃带宽，查相关表可得：粗切齿 $b_{\alpha1}=0.05\text{mm}$；精切齿 $b_{\alpha1}=0.1\text{mm}$；校准齿 $b_{\alpha1}=0.5\text{mm}$。

6）确定齿距、容屑槽与分屑槽。

① 齿距 P。齿距指相邻两刀齿间的轴向距离。在设计齿距时 P 时，要着重考虑两个方面的问题，即容屑空间与拉削平稳性。若齿距 P 小，则同时工作齿数多，拉削平稳性好，拉削表面质量高。但齿距 P 过小，容易造成容屑空间不够，切屑挤塞于容屑槽内而折断拉刀。一般齿距 P 的设计原则是：在保证有足够容屑空间的前提下，同时工作齿数 z_e 尽可能多些。

一般可用经验公式计算粗切齿齿距 $P=(1.25\sim1.9)\sqrt{L}$（L 为拉削长度），再查相关表酌情选取。精切齿的齿距和校准齿的齿距相同，一般均取粗切齿的80%。

本例中，将 $L=34\text{ mm}$ 代入上述经验公式确定粗切齿齿距为

$$P=1.5\sqrt{L}=1.5\times\sqrt{34}\text{mm}=8.75\text{mm}$$

查相关表得，粗切齿的齿距 $P=8.5\text{mm}$，则精切齿和校准齿的齿距取 $p=6.5\text{mm}$。

② 容屑槽。容屑槽的形状和尺寸要符合以下要求：能宽敞地容屑，有利于切屑卷曲，同时不削弱刀齿的强度且便于制造。容屑槽尺寸主要取决于拉削长度及每齿的切削厚度。图9-15所示为容屑槽的三种形式。

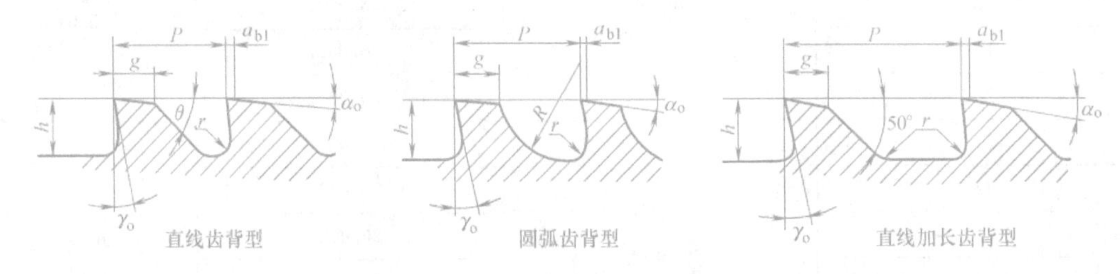

图9-15　容屑槽的形式

本题目选择适用于拉削塑性材料的圆弧齿背型容屑槽。

在确定容屑槽时，必须注意容屑条件。因为切屑卷曲不可能绝对紧密，所以应使容屑槽的有效容积大于切屑体积。刀齿上刃带支承拉刀平稳工作，为保持重磨后直径不变和方便检测直径尺寸，一般取刃带后角 $\alpha_{b1}=0°$。

粗切齿齿距 $P=8.5\text{mm}$，精切齿和校准齿的齿距取 $P=6.5\text{mm}$，查相关表可得粗切齿的容屑槽尺寸为

$$h=3\text{mm},\ g=3.5\text{mm},\ R=5.0\text{mm},\ r=1.5\text{mm}$$

精切齿和校准齿的容屑槽尺寸参数为

$$h=2.5\text{mm},\ g=2.5\text{mm},\ R=4.0\text{mm},\ r=1.25\text{mm}$$

③ 分屑槽。拉刀分屑槽的作用是减小切屑宽度（将切屑分成小段、改善拉削状况），降低切屑卷曲阻力，便于切屑容纳在容屑槽中。一般拉削宽度超过5mm时，在拉刀切削刃宽度上磨制分屑槽，以利于切屑的变形和卷曲，便于容屑。分屑槽的深度必须大于3倍的齿升

量；分屑槽沿整个刀齿的后刀面上的槽深，必须保证齿背处深于切削刃处，以保证整个分屑槽的切削刃上都具有一定的后角。前、后刀齿上的分屑槽位置应相互交错，使后一个刀齿可以拉削掉前一个刀齿分屑槽留下的金属层。最后一个精切齿上不开分屑槽。

由于零件的拉削宽度 $b_D = \dfrac{\pi D}{2}$，即

$$b_D = \frac{\pi D}{2} = \frac{3.14 \times 25}{2}\text{mm} = 39.25\text{mm}$$

因此，结合图 9-16 以及查相关表可得，应选择便于加工和槽数较多的角度槽。

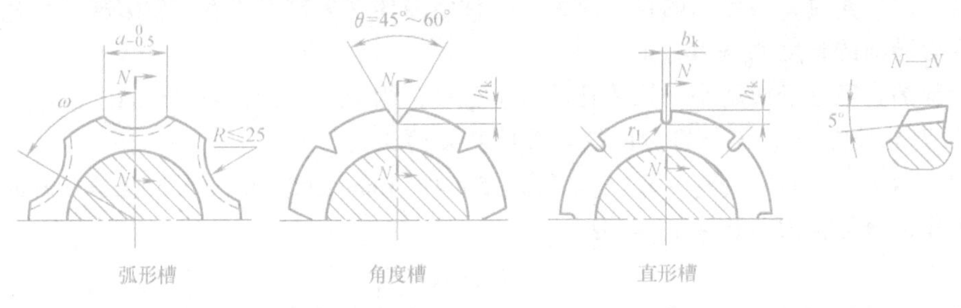

图 9-16　分屑槽的形式

由刀具设计手册，角度槽底的后角 $\alpha_f = 5°$，槽数 $n = 16$，槽角 $\theta = 60°$，槽深 $h_k = 0.6\text{mm}$。

（2）非工作部分的设计　非工作部分的设计主要包括：柄部、颈部与过渡锥部；前导部、后导部与尾部以及拉刀总长度。

1）柄部、颈部与过渡锥。① 柄部的结构形式。拉刀柄部的结构要求能快速装夹和可靠地承受拉力作用。选用柄部时，应尽量采用快速夹头的形状，因其制造容易，柄部强度高。且柄部的直径小于预拉孔的最小直径，查表可得 $D_1 = \phi 22\text{mm}$，$l_1 = 43\text{mm}$。

柄部的设计如图 9-17 所示。

② 拉刀的颈部长度和直径。拉刀颈部的长度应保证拉刀第一个刀齿尚未进入工件以前，拉刀的柄部能被拉床夹头夹住，即应考虑拉床的挡壁和法兰盘厚度、夹头与挡壁的间距等有关数值。

由前述计算并结合《拉刀设计手册》可以查得：L6110 型拉床拉刀颈部 $l_2 = 180 \sim 200\text{mm}$，拉刀颈部的直径应略小于柄部直径（一般小 0.5 ~ 1mm）。

颈部直径 $D_2 = \phi 21\text{mm}$；颈部长度 $l_2 = 200\text{mm}$。

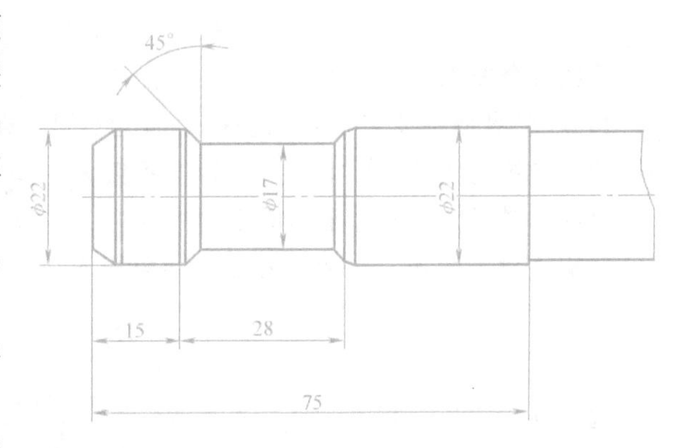

图 9-17　拉刀柄部设计

③ 过渡锥。过渡锥常取为 10mm、15mm 和 20mm。本题目中，过渡锥长度确定为 $l_3 = 20\text{mm}$。

2）前导部、后导部。

① 前导部。前导部的设计包括前导部的长度 l_4 与前导部的直径 D_4 。

前导部的长度 l_4 是过渡锥大端到第一个刀齿之间的距离。通常前导部的长度等于工件的长度，即 $l_4 = L$（拉削长度）；当孔的拉削长度较长（长径比 $l/D > 1.5$）时，可取 $l_4 = 0.75L$（拉削长度）。

本题目中前导部有 $l_4 = L = 34\text{mm}$。

前导部的直径等于或略小于工件的拉前孔的最小直径，则 $D_4 = D_{\text{wmin}} = 24.9\text{mm}$。

② 后导部。后导部的设计包括后导部的长度 l_6 与后导部的直径 D_6。

一般情况下，后导部的长度 l_6 可取为工件长度的1/2～2/3，但不得小于20mm。当拉削有空刀槽的内表面时，后导部的长度应大于工件空刀槽一端拉削长度与空刀槽长度的和。因此，选取后导部的长度 $l_6 = 40\text{mm}$。

后导部的直径等于或略小于拉后孔的最小直径，则 $D_6 = D_{\text{mmin}} = 26\text{mm}$。

③ 拉刀总长度 L_0 。工作部分的拉刀总长度 L_q 为

$$L_q = (z_1 + z_2)P + (z_3 + z_4)P = (10+5) \times 8.5\text{mm} + (5+6) \times 6.5\text{mm} = 199\text{mm}$$

非工作部分的拉刀总长度 $L_{\text{非工}}$ 为

$$L_{\text{非工}} = l_1 + l_2 + l_3 + l_4 + l_6$$

根据以上计算的各部分长度，代入上式，可得非工作部分的拉刀总长度为

$$L_{\text{非工}} = l_1 + l_2 + l_3 + l_4 + l_6 = 43\text{mm} + 200\text{mm} + 20\text{mm} + 34\text{mm} + 40\text{mm} = 337\text{mm}$$

因此，拉刀的总长度 L_0 为

$$L_0 = L_q + L_{\text{非工}} = 199\text{mm} + 337\text{mm} = 536\text{mm}$$

确定拉刀总长度时，要考虑拉床允许的最大行程，应符合相关的规定。

（3）拉刀强度及拉床拉力校验

1）同时工作齿数 z_e 的检验。齿距 P 影响刀齿在拉削长度 L 内同时工作的齿数 z_e 。为确保拉削平稳，同时工作齿数 $z_e = 3 \sim 8$。根据公式 $z_e = \dfrac{L}{P} + 1$ 求得

$$z_e = \frac{L}{P} + 1 = \frac{34\text{mm}}{8.5\text{mm}} + 1 = 5 > 4$$

因此符合要求。

2）校验容屑系数 K 。不同的拉刀加工不同材料时，最小容屑系数是不同的。由齿升量和被加工材料查相关表可得，最小容屑系数 $K_{\min} = 2.5$ 。

拉削钢料时，切屑总是形成中空的卷屑，在拉刀假定进给平面中，一个刀齿的容屑槽的有效面积 A 应大于该刀齿切下的金属层面积 A_D ，二者的比值称为容屑系数 K 即

$$K = \frac{A}{A_D}$$

因为 $A = \dfrac{\pi h^2}{4}$，$A_D = Lh_D$，$f_z = h_D = \dfrac{0.781h^2}{KL}$

所以 $K = \dfrac{\pi h^2}{4f_z L} = \dfrac{3.14 \times 3^2\text{mm}^2}{4 \times 0.04\text{mm} \times 34\text{mm}} = 5.2 > K_{\min}$，故选择合理。

3）拉削力的计算。拉削过程中产生的最大拉削力 $F_{\max}$ 必须小于拉床允许的额定拉力，同时最大拉削力还受拉刀强度的限制，因此，还必须校验拉刀的强度。

对于综合轮切式圆孔拉刀，每个刀齿参加切削的切削刃总长度为

$$\sum b = \frac{\pi D_g}{2}$$

式中　D_g——刀齿的最大直径（mm）。

最大拉削力 F_{max} 的计算公式为

$$F_{max} = F'_c \pi \frac{D_g}{2} z_e$$

式中　F'_c——刀齿切削刃单位长度拉削力（N），可由相关表查得。对综合式圆孔拉刀，可按 $2f_z$ 查出 F'_c；

z_e——同时工作齿数。

本题目中，根据工件材料以及齿升量，查相关表得 $F'_c = 230.5\text{N/mm}$，代入公式可得

$$F_{max} = 230.5\text{N/mm} \times 3.14 \times \frac{26\text{mm}}{2} \times 5 = 47.045\text{kN} < 98\text{kN}$$

故机床拉力与功率能满足要求。

4）拉刀强度校验。拉刀工作时，主要承受拉应力，拉刀承受的拉应力 σ 应小于拉刀材料的许用应力 $[\sigma]$，即

$$\sigma = \frac{F_{max}}{A_{min}} \leqslant [\sigma]$$

式中　A_{min}——拉刀上的危险截面面积。

拉刀的危险截面一般在第一个切削齿的容屑槽底处，也可能在颈部或柄部的最小截面处。

查表得，高速钢 W18Cr4V 的 $[\sigma] = 343 \sim 392\text{MPa}$，对于危险截面

$$A_{min} = \frac{\pi d_{min}^2}{4}$$

因为 $d_{min} = 25\text{mm} - 2h = 25\text{mm} - 2 \times 3\text{mm} = 19$，代入公式得

$$A_{min} = \frac{\pi \times 19^2}{4}\text{mm}^2 = 283.4 \times 10^{-6}\text{m}^2$$

拉刀强度 $\sigma = \dfrac{F_{max}}{A_{min}} = \dfrac{47045\text{N}}{283.4\text{mm}^2} = 166\text{MPa} \leqslant 343\text{MPa}$，故拉刀强度足够，设计合理。

5）拉床拉力校验。拉床工作时的最大拉削力必须要小于拉床的实际许用拉力 $[Q]$，即

$$F_{max} \leqslant [Q]$$

根据拉床的使用期，额定拉力 F_c 乘以修正系数得出拉床的许用拉力 $[Q]$。新拉床的许用拉力按 $0.9F_c$ 计算；常用拉床处于良好工作状态按 $0.8F_c$ 计算；使用多年的拉床拉力按 $(0.5 \sim 0.7)F_c$ 计算。

本题目中，选择常用的处于良好工作状态的拉床，则拉床的实际许用应力 $[Q]$ 为

$$[Q] = 0.8F_c = 0.8 \times 98\text{kN} = 78.4\text{kN}$$

所以，$F_{max} = 47.045\text{kN} \leqslant [Q]$，设计合理。

在上述校验中，如果拉刀强度不够或拉床拉力不足时，一般是采取减小拉刀齿升量或减少同时工作齿数等方法进行改进。

3. 拉刀工作设计总图

根据计算的相关数据，绘制拉刀的设计总图、容屑槽尺寸和分屑槽尺寸，如图 9-18 ~

图 9-20 所示。

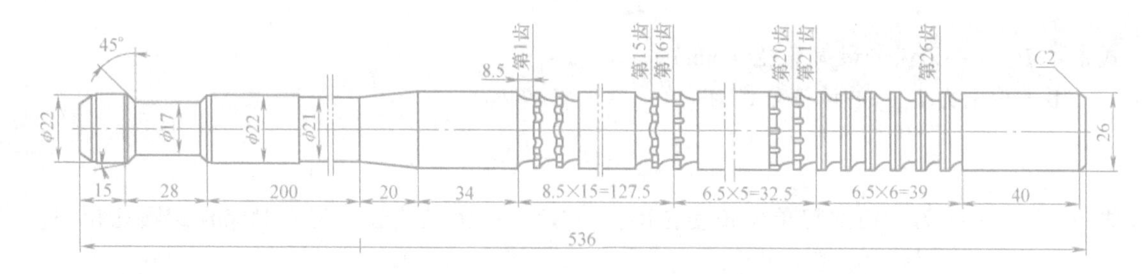

图 9-18　拉刀设计总图

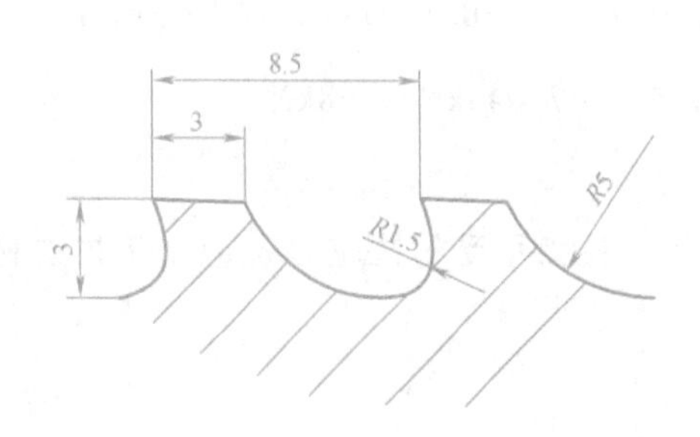

图 9-19　容屑槽尺寸

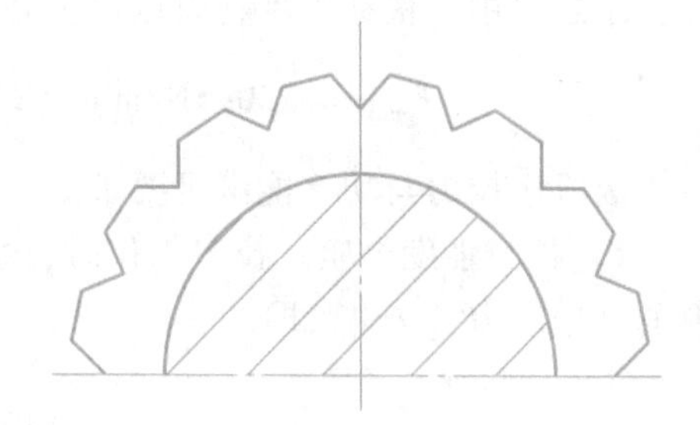

图 9-20　分屑槽尺寸

第三节　螺 纹 刀 具

螺纹的种类很多，应用很广，螺纹的加工方法和螺纹刀具也很多。按螺纹加工方法，螺纹刀具可分为切削法螺纹刀具（螺纹车刀、螺纹梳刀、螺纹铣刀、螺纹切头、丝锥、圆板牙）和滚压法螺纹刀具两大类。其中应用较广的和有代表性的是丝锥。本节只简介几种常见的螺纹加工刀具。

一、切削加工螺纹刀具

1. 螺纹车刀

螺纹车刀是一种刀具刃形由螺纹牙型决定的成形车刀，结构简单，通用性好，可用于加工各种形状、尺寸和精度的内、外螺纹。因属单刃刀具，工作时需多次走刀才能切出完整的螺纹廓形，故生产率较低，加工质量主要取决于操作者的技术水平和机床、刀具本身的精度，仅适用于单件、小批量生产。

下面介绍几种高效率的螺纹车刀。

（1）60°可转位螺纹车刀　图 9-21 所示为 60°可转位螺纹车刀，其特点是：刀片采用立装式，用 P10（YT15），T3K1605 改磨，提高了刀片承受冲击的能力；刀头尺寸小，可用来

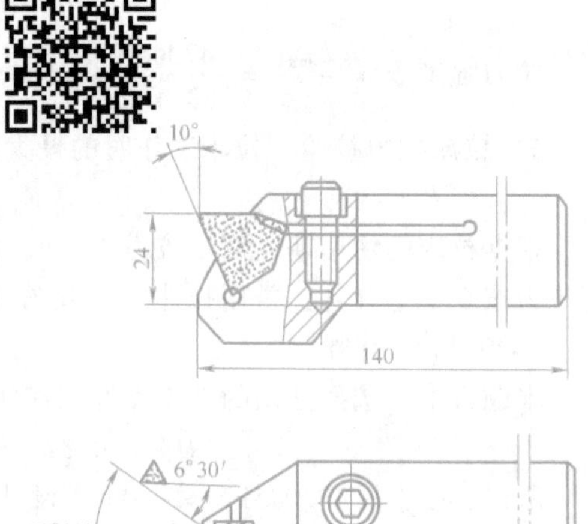

图 9-21　60°可转位螺纹车刀

加工带台阶、空刀槽的螺纹；刀体结构简单，制造方便，采用弹性夹紧，适用于高速切削，切削速度 v_c = 78 ~ 102m/min。

（2）梯形螺纹精车刀 图 9-22 所示为梯形螺纹精车刀，刀片材料为 P10（YT15）硬质合金。为使切削轻快，磨出 4° ~ 6°的背前角；为改善出屑和增加刀具两侧刃的强度，把刀具前刀面磨成鱼背形；安装时，刀尖略高于工件中心 0.4 ~ 1mm；粗车时背吃刀量在 1mm 之内，精车时背吃刀量为 0.25mm。切削速度 v_c = 24 ~ 48m/min。

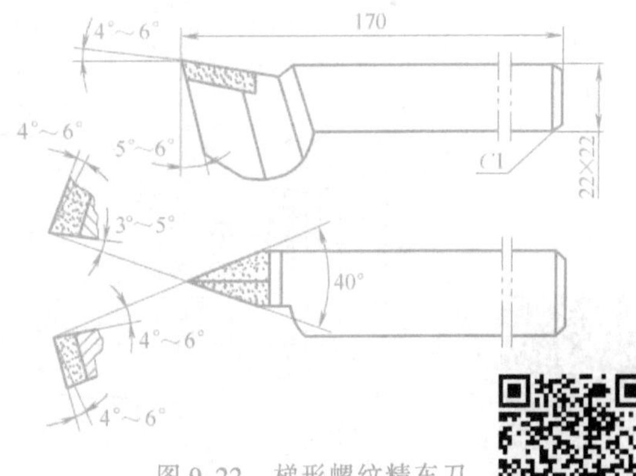

图 9-22 梯形螺纹精车刀

（3）机夹高硬度材料内螺纹车刀。图 9-23所示为机夹高硬度材料内螺纹车刀，刀片材料用 YA6，B103，可用来切削 40Cr、淬硬 52 ~ 57HRC 的工件材料。其机夹结构较简单，刀片刃磨较方便。负背前角与小后角配合，增加了刀头强度。安装时，刀尖略高于工件中心 0.3 ~ 0.5mm。切削速度 v_c = 24 ~ 48m/min。

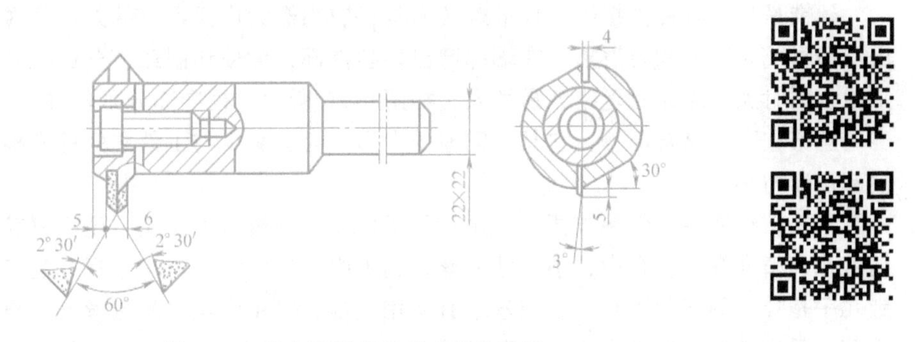

图 9-23 机夹高硬度材料内螺纹车刀

2. 螺纹梳刀

螺纹梳刀相当于一排多齿螺纹车刀（图 9-24）。一般有 6 ~ 8 个刀齿，刀齿由切削部分和校准部分组成。切削部分做成切削锥，刀齿高度依次增大，以使切削载荷分配到几个刀齿上；校准部分齿形完整，起校准、修光作用。用螺纹梳刀加工螺纹时，梳刀沿螺纹轴向进给，一次走刀就能切出全部螺纹，所以生产率比单刃螺纹车刀高。螺纹梳刀的结构形式与成形车刀相同，也有平体、棱体和圆体三种。

3. 螺纹铣刀

螺纹铣刀是用铣削方法加工内、外螺纹的刀具，按结构不同，分为盘形螺纹铣刀、梳形螺纹铣刀以及高速铣削螺纹用刀盘（旋风铣刀盘）等，如图 9-25 所示。

盘形螺纹铣刀用在螺纹铣床上，加工大螺距梯形或矩形传动螺纹和蜗杆等。梳形螺纹铣刀用在专用铣床上，加工长度较短而螺距不大的三角形螺纹。高速铣削螺纹用刀盘（旋风铣刀盘）是利用装在特殊刀盘上的几把硬质合金切刀进行高速铣削各种内、外螺纹用的刀具，它可以在经过改装的车床上进行加工，且可对较硬的材料进行切削，是一种高效的螺纹刀具。螺纹铣刀的生产率较高，但加工质量较低，一般用于大批量螺纹的粗加工。

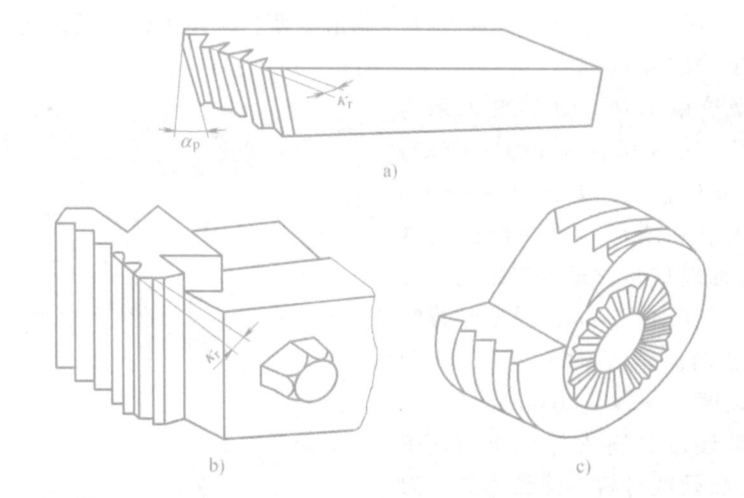

图 9-24　螺纹梳刀

a）平体螺纹梳刀　b）棱体螺纹梳刀　c）圆体螺纹梳刀

4. 丝锥

丝锥是加工各种内螺纹的标准螺纹刀具，应用极为广泛。它的外形很像螺栓，沿轴向开出沟槽形成切削刃和容屑槽，在端部磨出切削锥部，可使切削载荷分配在几个刀齿上，切削平稳，同时加工螺纹时丝锥容易切入，如图 9-26 所示。校准部分是丝锥工作时的导向部分，也是丝锥重磨后储备部分，它具有完整的齿形。为了减少与工件之间的摩擦，外径和中径向柄部逐渐缩小。

丝锥结构简单，使用方便，可用于手工操作或在机床上使用，生产率较高，能加工一般精度或高精度螺纹，在中、小尺寸的螺纹加工中应用广泛。对于小尺寸的三角形内螺纹，丝锥几乎是唯一的切削工具。常用丝锥有手用丝锥、机用丝锥、螺母丝锥、挤压丝锥和拉削丝锥等。手用丝锥是圆柄方头，这种丝锥一般做成 2 ~ 3 只为一套，每套丝锥的外径、中径和内径均相等，只是切削部分长度不同。这样制造方便，而且第二只或第三只丝锥经过修磨后可改作第一只丝锥使用。

5. 板牙

板牙是加工与修正外螺纹的标准工具。板牙实质上是具有切削角度的螺母。按照结构的不同，板牙可分为圆板牙、方板牙、六角板牙、管形板牙和钳式板牙等。圆板牙是最常用的一种外螺纹切削刀具；方板牙和六角板牙用方扳手和六角扳手带动，用于现场修理工作；管形板牙用于转塔车床和自动车床；钳式板牙由两块拼成，用于修配工作。下面仅介绍圆板牙。

图 9-27 所示的圆板牙外形就像一个圆螺母，为了容纳切屑及形成切削刃，沿轴向钻有 3 ~ 8 个容屑孔，并在两端做有切削锥部，用于加工圆柱螺纹，而加工锥形螺纹的圆板牙只做一个切削锥部，切削锥的齿顶经铲磨而形成后角；板牙中间部分为校准齿，它的齿形是完整的，并不磨出后角，用以校准螺纹和导向。圆板牙的螺纹廓形是内表面，很难磨削，无法消除热处理后产生的变形等缺陷，因此加工螺纹的质量较差，仅用来加工精度和表面质量要求不高的螺纹。由于板牙结构简单，使用方便，价格低廉，故在单件、小批量生产及修配中应用仍很广泛。

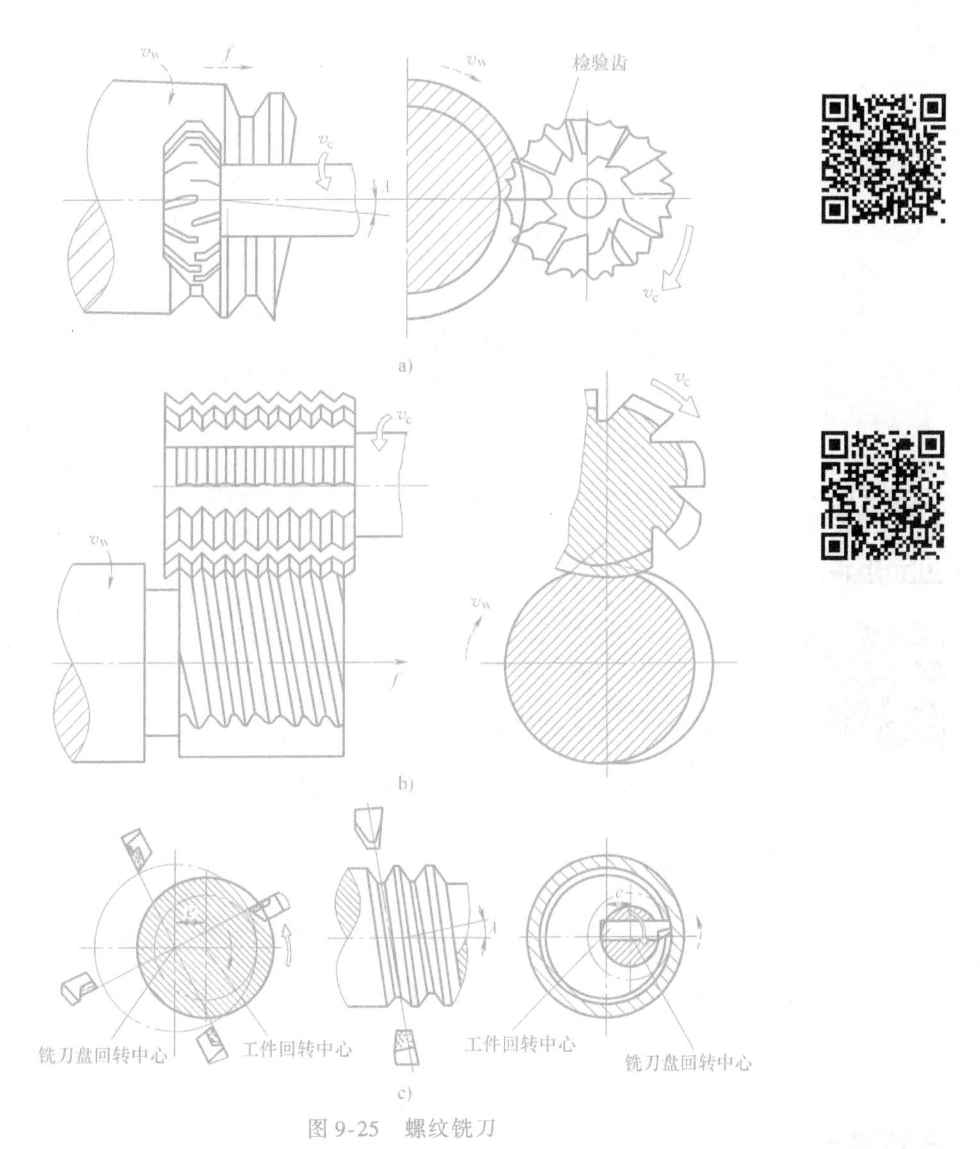

图 9-25　螺纹铣刀

a）盘形螺纹铣刀　b）梳形螺纹铣刀　c）旋风铣刀盘

使用圆板牙加工螺纹时，将圆板牙装入板牙套中，用紧定螺钉紧固；然后将圆板牙套在工件外圆上，在旋转板牙的同时，应在板牙轴线方向施以压力，使圆板牙的螺纹切入工件，然后以圆板牙的螺纹做引导，使圆板牙做螺旋运动以铰出所需的外螺纹。刚开始加工螺纹时，应保持圆板牙端面与螺纹中心线垂直。

当圆板牙加工出的外螺纹直径有偏大现象时，可用平形切割砂轮将其60°缺口槽切割开，调整圆板牙，套上紧定螺钉，使圆板牙螺纹孔径收缩。调整圆板牙直径时，可用标准样规或通过试切的方法来控制螺纹尺寸。圆板牙除手用外，也可在机床上使用。

二、滚压加工螺纹刀具

滚压加工螺纹刀具是利用金属材料表层塑性变形的原理来加工各种螺纹的高效工具。滚压螺纹属于无屑加工，适合于滚压塑性材料。与切削螺纹相比，滚压螺纹的加工方法生产率高，加工螺纹质量较好，螺纹强度高，滚压工具寿命长。这种滚压螺纹方法目前已广泛应用

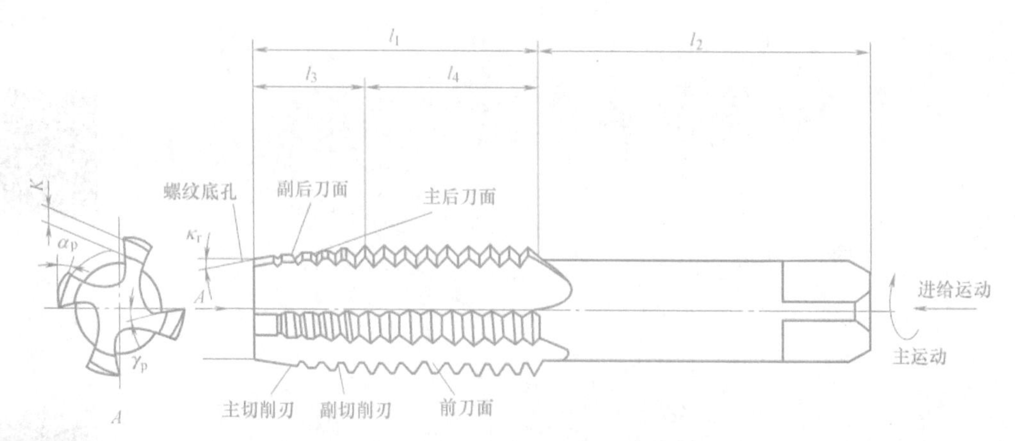

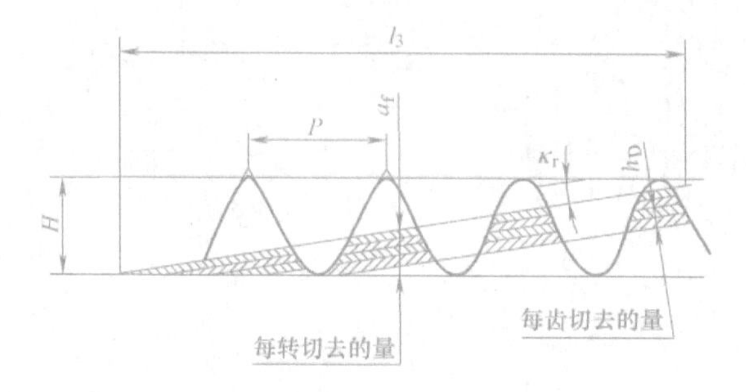

图 9-26　丝锥的结构

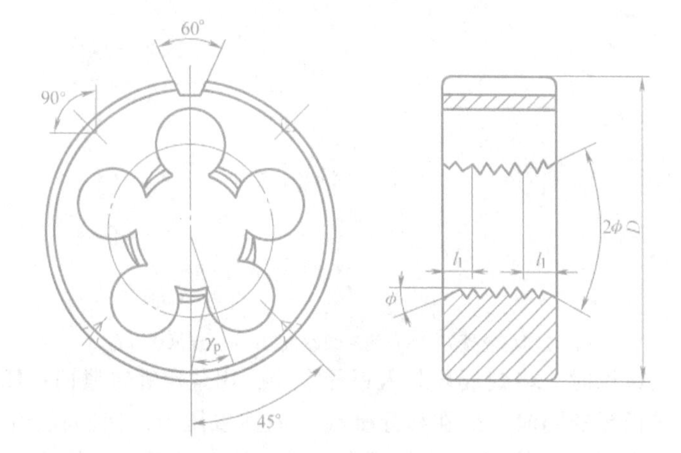

图 9-27　圆板牙

于制造螺纹校准件、丝锥和螺纹量规等。常用的螺纹滚压工具有滚丝轮和搓丝板。

1. 滚丝轮

滚丝轮的工作原理如图 9-28a 所示。滚丝轮要成对使用。两个滚丝轮的螺纹旋向要相同，与工件螺纹旋向相反，分别装在滚丝机的两根平行轴上，齿纹错开半个螺距。工作时，两个滚丝轮同向等速旋转，无轴向运动，工件放在两滚丝轮之间的支承板上，使其中心与滚丝轮等高。滚丝时，动轮逐渐向静轮靠拢，工件逐渐受压，产生塑性变形而形成螺纹。两滚丝轮中心距到达预定尺寸后，动轮停止径向进给，继续滚转几圈以修正螺纹廓形，然后退出

动轮，取下工件。两个滚丝轮之间的距离是可调的，故加工的直径范围较大。

2. 搓丝板

搓丝板的工作原理如图 9-28b 所示。搓丝板也是成对使用的。它由动板和静板组成，静板固定在机床工作台上不动，动板随机床滑块一起做往复运动。搓丝板工作时，两搓丝板螺纹方向相同，但和工件的螺纹方向相反；两块搓丝板应严格平行，齿纹应错开半个螺距。当工件进入两块搓丝板之间，搓丝板夹住工件并使之滚动，搓丝板上的凸起螺纹便逐渐压入工件，最终由于工件塑性变形而被压出螺纹。

搓丝板加工的生产率比滚丝轮高，但加工精度不如用滚丝轮的高。搓丝时，由于搓丝板行程的限制，且径向压力较大，工件容易变形，所以只能加工直径小于 24mm 的 6 级精度螺纹，且不宜加工薄壁工件。

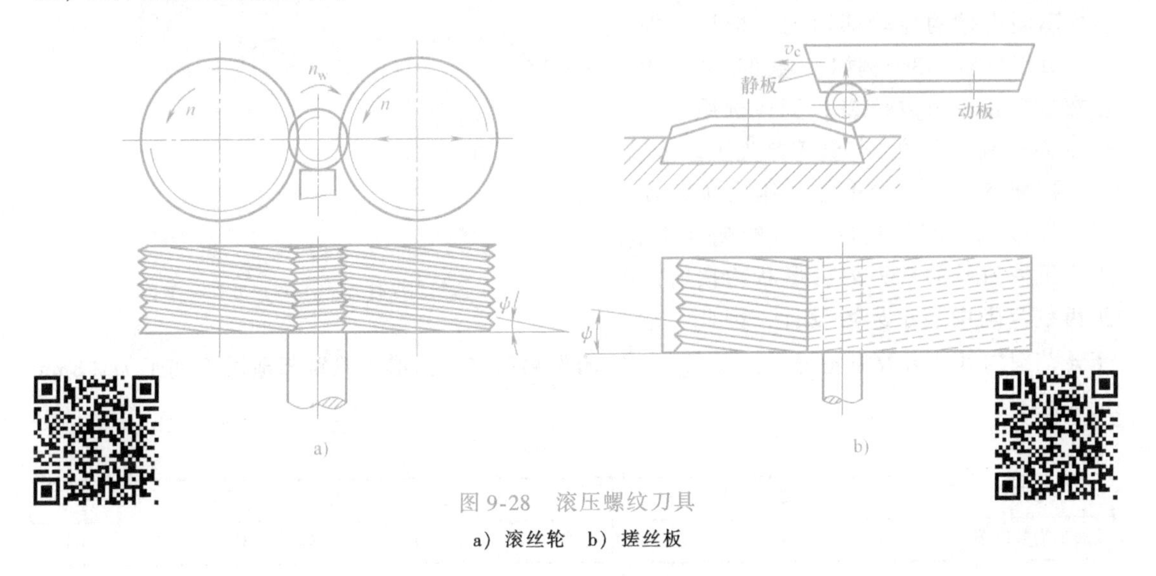

图 9-28　滚压螺纹刀具

a）滚丝轮　b）搓丝板

第四节　齿轮加工刀具

齿轮刀具是指加工各种齿轮、蜗轮、链轮和花键等齿廓形状的刀具。由于齿轮的种类很多，加工要求及加工方法又各不相同，所以齿轮刀具的种类也很多。齿轮以渐开线圆柱齿轮应用最多，加工渐开线圆柱齿轮的刀具，按齿面切削加工原理，分为成形齿轮刀具（如盘形齿轮铣刀和指形齿轮铣刀）和展成齿轮刀具（如齿轮滚刀、插齿刀、剃齿刀等）两大类。

一、成形齿轮刀具

成形齿轮刀具切削刃的廓形与被切齿轮齿槽形状相同或近似相同。常用的有盘形齿轮铣刀和指形齿轮铣刀两种，如图 9-29 所示。

1. 盘形齿轮铣刀

盘形齿轮铣刀实际是一把铲齿成形铣刀，如图 9-29a 所示，一般用于普通铣床上利用分度头加工直齿或斜齿圆柱齿轮。工作时铣刀旋转并沿齿槽方向进给，铣完一个齿后进行分度，再铣第二个齿，故生产率和加工精度都较低，主要用于单件、小批量生产或修配中加工低精度的圆柱齿轮。

用盘形齿轮铣刀加工齿轮时，齿轮的齿廓精度是由铣刀切削刃形状来保证的，而渐开线齿廓是由齿轮的模数和齿数决定的。所以齿轮的模数，齿数不同，渐开线齿廓就不一样，因此，要加工出准确的齿廓，每一个模数、每一种齿数的齿轮，就要相应地用一种形状的铣刀。这样做显然是行不通的。在实际生产中，是将同一模数的齿轮铣刀按其所加工的齿数分为 8 组（精确的是 15 组），每一组内不同齿数的齿轮都用同一把铣刀加工，分组见表 9-3。例如，被加工的齿轮模数是 3mm，齿数是 28，则应选用 $m=3$mm 系列铣刀中的 5 号铣刀来加工。

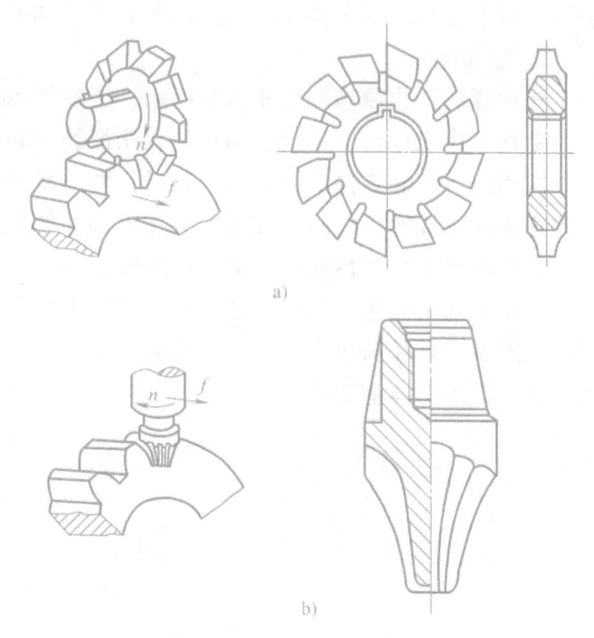

图 9-29　齿轮铣刀
a）盘形齿轮铣刀　b）指形齿轮铣刀

标准齿轮铣刀的模数、压力角和加工的齿数范围都标记在铣刀的端面上。由于每种刀号的铣刀刀齿形状均按所加工齿数范围中最小齿数设计，因此，加工该范围内其他齿数齿轮时，就会产生一定的齿廓误差。盘形齿轮铣刀适用于加工 $m\leqslant 8$mm 的齿轮。

表 9-3　盘铣刀的编号

刀号	1	2	3	4	5	6	7	8
加工齿数范围	12 ~ 13	14 ~ 16	17 ~ 20	21 ~ 25	26 ~ 34	35 ~ 54	55 ~ 134	135 以上

表中各号铣刀的齿形是按其加工齿数范围内的小齿数设计的，其原因是，齿数少的齿轮其齿形曲率半径小，按此齿形制造的铣刀切齿数较多的齿轮时将把齿顶和齿根部分多切下一些，这样对齿轮啮合的影响较小。

2. 指形齿轮铣刀

指形齿轮铣刀实际上是一把成形立铣刀，如图 9-29b 所示。工作时铣刀旋转并进给，工件分度。这种铣刀适合于加工大模数（$m>10$mm）的直齿、斜齿轮，并能加工人字齿轮。

二、展成齿轮刀具

展成齿轮刀具切削刃的廓形不同于被切齿轮任何剖面的槽形。它是根据齿轮的啮合原理设计而成的切齿刀具，切齿时除主运动外，还需有刀具与齿坯的相对啮合运动，称为展成运动。工件齿形是由刀具齿形的展成运动中若干位置包络切削形成的。齿轮滚刀、插齿刀、剃齿刀、蜗轮刀具和锥齿轮刀具等均属展成齿轮刀具。

展成齿轮刀具的特点是：用同一把刀具可加工同一模数、相同压力角的任意齿数的齿轮，加工精度与生产率均较高，通用性好，在成批加工齿轮时被广泛使用。

1. 齿轮滚刀

（1）齿轮滚刀的工作原理　图 9-30 所示为齿轮滚刀，它是按展成法原理加工齿轮的刀

具，在齿轮制造中应用很广泛，可以用来加工外啮合的直齿轮和斜齿轮。其加工齿轮的模数范围为 0.1 ~40mm，且同一把齿轮滚刀可加工相同模数的任意齿数的齿轮。

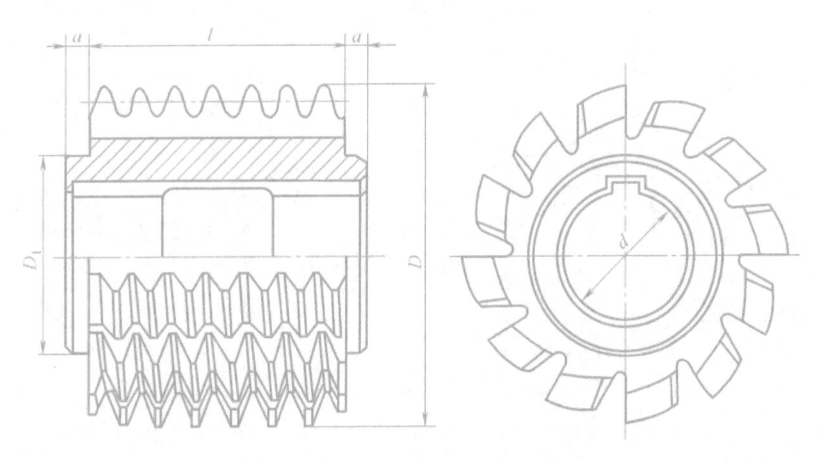

图 9-30 齿轮滚刀

图 9-31 所示为用齿轮滚刀加工齿轮的工作原理。齿轮滚刀加工齿轮时相当于一对交错轴啮合的斜齿轮副，如图 9-32 所示，只是其中一个齿轮直径较小，齿数很少（一般只有一个或两个齿），螺旋角 β 很大，轮齿很长，以致每一个齿绕本身轴转几圈，使这个齿轮变成了一个螺旋升角 γ_{zo} 很小的蜗杆形状，如图 9-33 所示，但此蜗杆与齿轮的啮合性质并未改变。齿轮滚刀实际上就相当于这个蜗杆，只是在蜗杆上开出了容屑槽，以形成前刀面和切削刃，并做出了后角。容屑槽有直槽和螺旋槽两种，如图 9-34 所示。滚刀的头数就是斜齿轮的齿数。由图 9-33 可以看出，滚刀虽做出了容屑槽和后角，但切削刃仍保持在蜗杆的螺旋面上。这个蜗杆就是滚刀的铲形蜗杆，也叫滚刀的基本蜗杆。

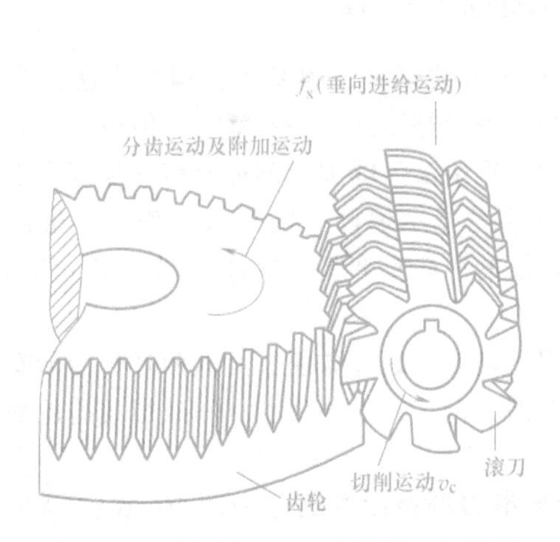

图 9-31 齿轮滚刀加工齿轮的工作原理

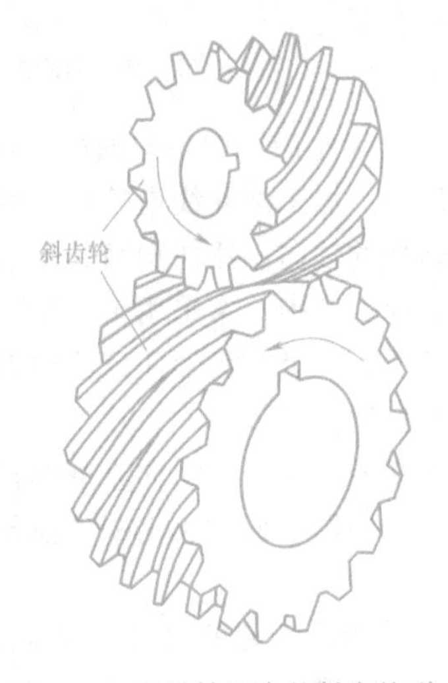

图 9-32 交错轴啮合的斜齿轮副

滚齿的主运动是滚刀的旋转运动，进给运动包括齿坯的转动及滚刀沿工件轴线向下的进给移动。为保持滚刀与工件齿向一致，滚刀轴线与工件端面需倾斜一个安装角 ϕ，如图 9-35 所示。调节滚刀与工件的径向距离，就可控制滚齿时的背吃刀量。滚切斜齿轮时，除上述运

动外，工件还有一个附加转动，附加转动的大小与斜齿轮螺旋角大小有关，它与滚刀进给运动配合，可在工件圆柱表面切出螺旋齿槽。

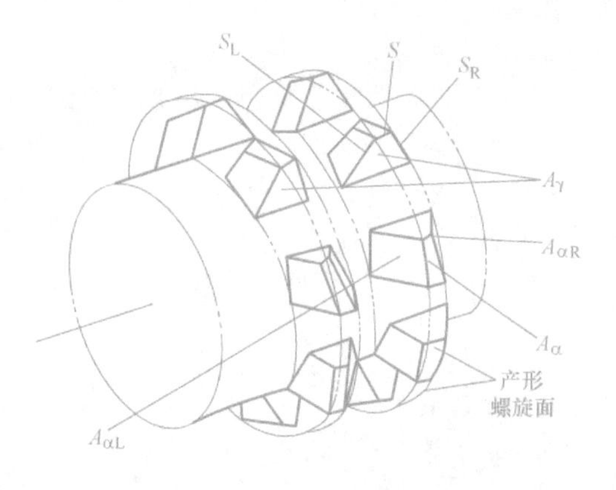

图 9-33 滚刀的基本蜗杆铲形

A_γ—前刀面 A_α—后刀面（齿顶） $A_{\alpha L}$—左齿面 $A_{\alpha R}$—右齿面 S—顶刃 S_L—左切削刃 S_R—右切削刃

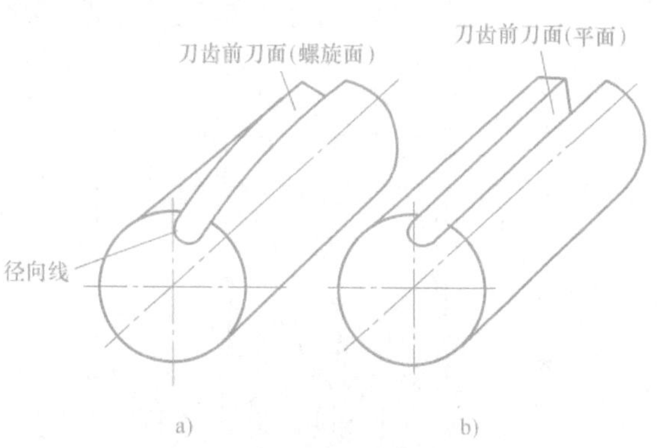

图 9-34 齿轮滚刀的容屑槽

a）螺旋槽 b）直槽

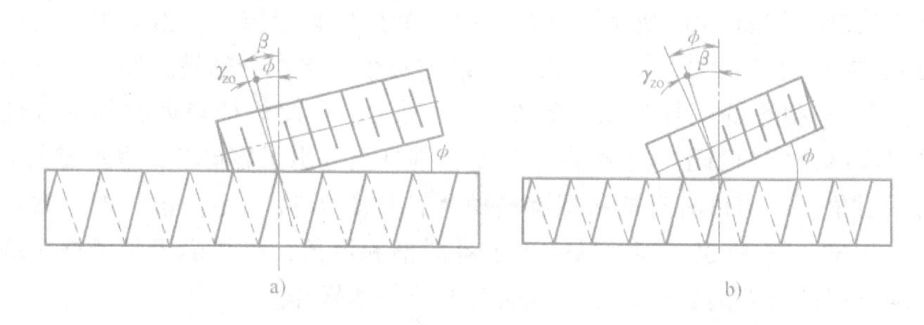

图 9-35 齿轮滚刀的安装角

a）螺旋角旋向一致 $\phi=\beta-\gamma_{zo}$ b）螺旋角旋向相反 $\phi=\beta+\gamma_{zo}$

（2）齿轮滚刀的基本蜗杆 滚刀的基本蜗杆有渐开线蜗杆、阿基米德蜗杆和法向直廓蜗杆三种。加工渐开线齿轮所用的滚刀，其基本蜗杆理应是渐开线基本蜗杆，但由于渐开线基本蜗杆的轴向、法向剖面的齿形都不是直线形状，这给滚刀的加工制造及精度控制带来困难。实际生产中，常采用轴向剖面为直线形的阿基米德基本蜗杆（图 9-36）滚刀，即阿基米德滚刀，以及在齿形任意法向剖面中具有直线齿形的法向直廓基本蜗杆（图 9-37）滚刀，即法向直廓滚刀。

阿基米德蜗杆和法向直廓蜗杆的制造及检验都比渐开线蜗杆方便，虽然两者的齿形有造型偏差，使用它们加工出来的齿轮齿形有一定的误差，但这一误差很小，不致影响齿轮的加工精度。

（3）齿轮滚刀的选用 按国家标准规定，齿轮滚刀的精度等级分为四级：AA、A、B、C 级，分别用于加工 6～7 级、7～8 级、8～9 级和 9～10 级精度的齿轮。滚刀的精度等级一般标注在滚刀端面上。一般工具厂制造的标准齿轮滚刀均为阿基米德滚刀。模数为 1～10mm 的标准齿轮滚刀一般用高速钢整体制造，均用零度前角，且容屑槽为直槽，它的主要优点是制造、刃磨、检验方便。大模数的标准齿轮滚刀一般可用镶齿式，既节省高速钢材料，同时镶齿滚刀刀片锻造方便，金相组织细化、热处理易于保证质量，因此这种滚刀切削

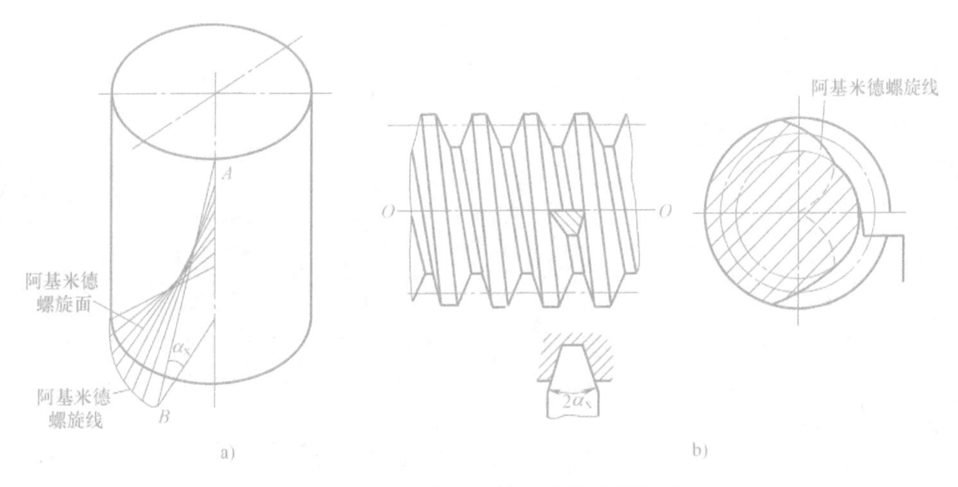

图 9-36　阿基米德螺旋面及其车削方法

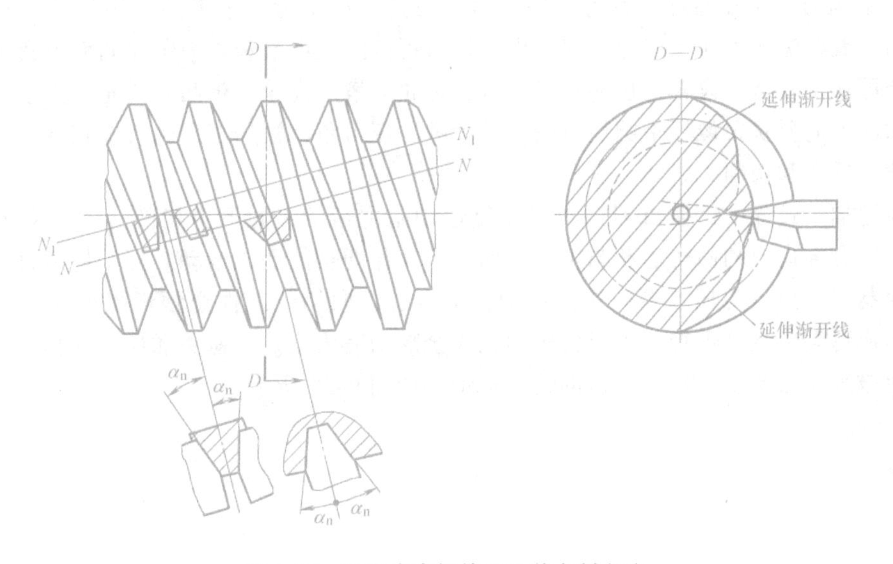

图 9-37　法向直廓螺旋面及其车削方法

性能好，寿命长。

在用齿轮滚刀加工齿轮时，应按齿轮要求的精度等级选用相适应精度等级的齿轮滚刀，凡是用较低精度的滚刀能满足使用要求时，尽量不用高精度的滚刀，以免造成浪费。滚刀的螺旋方向与被加工齿轮的相同，若加工直齿轮，则一般选用右旋齿轮滚刀。滚刀安装到机床上以后，要用千分表检查滚刀两端轴台的径向圆跳动量（图 9-38），使其不超过允许值（一般加工外径 200mm 以下 8 级精度齿轮时应不大于 0.03mm），且两轴台的径向圆跳动方向和数值应尽可能一致，以免滚刀轴线在安装中产生偏斜。

滚齿过程中，各刀具担负切削的载荷量是不均匀的，越靠近滚刀和被切齿啮合点的刀齿，其切削量越大，磨损越快；远离啮合点的刀齿切削量越小，磨损较慢。为能充分利用滚刀各刀齿，延长其寿命，应使滚刀在切削一定数量的齿轮后，沿其轴线移动一定距离，称为适时窜位。

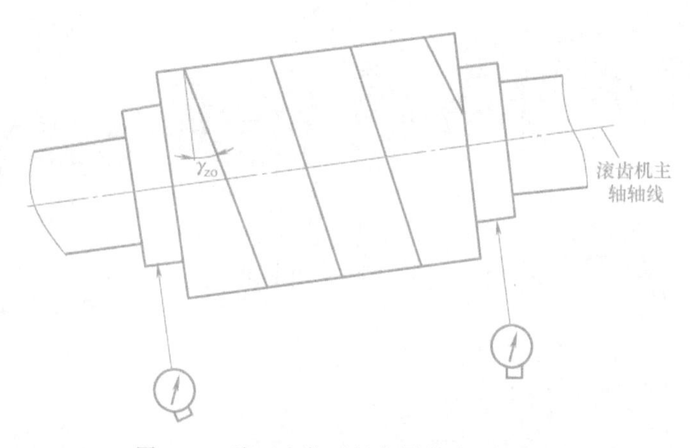

图 9-38　滚刀安装后径向圆跳动量的检查

2. 插齿刀

(1) 插齿刀的工作原理　在生产中，插齿刀是仅次于齿轮滚刀的常用齿轮刀具。插齿刀也是利用展成法原理加工齿轮，同一把插齿刀可以加工模数和压力角相同而齿数不同的齿轮。它既可加工外啮合齿轮，也能加工内啮合齿轮、塔形齿轮、带凸肩齿轮、人字齿轮及齿条等。插齿刀的形状很像一个圆柱齿轮，其模数、压力角与被加工齿轮对应相等，只是插齿刀有前角、后角和切削刃。

在齿轮加工过程中，插齿刀的上下往复运动是主运动，向下为切削运动，向上为空行程。此外还有插齿刀的回转运动与工件的回转运动相配合的展成运动。开始切削时，在机床凸轮的控制下，插齿刀还有径向进给运动，沿半径方向切入工件至预定深度后径向进给停止，而展成运动仍继续进行，直至齿轮的轮齿全部切完为止。为避免插齿刀回程时与工件摩擦，还有被加工齿轮随工作台动作的让刀运动，如图 9-39 所示。

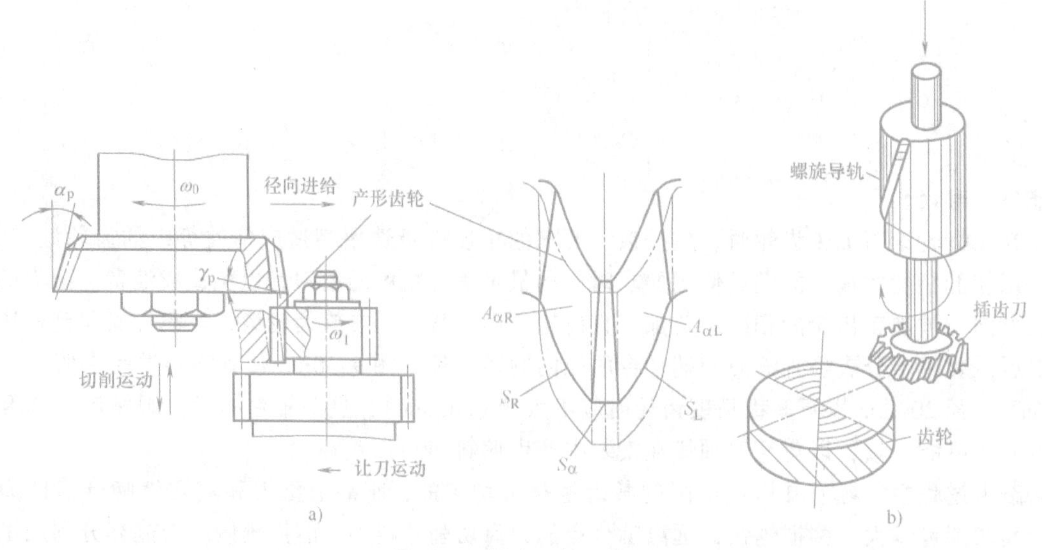

图 9-39　插齿刀的工作原理

(2) 插齿刀的选用　常用的直齿插齿刀已标准化，按照 GB/T 6081—2001 规定，直齿

插齿刀有盘形、碗形和锥柄插齿刀，如图 9-40 所示。盘形插齿刀用于加工普通直齿外齿轮和大直径内齿轮，碗形插齿刀用于加工塔形和多联直齿轮，锥柄插齿刀用于加工直齿内齿轮。

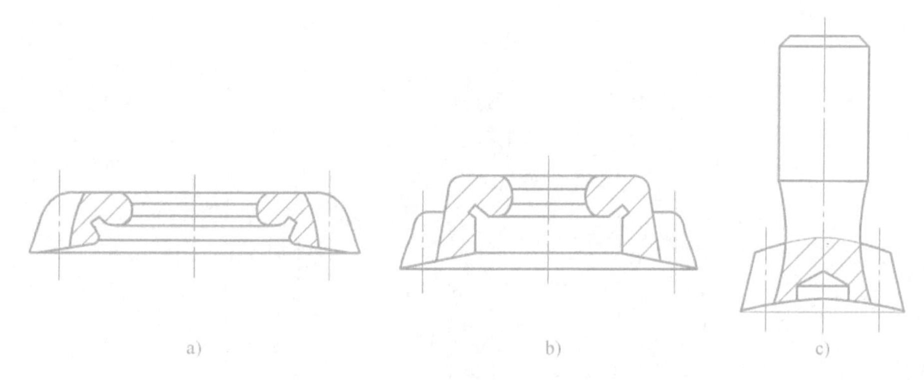

图 9-40　插齿刀的类型

a）盘形插齿刀　b）碗形插齿刀　c）锥柄插齿刀

插齿刀有 AA 级、A 级和 B 级三个精度等级，可分别加工 6、7、8 级精度的齿轮。插齿刀使用前要校验加工时是否会产生顶切、根切和过渡曲线干涉。插齿刀一般用高速钢制造，现在中、小模数的插齿刀也有用硬质合金制造的。

3. 剃齿刀

（1）剃齿刀工作原理　剃齿刀常用于未淬火的软齿面圆柱齿轮的精加工。滚齿或插齿以后经过剃齿加工，其精度可达 6～8 级，表面粗糙度值为 $Ra3.2 \sim 1.6\mu m$，且生产率很高，在成批、大量生产中得到广泛应用。剃齿加工在原理上也属于展成法。由于剃齿加工相当于一对交错轴斜齿轮啮合传动过程，所以剃齿刀实质上也是一个高精度的圆柱斜齿轮，并且在齿侧面上沿齿向做出了许多小的凹形容屑槽而形成切削刃，如图 9-41 所示。剃齿时，剃齿刀安装在剃齿机床的主轴上做旋转运动。工件安装在心轴上，心轴的两端面有中心孔与工作台上的顶尖精确配合。剃齿刀与工件的轴线交错成一定角度，由剃齿刀带动工件自由转动并模拟一对斜齿轮做双面无侧隙啮合运动，如图 9-42 所示，同时剃齿刀对工件施加一定压力，在啮合过程中二者沿齿向和齿形面产生相对滑移，利用剃齿刀沿齿向开出的侧面凹槽切削刃沿工件齿向切去一层很薄的金属（厚度约 0.005～0.01mm）。

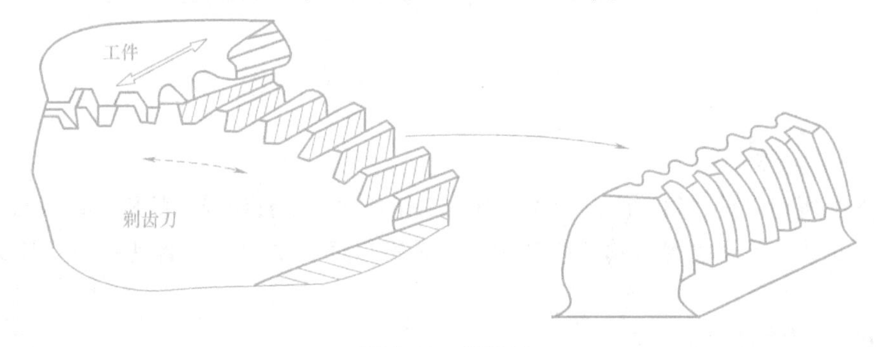

图 9-41　剃齿刀

从剃齿原理分析可知，两齿面是点接触，但因工件材料的弹、塑性变形而成为小面积接

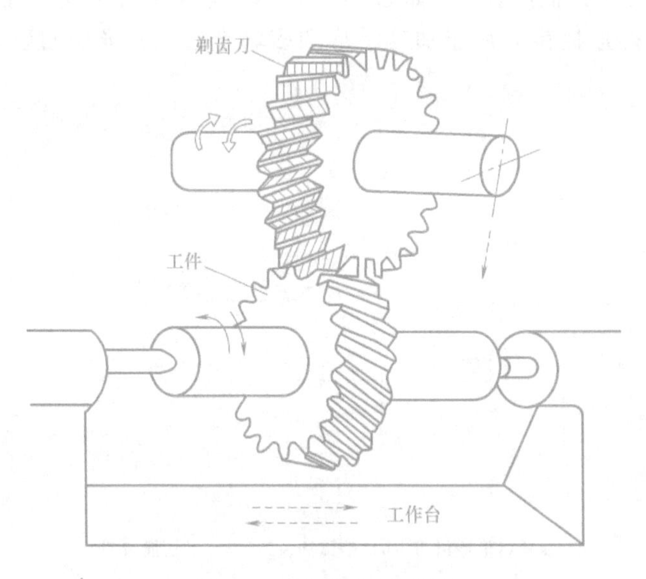

图 9-42　剃齿刀工作原理

触。工件转过一转后，齿面上只留下接触点斑痕，如图 9-43 所示。为了使工件整个齿面都能得到加工，工件必须往复直线运动。工作台带动工件每次单向行程后，剃齿刀反转，工作台反向时，剃削齿轮的另一侧面。工作台双向行程后，剃齿刀沿工件径向间歇进给一次，逐渐剃去齿面的加工余量，以达到工件加工要求。

（2）剃齿刀的选用　要选用模数和压力角与被剃齿轮相同的剃齿刀。剃齿刀的精度标准各国不同，我国剃齿刀精度标准有 A 级和 B 级两个精度等级。其中，A 级剃齿刀适用于 6 级齿轮加工，B 级剃齿刀适用于加工 7 级齿轮加工。但小模数（$m<1$mm）剃齿刀尚无统一标准，只有企业标准，精度分为 A、B、C 三个等级，用于加工 6、7、8 级精度齿轮。

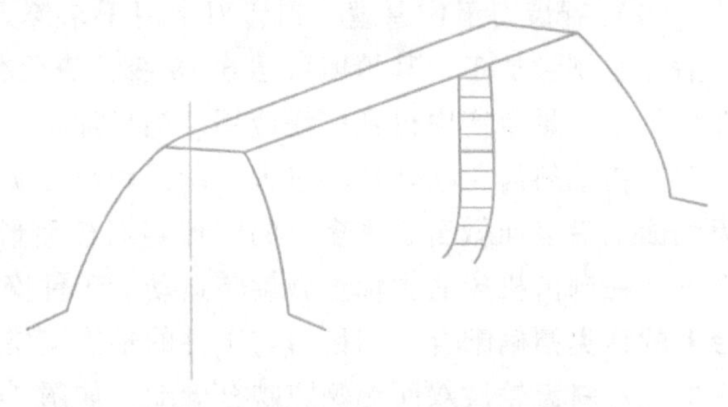

图 9-43　剃齿刀上的接触线

第五节　自动化加工刀具

一、自动线刀具

自动线上所用刀具必须适应自动线特有的工作条件，使自动线上的机床设备与刀具能在最佳条件下工作。为了满足自动线生产率高、辅助时间少的要求，自动线刀具应具备如下特点：

1. 切削性能稳定可靠

自动线刀具比单机通用刀具要求具有更高的硬度、强度和韧性，以及更好的耐磨性和热硬性。在规定的生产时间内保证刀具有稳定可靠的切削性能。

2. 能可靠地控制切屑

自动线上刀具的参数应易于切屑卷曲、折断和排出，必须控制切屑不能缠绕在刀具和工件上，从而不影响刀具寿命，不划伤已加工表面，不妨碍自动线的工作循环，不影响零件的输送和定位等。

3. 能快速换刀或自动换刀

为了减少因换刀而造成的停机时间，必须实现快速换刀。一般采用机外调整刀具，即预先在线外调整刀具达到规定的尺寸精度，当自动线刀具的切削时间达到规定的寿命时，能够快速调换刀架上的刀具，使之能与机床快速、准确地接合和脱开，并能适应机械手或机器人的操作。更换刀具的基本方式如图 9-44～图 9-46 所示。

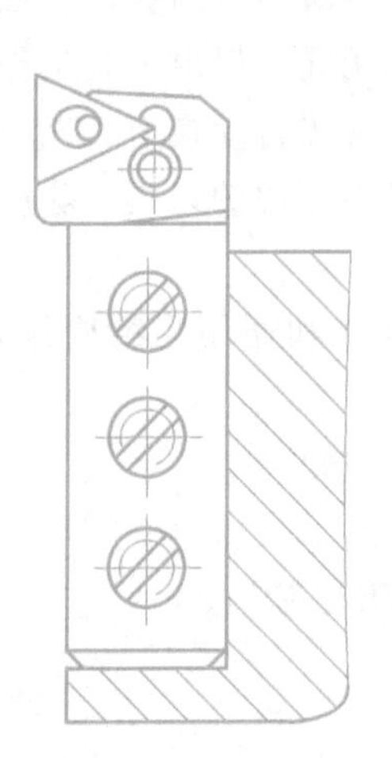
图 9-44　更换刀片

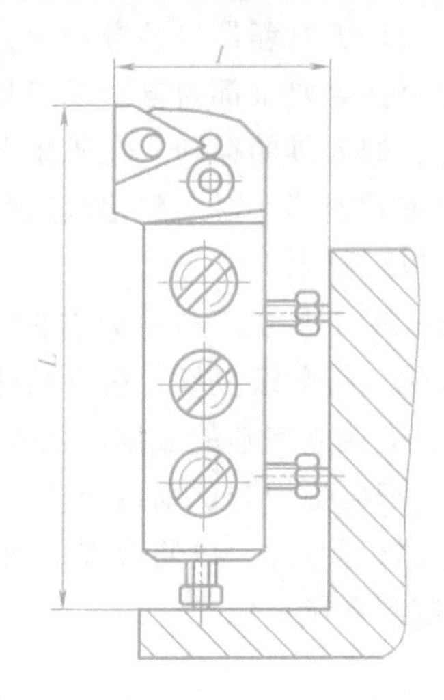

图 9-45　更换刀具

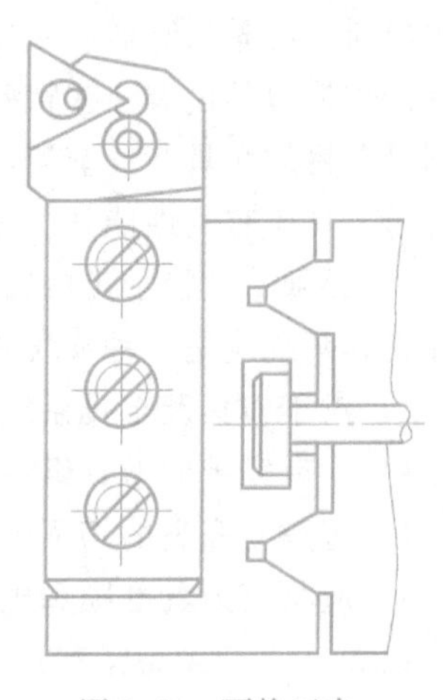
图 9-46　更换刀夹

4. 有方便迅速的预调装置

在自动线外利用对刀装置将刀具预先调整到加工时所要求的尺寸，如图 9-47 所示。这种调整刀具应当是简便迅速的。

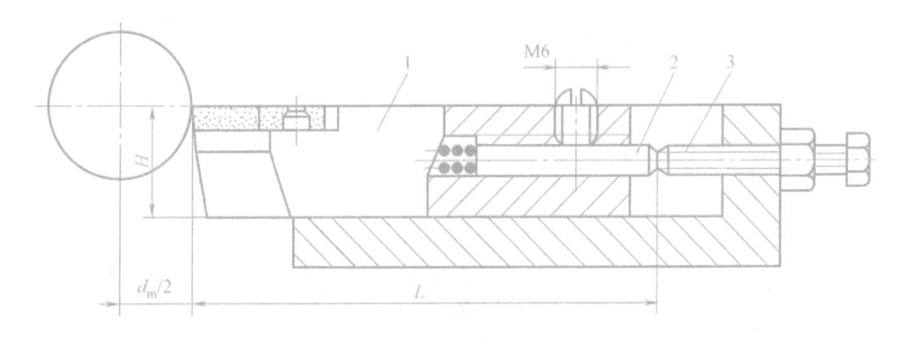

图 9-47　预调尺寸装置

1—车刀　2—定长杆　3—调节螺钉

5. 复合程度高

复合程度高，可以减少刀具数量，降低刀具管理难度。要发展和使用多种复合刀具，如钻—扩复合刀具、扩—铰复合刀具等，使原来需要多道工序、多种刀具才能完成的工作，在一道工序中由一把刀具完成，以提高生产率，保证加工精度。

6. 有可靠的刀具工作状态监控系统

切削过程中，刀具的磨损和破损是引起停机的主要因素。因此，在自动线上应设置专用的刀具工作状态监控装置，以便及时发现破损情况，并及时更换刀具。对切削过程中刀具状态的实时监测与控制，已成为机械加工自动化生产系统中必不可少的措施。

二、数控机床刀具

1. 特点与要求

数控机床和加工中心的切削加工应适应小批量多品种，并按预先编好的程序指令自动地进行加工。由于数控机床和加工中心的加工过程是自动进行的，因此，对刀具的要求，如良好的切削、可靠的断屑、快速调整与更换等要求都与自动线刀具基本相同。但由于其工作的特点，数控刀具也有一些特殊的地方，如刀具的存储、在机床上的安装和自动换刀，以及为达到以上目的而具有一套刀具柄部标准系统等。对于数控机床和加工中心用的刀具，除应具备普通刀具应有的性能外，还应满足以下要求：

1）必须从数控加工的特点出发来制订数控刀具的标准化、系列化和通用化结构体系。数控刀具系统应是一种模块式、层次化，可分级更换、组合的体系。

2）对于刀具及工具系统的信息，应建立完整的数据库及其管理系统。

3）应有完善的刀具组装、预调、编码标识与识别系统。

4）应建立完整的切削数据库及其管理系统，以便合理地利用机床与刀具。

5）应具有刀具磨损和破损在线监测系统。

2. 加工中心的自动线换刀装置

加工中心是具有刀具库和机械手、能够自动更换刀具的一种自动控制机床。根据指令，机械手将已完成切削工序的刀具从主轴中取下送回刀具库，接着又从刀具库中取出下道工序加工所需要的刀具，如图9-48所示。刀库、机械手联合动作的自动换刀装置是目前采用最多的一种换刀装置。

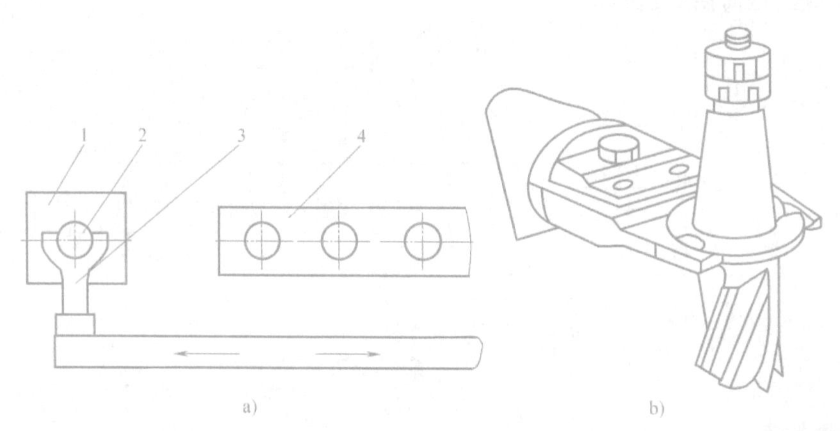

图9-48　机械手换刀装置

a）换刀过程　b）机械手夹持刀具

1—主轴箱　2—刀具　3—机械手　4—刀具库

【思政目标】结合金属切削加工的范畴，对其他刀具做简要介绍，介绍行业最新发展及中国制造业的现状，引导学生树立远大理想和爱国主义情怀，树立正确的世界观、人生观、价值观，勇敢地肩负起时代赋予的光荣使命，勇于探索实践，练就过硬本领，锤炼品德修为，实现技能报国，努力成为新时代具有创新精神的现代工匠。

复习思考题

1. 螺纹刀具有哪些类型？各适合于什么场合？
2. 试说明丝锥和圆板牙的结构特点及应用场合。
3. 试说明螺纹滚压工具的类型和工作情况。
4. 简述拉削加工的特点与应用。
5. 简述圆孔拉刀的组成和各部分作用。
6. 什么是拉削方式？拉削方式可分为几类？各有何优缺点及适用范围？
7. 轮切拉削方式的刀齿有何特点？
8. 齿轮铣刀为何要分套制造？各号铣刀加工齿数范围按什么原则划分？
9. 加工模数 $m=6\text{mm}$ 的齿轮，齿数 $z_1=36$、$z_2=34$，试选择盘形齿轮铣刀的刀号，并回答在相同的切削条件下，哪个齿轮的加工精度高？为什么？
10. 什么是滚刀的基本蜗杆？加工渐开线齿轮的滚刀基本蜗杆有哪几种？常用哪一种？为什么？
11. 使用滚刀时如何正确安装、调整和重磨？
12. 试述剃齿刀的工作原理。
13. 对自动化加工用刀具有哪些特殊要求？
14. 简述自动化加工中常用的自动换刀方法。

参 考 文 献

[1] 刘华杰，任昭蓉．金属切削与刀具实用技术 [M]．北京：国防工业出版社，2006.
[2] 陆剑中，周志明．金属切削原理与刀具 [M]．北京：机械工业出版社，2006.
[3] 陈锡渠，彭晓南．金属切削原理与刀具 [M]．北京：中国林业出版社，2006.
[4] 王洪琳．金属切削原理与刀具 [M]．济南：山东大学出版社，2006.
[5] 吴拓．金属切削加工及装备 [M]．北京：机械工业出版社，2006.
[6] 胡黄卿．金属切削原理与机床 [M]．北京：化学工业出版社，2004.
[7] 袁广．金属切削原理与刀具 [M]．北京：化学工业出版社，2006.
[8] 王茂元．机械制造技术 [M]．北京：机械工业出版社，2006.
[9] 陈宏钧．机械加工工艺施工员手册 [M]．北京：机械工业出版社，2008.
[10] 艾兴，肖诗纲．切削用量简明手册 [M]．3 版．北京：机械工业出版社，1994.
[11] 静恩鹤．车削刀具技术及应用实例 [M]．北京：化学工业出版社，2006.
[12] 王平嶂．机械制造工艺与刀具 [M]．北京：清华大学出版社，2005.
[13] 朱正心．机械制造技术（常规技术部分）[M]．北京：机械工业出版社，2006.
[14] 韩步愈．金属切削原理与刀具 [M]．2 版．北京：机械工业出版社，2006.
[15] 武友德，张跃平．金属切削加工与刀具 [M]．北京：北京理工大学出版社，2011.
[16] 黄鹤汀，吴善元．机械制造技术 [M]．北京：机械工业出版社，2006.
[17] 孙学强．机械制造基础 [M]．北京：机械工业出版社，2006.
[18] 张普礼．机械加工工艺装备 [M]．南京：东南大学出版社，2000.
[19] 芦福桢．金属切削原理与刀具 [M]．北京：机械工业出版社，2008.
[20] 王晓霞．金属切削原理与刀具 [M]．北京：航空工业出版社，2000.
[21] 刘镇昌．切削液技术 [M]．北京：机械工业出版社，2008.
[22] 陆剑中，孙家宁．金属切削原理与刀具 [M]．5 版．北京：机械工业出版社，2012.
[23] 《金属机械加工工艺人员手册》修订组．金属机械加工工艺人员手册 [M]．上海：上海科学技术出版社，1979.
[24] 杨叔子．机械加工工艺手册 [M]．北京：机械工业出版社，2003.
[25] 夏祖印，张能武．机械加工使用手册 [M]．合肥：安徽科学技术出版社，2008.